全国中级注册安全工程师职业资格考试辅导教材

安全生产技术基础

（2020 版）

中国安全生产科学研究院　**组织编写**

应急管理出版社

·北　京·

图书在版编目（CIP）数据

安全生产技术基础：2020 版/中国安全生产科学研究院组织编写．--北京：应急管理出版社，2020（2022.4 重印）
全国中级注册安全工程师职业资格考试辅导教材
ISBN 978-7-5020-8153-9

Ⅰ.①安…　Ⅱ.①中…　Ⅲ.①安全生产—资格考试—教材　Ⅳ.①X931

中国版本图书馆 CIP 数据核字（2020）第 105125 号

安全生产技术基础　2020 版
（全国中级注册安全工程师职业资格考试辅导教材）

组织编写　中国安全生产科学研究院
责任编辑　尹忠昌　唐小磊
编　　辑　王　晨
责任校对　赵　盼
封面设计　卓义云天

出版发行　应急管理出版社（北京市朝阳区芍药居 35 号　100029）
电　　话　010-84657898（总编室）　010-84657880（读者服务部）
网　　址　www. cciph. com. cn
印　　刷　天津嘉恒印务有限公司
经　　销　全国新华书店

开　　本　787mm×1092mm 1/16　**印张**　21 1/2　**字数**　514 千字
版　　次　2020 年 7 月第 1 版　2022 年 4 月第 14 次印刷
社内编号　20200785　　　**定价**　70.00 元

前　言

安全生产事关人民群众生命财产安全和社会稳定大局。近年来，在党中央、国务院的高度重视和正确领导下，在各地区、各部门的共同努力下，全国安全生产状况保持了总体稳定、趋向好转的态势，但风险挑战依然较多。安全发展是科学发展、构建和谐社会的必然要求。习近平总书记在党的十九大报告中指出，要树立安全发展理念，弘扬生命至上、安全第一的思想，健全公共安全体系，完善安全生产责任制，坚决遏制重特大安全事故，提升防灾减灾救灾能力。《国家中长期人才发展规划纲要（2010—2020）》确立了人才是我国经济社会发展的第一资源的理念。施行注册安全工程师职业资格制度，是牢固树立科学人才观，深入实施"人才强安"战略的重要举措。

注册安全工程师职业资格考试自2004年首次开展以来，全国累计32.7万人通过考试取得注册安全工程师职业资格。主要分布在煤矿、金属与非金属矿山、建筑施工、金属冶炼以及危险化学品的生产、储存等企业和专业服务机构。其中，本科及以上学历占54%以上，年龄在50岁以下人员占96%以上，30~40岁人员占比约49%，已形成一支学历较高、年富力强、素质过硬且实践经验丰富的注册安全工程师队伍，为促进我国安全生产形势好转发挥了重要作用。

为推动注册安全工程师职业资格制度的健康发展，国务院有关部门在总结多年实践工作的基础上，积极推动注册安全工程师法制化进程。2014年8月31日修订的《中华人民共和国安全生产法》，首次确立了注册安全工程师的法律地位。2017年9月，人力资源社会保障部将注册安全工程师列入准入类国家职业资格目录。

为贯彻《安全生产法》，健全完善注册安全工程师职业资格制度，加强注册安全工程师专业能力，构建注册安全工程师"以用为本、科学准入、持续教育、事业化发展"四位一体工作格局，2017年11月，国家安全生产监督管理总局、人力资源社会保障部联合发布了《注册安全工程师分类管理办法》，确立了注册安全工程师职业资格按照专业类别实施分专业考试的指导思想，将注册安全工程师专业类别划分为煤矿安全、金属非金属矿山安全、化工安全、金属冶炼安全、建筑施工安全、道路运输安全和其他安全（不包括消防安全）。2019年1月，应急管理部、人力资源社会保障部联合发布了《注册安全工程师职业资格制度规定》《注册安全工程师职业资格考试实施办法》；2019年4月，应急管理部颁布了《中级注册安全工程师职业资格考试大纲》和《初级注册安全工程师职业资格考试大纲》，正式实施注册安全工程师分专业考试。

为了方便考生复习考试，2019年，中国安全生产科学研究院根据《中级注册安全工程师职业资格考试大纲》，组织专家编写了全国中级注册安全工程师职业资格考试辅导教材。本套教材包括公共科目和专业科目，其中，公共科目为《安全生产法律法规》《安全生产管理》和《安全生产技术基础》，专业科目为《安全生产专业实务》，包括煤矿安全、金属非金属矿山安全、化工安全、金属冶炼安全、建筑施工安全和其他安全。2020年，在更新辅导教材中涉及的安全生产法律法规和标准的基础上，对有关内容（包括读者反馈的问题）进行了勘误和修订。

本套教材具有较强的针对性、实用性和可操作性，主要供安全生产专业人员参加中级注册安全工程师职业资格考试复习之用，也可用于指导安全生产管理和技术人员的工作实践。

在教材编写过程中，很多专家做了大量的工作，付出了辛勤劳动，在此表示衷心感谢！由于时间和水平的限制，教材难免存在疏漏之处，敬请批评指正，以便持续改进！

中国安全生产科学研究院

2020年6月

目　　录

第一章　机械安全技术

第一节　机械安全基础知识

机械设备无处不在、无时不用，是人类进行生产经营活动不可或缺的重要工具和手段。现代机械科技含量高，是机、电、光、液等多种技术集成的复杂系统。机械在减轻劳动强度给人们带来高效、方便的同时，也带来了不安全因素。任何机械在进行生产或服务活动时都伴随着安全风险，机械安全问题越来越受到人们的重视。

一、机械基本概念

机械是由若干个零、部件连接构成，其中至少有一个零、部件是可运动的，并且配备或预定配备动力系统，是具有特定应用目的的组合。机械包括：

（1）单台的机械。例如，木材加工机械、金属切削机床、起重机等。

（2）实现完整功能的机组或大型成套设备。即为同一目的由若干台机械组合成一个综合整体，如自动生产线、加工中心、组合机床等。

（3）可更换设备。可以改变机械功能的、可拆卸更换的、非备件或工具设备，这些设备可自备动力或不具备动力。

机械是机器、机构等的泛称。机械往往指一类机器（如工程机械、加工机械、化工机械、建筑机械等）。机器常常指某种具体的机械产品（如数控机床、起重机、注塑机等）。机构一般指机器的某组成部分，可实现某种特定运动（如四连杆机构、传动机构等）。生产设备是更广义的概念，指生产过程中，为生产、加工、制造、检验、运输、安装、贮存、维修产品而使用的各种机器、设施、工机具、仪器仪表、装置和器具的总称。

机械安全是指在机械生命周期所有阶段，按规定的预定使用条件执行其功能的安全。即在风险已被充分减小（符合法律法规要求并考虑现有技术水平的风险减小）的机器的寿命周期内，机器执行其预定功能和在运输、安装、调整、维修、拆卸、停用以及报废时，不产生损伤或危害健康的能力。机械安全由组成机械的各部分及整机的安全状态来保证，由使用机械的人的安全行为来保证，由人－机的和谐关系来保证。

二、机械分类

按照机械的使用用途，可以将机械大致分为10类。

（一）动力机械

动力机械指用作动力来源的机械，也就是原动机。如机器中常用的电动机、内燃机、蒸汽机以及在无电源的地方使用的联合动力装置。

（二）金属切削机械

金属切削机械指对机械零件的毛坯进行金属切削加工用的机械。根据其工作原理、结构性能特点和加工范围的不同，又分为车床、钻床、镗床、磨床、齿轮加工机床、螺纹加工机床、铣床、刨（插）床、拉床、电加工机床、锯床和其他机床12类。

（三）金属成型机械

金属成型机械指除金属切削机械以外的加工机械。如锻压机械、铸造机械等。

（四）交通运输机械

交通运输机械指用于长距离载人和物的机械。如汽车、火车、船舶和飞机等交通工具。

（五）起重运输机械

起重运输机械指用于在一定距离内运移货物或人的提升和搬运机械。如各种起重机、运输机、升降机、卷扬机等。

（六）工程机械

凡土石方施工工程、路面建设与养护、流动式起重装卸作业和各种建筑工程所需的综合性机械化施工工程所必需的机械装备通称为工程机械。包括挖掘机、铲运机、工程起重机、压实机、打桩机、钢筋切割机、混凝土搅拌机、路面机、凿岩机、线路工程机械以及其他专用工程机械等。

（七）农业机械

农业机械指用于农、林、牧、副、渔业等生产的机械。如拖拉机、林业机械、牧业机械、渔业机械等。

（八）通用机械

通用机械指广泛用于工农业生产各部门、科研单位、国防建设和生活设施中的机械。如泵、风机、压缩机、阀门、真空设备、分离机械、减（变）速机、干燥设备、气体净化设备等。

（九）轻工机械

轻工机械指用于轻工、纺织等部门的机械。如纺织机械、食品加工机械、印刷机械、制药机械、造纸机械等。

（十）专用机械

专用机械指国民经济各部门生产中所特有的机械。如冶金机械、采煤机械、化工机械、石油机械等。

三、机械使用过程中的危险有害因素

机械使用过程中的危险可能来自机械设备和工具自身、原材料、工艺方法和使用手段、人对机器的操作过程，以及机械所在场所和环境条件等多方面，可分为机械性危险和非机械性危险。

（一）机械性危险

机械性危险包括与机器、机器零部件（包括加工材料夹紧机构）或其表面、工具、工件、载荷、飞射的固体或流体物料有关的可能会导致挤压、剪切、碰撞、切割或切断、缠绕、碾压、吸入或卷入、冲击、刺伤或刺穿、摩擦或磨损、抛出、绊倒和跌落等危险。

产生机械性危险的条件因素主要有：

(1) 形状或表面特性。如锋利刀刃、锐边、尖角形等零部件、粗糙或光滑表面。

(2) 相对位置。如由于机器零部件运动可能产生挤压、剪切、缠绕区域的相对位置。

(3) 动能。具有运动的机器零部件与人体接触，零部件由于松动、松脱、掉落或折断、碎裂、甩出。

(4) 势能。人或物距离地面有落差在重力影响下的势能，高空作业人员跌落危险、弹性元件的势能释放、在压力或真空下的液体或气体的势能、高压流体（液压和气动）压力超过系统元器件额定安全工作压力等。

(5) 质量和稳定性。机器抗倾翻性或移动机器防风抗滑的稳定性。

(6) 机械强度不够导致的断裂或破裂。

(7) 料堆（垛）坍塌、土岩滑动造成掩埋所致的窒息危险等。

(二) 非机械性危险

非机械性危险主要包括电气危险（如电击、电伤）、温度危险（如灼烫、冷冻）、噪声危险、振动危险、辐射危险（如电离辐射、非电离辐射）、材料和物质产生的危险、未履行安全人机工程学原则而产生的危险等。

在对机械设备及其生产过程中存在的危险进行识别并预测可导致的事故时，应注意伤害事故概念的界定范围。

四、机械危险部位及其安全防护措施

生产操作中，机械设备的运动部分是最危险的部位，尤其是那些操作人员易接触到的运动的零部件；此外，机械加工设备的加工区也是危险部位。

(一) 转动的危险部位及其防护

(1) 转动轴（无凸起部分）：当轴旋转时，无论其多光滑，都可能会将松散的衣物等挂住，并将其缠绕在轴上。由于没有适当的位置来安装固定式防护装置，一般是通过在光轴的暴露部分安装一个松散的、与轴具有 12 mm 净距的护套来对其进行防护，护套和轴可以相互滑动。为安装方便，护套沿轴向被分成两部分，将其覆盖在轴上并用圆形卡子或者强力胶带将两部分联结起来，如图 1－1 所示。

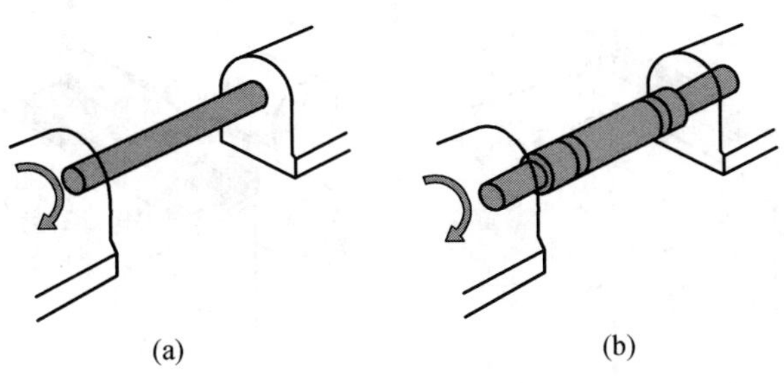

图 1－1 转动轴（无凸起部分）的防护措施

（2）转动轴（有凸起部分）：在旋转轴上的凸起物不仅能挂住衣物，造成缠绕，而且当人体和凸起物相接触时，还能够对人体造成伤害。具有凸起物的旋转轴应利用固定式防护罩进行全面封闭，如图 1－2 所示。

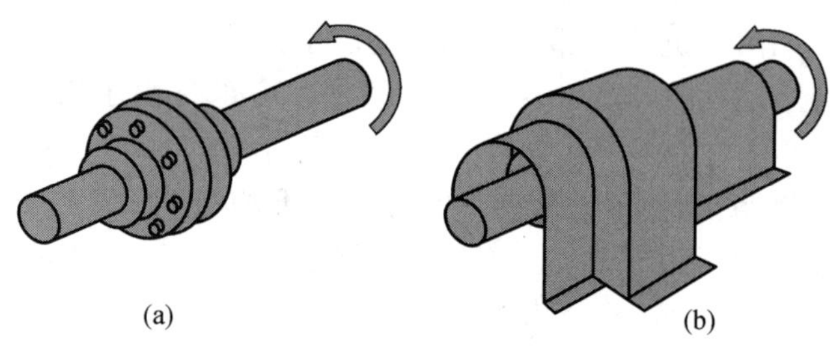

图 1－2　转动轴（有凸起部分）的防护措施

（3）对旋式轧辊：即使相邻轧辊的间距很大，但是操作人员的手、臂以及身体都有可能被卷入。一般采用钳型防护罩进行防护，如图 1－3 所示。

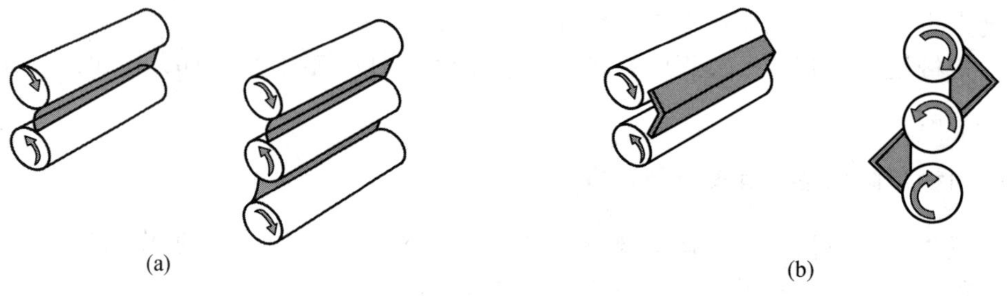

图 1－3　对旋式轧辊的防护措施

（4）牵引辊：当操作人员向牵引辊送入材料时，人们需要靠近这些转辊，其风险较大。可以安装一个钳型条，通过减少间隙来提供保护，通过钳型条上的开口，便于材料的输送，如图 1－4 所示。

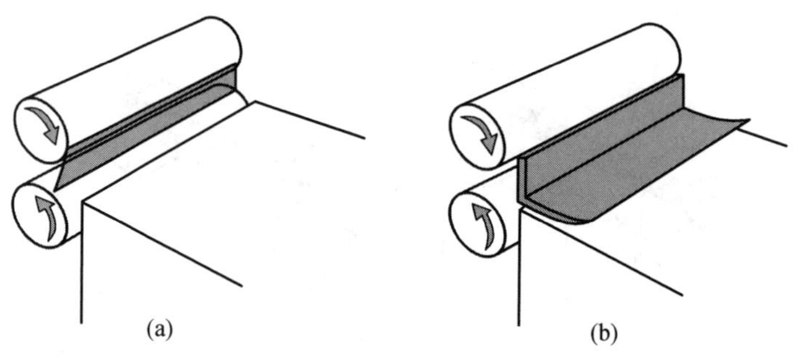

图 1－4　牵引辊的防护措施

（5）辊式输送机（辊轴交替驱动）：应该在驱动轴的下游安装防护罩。如果所有的辊轴都被驱动，将不存在卷入的危险，故无须安装防护装置，如图 1－5 所示。

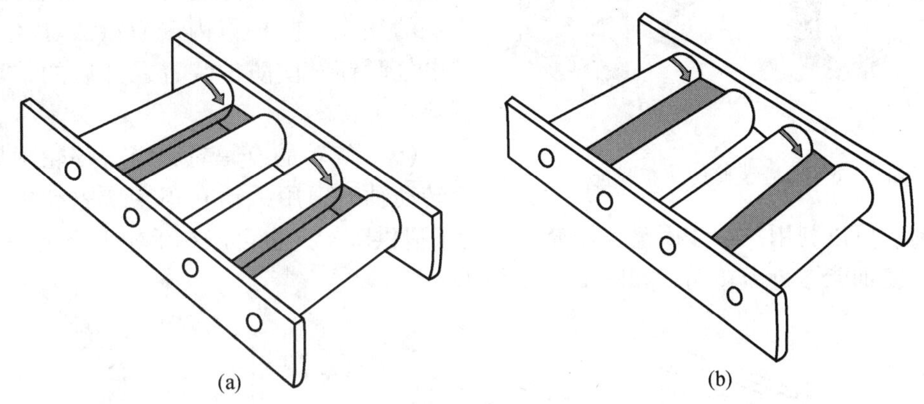

图 1－5　辊式输送机的防护措施

（6）轴流风扇（机）：安装在通风管道内部的轴流风扇（机）将不存在危险。开放式叶片是危险的，需要使用防护网来进行防护。防护网的网孔应足够大，使得空气能有效通过；同时网孔还要足够小，能有效防止手指接近叶片，如图 1－6 所示。

（7）径流通风机：安装在通风管道内部的风机不存在危险。通向风扇的进风口应该被一定长度的导管所保护，并且其入口应覆盖防护网。导管的长度和网孔的尺寸必须能够防止手指和手臂接近转动的叶片，如图 1－7 所示。

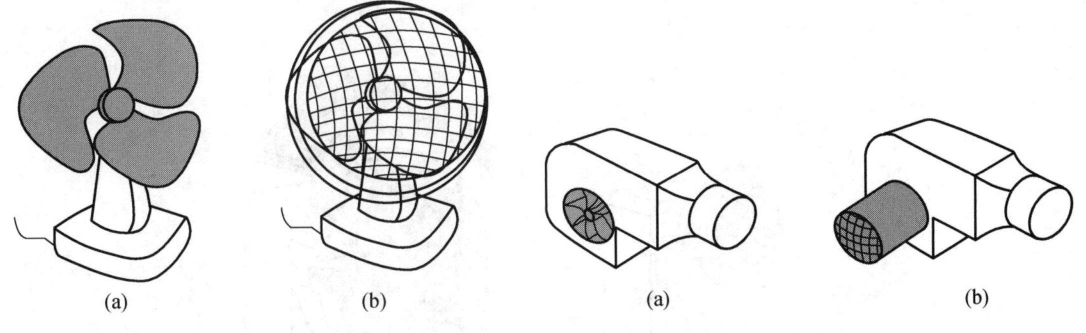

图 1－6　轴流风扇的防护措施　　图 1－7　径流通风机的防护措施

（8）啮合齿轮：机械设备的大部分齿轮都是包含在机框内的，由于其密闭性，这些齿轮是安全的。暴露的齿轮应使用固定式防护罩进行全面的保护，如图 1－8 所示。

齿轮传动机构必须装置全封闭型的防护装置。机器外部绝不允许有裸露的啮合齿轮，在设计和制造机器时，应尽量将齿轮装入机座内，而不使其外露。防护装置材料可用钢板或铸造箱体，必须坚固牢靠，保证在机器运行过程中不发生振动。要求装置合理，防护罩

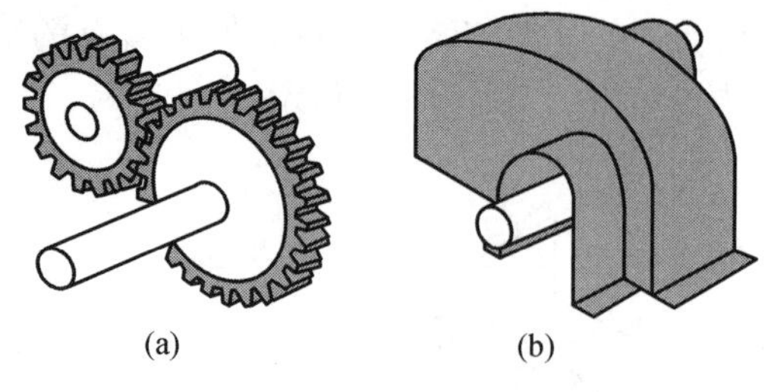

图 1－8　啮合齿轮的防护措施

壳体不应有尖角和锐利部分，外壳与传动机构的外形相符，同时应便于开启，便于机器的维护保养，能方便地打开和关闭。为引起人们的注意，防护罩内壁应涂成红色，最好装电气联锁，使防护装置在开启的情况下机器停止运转。

（9）旋转的有辐轮：当有辐轮附属于一个转动轴时，用手动有辐轮来驱动机械部件是危险的。可以利用一个金属盘片填充有辐轮来提供防护，也可以在手轮上安装一个弹簧离合器，使轴能够自由转动，如图 1－9 所示。

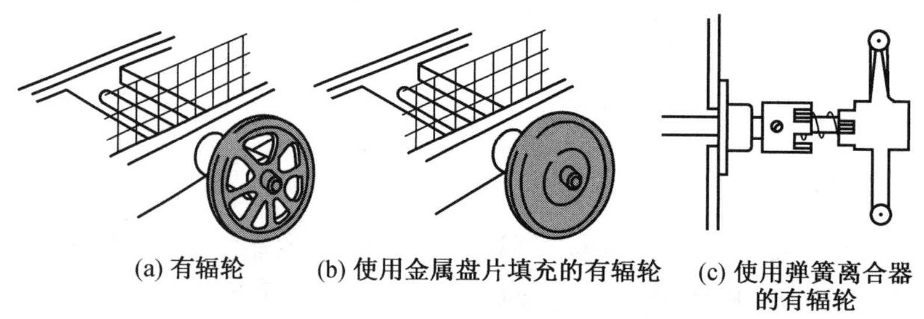

图 1－9　旋转的有辐轮的防护措施

（10）砂轮机：无论是固定式砂轮机，还是手持式砂轮机，除了其磨削区域附近，均应加以密闭来提供防护。在其防护罩上应标出砂轮旋转的方向和最高线速度等技术参数，如图 1－10 所示。

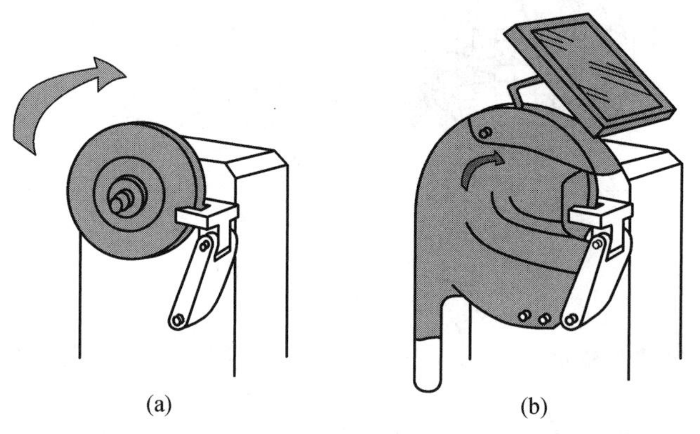

图 1－10　砂轮机的防护措施

（11）旋转的刀具：旋转的刀具应该被包含在机器内部（如卷筒裁切机）。在使用手工送料时，应尽可能减少刀刃的暴露，并使用背板进行防护。当加工的材料是可燃物时，产生碎屑的场所应该有适当的防火措施。当需要拆卸刀片时，应使用特殊的卡具和手套来提供防护。

（二）直线运动的危险部位及其防护

（1）切割刀刃：切割纸张、塑料等材料的刀刃极其锋利，具有较高的危险性，应使其暴露部分尽可能少。当需要对刀具进行维护时，需要提供特殊的卡具。

（2）砂带机：砂带机的砂带应该向远离操作者的方向运动，并且具有止逆装置，仅将工作区域暴露出来，靠近操作人员的端部应进行防护，如图 1－11 所示。

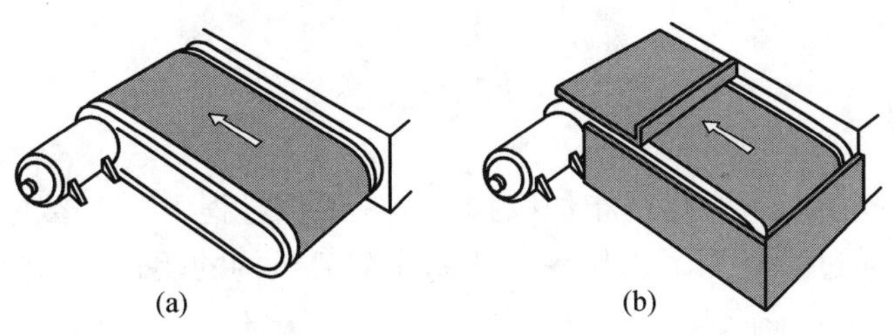

图 1－11 砂带机的防护措施

（3）机械工作台和滑枕：具有运动平板或者滑枕的机械设备应该被合理布置，当其运动平板（或者滑枕）达到极限位置时，平板（或者滑枕）的端面距离应和固定结构的间距不能小于 500 mm，以免造成挤压，如图 1－12 所示。

（4）配重块：当使用配重块时，应对其全部行程加以封闭，直到地面或者机械的固定配件处，避免形成挤压陷阱，如图 1－13 所示。

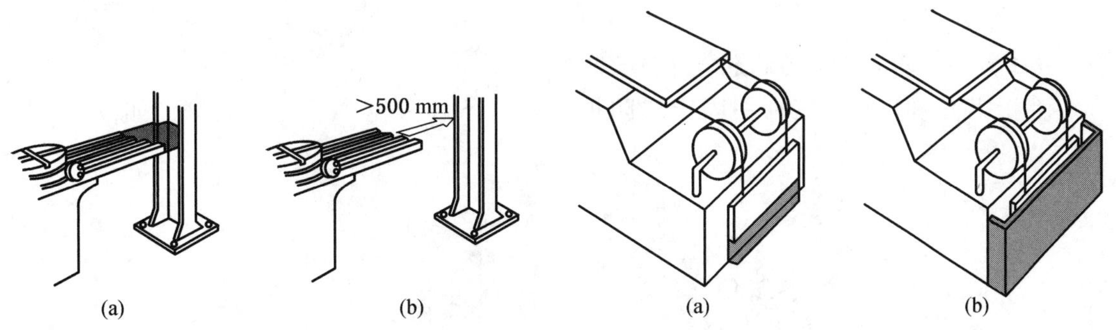

图 1－12 运动的工作平台的防护措施

图 1－13 配重块的防护措施

（5）带锯机：可调节的防护装置应该装置在带锯机上，仅用于材料切割的部分可以露出，其他部分得以封闭，如图 1－14 所示。

（6）冲压机和铆接机：这些机械设备可能需要操作人员手持工件靠近冲击头，需要为这些机械提供能够感知手指存在的特殊失误防护装置。

（7）剪刀式升降机：在操作过程中，主要的危险在于邻近的工作平台和底座边缘间

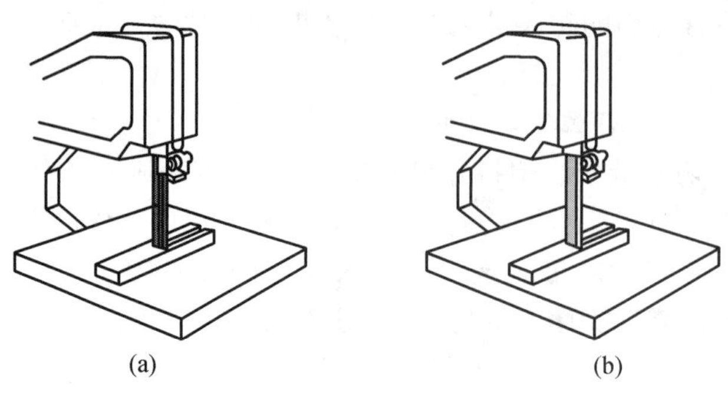

图 1－14 带锯机的防护措施

形成的剪切和挤压陷阱。可利用帘布加以封闭。在维护过程中，主要的危险在于剪刀机构的意外闭合。可以通过障碍物（木块等）来防止剪刀机构的闭合，如图 1－15 所示。

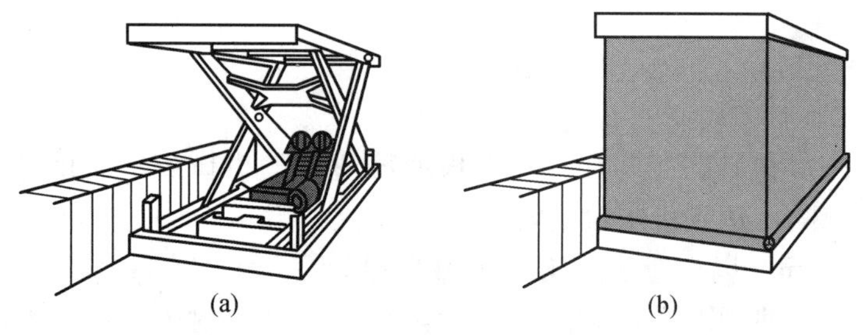

图 1－15 剪刀式升降机的防护措施

（三）转动和直线运动的危险部位及其防护

（1）齿条和齿轮：应利用固定式防护罩将齿条和齿轮全部封闭起来，如图 1－16 所示。

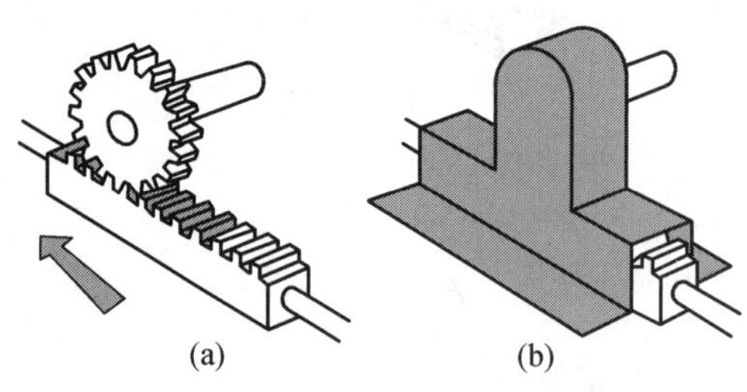

图 1－16 齿条和齿轮的防护措施

（2）皮带传动：不管使用何种类型的皮带，皮带传动的危险出现在皮带接头及皮带进入到皮带轮的部位。这种驱动还会因摩擦而生热。采用的防护措施必须能够保证足够的通风，否则，这种驱动会过热而失效。焊接金属网是一种适用的防护，可能需要一个支撑框架，其安装位置应能保证手指不会触及皮带，如图 1－17 所示。

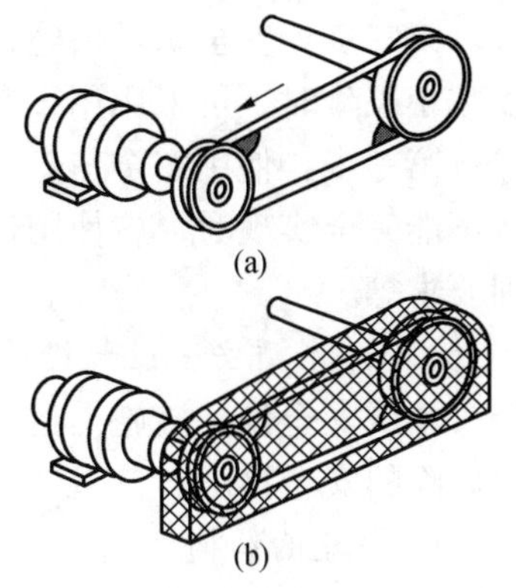

图 1－17 皮带传动的防护措施

皮带传动装置防护罩可采用金属骨架的防护网，与皮带的距离不应小于 50 mm，设计应合理，不应影响机器的运行。一般传动机构离地面 2 m 以下，应设防护罩。但在下列 3 种情况下，即使在离地面 2 m 以上也应加以防护：皮带轮中心距之间的距离在 3 m 以上；皮带宽度在 15 cm 以上；皮带回转的速度在 9 m/min 以上。这样，万一皮带断裂，不至于伤人。皮带接头必须牢固可靠，安装皮带应松紧适宜。皮带传动机构的防护可采用将皮带全部遮盖起来的方法，或采用防护栏杆防护。

（3）输送链和链轮：危险来自输送链进入到链轮处以及链齿。采取的防护措施应能防止接近链轮的锯齿和输送链进入到链轮部位，如图 1－18 所示。

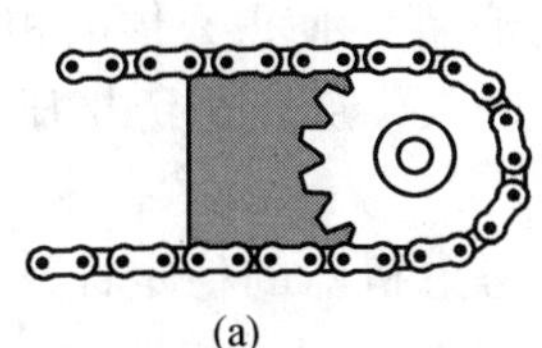

(a)

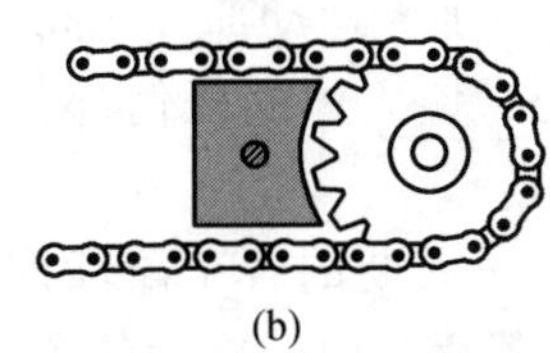

(b)

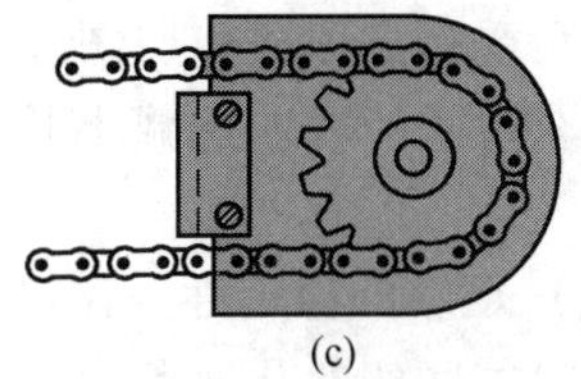

(c)

图 1－18 输送链和链轮的防护措施

五、实现机械安全的途径与对策措施

机械设备安全应考虑其寿命的各个阶段，包括机械产品的安全和机械使用的安全两个阶段。机械产品的安全是通过设计、制造等环节实现；机械使用的安全主要体现在执行预定功能的正常使用，包括安装、调整、查找故障和维修、拆卸及报废处理等环节。机械设备安全应考虑机器的正常作业状态、非正常状态和一切可能的其他状态。特别指出，决定机械产品安全性的关键是设计阶段采用安全措施，还要通过使用阶段采用安全措施来最大限度减小风险。

实现机械设备安全遵循以下两个基本途径：设计适当的结构，尽可能消除或减小风险；通过减少对操作者涉入危险区的需要，限制人们面临危险，避免给操作者带来不必要的体力消耗、精神紧张和疲劳。

消除或减小相关的风险，应按下列等级顺序选择安全技术措施，即“三步法”。

第一步：本质安全设计措施，也称直接安全技术措施，指通过适当选择机器的设计特性和暴露人员与机器的交互作用，消除或减小相关的风险。此步是风险减小过程中的第一步，也是最重要的步骤。

第二步：安全防护措施，也称间接安全技术措施。如果仅通过本质安全设计措施不足以减小风险时，可采用用于实现减小风险目标的安全防护措施。

第三步：使用安全信息，也称提示性安全技术措施。如果以上两步技术措施不能实现或不能完全实现时，应使用信息明确警告剩余风险，说明安全使用设备的方法和相关的培训要求等。

（一）本质安全设计措施

本质安全设计措施是指通过改变机器设计或工作特性，来消除危险或减小与危险相关的风险的安全措施。

1. 合理的结构型式

避免由于设计缺陷而导致发生任何可预见的与机械设备的结构设计不合理的有关危险事件。机械的结构、零部件或软件的设计应该与机械执行的预定功能相匹配。

（1）机器零部件形状。在不影响预定使用功能的前提下，可接近的机械部件避免有可能造成伤害的锐边、尖角、粗糙面、凸出部位；对可能造成“陷入”的机器开口或管口端进行折边、倒角或覆盖。

（2）运动机械部件相对位置设计。满足安全距离的原则，防止在可涉及的危险部位造成人员受到挤压或剪切伤害。通过加大运动部件之间的最小间距，使得人体的相应部位可以安全进入；或通过减小其间距，使人体的任何部位不能进入，从而避免挤压和剪切危险。

（3）足够的稳定性。在机器生命周期的各个阶段内都应考虑机器的稳定性，考虑因素有：机器底座的几何形状、包括载荷在内的重量分布；由于机器部件、机器本身或机器所夹持部件运动引起的振动或重心摆动和产生倾覆力矩的动态力；设备行走或安装地点（如地面条件、斜坡）的支承面特征。

2. 限制机械应力以保证足够的抗破坏能力

组成机械的所有零、构件，通过优化结构设计来达到防止由于应力过大破坏或失效、过度变形或失稳倾覆、垮塌引起故障或引发事故。

（1）专业符合性要求。机械设计与制造应满足专业标准或规范符合性要求，包括选择机械的材料性能数据、设计规程、计算方法和试验规则等。

（2）足够的抗破坏能力。各组成受力零件应保证足够安全系数，使机械应力不超过许用值，在额定最大载荷或工作循环次数下，应满足强度、刚度、抗疲劳性和构件稳定性要求。

（3）连接紧固可靠。螺栓连接、焊接、铆接或粘接等连接方式，保证结合部的连接强度、配合精度和密封要求，防止运转状态下连接松动、破坏、紧固失效。

（4）防止超载应力。通过在传动链预先采用“薄弱环节”预防超载，例如，采用易熔塞、限压阀、断路器等限制超载应力，保障主要受力件避免破坏。

（5）良好的平衡和稳定性。通过材料的均匀性和回转精度，防止在高速旋转时引起振动或回转件的不平衡运动；在正常作业条件下，机械的整体应具有抗倾覆或防风抗滑的稳定性。

3. 使用本质安全的工艺过程和动力源

本质安全工艺过程和本质安全动力源是指这种工艺过程和动力源自身是安全的。

（1）爆炸环境中的动力源。应采用全气动或全液压控制操纵机构，或采用“本质安全”电气装置，避免一般电气装置容易出现火花而导致爆炸的危险。

（2）采用安全的电源。电气部分应符合有关电气安全标准的要求，防止电击、短路、过载和静电的危险。

（3）防止与能量形式有关的潜在危险。采用气动、液压、热能等装置的机械，应避免因压力损失、压力降低或真空度降低而导致危险；所有元件（尤其是管子和软管）及其连接密封和防护，不因泄漏或元件失效而导致流体喷射；气体接收器、储气罐或承压容器及元件，在动力源断开时应能自动卸压、提供隔离措施或局部卸压及压力指示措施，以防剩余压力造成危险。

（4）改革工艺控制有害因素。消除或降低噪声、振动源（例如，用焊接代替铆接、用液压成形代替锤击成形工艺），控制有害物质的排放（例如，用颗粒代替粉末、铣代替磨工艺，以降低粉尘）等。

4. 控制系统的安全设计

控制系统的安全设计应符合下列原则和方法：

（1）控制系统的设计。应与所有机器电子设备的电磁兼容性相关标准一致，防止由于不合理的设计或控制系统逻辑的恶化、控制系统的零件由于缺陷而失效、动力源的突变或失效等原因，导致意外启动或制动、运动失控；其零部件应能承受在预定使用条件下的各种应力和干扰。

（2）软、硬件的安全。硬件（包括传感器、执行器、逻辑运算器等）和软件（包括内部操作或系统软件和应用软件）的选择、设计和安装，应符合安全功能的性能规范要求；不宜由用户重新编程的应用软件，可在不可重新编程的存储器中使用嵌入式软件；需要用户重新编程时，宜限制访问涉及安全功能的软件，不可因软件的设计瑕疵，引起数据丢失或死机。

（3）提供多种操作模式及模式转换功能。不仅考虑执行预定功能的正常操作需要的控制模式，还要考虑非正常作业（设定、示教、过程转换、故障查找、清洗或维护的控制模式）的需要。

（4）手动控制器的设计和配置应符合安全人机学原则。控制装置和操作位置的定位应使操作者对工作区或危险区直接观察范围最大，以便发现险情及时停机；手动控制器应配置在安全可达的位置，并设置在危险区以外（紧急停止装置、移动控制装置等除外）；手动启动装置附近均应配置相应的停止控制装置，还应配备主系统失效时用于减速或停机的紧急停机装置。

（5）考虑复杂机器的特定要求。例如，动力中断后的自保护系统或重新启动的原则、“定向失效模式”、“关键”件的加倍（或冗余）设置，可重编程控制系统中安全功能的保护、防止危险的误动作措施，以及采用自动监控、报警系统等措施。

5. 材料和物质的安全性

材料和物质的安全性包括生产过程各个环节所涉及的各类材料（包括组成机器自身的材料、燃料、加工原材料、中间或最终产品、添加物、润滑剂、清洗剂，与工作介质或环境介质反应的生成物及废弃物等)，应满足以下要求：

(1) 材料的力学性能。如抗拉强度、抗剪强度、冲击韧性、屈服极限等，应能满足执行预定功能的载荷（诸如冲击、振动、交变载荷等）作用的要求。

(2) 对环境的适应性。在预定的环境条件下工作时，应考虑温度、湿度、日晒、风化、腐蚀等环境影响，材料物质应有抗腐蚀、耐老化、抗磨损的能力，不致因物理性、化学性、生物性的影响而失效。

(3) 避免材料的毒性。在人员合理暴露的场所，应优先采用无毒和低毒的材料或物质，防止机器自身或在使用过程中产生的气、液、粉尘、蒸汽或其他物质造成的风险；材料和物质的毒害物成分、浓度应符合安全卫生标准的规定，对不可避免的毒害物（如粉尘、有毒物、辐射、放射性、腐蚀等）应在设计时考虑采取密闭、排放（或吸收)、隔离、净化等措施，不得危及面临人员的安全或健康或对环境造成污染。

(4) 防止火灾和爆炸风险。对可燃、爆的液、气体材料，应设计使其在填充、使用、回收或排放时减小风险或无危险；在液压装置和润滑系统中，使用阻燃液体（特别是高温环境中的机械)。

6. 机械的可靠性设计

一是机械设备要尽量少出故障，即设备的可靠性；二是出了故障要容易修复，即设备的维修性。可靠性指标包括机器的无故障性、耐久性、维修性、可用性和经济性等几个方面，人们常用可靠度、故障率、平均寿命（或平均无故障工作时间)、维修度等指标表示。可靠性好则可降低发生事故的频率，从而减少人员暴露于危险。

(1) 使用可靠性已知的安全相关组件。指在预定使用、环境条件下，在固定的使用期限或操作次数内，能够经受住所有有关的干扰和应力，而且产生失效概率小的组件。需要考虑的环境条件包括冲击、振动、冷、热、潮湿、粉尘、腐蚀或磨蚀材料、静电、电磁场。由此产生的干扰包括失效、控制系统组件的功能暂时或永久失效。

(2) 关键组件或子系统加倍（或冗余）和多样化设计。当一个组件失效时，另一个组件或其他多个组件能继续执行各自的功能，保证安全功能继续有效。采用多样化的设计或技术，避免共因失效（由单一事件引发的不同产品的失效，这些失效不互为因果）或共模失效（可能由不同原因引起，以相同故障模式为特征的产品失效)。

(3) 操作的机械化或自动化设计。可通过机器人、搬运装置、传送机构、鼓风设备实现自动化，可通过进料滑道、推杆和手动分度工作台等实现机械化。减少人员在操作点暴露于危险，限制操作产生的风险。

(4) 机械设备的维修性设计。设计应考虑机械的维修性，当产品一旦出故障，易发现、易拆卸、易检修、易安装，维修性是产品固有可靠性的指标之一。维修性设计应考虑以下要求：将维护、润滑和维修设定点放在危险区之外；检修人员接近故障部位进行检查、修理、更换零件等维修作业的可达性，即安装场所可达性（有足够的检修活动空间)、设备外部的可达性（考虑封闭设备用于人员进行检修的开口部分的结构及其固定方式)、设备内部的可达性（设备内部各零、组部件之间的合理布局和安装空间)；零、组部件的标准化与互换性，同时，必须考虑维修人员的安全。

7. 遵循安全人机工程学的原则

在机械基础设计阶段，对操作者和机器进行功能分配时，应遵循安全人机工程学原则，考虑预定使用机器“人—机”相互作用的所有要素，以减轻操作者心理、生理压力和紧张程度。

（1）操作台和作业位置应考虑人体测量尺寸、力量和姿势、运动幅度、重复动作频率、易用性等，尤其是手持和移动式机器的设计，应考虑到人力的可及范围、控制机构的操纵，以及人的手、臂、腿等解剖学结构。

（2）避免操作者在机器使用过程中的紧张姿势和动作，避免将操作者的工作节奏与自动的连续循环连在一起。

（3）当机器和（或）其防护装置的结构特征使得环境照明不足时，应在机器上或其内部提供调整设置区及日常维护区的局部照明。应避免会引起风险的眩光、阴影和频闪效应。若光源的位置在使用中需进行调整，则其位置不应对调整者构成任何危险。

（4）手动控制操纵装置的选用、配置和标记应满足以下要求：必须清晰可见、可识别，且作用明确，必要处适当加标志；其布局、行程和操作阻力与所要执行的操作相匹配，能安全地即时操作；按钮的位置、手柄和手轮运动与它们的作用应是恒定的；操作时不会引起附加风险。

（5）指示器、刻度盘和视觉显示装置的设计与配置应符合以下要求：信息装置应在人员易于感知的参数和特征范围之内，含义确切、易于理解，显示耐久、清晰；使操作者和机器间的相互作用尽可能清楚、明确，且在操作位置便于察看、识别和理解。

（二）安全防护措施

安全防护措施是指从人的安全需要出发，采用特定技术手段，防止仅通过本质安全设计措施不足以减小或充分限制各种危险的安全措施，包括防护装置、保护装置及其他补充保护措施。

安全防护的重点是机械的传动部分及机械的其他运动部分、操作区、高处作业区、移动机械的移动区域，以及某些机器由于特殊危险形式需要特殊防护等。某些安全防护装置还可用于避免多种危险（防止机械伤害，同时也用于降低噪声等级和收集有毒排放物）。采用何种手段防护，应根据对具体机器进行风险评价的结果来决定。

1. 防护装置

通常采用壳、罩、屏、门、盖、栅栏等结构和封闭式装置，用于提供防护的物理屏障，将人与危险隔离，为机器的组成部分。

1）防护装置的功能

（1）隔离作用，防止人体任何部位进入机械的危险区触及各种运动零部件。

（2）阻挡作用，防止飞出物打击，高压液体意外喷射或防止人体灼烫、腐蚀伤害等。

（3）容纳作用，接受可能由机械抛出、掉落、射出的零件及其破坏后的碎片等。

（4）其他作用，在有特殊要求的场合，还应对电、高温、火、爆炸物、振动、辐射、粉尘、烟雾、噪声等具有特别阻挡、隔绝、密封、吸收或屏蔽作用。

2）采用安全防护装置可能产生的附加危险

安全防护装置可能带来附加危险。在设计时，应注意以下因素带来的附加危险并采取措施予以避免：

（1）安全防护装置出现故障、失效而丧失其防护功能，能使人员暴露于危险而增加伤害的风险。

（2）安全防护装置在减轻操作者精神压力的同时，也使操作者形成心理依赖，放松对危险的警惕性，或由于影响操作等原因使人员放弃这些装置。

（3）由动力驱动的安全防护装置，其运动零部件或易于下落的重型防护装置可能产生机械伤害的危险。

（4）安全防护装置的自身结构存在安全隐患，如尖角、锐边、突出部分等危险。

（5）由于安全防护装置与机器运动部分安全距离不符合要求而导致的危险。

3）安全防护装置的一般要求

在人和危险之间构成安全防护屏障是安全防护装置的基本安全功能，为此，安全防护装置必须满足与其防护功能相适应的要求：

（1）满足安全防护装置的功能要求。应保证在机器的整个可预见的使用寿命期内，能良好地执行其功能；便于检查和修理，能够更换失效材料和性能下降的零部件，保证装置的可靠性；其功能除了防止机械性危险外，还应能防止由机械使用过程中产生的其他各种非机械性危险。

（2）构成元件及安装的抗破坏性。结构体应有足够的强度和刚度，坚固耐用，不易损坏，能有效抵御飞出物的打击危险或外力作用下发生不应有的变形；应与机器的工作环境相适应，结构件无松脱、裂损、腐蚀等危险隐患。

（3）不应成为新的危险源。不增加任何附加危险。可能与使用者接触的各部分不应产生对人员的伤害或阻滞（如避免尖棱利角、加工毛刺、粗糙的边缘等）；防止有害物质（流体、切屑、粉尘、烟气、辐射等）的泄漏和遗散。

（4）不应出现漏防护区。不易拆卸（或非专用工具不能拆除）；不易被旁路或避开。

（5）满足安全距离的要求。使人体各部位（特别是手或脚）无法逾越接触危险，同时防止挤压或剪切。

（6）不影响机器的预定使用。不得与机械任何正常可动零部件产生运动抵触；对机器使用期间各种模式的操作产生的干扰最小，不因采用安全防护装置增加操作难度或强度；对观察生产过程的视野障碍最小。

（7）遵循安全人机工程学原则。防护装置的结构尺寸及安装的安全距离应满足人体测量参数的要求，其可移除部分的尺寸和质量应易于装卸；不易用手移动和搬运的应考虑适于由升降设备运送的辅助装置；活动式防护装置或其中可移除部分应便于操作。

（8）满足某些特殊工艺要求。在某些应用场合，诸如食品、药品、电子及相关工业中，防护装置的设计应使其能排出加工过程中的污物；特别在食品和药品加工机械中使用时，使用的材料和涂层应对所装存物质或材料不产生有毒、污染等卫生方面的危险，安全而且便于清洗。

4）防护装置的类型

防护装置按使用方式可分为以下几种：

（1）固定式防护装置。保持在所需位置（关闭）不动的防护装置。不用工具不能将其打开或拆除。

（2）活动式防护装置。通过机械方法（如铁链、滑道等）与机器的构架或邻近的固定元件相连接，并且不用工具就可打开。

（3）联锁防护装置。防护装置的开闭状态直接与防护的危险状态相联锁，只要防护装置不关闭，被其“抑制”的危险机器功能就不能执行，只有当防护装置关闭时，被其“抑制”的危险机器功能才有可能执行；在危险机器功能执行过程中，只要防护装置被打开，就给出停机指令。

防护装置可以设计为封闭式，将危险区全部封闭，人员从任何地方都无法进入危险区；也可采用距离防护，不完全封闭危险区，凭借安全距离和安全间隙来防止或减少人员进入危险区的机会；还可设计为整个装置可调或装置的某组成部分可调。

机械传动机构常见的防护装置有用金属铸造或金属板焊接的防护箱罩，一般用于齿轮传动或传输距离不大的传动装置的防护；金属骨架和金属网制成的防护网常用于皮带传动装置的防护；栅栏式防护适用于防护范围比较大的场合，或作为移动机械移动范围内临时作业的现场防护，或高处临边作业的防护等。

5）防护装置的安全技术要求

除了满足安全防护装置的一般要求外，还应符合以下要求：

（1）防护装置应设置在进入危险区的唯一通道上，防护结构体不应出现漏防护区，并满足安全距离的要求，使人不可能越过或绕过防护装置接触危险。

（2）固定防护装置应采用永久固定（如焊接等）或借助紧固件（如螺栓等）方式固定，若不用工具（或专用工具）不可能拆除或打开。

（3）活动防护装置或防护装置的活动体打开时，尽可能与被防护的机械借助铰链或导链保持连接，防止挪开的防护装置或活动体脱落或难以复原。

（4）当活动联锁式防护装置出现丧失安全功能的故障时，应使被其“抑制”的危险机器功能不可能执行或停止执行，装置失效不得导致意外启动。

（5）可调式防护装置的可调或活动部分调整件，在特定操作期间保持固定、自锁状态，不得因为机器振动而移位或脱落。

（6）在要求通过防护装置观察机器运行的场合，宜提供大小合适开口的观察孔或观察窗。

（7）防护装置的开口要求，见表1－1。

表1－1 规则开口通过的安全距离

肢体部位	图示	开口 e/mm	安全距离 S_r/mm		
			槽形	方形	圆形
指尖		$4<e\leq6$	10	5	5

表 1-1（续）

肢体部位	图　示	开口 e/mm	安全距离 S_r/mm		
			槽形	方形	圆形
指至指关节		$6 < e \leqslant 8$	≥20	≥15	≥5
		$8 < e \leqslant 10$	≥80	≥25	≥20
手		$10 < e \leqslant 12$	≥100	≥80	≥80
		$12 < e \leqslant 20$	≥120	≥120	≥120
		$20 < e \leqslant 30$	≥850	≥120	≥120
臂至肩关节		$30 < e \leqslant 40$	≥850	≥200	≥120
		$40 < e \leqslant 120$	≥850	≥850	≥850
脚趾尖		$e \leqslant 5$	0	0	
脚趾		$5 < e \leqslant 15$	≥10	0	
		$15 < e \leqslant 35$	≥80	≥25	
脚		$35 < e \leqslant 60$	≥180	≥80	
		$60 < e \leqslant 80$	≥650	≥180	
膝以下腿部		$80 < e \leqslant 95$	≥1100	≥650	
胯以下腿部		$95 < e \leqslant 180$	≥1100	≥1100	
		$180 < e < 240$	不允许	≥1100	
开口尺寸 e 表示方形开口的边长、圆形开口的直径和槽形开口的最窄处尺寸					

注：根据《机械安全　防止上下肢触及危险区的安全距离》（GB 23821）整理。

2. 保护装置

通过自身的结构功能限制或防止机器的某种危险，消除或减小风险的装置。常见的有联锁装置、双手操作式装置、能动装置、限制装置等。

1）保护装置的种类

按功能不同，保护装置可大致分为以下几类：

(1) 联锁装置。用于防止危险机器功能在特定条件下（通常是指只要防护装置未关闭）运行的装置。可以是机械、电气或其他类型的。

(2) 能动装置。一种附加手动操纵装置，与启动控制一起使用，并且只有连续操作时，才能使机器执行预定功能。

(3) 保持—运行控制装置。一种手动控制装置，只有当手对操纵器作用时，机器才能启动并保持机器功能。

(4) 双手操纵装置。至少需要双手同时操作，以便在启动和维持机器某种运行的同时，针对存在的危险，强制操作者在机器运转期间，双手没有机会进入机器的危险区，以此为操作者提供保护的一种装置。

(5) 敏感保护装置。用于探测人体或人体局部，并向控制系统发出正确信号以降低被探测人员风险的装置。

(6) 有源光电保护装置。通过光电发射和接收元件完成感应功能的装置，可探测特定区域内由于不透光物体出现引起的该装置内光线的中断。

(7) 机械抑制装置。在机构中引入的能靠其自身强度，防止危险运动的机械障碍（如楔、轴、撑杆、销）的装置。

(8) 限制装置。防止机器或危险机器状态超过设计限度（如空间限度、压力限度、载荷限度等）的装置。

(9) 有限运动控制装置（也称行程限制装置）。与机器控制系统一起作用的，使机器元件做有限运动的控制装置。

保护装置种类很多，防护装置和保护装置经常通过联锁成为组合的安全防护装置，如联锁防护装置、带防护锁的联锁防护装置和可控防护装置等。

2）保护装置的技术特征

(1) 保护装置零部件的可靠性应作为其安全功能的基础，在规定的使用寿命期限内，不会因零部件失效使保护装置丧失主要保护功能。

(2) 保护装置应能在危险事件即将发生时，停止危险过程。

(3) 重新启动的功能，即当保护装置动作第一次停机后，只有重新启动，机器才能开始工作。

(4) 光电式、感应式保护装置应具有自检功能，当出现故障时，应使危险的机器功能不能执行或停止执行，并触发报警器。

(5) 保护装置必须与控制系统一起操作并与其形成一个整体，保护装置的性能水平应与之相适应。

(6) 保护装置的设计应采用“定向失效模式”的部件或系统、考虑关键件的加倍冗余，必要时还应考虑采用自动监控。

3. 安全防护装置的选择

1）必须装设安全防护装置的机械部位

(1) 旋转机械的传动外露部分。如传动带、砂轮、电锯、皮带轮和飞轮等，都要设防护装置。一般有防护网、防护栏杆、可动式或固定式防护罩和其他专用装置。必要时，可移动式防护罩还应有联锁装置，当打开防护罩时，危险部分立即停止运动。

（2）冲压设备的施压部分要安设如挡手板、拨手器联锁电钮、安全开关、光电控制等防护装置。当人体某一部分进入危险区之前，使滑块停止运动。

（3）起重运输设备都应有信号装置、制动器、卷扬限制器、行程限制器、自动联锁装置、缓冲器以及梯子、平台、栏杆等。

（4）加工过热和过冷的部件时，为避免操作者触及过热或过冷部件，在不影响操作和设备功能的情况下，必须配置防接触屏蔽装置。

（5）生产、使用、贮存或运输中存在有易燃易爆的生产设施（如锅炉、压力容器、可燃气体燃烧设备以及其他燃料燃烧设备），都要根据其不同性质配置安全阀、水位计、温度计、防爆阀、自动报警装置、截止阀、限压装置、点火或稳定火焰装置等安全防护装置。

（6）自动生产线和复杂的生产设备及重要的安全系统，都应设自动监控装置、开车预警信号装置、联锁装置、减缓运行装置、防逆转等起强制作用的安全防护装置。

（7）能产生粉尘、有害气体、有害蒸气或者发生辐射的生产设备，应安设自动加料及卸料装置、净化和排放装置、监测装置、报警装置、联锁装置、屏蔽等。

2）安全防护装置的选择原则

选择安全防护装置的形式应考虑所涉及的机械危险和其他非机械危险，根据运动件的性质和人员进入危险区的需要来决定。对特定机器安全防护应根据对该机器的风险评价结果进行选择（图1－19）。

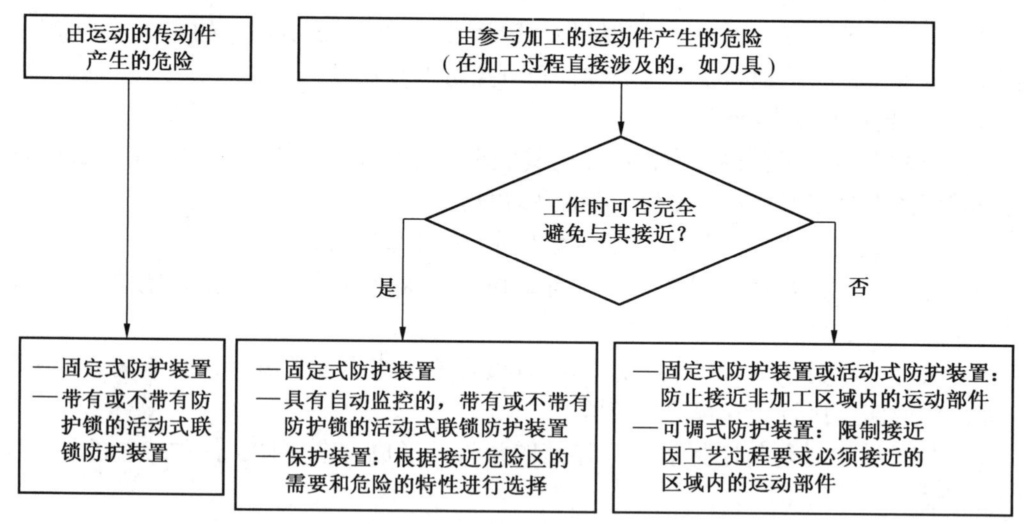

图1－19　防止由运动件产生危险的安全防护装置的选择

（1）机械正常运行期间操作者不需要进入危险区的场合，优先考虑选用固定式防护装置，包括进料、取料装置，辅助工作台；适当高度的栅栏，通道防护装置等。

（2）机械正常运转时需要进入危险区的场合，当需要进入危险区的次数较多，需经常开启固定防护装置会带来作业不便时，可考虑采用联锁装置、自动停机装置、可调防护装置、自动关闭防护装置、双手操纵装置、可控防护装置等。

（3）对非运行状态的其他作业期间（如机器的设定、示教、过程转换、查找故障、清理或维修等）需进入危险区的场合，需要移开或拆除防护装置，或人为抑制安全装置功能时，可采用手动控制模式、止—动操纵装置或双手操纵装置、点动—有限的运动操纵装置等。

有些情况下，可能需要几个安全防护装置联合使用。

4. 补充保护措施

补充保护措施也称附加预防措施，是指在设计机器时，除了一般通过设计减小风险，采用安全防护措施和提供各种使用信息外，还应另外采取的有关安全措施。

1）实现急停功能的组件和元件

根据风险评估结果，确定机器是否需要装备一个或多个急停装置，以使已有或即将发生的危险状态得以避开。满足以下要求：

（1）急停装置容易识别、清晰可见。急停器件为红色掌揿或蘑菇式开关、拉杆操作开关等，附近衬托色为黄色。

（2）急停装置应能迅速停止危险运动或危险过程而不产生附加风险，急停功能不应削弱安全装置或与安全功能有关装置的效能。

（3）急停装置应设有防止意外操作的措施，通常与操作控制站隔开以避免相互混淆，可设置在操作者无危险随手可及之处，也可设置在可碎玻璃壳内。

（4）急停装置被启动后应保持接合状态，在用手动重调之前应不可能恢复电路。

2）被困人员逃生和救援的措施

被困人员逃生和救援的措施包括并不仅限于以下情况：

（1）操作者陷入危险的设施中的逃生通道和躲避空间。

（2）设备机械急停后，提供人工移动某些元件或反向移动某些元件的措施。

（3）下降装置的锚定点。

（4）受困人员的呼救通讯方式。

3）隔离和能量耗散的措施

可以采取以下技术措施手段，并通过安全工作程序验证措施是否已达到预期效果：

（1）将机器（或指定的机器部件）与所有动力供应隔离（脱开、分离）。

（2）将所有隔离单元锁定（或采用其他方式固定）在隔离位置。

（3）耗散能量如果不可能或不可行，抑制（遏制）任何可增大危险的储存能量。

4）提供方便且安全搬运机器及其重型零部件的装置

无法移动或无法用手搬运的机器及其零部件，应配备以下利用提升机构搬运的附属装置：

（1）带吊索、吊钩、吊环螺栓或用于固定螺纹孔的标准提升设备。

（2）采用带起重吊钩的自动抓取设备。

（3）通过叉车搬运的机器的叉臂定位装置。

（4）集成到机器内的提升和装载机构和设备。

（5）对操作中可通过手动拆除的机器部件，应提供安全移除和更换的方法。

5）安全进入机器的措施

操作及与安装、维护相关的所有常规作业尽可能由人员在地面完成。如果无法实现，应提供安全进入机内的设施，并确保不会使操作者接近机器的危险区。

（1）步行区应尽量采用防滑材料。

（2）在大型自动化设备中，应特别提供如通道、输送带过桥或跨越点等安全进入的途径。

（3）进入位于一定高度的机器位置，应提供如楼梯、阶梯及平台的护栏或梯子的安全护笼等防止跌落的措施，必要时，还应提供防止人员从高处跌落的个体防护装备的锚定点。

（4）只要有可能，进入机内的开口都应朝向安全的位置，其设计应防止因意外打开产生的危险。

（5）提供必要的进入辅助设施（台阶、把手等）。控制装置的设计和位置应防止其被用作进入时的辅助设施。

（6）如果提升货物或人员的机械包含固定高度的停层时，应配备联锁防护装置，既防止在某没有平台的停层发生人员跌落，也用于防止当防护装置打开时提升平台运动。

（三）安全信息的使用

使用信息由文本、文字、标记、信号、符号或图表等组成，以单独或联合使用的形式向使用者传递信息，用以指导使用者安全、合理、正确地使用机器，警示剩余风险和可能需要应对机械危险事件。也应对不按规定要求操作或可合理预见的误用而产生的潜在风险进行警告。使用信息是机器的组成部分之一。

提供信息应涵盖机械使用的全过程，包括运输、装配和安装、试运转、使用（设定、示教/编程或过程转换、操作、清洗、故障查找和维护）以及必要的拆卸、停用和报废。

使用信息的类别有：标志、符号（象形图）、安全色、文字警告等；信号和警告装置；随机文件，例如，操作手册、说明书等。

1. 信息的使用原则

1）根据风险的大小和危险的性质

可依次采用安全色、安全标志、警告信号，直到警报器。标志、符号和文字信息应容易理解和明确无误，文字信息应采用使用机器的国家语言。在使用上，图形符号和安全标志应优先于文字信息。

2）根据需要信息的时间

提示操作要求的信息应采用简洁形式，长期固定在所需的机器部位附近；显示状态的信息应尽量与工序顺序一致，与机器运行同步出现；警告超载的信息应在负载接近额定值时，提前发出警告信息；危险紧急状态的信息应即时发出，持续的时间应与危险存在的时间一致，持续到操作者干预为止或信号的消失应随危险状态解除而定。

3）根据机器结构和操作的复杂程度

对于简单机器，一般只需提供有关标志和使用操作说明书；对于结构复杂的机器，特别是有一定危险性的大型设备，除了各种安全标志和使用说明书（或操作手册）外，还应配备有关负载安全的图表、运行状态信号，必要时提供报警装置等。

4）根据信息内容和对人视觉的作用采用不同的安全色

为使人们对周围存在的不安全因素环境、设备引起注意和警惕，需要涂以醒目的安全色。需强调的是，安全色的使用不能取代防范事故的其他安全措施。

5）满足安全人机学的原则

采用安全信息的方式和使用方法应与操作人员或暴露人员的能力相符合。只要可能，应使用视觉信号；在可能有人的感觉缺陷的场所，如盲区、色盲区、耳聋区或由于使用个人保护装备而导致出现盲区的地方，应配备可以感知有关安全信息的其他信号（例如，触摸、振动等信号）。

2. 安全标志和安全色

安全色和安全标志设置在工作场所和特定区域，使人们迅速注意到影响安全和健康的对象和场所，并使特定信息得到迅速理解。主要用于预防事故、防止火灾、传递危险情况信息和紧急疏散等。

1）安全色

安全色是被赋予安全意义具有特殊属性的颜色，包括红、蓝、黄、绿四种。安全色的含义和用途，见表1－2。

表1－2 安全色颜色含义

颜色	颜色含义	
	人员安全	机械/过程状况
红	危险/禁止	紧急
黄	注意、警告	异常
绿	安全	正常
蓝	执行	强制性

安全色有时采用组合或对比色的方式，常用的安全色及其相关的对比色是红色－白色；黄色－黑色；蓝色－白色；绿色－白色。

（1）红色。红色表示禁止、停止、危险或提示消防设备、设施的信息。红色用于各种禁止标志、交通禁令标志、消防设备标志；机械的停止按钮、刹车及停车装置的操纵手柄；机械设备的裸露部位（飞轮、齿轮、皮带轮的轮辐、轮毂等）；仪表刻度盘上极限位置的刻度、危险信号旗等。

（2）黄色。黄色表示注意、警告的信息。黄色用于如警告标志、皮带轮及其防护罩的内壁、砂轮机罩的内壁、防护栏杆、警告信号旗等。

（3）蓝色。蓝色表示必须遵守规定的指令性信息。蓝色用于道路交通标志和标线中警告标志等。

（4）绿色。绿色表示安全的提示性信息。绿色用于如机器的启动按钮、安全信号旗以及指示方向的提示标志，如安全通道、紧急出口、可动火区、避险处等。

（5）红色与白色相间隔的条纹。比单独使用红色更加醒目，表示禁止通行、禁止跨越的信息。主要用于交通运输等方面所使用的防护栏杆及隔离墩；液化石油气汽车槽车的条纹；固定禁止标志的标志杆上的色带。

（6）黄色与黑色相间隔的条纹。比单独使用黄色更醒目，表示特别注意的信息。应用于各种机械在工作或移动时容易碰撞的部位（如移动式起重机的外伸腿、起重臂端部、起重吊钩和配重等），剪板机的压紧装置，冲床的滑块等有暂时或永久性危险的场所或设备，固定警告标志的标志杆上的色带等。

（7）蓝色与白色相间隔的条纹。比单独使用蓝色更醒目，表示方向、指令的安全标记，主要用于交通上的指示性导向标等。

（8）绿色与白色相间隔的条纹。比单独使用绿色更醒目，表示指示安全环境的安全标记。

2）安全标志

安全标志由图形符号、安全色和（或）安全对比色、几何形状（边框）或附以简短的文字组合构成，用于传递与安全及健康有关的特定信息或使某个对象或地点变得醒目。

安全标志分为禁止标志、警告标志、指令标志、提示标志四类。

（1）禁止标志：禁止人们不安全行为的图形标志。安全色为红色，对比色为白色，基本特征为：图形为圆形、黑色，白色衬底，红色边框和斜杠，如图 1－20 所示。

图 1－20　机械工业常用的禁止标志

（2）警告标志：提醒人们对周围环境引起注意，以避免可能发生危险的图形标志。安全色为黄色，对比色为黑色，基本特征为：图形为三角形、黑色，黄色衬底，黑色边框，如图 1－21 所示。

图 1－21　机械工业常用的警告标志

（3）指令标志：强制人们必须做出某种动作或采用防范措施的图形标志。安全色为蓝色，对比色为白色，基本特征为：图形为圆形、白色，蓝色衬底，如图 1－22 所示。

图 1－22　机械工业常用的指令标志

（4）提示标志：提供某种信息（标明安全设施或场所等）的图形标志。安全色为绿色，对比色为白色，基本特征为：白色图形，正方形边框，绿色衬底，如图 1－23 所示。

（5）文字辅助标志：仅靠安全标志本身不能够传递安全所需的全部信息时，用辅助标志给出附加的文字信息并且只能与安全标志同时使用。基本型式是矩形边框，有横写和竖写两种形式。

(a) 紧急出口

(b) 避险处

(c) 可动火区

(d) 击碎板面

图 1-23 机械工业常用的提示标志

① 横写时，文字辅助标志写在标志的下方，可以和标志连在一起，也可以分开。禁止标志、指令标志为白色字，衬底色为标志的颜色；警告标志为黑色字，衬底色为白色。

② 竖写时，文字辅助标志写在标志杆的上部。禁止标志、警告标志、指令标志、提示标志均为白色衬底，黑色字。标志杆下部色带的颜色应和标志的颜色相一致。

（6）安全标志应满足的要求：

① 标志牌的设置位置。应设在与安全有关的醒目地方和明亮环境中，并使人们看到后有足够的时间来注意它所表示的内容。不宜设在门、窗、架或可移动的物体上，标志牌前不得放置妨碍认读的障碍物。

② 多个安全标志在一起设置。应按警告、禁止、指令、提示类型的顺序，先左后右、先上后下排列。机械设备易发生危险的相应部位，必须有安全标志。

③ 标志检查与维修。标志在整个机械寿命内应保持连接牢固、字迹清楚、色彩久不褪色、耐环境条件（如液体、气体、气候、盐雾、温度、光）引起的损坏、耐磨损并尺寸稳定；至少每半年检查一次，发现变形、破损、褪色不符合要求时，应及时修整或更换，以保证安全色正确、醒目。

3. 信号和警告装置

信号的功能是提醒注意、显示运行状态、警告可能发生故障或出现险情（包括人身伤害或设备事故风险）先兆，要求人们做出排除或控制险情反应的信号。险情信号的基本属性是使信号接收区内的任何人都能察觉、辨认信号并做出反应。

1）信号和警告装置类别

此类别包括听觉信号、视觉信号以及视听组合信号。

（1）听觉信号。通过发于声源的音调、频率和间歇变化传送的信息。用声音传递信息。听觉信号利用人的听觉反应快的特点，可不受照明和物体障碍限制，强迫人们注意。听觉信号的特性应与相关的环境特性相匹配。

险情听觉信号则根据险情的紧急程度及其可能对人群造成的伤害，分为三类：

① 紧急听觉信号：标示险情开始的信号，必要时，还包括标示险情持续和终止的信号。

② 紧急撤离听觉信号：标示险情开始或正在发生且有可能造成伤害的紧急情况的信号，此指示人们按已确定的方式立即离开危险区。

③ 警告听觉信号：标示即将发生或正在发生，需采取适当措施消除或控制危险的险

情信号。也可提供人们采取行动或措施的信息。

（2）视觉信号：借助装置的视亮度、对比度、颜色、形状、尺寸或排列传送的信息。特点是占空间小、视距远、简单明了。险情视觉信号的特征为应确保在信号接收区内的任何地方，在所有可能的照明条件下清晰可见，可采用亮度高于背景的稳定光和闪烁光，以从一般照明或其他视觉信号中辨别出来。根据险情对人危害的紧急程度和可能后果，视觉信号分为两类：

① 警告视觉信号：指明危险情形即将发生，要求采取适当措施消除或控制险情的视觉信号。

② 紧急视觉信号：指明危险情形已经开始或正在发生，要求采取应急措施的视觉信号。

（3）视听组合信号。其特点是光、声信号共同作用。当险情信号为紧急信号时，险情视觉信号与险情听觉信号应配合使用同时出现，用以加强危险和紧急状态的警告功能。视听信号特征分类见表 1－3。

表1－3 视听信号特征分类

声	光	含 义
扫频声	红色	危险，紧急行动
猝发声，快脉冲	红色	危险，紧急行动
交变声	红色	危险，紧急行动
短声	黄色	注意，警戒
序列声	蓝色	命令，强制性行动
拖延声	绿色	正常状态，警报解除

2）安全要求

设计和应用视听信号应遵循安全人机工程学原则，具体安全要求如下：

（1）含义明确性。对信号最首要的要求是具有某些典型模式和赋予一个特定的特征，使信号含义明确，确保无歧义地识别传递。

（2）可察觉性。信号必须清晰可鉴，听觉信号应明显超过有效掩蔽阈值，在接收区内的任何位置都不应低于 65 dB（A）。紧急视觉信号应使用闪烁信号灯，以吸引注意并产生紧迫感，警告视觉信号的亮度应至少是背景亮度的 5 倍，紧急视觉信号亮度应至少是背景亮度的 10 倍，即后者的亮度应至少 2 倍于前者，频闪效应会削弱闪光信号的可察觉性。听觉信号和视觉信号宜同时使用时，声光的同步可提高信号的可察觉性。

（3）可分辨性。险情信号应与所用的其他所有信号明显区分。听觉险情信号应使其从接收区内所有其他声音中清晰地突显；视觉险情信号中，警告视觉信号应为黄色或橙黄色，紧急视觉信号应为红色；不管移动信号源的移动速度或方向如何变化，险情信号都应确保在各种不利环境下得以识别。

（4）有效性。险情信号应定期复查，且无论有任何其他相关变化（如启用某种新信号、背景噪声发生变化等），都应复查信号的有效性。

（5）设置位置。险情信号宜设置于紧邻潜在危险源的适当位置，应在作业地点的可听可视范围之内，使人员能及时察觉、正确理解险情性质并采取应急措施。

（6）优先级要求。任何险情信号应优先于其他所有视听信号；紧急信号应优先于所有警告信号，紧急撤离信号应优先于其他所有险情信号。

注意防止过多的视听信号引起“感官疲劳”或显示频繁导致“敏感度”降低而丧失应有的作用。

4. 随机文件及使用说明书

主要是指操作手册、使用说明书或其他文字说明（如保修单等）。

使用说明书是交付机械产品的必备组成部分，内容应简明、准确、易于阅读和理解；能指导使用者正确使用机器，避免可能带来伤害，警告可合理预见到的误用的风险以及警告剩余风险。使用说明书不应用来掩盖设计上的缺陷。说明书应包括安装、搬运、贮存、使用、维修和安全卫生等有关规定，应在各个环节对剩余风险提出通知和警告，并给出对策建议。

六、机械制造生产场所安全技术

机械工厂包括各类机械制造业，电讯、邮电器材制造业，仪表制造业，造船、机车车辆制造业，汽车、拖拉机制造业，飞机工业等工厂。其范围很广，生产性质、工艺要求均不相同，出现很多现代专业化工厂、联合厂房、多层厂房，涌现不少成熟的新材料和新的施工工艺，但也带来很多安全新课题。

生产场所是机械设备和各种物料集中的场所，又是人员进行作业活动的地点。多种形式的危险并存，机械危险与其他非机械危险交织在一起。由于工作环境或机器设备工具的不完善和设备设施布局不科学，工艺过程、劳动组织或技术操作方法上的缺陷等原因，而引起伤亡事故或发生职业病。生产场所职业安全卫生问题受到普遍重视。

（一）总平面布置

（1）总平面布置，应结合当地气象条件，使车间厂房具有良好的朝向、采光和自然通风条件。保证作业场地和作业环境的气象条件符合防寒、防风、防暑、防湿的要求。

（2）在符合生产流程、操作要求和使用功能的前提下，应采用联合、集中、多层布置。按生产流程做到工序衔接紧密，物料传送路线短，操作检修方便，符合安全卫生要求。

（3）多层厂房应将运输量、荷载、噪声较大及有振动、有腐蚀溶液和用水量较多的工部布置在厂房的底层，以便于运输、减轻楼板荷重、排除地面污水；将工艺生产过程中排出有粉尘、毒气和腐蚀性气体和火灾危险性较大的工部布置在顶层，以便合理使用空间、进行三废处理、加强环境保护。联合厂房应将散发烟尘、高温或排出有害介质的车间布置在靠外墙处。

（4）产生危险和有害因素的车间、装置和设备设施与控制室、变配电室、仓库、办公室、休息室、试验室等公用设施的距离应符合防火、防爆、防尘、防毒、防振、防触电、防辐射、防噪声的规定，防火距离、消防通道、消防给水及有关设施应符合有关标准规定。

（5）散发热量、腐蚀性、尘毒危害较严重及使用易燃易爆物料或气体、电磁电离辐射危害严重的工序，布置在靠外墙和厂房的下风向，与其他生产工序隔开，不同危害生产工序之间亦应相互隔离。危害相同的生产工序宜集中（或相邻）布置。对于影响严重的局部工段，可采用排烟排气罩机械送、排风，或者采取密闭措施。

（6）厂区运输网应根据生产流程，充分考虑人和物的合理流向和物料输送的需要，结合进出厂（场）物品的特征、运输量、装卸方式合理布局。道路的布置应满足生产、运输、安装、检修、消防安全和施工的要求，应有利于功能分区；满足防火、防爆、防尘、防毒和防触电等安全卫生要求；并考虑紧急情况下便于撤离，保证消防车、急救车顺利通往可能出现事故的地点。

（二）通道

通道包括厂区主干道和车间安全通道。厂区主干道是指汽车通行的道路，是保证厂内车辆行驶、人员流动以及消防灭火、救灾的主要通道；车间安全通道是指为了保证职工通行和安全运送材料、工件而设置的通道。所有通道应充分考虑人和物的合理流向和物料输送的需要，并考虑紧急情况下便于撤离。

（1）合理组织人流和物流。运输线路的布置，应避免运输繁忙的货流与人流交叉、铁路与道路平面交叉、进出厂主要货流与企业外部交通干线的平面交叉，保证物流安全顺畅、路径短捷不折返。

（2）主要生产区、仓库区、动力区的道路，应环形布置。厂区尽端式道路，应有便捷的消防车回转场地。厂区道路在弯道、交叉路口的视距范围内，不得有妨碍驾驶员视线的障碍物。道路上部管架和栈桥等，在干道上的净高不得小于5 m。

（3）车间通道一般分为纵向主要通道、横向主要通道和机床之间的次要通道。每个加工车间都应有一条纵向主要通道，通道宽度应根据车间内的运输方式和经常搬运工件的尺寸确定，工件尺寸越大，通道应越宽，一般可参见表1－4确定。车间横向主要通道根据需要设置，其宽度不应小于2000 mm；机床之间的次要通道宽度一般不应小于1000 mm。人行道、车行道的布置和间隔距离，都不应妨碍人员工作和造成危害。

表1－4　加工车间通道尺寸

运输方式	通道宽度/m				
	冷加工	铸造	锻造	热处理	焊接
人工运输	≥1	1.5	2～3	1.5～2.5	2～3
电瓶车单向行驶	1.8	2			
电瓶车对开	3		3～5	3～4	3～5
叉车或汽车行驶	3.5	3.5			
手工造型人行道	—	0.8～1.5	—	—	—
机器造型人行道	—	1.5～2	—	—	—
铁路进厂房入口宽度应为5.5					

注：根据《机械工业职业安全卫生设计规范》（JBJ 18）整理。

当为消防通道时，应满足现行国家标准《建筑设计防火规范》(GB 50016）的规定。

（4）主要人流与货流通道的出入口分开设置；货流出入口应位于主要货流方向，应靠近仓库、堆场，并与外部运输线路方便连接；车间厂房出入口的位置和数量，应根据生产规模、总体规划、用地面积及平面布置等因素综合确定，并确保出入口的数量不少于2个。厂房大门净宽度应比最大运输件宽度大600 mm，比净高度大300 mm；车辆出入频繁的大门宜设置防撞措施。对于特大的设备可设专门安装洞口。

（5）除厂房四周应设消防通道外，在厂房内部尚须设置纵横贯通的消防通道。对于大面积的联台厂房人员数量多，设备集中，消防安全措施不可忽视，可将厂房划分为几个消防区段，每区段应设一套消防设施，或者设置自动报警设施。厂房内应合理设置足够数量的灭火器和紧急报警装置，安全疏散口应能满足人员紧急疏散和消防车出入的要求。

（6）工厂铁路专用线设计，应符合现行国家标准的规定，不宜与人行主干道交叉；当必须交叉时，应设置看守道口、护栏、限速标志、警铃等安全设施或安装无人看守道口智能报警系统。繁忙线路应设置立体交叉。

（三）设备布置及安全防护措施

车间的机床设备布置应合理，应按工艺流程布置，力求物流线路最短。设备、工机具、辅助设施的布置，机器之间、机器与固定建筑物之间的距离，除应考虑放置与产品品种、批量相适应的毛坯、工件和有关工位器具及维修所需要场地等外，还必须有足够安全活动的空间便于操作和维护，避免危害因素的相互影响和干扰。

1. 机床设备安全距离

各设备之间、管线之间，以及设备、管线与厂房、建（构）筑物的墙壁之间的距离，应符合有关设计和建筑规范要求。机床间的最小距离及机床至墙壁和柱之间的最小距离不应小于表1－5的规定。

表1－5　机床布置的最小安全距离　　m

项　　目	小型机床	中型机床	大型机床	特大型机床
机床操作面间距	1.1	1.3	1.5	1.8
机床后面、侧面离墙柱间距	0.8	1.0	1.0	1.0
机床操作面离墙柱间距	1.3	1.5	1.8	2.0

注：1. 根据《机械工业职业安全卫生设计规范》(JBJ 18）整理。机床按重量和尺寸，可分为小型机床（最大外形尺寸＜6 m)、中型机床（最大外形尺寸6～12 m)、大型机床（最大外形尺寸＞12 m或质量大于10 t)、特大型机床（质量在30 t以上)。

2. 安全距离从机床活动机件达到的极限位置算起。

3. 机床与墙柱间的距离首先要考虑对基础的影响。

2. 作业现场生产设备应布局合理，各种安全防护装置及设施齐全，符合有关设备的安全卫生规程要求

（1）带有机械传动装置的设备及联动生产线时，对运动传动部件（如皮带轮、皮带、飞轮、齿轮、联轴器、导轨、齿杆、传动轴）产生的危险，应采用固定式防护装置或活

动式联锁防护装置，并应符合现行国家标准的规定。

（2）机床应设防止切屑、磨屑和冷却液飞溅或零件、工件意外甩出伤人的防护挡板，重型机床高于500 mm的操作平台周围应设高度不低于1050 mm的防护栏杆。

（3）产生危害物质排放的设备，应根据其特点和操作、维修要求，采取整体密闭、局部密闭或设置在密闭室内。密闭后应设排风装置，不能密闭时，应设吸风罩。如产生大量油雾的螺纹磨床、齿轮磨床、冷镦机，应设排油雾装置；砂轮加工，刃具、铸铁件、木材、电碳和绝缘材料的磨切削，金属表面除锈及抛光铸件和泥芯的清整打磨等作业点，应根据操作和设备特点设置排风罩；可能突然产生大量有害气体或爆炸危险的工作场所，应设浓度探测和事故报警及事故排风装置。

（4）生产线辊道、带式输送机等运输设备，在人员横跨处，应设带栏杆的人行走桥；平台、走台，坑池边和升降口有跌落危险处，必须设栏杆或盖板；需登高检查和维修的设备处宜设钢梯；当采用钢直梯时，钢直梯3 m以上部分应设安全护笼。

3. 具有潜在危险的设备应根据有关标准和规定进行防护

（1）有高压、高温、高速、高电压或深冷等试验台和装置的各类试验站，必须配备各种信号、报警装置和安全防护设施。

（2）高噪声设备宜相对集中，并应布置在厂房的端头，尽可能设置隔声窗或隔声走廊等；人员多、强噪声源比较分散的大车间，可设置隔声屏障或带有生产工艺孔洞的隔墙，或根据实际条件采用隔声、吸声、消声等降噪减噪措施。

（3）高振设备设施宜相对集中布置，采取减振降噪等措施。高振动的设备应避开对防振要求较高的仪器、设备，保持有足够防振间距。对振动、爆炸敏感的设备，应进行隔离或设置屏蔽、防护墙、减振设施等。

（4）输送有毒、有害、易燃、易爆、高温、高压和有腐蚀性气体或液体的管道、管件、阀门及其材质、连接等，必须分别具有密封、耐压、防腐蚀、防静电等措施。

（5）加热设备及反应釜等的作业孔、操作器、观察孔等应有防护设施，作业区热辐射强度不应超过有关规定；设置必要的提示、标志和警告信号。

4. 所有车间应配置必要的消防器材

室内消防栓、灭火器等消防设施和器材配备示意图或清单，灭火器材应定置存放，不应挪动和破坏，应定期检查，保证在检验有效期内。消防器材前方不准堆放物品和杂物，用过的灭火器不应放回原处。

（四）采光照明

采光照明设计应考虑影响视觉功效的人类工效学参数，必须满足对工作环境的要求，使工作人员能够看清周围的路径和发现险情的视觉安全；使工作人员在长时间或视觉难度高的作业中，快速、准确地完成视觉作业，感到视觉舒适安宁；作业场所的光线必须充足，光环境的特性参数应符合相关标准规定。

1. 天然采光

应优先利用天然光，辅助以人工光，采取有效措施节约能源。避免由于工作区域内的直射阳光引起过度的照度对比和热的不舒适感，可利用百叶板或遮阳板避免直射阳光落在工作者身上或其视野范围的表面上。房间的采光系数和采光窗洞口面积与地面面积之比应符合建筑采光设计标准的规定。

2. 照明方式

按下列要求确定照明方式：

（1）工作场所通常设置一般照明，即照亮整个场所的均匀照明。

（2）同场所内不同区域有不同照度要求时，应分区设置一般照明或局部照明（例如，机床的床头灯）。

（3）对于部分作业面照度要求较高，只采用一般照明不合理，宜采用由一般照明与局部照明组成的混合照明。

3. 照明种类

按下列要求确定照明种类：

（1）工作场所均应设置正常照明，即在正常情况下使用的室内外照明。

（2）工作场所下列情况应设置应急照明，即因正常照明的电源失效而启用的照明。应急照明包括疏散照明、安全照明、备用照明。

① 正常照明因故障熄灭后，需确保正常工作或活动继续进行的场所，应设置备用照明。例如，可能会造成爆炸、火灾和人身伤亡等严重事故的场所，停止工作将造成很大影响或经济损失的场所，或发生火灾为保证正常进行消防救援的场所等。

② 正常照明因故障熄灭后，需确保处于潜在危险之中的人员安全的场所，应设置安全照明。

③ 正常照明因故障熄灭后，需确保人员安全疏散的出口和通道，应设置疏散照明。

（3）如果需要，还应考虑其他照明。例如，非工作时间，在车间、营业厅、展厅等大面积场所提供值班照明；为防范需要，在重要厂区、库区等有警戒任务的场所，根据警戒范围要求而设置的警卫照明等。

4. 光照度

作业空间应有符合标准规定的足够的尽可能均匀的光照度。应急照明的照度标准值应符合下列规定：

（1）备用照明的照度值除另有规定外，不低于该场所一般照明照度值的 10% 。

（2）安全照明的照度标准值除另有规定外,不低于该场所一般照明照度标准值的 10% 。

（3）疏散照明的地面平均水平照度值除另有规定外，水平疏散通道不应低于 1 lx，垂直疏散区域不应低于 5 lx。

5. 避免眩光、频闪和阴影

视野内过高亮度或极端对比引起的直接眩光和由特定表面反射产生的反射眩光，可引起不舒适感觉或降低观察细部或目标的能力，闪烁会分散精力并可能引发头疼等生理反应，频闪效应有可能改变对旋转式或往复式机械运动的运动知觉，造成危险。应限制避免眩光、闪烁或频闪。机床朝向应考虑采光的方向性，窗口不宜为视觉背景，注意减少或避免阳光直射作业区，防止遮挡工作面或产生不利的阴影。

（五）物资堆放

生产物料、产品和剩余物料的堆放、布置和间隔距离，都不应妨碍人员工作和造成危害。

（1）生产物料、半成品及成品应严格按指定区域归类堆放，排列有序；工位器具、工具、模具、夹具应放在指定的部位，安全稳妥，应分类存放上架或装盘；生产过程中的余料和生产过程产生的废品、废料等物料，按规定堆放在划定区域内；推车等简易搬运工具应明确规定放置地点。沿人行通道两边不得有突出或锐边物品。堆放物品的场地要用黄色或白色划出明显的界限或架设围栏，堆放物品的场所应悬挂标牌，写明放置物品的名称和要求。

（2）易燃、易爆物质的库房，应按消防规范的有关要求，配置足够的消防设施和消防器材，单独储存在专用仓库、专用场地或专用储存室（柜）内，并设专人管理。物料、半成品及成品间有互相影响或本身产生有毒有害物质，应隔离堆放，并设有相关的防护措施。

（3）合理地做好毛坯、原材料、辅助材料和工艺装备的投产批次和数量，限量存储。白班存放为每班加工量的1.5倍，夜班存放为加工量的2.5倍，大件不得超过当班定额。高处作业区堆放生产物料和工具，应严格控制数量。

（4）各类物资的堆放应安全牢固，做到按类存放，重不压轻，大不压小，使货堆保持最大的稳定性。针对性地采取不同措施加以支撑、楔顶、垫稳、归类摆放，不得混码、互相挤压、悬空摆放，防止滚落、侧倒、塌垛。不得挤压电气线路和其他管线，不得阻塞通道。

（5）成垛堆放生产物料、产品和剩余物料应堆垛稳固。当直接存放在地面上时，堆垛高度不应超过1.4 m，且高与底边长之比不应大于3，垛的基础要牢固，不得产生下沉、歪斜或倾塌，垛之间的距离应便于搬移或机械化装卸作业。

（六）作业场所地面要求

（1）作业场地应能承受工作时规定的荷重。

（2）地面应经常保持清洁。在工作地周围地面上，不允许存放与生产无关的物料。垃圾或废料、油污、废水应及时清理，做到“工完、料尽、场地清”。

（3）地面平整，无障碍物和绊脚物，避免凸出的管线等障碍；坑、沟、池应设置可靠的盖板或护栏，夜间有照明。

（4）容易发生危险事故的场地，应设置醒目的安全标志。安全标志及涂安全色应符合标准的规定。如以下（不是全部）情况：

① 标注在落地电柜箱、消防器材的前面，不得用其他物品遮挡的禁止阻塞线。

② 标注在突出悬挂物及机械可移动范围内，避免碰撞的安全提示线。

③ 标注在高出地面的设备安装平台边缘的安全警戒线。

④ 标注在楼梯第一级台阶和人行通道高差300 mm以上的边缘处的防止踏空线。

⑤ 标注在凸出于地面或人行横道上、高差300 mm以上的管线或其他障碍物上的防止绊跤线。

第二节 金属切削机床及砂轮机安全技术

金属切削加工是通过刀具与工件间的相对运动，从毛坯上切除多余的金属，从而获得合格零件的一种机械加工方法。金属切削机床是用切削（车、钻、刨、铣、镗、磨、插、锯等）、特种加工（直接利用电能、化学能、声能、光能、热能等或其与机械能的组合等形式）等方法，将坯料或工件上多余的材料去除，以获得所要求的几何形状、尺寸精度和表面质量的加工机器。机床、夹具、刀具和工件，构成一个机械加工的工艺系统。

金属切削机床的安全是指机床在按说明书规定的预定使用条件下（或给定期限内），执行其功能和在运输、安装、调整、维修、拆卸和处理时不对人员产生损伤或危害健康及设备损坏的情况。在进行危险识别时，应该从整体系统出发，考虑机器的不同状态、同一危险的不同表现方式，不同危险因素之间的联系和作用，以及显现或潜在的不同形态等。

一、金属切削机床存在的主要危险

机床危险部位（或危险区）是指机床在静止或运转时，可能使人员损伤或危害健康及设备损坏的区域。主要包括加工区域和工作区域。加工区域专指机床上刀具切削工件的区域；工作区域包括所有可能出现工作过程的工作区域，如机床运动部件所涉及的位置，上下料所需的位置，以及操作、调整和维护机床所需的位置等。人员是既有对机床进行使用的操作者，也包括安装、调整、维护、清理、修理或运输的所有可能的其他人员。在危险分析时，需要对操作者和其他人员在机床使用的正常作业进行分析，还应对由于可预见的误用产生的危险特别加以注意。

（一）机械危险

机床存在的机械危险大量表现为人员与可运动件的接触伤害，是导致金属切削机床发生事故的主要危险。伤害起因和伤害形式如下：

（1）卷绕和绞缠。旋转运动的机械部件将人的长发、饰物（如项链）、手套、肥大衣袖或下摆绞缠进回转件，继而引起对人的伤害。常见的危险部位有：

① 做回转运动的机械部件。如轴类零件，包括联轴节、主轴、丝杠、链轮、刀座和旋转排屑装置等。

② 回转件上的突出形状，如安装在轴上的突出键、螺栓或销钉、手轮的手柄等。

③ 旋转运动的机械部件的开口部分，如链轮、齿轮、皮带轮等圆轮形零件的轮辐、旋转凸轮的中空部位等。

（2）挤压、剪切和冲击。引起这类伤害的是作往复直线运动或往复转角运动的零部件，其运动形式有横向水平的，如大型机床的移动工作台、牛头刨床的滑枕、运转中的带链等；也可以是垂直的，如剪切机的压料装置和刀片、压力机的滑块、大型机床的升降台等；或是针摆式，如牛头刨滑枕的驱动摆杆等。危险运动状态有：

① 接近型的挤压危险。两部件相对运动、运动部件相对静止部位运动，运动结果是两个物件相对距离越来越近，甚至完全闭合。如工作台、滑鞍（或滑板）与墙或其他物体之间，刀具与刀座之间，刀具与夹紧机构或机械手之间，以及由于操作者意料不到的运动或观察加工时产生的挤压危险。

② 通过型的剪切危险。相对错动或擦肩而过，如工作台与滑鞍之间，滑鞍与床身之间，主轴箱与立柱（或滑板）之间，刀具与刀座之间的剪切危险。

③ 冲击危险。工作台、滑座、立柱等部件快速移动、主轴箱快速下降、机械手移动引起的冲击危险。

（3）引入或卷入、碾轧的危险。危险产生于相互配合的运动副或接触面：

① 啮合的夹紧点。如蜗轮与蜗杆、啮合的齿轮之间、齿轮与齿条、皮带与皮带轮、链与链轮进入啮合部位。

② 回转夹紧区。如两个做相对回转运动的辊子之间的部位。

③ 接触的滚动面。如轮子与轨道、车轮与路面等。

(4) 飞出物打击的危险。由于动能或弹性位能的意外释放，使失控物件飞甩或反弹造成的伤害。危险产生原因和部位有：

① 失控的动能。机床零件或被加工材料/工件、运动的机床零件或工件掉下或甩出；切屑（最易伤人是带状屑、崩碎屑）飞溅引起的烫伤、划伤，以及砂轮的磨料和细切屑使眼睛受伤。

② 弹性元件的位能。如弹簧、皮带等的断裂引起的弹射。

③ 液体或气体位能。机床冷却系统、液压系统、气动系统由于泄漏或元件失效引起流体喷射，负压和真空导致吸入的危险。

(5) 物体坠落打击的危险。处于高位置的物体具有势能，当它们意外坠落时，势能转化为动能，造成伤害。危险产生部位有：

① 如高处坠掉的零件、工具或其他物体。

② 悬挂物体的吊挂零件破坏或夹具夹持不牢引起物体坠落。

③ 由于质量分布不均、外形布局不合适、重心不稳，或有外力作用，丧失稳定性，发生倾翻、滚落。

④ 运动部件运行超行程脱轨等。

(6) 形状或表面特征的危险。无论施害物是处于运动还是静止状态，都会构成潜在的危险：

① 锋利物件的切割、戳、刺、扎危险。如刀具的锋刃，零件的毛刺、工件或废屑的锋利飞边；机械设备尖棱、利角、锐边等。

② 粗糙表面的擦伤。如砂轮表面、粗糙的毛坯表面等。

③ 碰撞、剐蹭和冲击危险。如机床结构上的凸出、悬突或悬挂式部位，支腿、吊杆、手柄等；长、大加工件伸出机床的部分等。如果是运动状态，还可能造成冲击的危险。

(7) 滑倒、绊倒和跌落危险。如果由此引起二次伤害，后果可能更严重。

① 磕绊跌伤。由于地面堆物无序、管线（电线和电缆导管、油管、气管和冷却管）布置无序、无遮盖保护形成障碍，或地面凸凹不平、坑沟槽等导致。

② 打滑跌倒。机床的冷却液、切削液、油液和润滑剂溅出或渗漏造成地面湿滑，或由于地面过于光滑、冰雪等导致接触面摩擦力过小。

③ 人员在高处操作、维护、调整机床时，从工作位置跌落，或误踏入坑井坠落等。

(二) 电气危险

由于电气设备绝缘不良、带电体的屏护保护不当、电气设备接地不良可能导致触电：

(1) 触电的危险（直接或间接触电）。带电体无保护或保护不当、电气设备绝缘不当或绝缘失效、电气设备未按规定采取接地措施。

(2) 电气设备的保护措施不当。电气设备无短路保护或保护不当，电动机无过载保护或过载保护不当，电动机超速引起的危险，电压过低、电压过高或电源中断引起的危险。

（3）电气设备引起的燃烧、爆炸危险。

（三）热危险

（1）由于接触高温加工件、高温金属切屑以及热加工设备的热源辐射引起的烧伤和烫伤；接触液压系统发热的元件或油液引起的烫伤危险。

（2）由过热或过冷对健康造成的伤害。如接触或靠近极高或极低温状态下的机械零件或材料，造成对人的伤害。

（3）作业环境过热或过冷对健康造成的危害。

（四）噪声危险

由于作业场所的噪声不符合规定而对人听力造成损伤和其他生理紊乱；对语言通讯和声讯信号造成干涉。机床的噪声超标会导致人耳鸣、听力下降或疲劳和精神压抑等疾病。

（五）振动危险

切削过程中，刀具与工件之间经常会产生自由振动、强迫振动或自激振动（颤振）等类型的机械振动。振动会影响加工表面质量，降低机床和刀具的寿命，并引起噪声，导致各种精神疾病等。

（六）辐射危险

（1）电弧、激光辐射造成视力下降、皮肤损伤。

（2）特种加工的电火花加工、电子束离子束加工产生较强 X 射线等离子化辐射源。

（3）电磁干扰使电气设备无法正常运行或产生误动作，电磁辐射损害人身健康的危险。

（七）物质和材料产生的危险

（1）接触或吸入有害液体、气体、烟雾、油雾和粉尘等。

（2）现场的发火因素，如干式磨削产生的火花、冷却液、油液易燃或加工易燃材料引起的火灾危险；抛光金属（如镁、铝合金）零件产生具有爆炸性粉尘的危险。

（3）生物和微生物，冷却液、油液发霉和变质的危险。

（八）设计时忽视人机工效学产生的危险

（1）作业频率和强度不当，造成操作者精神紧张、心理负担过重及疲劳。

（2）作业位置（工作台、座椅）和操纵装置（手轮、手柄、按钮站）不适，导致不利健康的姿势和操作力过大。

（3）忽视人员防护装备的使用，未使用人员防护装备或防护装备使用不当。

（4）不符合要求的作业照明，如照度不够，阴影、眩光、频闪等。

（5）符号标识不清、操作方向不一致引起的误操作危险。

（九）故障、能量供应中断、机械零件破损及其他功能紊乱造成的危险

（1）机床或控制系统能量供应中断。动力中断或波动造成机床误动；动力中断后重新接通时，机床自行再启动引起的危险。

（2）动力中断、连接松动、元件破损。刀具、工件、机床零件意外甩出，压力气体

或液体的意外喷出的危险。

(3) 控制系统的故障或失灵、选择和安装不符合设计规定。引起机床意外启动或误动作、速度变化失控和运动不能停止；机床主轴过载和进给机构超负荷工作；控制件功能不可靠引起的危险。

(4) 数控系统由于记忆失灵和保护不当及与各种外部装置间的接口连接使用不当引起的危险。

(5) 装配错误。机床部件装配错误和导管、电缆、电线或液压、气动管件等连接错误引起的危险。

(6) 机床稳定性意外丧失。机床及其附件产生翻倒、落下或异常移动；配重系统中元件断裂引起倾覆的危险。

(十) 安全措施错误、安全装置缺陷或定位不当

(1) 防护装置性能不可靠，存在漏防护区，使人员有可能在机床运转过程中进入危险区产生的危险。

(2) 保护装置。互锁装置、限位装置、压敏防护装置性能不可靠或失灵引起的危险。

(3) 信息和报警装置。能量供应切断装置和机床危险部位未提供必要安全信息（安全色和安全标志）或信息损污不清，报警装置未设或失灵。

(4) 急停装置性能不可靠，安装位置不合适。

(5) 安全调整和维修用的主要设备和附件未提供或提供不全。

(6) 气动排气装置安装、使用不当，气流将切屑和灰尘吹向操作者。

(7) 进入机床（操作、调整、维修等）措施没有提供或措施不到位。

(8) 机床液压系统、气动系统、润滑系统、冷却系统压力过大、压力损失、泄漏或喷射等引起的危险。

二、安全要求和安全技术措施

应通过设计尽可能排除或减少所有潜在的危险因素。通过设计不能避免或充分限制的危险，应采取必要的安全防护装置（防护装置、安全装置）。对无法通过设计排除或减少的危险因素，而且安全防护装置对其无效或不完全有效的剩余危险应用信息通知和警告操作者。

(一) 防止机械危险安全措施

1. 机床结构

(1) 稳定性。机床的外形布局应确保具有足够的稳定性，不应存在按规定使用机床时意外翻倒、跌落或移动的危险。

(2) 机床外形。可接触的外露部分不应有可能导致人员伤害的锐边、尖角和开口；机床的各种管线布置排列合理、无障碍，防止产生绊倒等危险；机床的突出、移动、分离部分应采取安全措施，防止产生磕伤、碰伤、划伤、剐伤的危险。

2. 运动部件

(1) 有可能造成缠绕、吸入或卷入等危险的运动部件和传动装置（如链传动、齿轮齿条传动、带传动、蜗轮传动、轴、丝杠、排屑装置等）应予以封闭、设置防护装置或

使用信息提示。通常传动装置采用隔离式防护装置，如齿轮、链传动采用封闭式防护罩，带传动采用金属骨架的防护网，保护区域较大的范围采用防护栅栏。需要人员近距离作业的操作区，刀具和运动部件的防护，应针对性采用符合要求的保护装置。

（2）凡在作业上方有物料传输装置、带传动装置以及上方可能有坠落物件的下方，应设置防护廊、防护棚、防护网等防护。

（3）运动部件与运动部件之间、运动部件与静止部件（包括墙体等构筑物）之间，不应存在挤压危险和剪切危险，否则应限定避免人体各部位受到伤害的最小安全距离（表1-6）或按有关规定采用防止挤压、剪切的保护装置。

表1-6 防止挤压的身体部位最小间距

mm

身体部位	最小间距 a	身体部位	最小间距 a	身体部位	最小间距 a
身体	500	臂	120	腿	250
头部	300	手指	25	脚趾	50

注：根据《机械安全 避免人体各部位挤压的最小间距》（GB 12265.3）整理。

（4）运动部件在有限滑轨运行或有行程距离要求的，应设置可靠的限位装置。

（5）对于有惯性冲击的机动往复运动部件，应设置缓冲装置。

（6）对于可能超负荷（压力、起升量、温度等）发生部件损坏而造成伤害的，应设置超负荷保护装置，并在机床上或说明书中标明极限使用条件。

（7）运动中可能松脱的零部件必须采取有效措施加以紧固，防止由于启动、制动、冲击、振动而引起松动、脱离、甩出。

（8）对于单向转动的部件应在明显位置标出转动方向，防止反向转动导致危险。

（9）运动部件不允许同时运动时，其控制机构应联锁，不能实现联锁的，应在控制机构附近设置警告标志，并在说明书中加以说明。

3. 夹持装置

（1）夹持装置应确保不会使工件、刀具坠落或甩出，尤其是当紧急停止或动力系统故障时，必要时限定其最高安全速度或转速。

（2）机动夹持装置夹紧过程的结束应与机床运转的开始相联锁；夹持装置的放松应与机床运转的结束相联锁。机床运转时，工件夹紧装置不应动作；未达到预期安全预紧力时，工件驱动装置不应动作；工件夹紧力低于安全值或超过允许值时，工件驱动装置应自动停止，并保持足够的夹紧力，使其可靠地停下来。

（3）手动夹持装置应采取安全措施，防止意外危险（如钥匙或扳手等手用工具遗留在夹持装置上随机床运转）坠落或甩出，防止产生挤压手指等危险。

4. 平衡装置

（1）与机床部件及其运动有关的配重，如果构成危险，应采取安全防护措施，如将其置于机床体内或置于固定式防护装置内等，并防止配重系统元件断裂而造成的危险。

（2）采用动力平衡装置，应防止动力系统发生故障时机床部件坠落而造成的危险。

（3）移动式平衡装置（如配重），应在其移动范围内采取防护措施，防止移动造成的碰撞、夹挤。

5. 排屑防喷溅措施

（1）采取断屑措施（控制刀具角度、断屑槽）防止产生长带状屑，设防护挡板防止磨屑、切屑崩飞；大量产生切屑的机床应设机械排屑装置，排屑装置不应构成危险，必要时可与防护装置的打开和机床运转的停止联锁；手工清除废屑，应提供适宜的手用工具，严禁手抠嘴吹。

（2）机床输送高压流体的冷却系统、液压系统、气动系统及润滑系统，应设有防止超压的安全阀或调整压力变化的溢流阀，能承受正常操作时的内压和外压，系统的渗漏不应引起喷射危险；蓄能器应能自动卸压或安全闭锁（特殊情况，断开时还需压力除外）。断开时若蓄能器仍需保持压力，应在蓄能器上示出安全信息；尽可能容纳和有效回收冷却液、切削液、油液和润滑剂，避免其流失到机床周围的地面；设置附加的防护挡板，防止溅出造成的危险。

6. 工作平台、通道、开口防止滑倒、绊倒和跌落的措施

不能在地面操作的机床，则应配置供站立的平台和通道。其设计、制造、定位和必要的保护，使操作者进入工作平台和进行操作、设置、监视、维修或与机器相关的其他工作时是安全的。

（1）当可能坠落的高度超过500 mm时，应安装防坠落护栏、安全护笼及防护板等。

（2）一般情况下，工作平台和通道上的最小净高度应为2100 mm，通道的最小净宽度应为600 mm，最佳为800 mm。当经常通过或有多人同时交叉通过的通道宽度应为1000 mm。如果通道用作撤离线路，其宽度应满足特定法规的要求。平台和通道应防滑和防跌落，并尽量不应使操作者接近机床的危险区。

（3）为了避免绊倒危险，相邻地板构件之间的最大高度差应不超过4 mm，工作平台或通道地板的最大开口应使直径35 mm的球不能穿过该开口。对下面有人工作的非临时通道，其地板最大开口不应让直径20 mm的球体穿过，否则应采用其他适当设施保证安全。

（4）机床的电线和电缆导管、油管、气管和冷却管的排列和布置应不会引起绊倒危险。

（二）电气系统

1. 防止触电危险

（1）按照规定要求，加强电气设备的带电体、绝缘、保护接地和电磁兼容的防护。

（2）过电流的保护、电动机的过载和超速保护、电压波动和电源中断的保护、接地故障（或剩余电流）保护等各种电气保护应符合有关规定。

（3）电气设备应防止或限制静电放电，必要时可设置放电装置。

2. 控制系统

（1）应确保控制系统功能安全可靠，能经受预期的工作负荷、外来影响和逻辑的错误（不包括操作程序）。即使在控制系统出现故障时，也不应导致危险产生（如意外启动，速度失控、运动无法停止、安全装置失效等）。

（2）控制装置应设置在危险区以外（紧急停止装置、移动控制装置等除外）；清晰可见，与其他装置明显区分，设置必要的标志表示其功能和用途；在操作位置不能观察到全部工作区的机床，应设置视觉或听觉警告信号装置或警告信息，使工作区内人员及时撤离或迅速制止启动。

（3）启动和停止。机床只应在人有意控制下才能启动，包括停止后重新启动、操作状况（如速度、压力）有重大变化和防护装置尚未闭合时；停止装置应位于每个启动装置附近。按下停止装置，执行机构的能量供应切断，机床运动完全停止。

（4）控制模式选择。机床有一种以上工作或操作方式时，应设置模式选择控制装置，每个被选定的模式只允许对应一种操作或控制模式。在特别的安全措施（如减速、减功率或其他措施）下，机床的危险运动部件才允许运转。

（5）紧急停止装置。机床应设置一个或数个紧急停止装置，保证瞬时动作时，能终止机床一切运动或返回设计规定的位置；紧急停止装置的布置应保证操作人员易于触及且操作无危险；形状应明显区别于一般开关，易识别，易于接近；该装置复位时不应使机床启动，必须按启动顺序重新启动才能重新运转。

（6）数控系统。应防止非故意的程序损失和电磁故障；当信息中断或损坏，程序控制系统不应再发出下一步指令，但仍可完成在故障前预先选定的工序；当错误信息输入时，工作循环不能进行；有关安全性的软件不允许用户改变。

（三）物质和材料

（1）主要通过消除或最大程度减小危险的设计（工程）措施来实现。优先采用无毒和低毒的材料或物质，构成机器的材料应是不可燃、不易燃或已降低可燃性（如阻燃材料）的材料。若使用危险和有害作用的生产物料时，应采取相应的防护措施，并制定使用、处理、储存、运输的安全卫生操作规程。

（2）总体设计应采取有效措施消除或最大程度减少有害物质排放，最大限度减少人员暴露于有害物质中。对机床工作时难以避免的生产性毒物、有害气体或烟雾、油雾，应加强监测，采取有效的通风、净化和个体防护措施，控制油雾浓度最大值不超过 5 mg/m^3；工作时产生大量粉尘的机床，应采取有效的防护、除尘、净化等措施和监测装置，使机床附近的粉尘浓度最大值不超过 10 mg/m^3；机床的油箱、冷却箱等宜加盖并便于清理，定期更换冷却液和油液，以防止外来生物和微生物进入。对剩余风险用信息告知。对毒物泄漏可能造成重大事故的设备，应有应急防护措施。

（3）火灾和爆炸。消除或最大程度减小机器自身或物质的过热风险，限制现场可燃、助燃物的量，控制爆炸性气体、粉尘的浓度，防止气体、液体、粉尘等物质产生火灾和爆炸危险。有可燃性气体和粉尘的作业场所，应采取避免产生火花的措施，良好的通风系统（通风空气不应循环使用），综合考虑防火防爆措施和报警系统，合理选择和配备消防设施。

（四）满足安全人机学要求

（1）工作强度、运动幅度、可见性、姿势等应与人的能力和极限相适应；工作位置应适合操作者的身体尺寸、工作性质及姿势；防止操作时出现干扰、紧张、生理或心理危险；对于操作机床会造成伤害的，应提示用户采用个人防护装置。

（2）友好的人机界面设计。人机交流集中体现在操纵器和显示装置的设计、性能和形式选择、数量和空间布局等，应符合信息特征和人的感觉器官的感知特性，保证迅速、通畅、准确地接收信息；显示器的视距应至少为0.3 m，安装高度距地面或操作站台应为1.3～2 m。对安全性有重大影响的危险信号和报警装置，应配置在机床设备相应的易发生故障或危险性较大的部位，优先采用声、光组合信号。

操纵装置的形状、尺寸和触感等表面特征的设计和配置应与人体操作的运动器官的运动特性相适应，与操作任务要求相适应。其行程和操作力应根据控制任务、生物力学及人体测量参数确定，操纵力不应过大使劳动强度增加；行程应不超过人的最佳用力范围，避免操作幅度过大引起疲劳。手轮、手柄操纵力和安装高度应符合表1－7的规定。

表1－7 手轮、手柄的操纵力和安装高度

项 目	机床质量				安装高度
	≤2 t	＞2～5 t	＞5～10 t	＞10 t	
经常使用 ＞25次/每班	≤40 N	≤60 N	≤80 N	≤120 N	0.5～1.7 m
不经常使用	≤60 N	≤100 N	≤120 N	≤160 N	0.3～1.9 m
仅调整时使用					≤2 m

注：根据《金属切削机床 安全防护通用技术条件》(GB 15760）整理。

（五）其他危险的安全措施

1. 热危险的安全

机床或其组成部件、液压系统的元件、材料存在异常温度热危险时，可采取降低表面温度、绝热材料包覆、设置保护装置（屏障或栅栏）、表面结构糙化、液压系统控制油温等工程措施，加设警示标志，必要时提供个人防护装备。

2. 噪声和振动

应采取措施降低机床的噪声和振动对人体健康的影响。在空运转条件下，机床的噪声声压级应符合表1－8的规定。

表1－8 机床空运转噪声声压级的限值

机床质量/t	≤10	＞10～30	≥30
普通机床/dB(A)	85	85	90
数控机床/dB(A)	83		

注：根据《金属切削机床 安全防护通用技术条件》(GB 15760）整理。

3. 电离和非电离辐射

（1）高频、微波、激光、紫外线、红外线等非电离辐射作业，除合理选择作业点、减少辐射源的辐射外，应按危害因素的不同性质，采取屏蔽辐射源、加强个体防护等相应防护措施；使用激光的作业环境，禁止使用镜面反射的材料，光通路应设置密封式防护罩。

（2）对于存在电离辐射的放射源库、放射性物料及废料堆放处理场所，应有安全防护措施，外照射防护的基本方法是时间、距离、屏蔽防护，并应设有明显的标志、警示牌和划出禁区范围。

三、砂轮机安全技术

砂轮机借助砂轮的切削作用，除去工件表面的多余层，使工件结构尺寸和表面质量达到预定要求。砂轮机虽然结构简单，但使用概率高，一旦发生事故，后果严重，砂轮机属于危险性较大的生产设备。

（一）砂轮机加工的特点

从安全卫生这个角度看，有以下特点：

（1）砂轮的运动速度高。磨削速度可高达 30 ~ 35 m/s，甚至更高。

（2）砂轮的非均质结构。磨具是由磨粒、结合剂和孔隙三要素组成的复合结构，其结构强度大大低于由单一均匀材质组成的一般金属切削刀具。

（3）磨削的高热现象。砂轮的高速运动使磨削区产生大量的磨削热。

（4）大量磨削粉尘。在正常磨削作业过程中，以及对砂轮进行修整时都会产生。

（二）磨削加工危险因素

（1）机械伤害。不加防护或防护不当的砂轮机，运动零部件与人员接触、碰撞，与高速旋转的砂轮触碰造成擦伤；夹持不牢的加工件甩出；砂轮破坏，碎块飞甩打击伤人，是后果最严重的伤害，砂轮的安全是防护的重点。

（2）噪声危害。切削比能大、速度高是产生磨削噪声的主要原因，与干式磨削的排风系统噪声叠加，噪声有时可高达 115 dB 以上。

（3）粉尘危害。据测定，干式磨削产生的粉尘中，小于 5 μm 的颗粒平均占比很高，容易被吸入到人体肺部。长期大量吸入会导致肺组织纤维化，引起尘肺病。磨削粉尘和金属细磨屑还易伤及眼睛。

此外，磨削时产生的火花，可能引燃附近的可燃物，特别是磨削镁合金，是引起火灾的不安全因素。

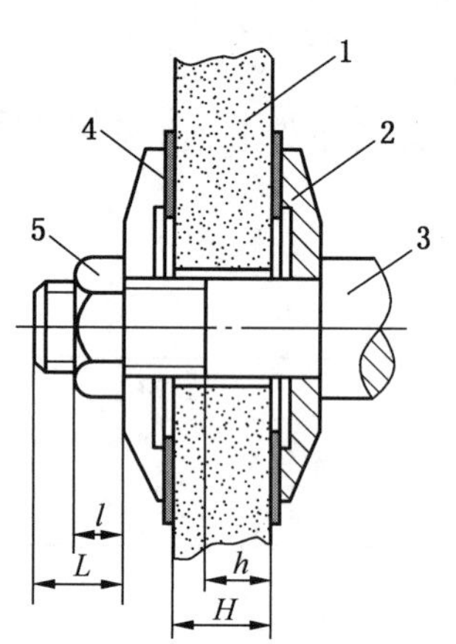

1—砂轮；2—砂轮卡盘；3—砂轮主轴；4—垫片；5—紧固螺母

图 1 - 24　砂轮装置结构图

（三）砂轮机的安全要求

砂轮装置由砂轮、主轴、卡盘和防护罩共同组成（图 1 - 24）。砂轮机安全防护的重点是砂轮，砂轮的安全与砂轮装置各组成部分的安全技术措施直接相关。

1. 砂轮主轴

砂轮主轴端部螺纹应满足防松脱的紧固要求，其旋向须与砂轮工作时旋转方向相反，砂轮机应标明砂轮的旋转方向；端部螺纹应足够长，切实保证整个螺母旋入压紧（$L > 1$ cm）；主轴螺纹部分须延伸到紧固螺母的压紧面内，但不得超过砂轮最小厚度内孔长度的 1/2（$h > H/2$）。

2. 砂轮卡盘

一般用途的砂轮卡盘直径不得小于砂轮直径的1/3，切断用砂轮的卡盘直径不得小于砂轮直径的1/4；卡盘结构应均匀平衡，各表面平滑无锐棱，夹紧装配后，与砂轮接触的环形压紧面应平整、不得翘曲；卡盘与砂轮侧面的非接触部分应有不小于1.5 mm的足够间隙。

3. 砂轮防护罩

砂轮防护罩（图1－25）一般由圆周构件和两侧面构件组成，防护罩留有一定形状的开口，防护罩应满足以下安全技术要求：

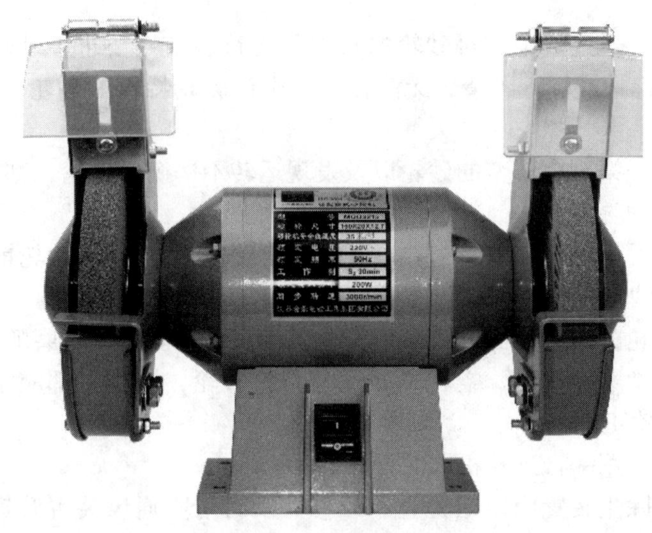

图1－25　砂轮防护罩

（1）砂轮防护罩的总开口角度应不大于90°，如果使用砂轮安装轴水平面以下砂轮部分加工时，防护罩开口角度可以增大到125°。而在砂轮安装轴水平面的上方，在任何情况下防护罩开口角度都应不大于65°。

（2）砂轮防护罩任何部位不得与砂轮装置各运动部件接触，砂轮卡盘外侧面与砂轮防护罩开口边缘之间的间距一般应不大于15 mm。

（3）防护罩上方可调护板与砂轮圆周表面间隙应可调整至6 mm以下；托架台面与砂轮主轴中心线等高，托架与砂轮圆周表面间隙应小于3 mm。

（4）防护罩的圆周防护部分应能调节或配有可调护板，以便补偿砂轮的磨损。当砂轮磨损时，砂轮的圆周表面与防护罩可调护板之间的距离应不大于1.6 mm。

（5）应随时调节工件托架以补偿砂轮的磨损，使工件托架和砂轮间的距离不大于2 mm。

4. 电气安全要求

（1）绝缘电阻。电源接线端子与保持接地端之间的绝缘电阻，其值不应小于1 MΩ。

（2）保护接地装置连接件和连接点应确保不受机械、化学或电化学的作用而削弱其导电能力，接地装置处应有清晰、永久固定的接地标记。

5. 其他要求

（1）噪声。台式、落地砂轮机在空运转条件下，噪声声压级不得超过 80 dB。

（2）干式磨削砂轮机应设置吸尘装置，砂轮防护罩应备有吸尘口，带除尘装置的砂轮机的粉尘浓度不应超过 10 mg/m^3。

（3）砂轮只可单向旋转，在砂轮机的明显位置上应标有砂轮旋转方向。

（四）砂轮机的使用安全

1. 砂轮的检查

砂轮在安装使用前，必须经过严格的检查。有裂纹或损伤等缺陷的砂轮绝对不准安装使用。

（1）标记检查。通过标记核对砂轮的特性是否符合使用要求、砂轮与主轴尺寸是否相匹配。砂轮没有标记或标记不清，无法核对、确认砂轮特性的砂轮，不管是否有缺陷，都不可使用。

（2）新砂轮、经第一次修整的砂轮以及发现运转不平衡的砂轮，都应做平衡试验。

2. 砂轮机的操作要求

（1）在任何情况下都不允许超过砂轮的最高工作速度，安装砂轮前应核对砂轮主轴的转速，在更换新砂轮时应进行必要的验算。

（2）应使用砂轮的圆周表面进行磨削作业，不宜使用侧面进行磨削。

（3）无论是正常磨削作业、空转试验还是修整砂轮，操作者都应站在砂轮的斜前方位置，不得站在砂轮正面。

（4）禁止多人共用一台砂轮机同时操作。

（5）砂轮机的除尘装置应定期检查和维修，及时清除通风装置管道里的粉尘，保持有效的通风除尘能力。

（6）发生砂轮破坏事故后，必须检查砂轮防护罩是否有损伤，砂轮卡盘有无变形或不平衡，检查砂轮主轴端部螺纹和紧固螺母，合格后方可使用。

3. 个体防护要求

操作时应佩戴眼镜或护目镜，金属研磨特别注意防止铅化合物等重金属污染，配备保护服、完善的卫生洗涤设备和提供必要的医疗措施。

第三节　冲压剪切机械安全技术

压力加工工艺即利用压力机和模具，使金属及其他材料在局部或整体上产生永久变形。压力加工涉及的范围包括弯曲、胀形、拉伸等成形加工，挤压、穿孔、锻造等体积成形加工，冲裁、剪切等分离加工，以及成形结合、锻造和压接等组合加工等，是一种少切削或无切削的加工工艺。压力加工广泛应用于航空、轻工、冶金、化工、建筑、船舶、汽车、电力、电器、装潢等行业生产部门。其中，中、小吨位开式曲柄机械压力机的使用数量最多，常称冲床。

压力机（包括剪切机）是危险性较大的机械，从劳动安全卫生角度看，压力加工的危险因素有机械危险、电气危险、热危险、噪声振动危险（对作业环境的影响很大）、材料和物质危险以及违反安全人机学原则导致危险等，其中以机械伤害的危险性最大。除一般机械伤害事故外，压力机在作业危险区特有的冲压事故尤为突出，因冲压事故导致操作者的手指被切断的数字是惊人的，本节将仅就开式机械压力机防止冲压事故的安全技术予以重点讨论。

一、冲压事故分析

冲压事故可能发生在冲床设备的非正常状态，例如，离合器或制动器元件缺陷、故障或破坏，电气元件失效等造成滑块运动失控形成连冲，模具设计不合理或有缺陷引发事故。更多是发生在机器处于正常状态，冲压作业正常进行中。

（一）冲压事故的共同特点

（1）危险状态：滑块做上下往复直线运动。

（2）操作危险区：压力机滑块安装冲模后，冲模的垂直投影面的范围的模口区。

（3）危险时间：随着滑块的下行程，上、下模具的相对距离变小甚至闭合的阶段。

（4）危险事件：在特定时间（滑块的下行程），操作者在该区域进行安装调试冲模，对放置的材料进行剪切、冲压成形或组装等零部件加工作业，当人的手臂仍然处于危险空间（模口区）发生挤压、剪切等机械伤害。

（二）冲压事故的原因

（1）冲压操作简单，动作单一。单调重复的作业极易使操作者产生厌倦情绪。

（2）作业频率高。操作者需要被动配合冲床，手频繁地进出模口区操作，精力和体力都有很大消耗。

（3）冲压机械噪声和振动大。作业环境恶劣造成对操作者生理和心理的不良影响。

（4）设备原因。模具结构设计不合理；未安装安全装置或安全装置失效；冲头打崩；机器本身故障造成连冲或不能及时停车等。

（5）人的手脚配合不一致，或多人操作彼此动作不协调。

从上面分析可见，仅单方面要求操作者在整个作业期间，一直保持高度注意力和准确协调的动作来实现安全是苛刻的，也是难以保证的。必须首先从安全技术措施上，在压力机的设计、制造与使用等诸环节全面加强控制，才能最大限度地避免危险并减少风险。

（三）实现冲压安全的对策

第一，采用手用工具送取料，避免人的手部伸入模口区。

第二，设计安全化模具，缩小模口危险区，设置滑块小行程，使人手无法伸进模口区。

第三，提高送、取料的机械化和自动化水平，代替人工送、取料。

第四，在操作区采用安全装置，保障滑块的下行程期间，人手处于危险模口区之外。

解决冲压事故的根本措施是在实现本质安全措施的基础上，在操作区使用安全防护装置。压力机的安全功能部件包括离合器和制动器、紧急制动装置、安全防护装置和安全辅助装置等与安全相关的部件。

二、压力机作业区的安全保护

（一）操作控制系统

操作控制系统包括离合器、制动器和脚踏或手操作装置。

制动器和离合器是操纵曲柄连杆机构的关键控制装置，离合器与制动器工作异常，会导致滑块运动失去控制，引发冲压事故。

离合器分为刚性离合器和摩擦离合器。刚性离合器以刚性金属键作为接合零件，构造简单，不需要额外动力源，但不能使滑块停止在行程的任意位置，只能使滑块停止在上死点。摩擦离合器借助摩擦副的摩擦力来传递扭矩，结合平稳，冲击和噪声小，可使滑块停止在行程的任意位置。在设计时应保证：

（1）离合器与制动器的联锁控制动作应灵活、可靠，不得相互干涉。一般采用离合器－制动器组合结构，以减少二者同时结合的可能性。

（2）采用规格尺寸、质量、刚度上应一致的压缩弹簧接合制动器和脱开离合器。

（3）制动器和离合器设计时应保证任一零件（如能量传递或螺栓）的失效，不能使其他零件快速产生危险的联锁失效。

（4）离合器及其控制系统应保证在气动、液压和电气失灵的情况下，离合器立即脱开，制动器立即制动。

（5）禁止在机械压力机上使用带式制动器来停止滑块。

（6）脚踏操作与双手操作规范应具有联锁控制。

（7）在离合器、制动器控制系统中，须有急停按钮。在执行停机控制的瞬时动作时，必须保证离合器立即脱开、制动器立即接合。急停按钮停止动作应优先于其他控制装置。

（二）安全防护装置

压力机应安装危险区安全保护装置，并确保正确使用、检查、维修和可能的调整，以保护暴露于危险区的每个人员。安全防护装置分为安全保护装置与安全保护控制装置。安全防护装置应具备以下安全功能之一：①在滑块运行期间，人体的任一部分不能进入工作危险区；②在滑块向下行程期间，人体的任一部分不能进入工作危险区；③在滑块向下行程期间，当人体的任一部分进入危险区之前，滑块能停止下行程或超过下死点。

安全保护装置包括活动、固定栅栏式、推手式、拉手式等。安全保护控制装置包括双手操作式、光电感应保护装置等。如果压力机工作过程中需要从多个侧面接触危险区域，应为各侧面安装提供相同等级的安全防护装置。危险区开口小于 6 mm 的压力机可不配置安全防护装置。

1. 固定式封闭防护装置

通过在危险区周围设置实体隔离，确保人体任何部位无法进入危险区，从而保护一切有可能进入危险区人员的安全。常见有固定和活动联锁式，实体隔离有透明实体隔板、栅栏式防护装置，应满足下列安全要求：

（1）防护装置应牢固固定安装在机床、周围其他固定的结构件或安装在地面上，不用专门工具不能拆除。

（2）固定式防护装置的送料开口、栅栏式防护装置的栅栏间隙和隔离实体到危险线的安全距离，应符合防止上下肢触及危险区的安全距离的标准要求。

（3）联锁式防护装置只有在活动护栏门关闭后才能启动工作行程。

2. 双手操作式安全保护控制装置

双手操作式安全装置的工作原理是将滑块的下行程运动与对双手的限制联系起来，必须符合以下要求：

（1）双手操作的原则。不能只用一只手、同一手臂的手掌和手肘、小臂或手肘、手掌和身体的其他部分来启动输出信号，必须双手同时推按操纵器，离合器才能接合滑块下行程；在滑块下行过程中，松开任一按钮，滑块立即停止下行程或超过下死点。

（2）重新启动的原则。对于被中断的操作控制需要恢复以前，应先松开全部按钮，然后再次双手按压后才能恢复运行。

（3）最小安全距离的原则。安全距离是指操纵器的按钮或手柄到压力机危险线的最短直线距离。安全距离应根据压力机离合器的性能，通过计算来确定。

（4）操纵器的装配要求。两个操纵器（按钮或操纵手柄的手握部位）的内缘装配距离至少相隔 260 mm。为防止意外触动，按钮不得凸出台面或加以遮盖。

（5）对需多人协同配合操作的压力机，应为每位操作者都配置双手操纵装置，并且只有全部操作者协同操作双手操纵装置时，滑块才能启动运行。

对此需要说明，双手操作式安全装置只能保护使用该装置的操作者，不能保护其他人员的安全。

3. 光电保护装置

光电保护装置是目前压力机使用最广泛的安全保护控制装置。通过由在投光器和接收器二者之间形成光幕将危险区包围，或将光幕设在通往危险区的必经之路上。当人体的某个部位进入危险区（或接近危险区）时，立即被检测出来，滑块停止运动或不能启动。应满足以下功能：

（1）保护范围。由保护高度和保护长度构成矩形光幕。保护高度不低于滑块最大行程与装模高度调节量之和，保护长度应能覆盖操作危险区。

（2）自保功能。在保护幕被遮挡，滑块停止运动后，即使人体撤出恢复通光时，装置仍保持遮光状态，滑块不能恢复运行，必须按动“复位”按钮，滑块才能再次启动。

（3）回程不保护功能。滑块回程时装置不起作用，在此期间即使保护幕被破坏，滑块也不停止运行，以利操作者的手出入操作。

（4）自检功能。光电保护装置可对自身发生的故障进行检查和控制，使滑块处于停止状态，在故障排除以前不能恢复运行。

（5）响应时间与安全距离。装置响应时间不得超过 20 ms。从保护幕到模口危险区的最小安全距离，应根据压力机离合器的性能通过计算来确定。

（6）抗干扰性。光线式安全装置在白炽灯、高频电子电源荧光灯干扰下应能正常工作，受到频闪灯光干扰不应失灵。

4. 拉（推或拨）手式安全装置

拉（推或拨）手式安全装置属于机械式安全装置，可防止操作者双手误入危险区。若手已入危险区，通过该安全装置将手随冲模的闭合而拉（推或拨）出危险区。目前已很少使用。

5. 安全操作附件

安全操作附件指在压力机主机以外，为用户安全操作额外提供的手用操作工具。包括手用钳、钩、镊、各式吸盘（电磁、真空）及工艺专用工具等。需要强调指出，手用工具本身并不具备安全装置的基本功能，是安全操作的辅助手段，它只能代替人手伸进危险区，不能取代安全装置。手工具必须符合人机工程要求，手持式电磁吸盘还应符合电气安全的规定。

（三）消减冲模危险区的措施

可采取下列措施：

（1）减少上、下模非工作部分的接触面，将上模座正面和侧面制成斜面、倒钝外廓和非工作部件的尖角。

（2）当冲模闭合时，从下模座上平面至上模座下平面的最小间距应大于60 mm。

（3）手工上下料时，在冲模的相应部位应开设避免压手的空手槽。

（四）其他保护措施

1. 超载保护装置

压力机应装备超载保护装置。如剪切式、压塌式、液压式等超载保护装置。当发生超载时，使动力不能继续输入，后续机构运动停止，从而保护后续主要受力件不遭到损坏。

2. 安全支撑装置

压力机在调整模具或维修时，将支撑装置作为支撑，置于模具空间内，防止滑块或模具部件移动、下落。只要支撑装置处在防护位置，则压力机不能启动行程并滑块应保持在上死点。可将其同压力机控制装置联锁。

3. 紧急停止按钮

必须装设红色紧急停止按钮，该装置在供电中断时，应以不大于0.20 s的时间快速制动。如果有多个操作点时，各操作点上一般均应有紧急停止按钮。

4. 安全监控、显示装置

应根据安全运行、操作的需要设置安全监督、控制、显示装置。

5. 防松措施

压力机上所用的螺栓、螺母、销针等紧固件和弹簧，因其破坏、失效、松脱会导致意外或零部件移位、跌落时，必须采取防松措施。

6. 解救被困人员

应提供解救在模区被困人员的措施，如辅助驱动装置、手动旋转飞轮的开口。手动旋转应与压力机控制系统联锁。

三、剪板机安全技术简介

剪板机属于压力机械中的一种，由墙板、工作台和运动的刀架（上横梁）组成。借助于固定在刀架上的上刀片相对固定在工作台上的下刀片作往复直线运动。通过压料装置（压料脚）将板料压紧在工作台上，刀架从循环停止位置（通常为上死点）至下死点，对各种厚度的金属板材施加剪切力，使板材按所需要的尺寸断裂分离，然后回到循环停止位置（通常为上死点）从而完成一个工作循环运动过程。剪板机还装配有托料装置（有些剪板机配备了可调整的前托料和后挡料），防止剪切后的落料造成伤害风险。

剪板机与冲床的工作原理相似，都属于危险性大的机械。剪切事故与冲压事故有相同的机理，在操作区防护措施方面，有很多共同之处。剪板机的操作危险区是刀口和压料装置（压料脚）及其关联区域，常常选择固定式防护装置，保护暴露于危险区的人员。如固定式防护装置不可行，则应根据重大危险和操作方式选择联锁防护装置（联锁防护装置或联锁防护装置与固定式防护装置的组合）、光电保护装置。当间隙不超过 6 mm 时，则不需要安全防护。

（一）一般安全要求

（1）剪板机应有单次循环模式。选择单次循环模式后，即使控制装置持续有效，刀架和压料脚也只能工作一个行程。

（2）压料装置（压料脚）应确保剪切前将剪切材料压紧，压紧后的板料在剪切时不能移动。

（3）安装在刀架上的刀片应固定可靠，不能仅靠摩擦安装固定。

（4）剪板机上的所有紧固件应紧固，并应采取防松措施以免引起伤害。

（5）在使用剪板机时，剪板机后部落料危险区域一般应设置阻挡装置，以防止人员发生危险。如果剪板机配备了可调整的前托料和后挡料，即使配备了后托料，后挡料（电动或非电动）和前托料（如果配备）不能将其调整到刀口下方，后挡料的设计也不允许将后挡料调整到刀口之间。

（6）应根据剪板机自身的结构性能特点，设置合适的安全监督控制装置，对机器的安全运行状况进行监控。

（7）剪板机上必须设置紧急停止按钮，一般应在剪板机的前面和后面分别设置。

（8）如果剪板机配有激光器（指示剪切线），应符合安全标准的规定，以保证其不致对人身产生伤害。

（二）安全防护装置

剪板机安全防护装置防止从前部、侧面和后部接触运动的刀口和电动后挡料以及辅助装置。如剪板机完成工作需从多个侧面接触危险区域，每一个侧面都应设置防护。

1. 固定式防护装置

（1）应牢固安装在机器上。应防止通过工作台上的沟槽和压料装置进入危险区。

（2）应可防止进入刀口和压料装置构成的危险区域。

（3）固定式防护装置不应阻挡看清剪切线。

（4）装置的进料开口和装置安置的最小安全距离，应符合防止上下肢触及危险区的安全距离的标准要求。

2. 联锁防护装置或联锁防护装置与固定式防护装置的组合

（1）如果联锁防护装置处于打开位置，任何危险运动都应停止；只有防护装置关闭后才能启动剪切行程，电动后挡料和辅助装置才能开始运动。

（2）不带防护锁的联锁防护装置应安装在操作者伤害发生前且没有足够时间进入危险区域的位置。

（3）不带防护锁的联锁防护装置应与固定式防护装置结合使用，在任何危险运动过程中应能防止进入危险区（压料装置、剪切线）。

（4）安全距离应按照剪板机总响应时间和操作者的速度进行计算确定。

3. 光电保护装置

采用光电保护装置应满足下列要求：

（1）确保只能从光电保护装置的检测区进入危险区，应提供附加的安全防护装置，阻止从其他方向进入危险区。

（2）如果现场有可能从剪板机侧面进入危险区，应提供附加的安全防护装置，附加的安全防护装置应确保人或任何身体部位不能进入危险区。

（3）如果现场有可能从后部进入危险区，安装在剪板机后部的光电保护装置，用于防止从剪板机后部接触刀架和电动后挡料，并且允许剪切后的板料移动到安全位置。

（4）光电保护装置应安装在操作者接触危险区域伤害发生前危险运动已经停止的位置。

（5）安全距离的计算应根据剪板机总停止响应时间和操作者接近危险区域的速度计算。

（6）如果人体任一部分引起光电保护装置动作，任何危险动作应停止，亦不可能启动。

（7）复位装置应放置在可以清楚观察危险区域的位置。每一个检测区域严禁安装多个复位装置；如果后面由光电保护装置防护，每个检测区域应安装一个复位装置。

第四节　木工机械安全技术

木材加工是指通过刀具切割破坏木材纤维之间的联系，从而改变木料形状、尺寸和表面质量的加工工艺过程。进行木材加工的机械称为木工机械。木工机械种类多、使用量大，广泛应用于建筑、家具行业，工厂的木模加工、木制品维修以及家庭装修业等。

一、木材加工特点和危险因素

（一）木材加工特点

从劳动安全卫生角度看，木材加工有以下特点：

（1）木工机械是高速机械，其刃口锋利的刀具转速可高达2500～4000 r/min，甚至达每分钟上万转。

（2）加工对象木材存在天然缺陷，如疖疤、裂纹、夹皮、虫道；木材干缩湿胀，会发生不同程度的翘曲、开裂、变形；其生物活性使木材含有真菌或滋生细菌，有些还有刺激性物质。

（3）木材原料、木屑和木粉尘、废弃物、木制成品及表面修饰用料（如油漆、浸渍、贴面等）都是易燃易爆危险物。

（4）木工机械作业大多是敞开式的，手工送进工件操作比例高。

（二）木材加工危险因素

（1）机械危险。主要包括刀具的切割伤害、木料的反弹冲击伤害、锯条断裂或刨刀片飞出以及木屑碎片抛射飞出伤人等。

（2）木材的生物效应危险。取决于木材种类、接触时间或操作者自身的体质条件。

可引起皮肤症状、视力失调、对呼吸道黏膜的刺激和病变、过敏病状等。

(3) 化学危害。在木材的存储防腐、加工和成品的表面修饰粘接都需要采取化学手段。其中有些会引起中毒、皮炎或损害呼吸道黏膜。

(4) 木粉尘伤害。可导致呼吸道疾病，严重的可表现为肺叶纤维化症状，家具加工行业鼻癌和鼻窦腺癌比例较高。

(5) 火灾和爆炸的危险。木材原料、半成品或成品、切削废料等都是易燃物，悬浮状态的木粉尘和某些化学品是易爆物。火灾危险存在于木材加工全过程的各个环节。

(6) 噪声和振动危害。木工机械是高噪声和高振动机械。

诸多危险有害因素中，刀具切割的发生概率高，危险性大，木材的天然缺陷、刀具高速运动和手工送料的作业方式是直接原因。由于刀具的高速运动和多刀多刃的作用，即使瞬间触碰刀具也会导致多次切削严重后果。木工机械事故，第一位是平刨床，第二位是锯机类（主要是圆锯机和带锯机），其他木工机械比前两者事故率要低得多。火灾爆炸事故更是后果严重，木工作业场所是防火的重点。对人体健康构成长期影响的有害因素，应在木材加工行业的综合治理中统筹考虑。

二、木工机械安全技术措施

通过安全设计，在源头尽可能避免或减小危险。通过提高设备的可靠性、操作机械化或自动化，来减少或限制操作者涉入危险区的需要，从而降低作业人员面临危险的概率。由于各种因素制约，仍然需要手工送料的木工机械，重点是在操作区采取有效的安全技术措施，操作者应遵章守则，规范安全操作行为。安全技术要求如下所述。

（一）稳定性

机床的结构应具备将其固定在地面、台面或其他稳定结构上的措施。

（二）操控装置

在木工机械的每一操作位置上应装有使机床相应的危险运动件停止的停止操纵装置。应具有能与动力源断开的技术措施和泄放残存能量的措施，切断机床能量的装置应能清楚识别。若刀具主轴的惯性在运转过程中存在与刀具的接触危险，则应装配一个自动制动器，使刀具主轴在小于 10 s 的足够短的时间内停止运动；是否设置急停装置，应按照危险分析和风险识别要求，视具体机床而定。

（三）工作台和导向板

对于手推工件进给的机床，工件的加工必须通过工作台、导向板等来支撑和定位。工作台应能保证工件的安全进给，导向板应能保证工件进给的正确位置；工作台和导向板应有光滑的表面，缺陷和凹坑尽量少；用手推动的移动工作台必须采取防止脱落的措施。

（四）刀具及刀具总成体

刀具和刀具主轴应使用与其功能相适应的材料制造，能承受最高许用转速的应力、切削应力和制动过程的应力；刀具的总成体及其在机床上的固定应确保当启动、运转和制动时不会松脱，应进行平衡试验并标记最高许用工作转速；手动进给机床应严格限制刀具相对刀体的伸出量。在安装、调整刀具时，可能引起转动而造成伤害的刀具主轴应进行防护。

（五）安全防护装置

根据机床具体结构，采用固定式、活动式、可调式或自调式、全封闭或栅栏式安全防护装置；控制方式有机械式、光电式、手动式多种类型。安全防护装置应能防护机床的整个工作范围（高度、宽度）；并能承受材料的冲击力，并满足以下要求：

（1）功能安全可靠。安全防护罩应有足够的强度、刚度和正确的几何尺寸，其防护功能必须可靠，在刀具的切削范围内，能有效封闭危险区；安全防护罩与刀具应有足够的安全距离，不妨碍机床的调整和维修，不限制机床的使用性能，不给木屑的排除造成困难，不影响工件的加工质量；不应成为新的危险源，罩体表面应光滑不得有锐边尖角和毛刺。

（2）木工机械的刀轴与电器应有安全联控装置，在装卸或更换刀具及维修时，能切断电源并保持断开位置，以防止误触电源开关或突然供电启动机械，造成人身伤害事故。

（3）存在工件抛射风险的机床，应设有相应的安全防护装置。例如，刨床上和多锯片圆锯机采用止逆器、在圆锯机上采用分料刀、防反弹安全屏护等。

（4）传动装置（如带和带轮、链和链轮、变速齿轮等）有可能造成危险的，应尽量设置于箱体内，否则对其危险部位应设置安全防护装置。

（5）配置必要的手用工具。例如，在手动进给的木工圆锯机上采用的推棒或推块、木工平刨床上使用推块或进给夹具等。这些装置应能可靠地夹紧工件，有固定牢靠、强度足够的手握操作件。

（六）非机械危险的防护

（1）所有电气设备应符合安全要求，尤其是电击防护、短路保护和过载保护、保护接地等。

（2）降噪与减振。应安装消声、降噪装置；在噪声源内表面的周围，使用吸音材料；改进气流特性。例如，在木工平刨床的唇板上打孔或开梳状槽，既能降噪又可减振；吸尘罩采用气动设计，避免空气在吸尘管道内部受阻等措施。

采取减振措施降低机床的振动，例如，使用平衡的刀具；充分支承工件，尤其是工件接近切削点的位置；将工作台或工作台唇板开孔或开槽，阻断振动的传递；对振幅、功率大的设备设计减振基础等措施。

（3）有害物排放。应考虑安装吸尘通风装置和采集系统，以便木屑、粉尘和气体的排放，保证工作场所的粉尘的时间加权平均容许浓度不超过 3 mg/m^3。吸尘系统应设在与排放源尽量接近之处；建议吸尘罩、输送管、导风板的结构基于抽出气体在导管中的速度为 20 m/s（对于含水率小于或等于 18% 的木屑）和 28 m/s（对于含水率大于 18% 的木屑）来设计和安装，以保证木屑和粉尘从其形成位置被输送到采集系统；安全防护装置不得给碎屑的排除造成困难；提供保护耳朵和眼睛的个人防护设施。

（4）防火防爆。木屑（木粉尘）的堆集易导致燃烧和爆炸的危险，机床设备、材料堆放、加工工艺设计和维护上，在防护装置的设计等方面，应能阻碍和降低这种危险，将受火灾、爆燃、爆炸的危害降到最小；阻止和减少粉尘和木屑堆集在机床上或机罩内；在预见有爆炸的风险处，能以安全方式和导向消耗或减弱爆炸释放出的能量；作业场地应在明显并便于取用处放置消火栓、砂箱及相应的灭火器；在火灾或爆燃时及时进行人员疏散、安置及对未直接受到火灾危害的场地进行保护。

三、木工平刨床安全技术

手工推压木料从高速运转的刀轴上方通过，是木工平刨床最大的危险。常见伤害是刨刀切割手事故，防止切割的关键是工作台加工区和刨刀轴的安全。

（一）作业平台

工作台（图1－26）是木材刨削的操作平台，两块工作台板安装在刨刀轴两侧形成开口，露出刨刀轴，该部位称作唇口或刨口。

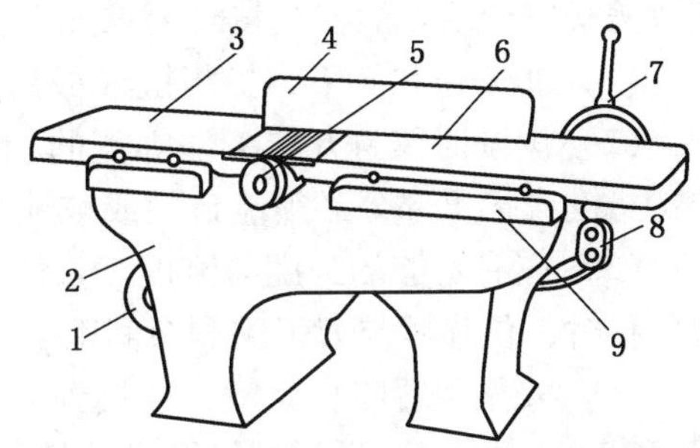

1—电动机；2—机身；3，6—工作台面；
4—导尺；5—刀轴；7—工作台调整手柄；
8—电钮；9—偏心轴架护罩

图1－26 木工平刨床简图

（1）工作台应符合安全人机学要求的设计。安装后的工作台面离地面高度应为750～800 mm；机身外形采用圆角和圆滑曲面，避免利棱锐角。台面应平整、光滑，不得坑凹凸起，防止木料通过弹跳、侧倒。

（2）导向板和升降机构应能自锁或被锁紧，防止受力后其位置自行变化引起危险。

（3）开口量应尽量小，使刀轴外露区域小，从而降低危险；但开口量过小，会使机床的动力噪声急剧增加。工作台的开口应兼顾加工安全、排屑和降噪的需要，开口量符合规定要求。在零切削位置时的工作台唇板与切削圆之间的径向距离应保持为（3±2）mm。

（二）刨刀轴

刀轴由刨刀体、刀轴主轴、刨刀片和压刀组成，装入刀片后的总成，称为刨刀轴或刀轴。刀轴的各组成部分及其装配应满足以下安全要求：

（1）刀轴必须是装配式圆柱形结构，严禁使用方形刀轴。刀体上的装刀梯形槽应上底在外，下底靠近圆心，组装后的刀槽应为封闭型或半封闭型（图1－27）。通过刀具零件的结构和形状可靠固定，保证夹紧后在运转中不得松动或刀片发生径向滑移。

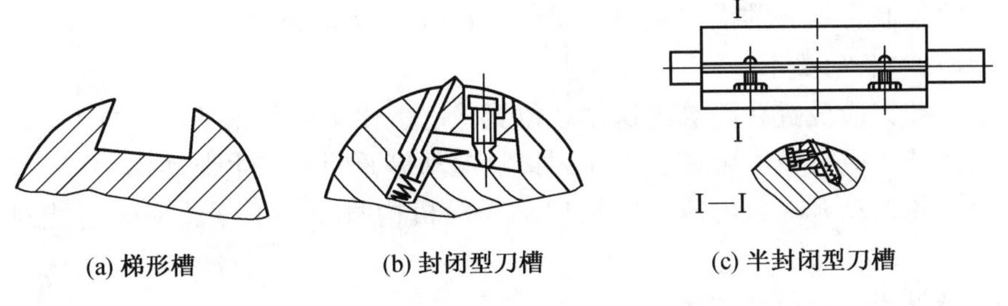

(a) 梯形槽　(b) 封闭型刀槽　(c) 半封闭型刀槽

图1－27 圆柱形结构的刀轴

（2）组装后的刨刀片径向伸出量不得大于1.1 mm。

（3）组装后的刀轴须经强度试验和离心试验，试验后的刀片不得有卷刃、崩刃或显著磨钝现象；压刀条相对于刀体的滑移量不超过规定要求。

（4）刀轴的驱动装置所有外露旋转件都必须有牢固可靠的防护罩，并在罩上标出单向转动的明显标志；须设有制动装置，在切断电源后，保证刀轴在规定的时间内停止转动。

（三）加工区安全防护装置

平刨床操作危险区必须设置安全防护装置，其基本功能是遮盖刀轴防止切手。可采用护指键式、护罩或护板等形式，控制方式有机械式、光电式、电磁式、电感应式等。平刨床遮盖式安全装置的安全技术要求如下：

（1）非工作状态下，护指键（或防护罩）必须在工作台面全宽度上盖住刀轴。

（2）刨削时仅打开与工件等宽的相应刀轴部分，其余的刀轴部分仍被遮盖。未打开的护指键或护罩部分必须能自锁或被锁紧。

（3）应有足够的强度与刚度。整体护罩或全部护指键应承受 1 kN 径向压力，发生径向位移时，位移后与刀刃的剩余间隙要大于 0.5 mm。

（4）安全装置闭合灵敏，从接到闭合指令开始到护指键或防护罩关闭为止，闭合时间不得大于 80 ms。爪形护指键式的相邻键间距应小于 8 mm。

（5）装置不得涂耀眼颜色，不得反射光泽。

四、带锯机安全技术

带锯机是以一条开出锯齿的无端头的带状锯条为刀具，锯条由高速回转的上、下锯轮带动，实现直线纵向剖解木材的木工机械。各种类型带锯机的共同特点是高速运动的带锯条悬空段长，自由度大、刚性差，容易出现振动、锯条自锯轮上脱落、锯条断裂等情况，锯条的切割伤害等是主要的危险因素。其安全技术要求如下所述。

（一）带锯条的安全要求

（1）带锯条的锯齿应锋利，齿深不得超过锯宽的 1/4，锯条厚度应与匹配的带锯轮相适应。避免小轮选用大厚度锯条，造成断裂伤人。

（2）锯条焊接应牢固平整，接头不得超过 3 个，两接头之间长度应为总长的 1/5 以上，接头厚度应与锯条厚度基本一致。

（3）严格控制带锯条的横向裂纹，裂纹超长应切断重新焊接。

（二）操控机构的要求

（1）启动按钮应设置在能够确认锯条位置状态、便于调整锯条的位置上。

（2）启动按钮应灵敏、可靠，不应因接触振动等原因而产生误动作。

（3）上锯轮机动升降机构应与锯机启动操纵机构联锁；下锯轮应装有能对运转进行有效制动的装置。

（4）必须设置急停控制按钮。

（三）带锯机安全防护装置

有可能造成伤害的危险部分，如锯轮、锯条、带传动等部位必须设置安全防护装置。

（1）锯轮防护。锯轮防护罩的结构和所用材料应保证足够的强度和刚度，上锯轮内衬应有缓冲材料；上锯轮处于任何位置，防护罩均应能罩住锯轮 3/4 以上表面，并在靠锯齿边的适当处设置锯条承受器；上锯轮处于最高位置时，其上端与防护罩内衬表面应有不小于 100 mm 的足够间隔；锯轮、主运动的带轮应作平衡试验。

（2）锯齿防护罩。切削边的锯齿防护罩应保证非工作锯齿不外露。可采用多种形式的防护罩：固定式防护罩，将不参加工作的锯条封闭起来；活动式防护罩，罩体可以侧向打开，方便调节锯条；高度可调式防护罩，可根据锯切木料的厚度，调节防护罩的防护高度。防护罩的结构和所用材料应保证有足够的强度和刚度。

（四）除屑、降噪、减振

机床应设置有效的排屑口、吸尘器；锯轮应设置除屑装置，以清除锯轮外缘面上的锯屑、树脂及其他粘着物；在下锯轮有可能卷入木屑、树皮等部位，应设有防止卷入的装置。应采取降噪、减振措施，在空运转条件下，机床噪声最大声压级不得超过 90 dB(A)。

五、圆锯机安全技术

圆锯机是以圆锯片对木材进行锯切加工的机械设备。以手动进给木工圆锯机为例，该机床主要结构为圆锯片（沿圆周均匀分布有锯齿的圆盘）和一水平的工作台，锯片装配在工作台下方的水平安装的锯轴上。电动机通过皮带传动将动力传给锯轴，带动锯片高速旋转来锯切木料。锯片的切割伤害、木材的反弹抛射打击伤害是主要危险，手动进料圆锯机必须装有分料刀；自动进料圆锯机须装有止逆器、压料装置和侧向防护挡板，送料辊应设防护罩。圆锯机应满足以下所述要求。

（一）锯片与锯轴

圆锯机所使用圆锯片的横向稳定性和锯齿的足够刚度是主要的安全指标。

（1）锯轴的额定转速不得超过圆锯片的最大允许转速。

（2）锯片与法兰盘应与锯轴的旋转中心线垂直，防止锯片旋转时的摆动；锯片与法兰盘应与锯轴同心，防止产生不平衡离心力。

（3）锯片夹紧法兰盘直径与锯片应有足够的接触面积，夹紧面必须平整。转动时，锯片与法兰盘之间不得出现相对滑动。

（4）普通圆锯片使用前应进行压料或拨料并经过刃磨，适张度处理和平衡检查调整。

（5）圆锯片连续断裂 2 齿或出现裂纹时应停止使用，圆锯片有裂纹不允许修复使用。若更换锯片时必须锁定主轴，应提供主轴锁定装置。

（二）安全防护装置

圆锯片需要部分暴露，可采用自关闭式或可调式防护装置。

1. 刀具的防护

应提供可调的锯片防护装置，对在工作台上方的锯片部位进行防护。

（1）安全防护罩应有足够的强度、刚度和正确的几何尺寸，其防护功能必须可靠，罩体表面应光滑，不得有锐边尖角和毛刺。

（2）安全防护罩应采用部分封闭式结构，要便于锯片的更换和锯机的调整维修。

（3）防护罩的安装必须稳固可靠、位置正确，其支承连接部分的强度不得低于防护罩的强度，固定后的安全防护罩应能承受意外的冲击或其他作用力。

（4）对可能造成人身伤害的圆锯机的传动部件必须设有安全防护装置。

2. 分料刀

分料刀是设置在出料端减少木材对锯片的挤压并防止木材反弹的装置（图 1－28）。不同尺寸的锯片应采用相应规格的分料刀。分料刀的安全要求如下：

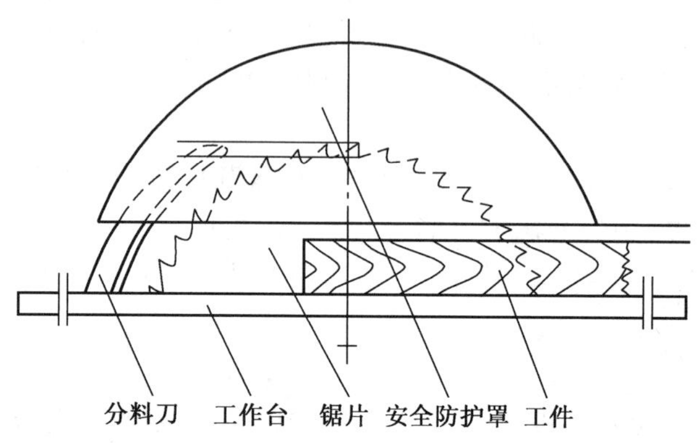

图 1－28　分料刀

（1）应采用优质碳素钢 45 或同等机械性能的其他钢材制造。

（2）应有足够的宽度以保证其强度和刚度，受力后不会被压弯或偏离正常的工作位置。其宽度应介于锯身厚度与锯料宽度之间，在全长上厚度要一致。

（3）分料刀的引导边应是楔形的，以便于导入。其圆弧半径不应小于圆锯片半径。

（4）应能在锯片平面上作上下和前后方向的调整，分料刀顶部应不低于锯片圆周上的最高点；与锯片最靠近点与锯片的距离不超过 3 mm，其他各点与锯片的距离不得超过 8 mm。

（三）带防护功能的手用工作装置

应提供采用塑料、木材或胶合板制造的推棒和推块，以避免加工时手接近锯片。

推棒的长度应不小于 400 mm，推块长度建议为 300～450 mm，宽度为 80～100 mm，厚度为 15～20 mm。加工小工件和需要贴着导向板推送工件时，建议用推块。

（四）有害物的排除

圆锯机设计时应考虑锯屑和粉尘的排除，吸尘罩或吸尘接口应考虑防火和防爆。

第五节　铸造安全技术

铸造作为一种金属热加工工艺，将熔融金属浇注、压射或吸入铸型型腔中，待其凝固后而得到一定形状和性能铸件的方法。铸造作业一般按造型方法来分类，习惯上分为普通砂型铸造和特种铸造。

铸造设备就是利用这种技术将金属熔炼成符合一定要求的液体并浇进铸型里，经冷却凝固、清整处理后得到有预定形状、尺寸和性能的铸件的所有机械设备。铸造设备主要包括：

(1) 砂处理设备，如碾轮式混砂机、逆流式混砂机、叶片沟槽式混砂机、多边筛等。

(2) 造型造芯设备，如高、中、低压造型机、抛砂机、无箱射压造型机、射芯机、冷和热芯盒机等。

(3) 金属冶炼设备，如冲天炉、电弧炉、感应炉、电阻炉、反射炉等。

(4) 铸件清理设备，如落砂机、抛丸机、清理滚筒机等。

一、铸造作业危险有害因素

铸造作业过程中存在诸多的不安全因素，可能导致多种危害，需要从管理和技术方面采取措施，控制事故的发生，减少职业危害。

(一) 火灾及爆炸

红热的铸件、飞溅铁水等一旦遇到易燃易爆物品，极易引发火灾和爆炸事故。

(二) 灼烫

浇注时稍有不慎，就可能被熔融金属烫伤；经过熔炼炉时，可能被飞溅的铁水烫伤；经过高温铸件时，也可能被烫伤。

(三) 机械伤害

铸造作业过程中，机械设备、工具或工件的非正常选择和使用，人的违章操作等，都可导致机械伤害。如造型机压伤，设备修理时误启动导致砸伤、碰伤。

(四) 高处坠落

由于工作环境恶劣、照明不良，加上车间设备立体交叉，维护、检修和使用时，易从高处坠落。

(五) 尘毒危害

在型砂、芯砂运输、加工过程中，打箱、落砂及铸件清理中，都会使作业地区产生大量的粉尘，因接触粉尘、有害物质等因素易引起职业病。冲天炉、电炉产生的烟气中含有大量对人体有害的一氧化碳，在烘烤砂型或砂芯时也有二氧化碳气体排出；利用焦炭熔化金属，以及铸型、浇包、砂芯干燥和浇铸过程中都会产生二氧化硫气体，如处理不当，将引起呼吸道疾病。

(六) 噪声振动

在铸造车间使用的振实造型机、铸件打箱时使用的振动器，以及在铸件清理工序中，利用风动工具清铲毛刺，利用滚筒清理铸件等都会产生大量噪声和强烈的振动。

(七) 高温和热辐射

铸造生产在熔化、浇铸、落砂工序中都会散发出大量的热量，在夏季车间温度会达到40 ℃或更高，铸件和熔炼炉对工作人员健康或工作极为不利。

二、铸造作业安全技术措施

由于铸造车间的工伤事故远较其他车间为多，因此，需从多方面采取安全技术措施。

(一) 工艺要求

1. 工艺布置

应根据生产工艺水平、设备特点、厂区场地和厂房条件等，结合防尘防毒技术综合考虑工艺设备和生产流程的布局。污染较小的造型、制芯工段在集中采暖地区应布置在非采暖季节最小频率风向的下风侧，在非集中采暖地区应位于全年最小频率风向的下风侧。砂处理、清理等工段宜用轻质材料或实体墙等设施与其他部分隔开；大型铸造车间的砂处理、清理工段可布置在单独的厂房内。造型、落砂、清砂、打磨、切割、焊补等工序宜固定作业工位或场地，以方便采取防尘措施。在布置工艺设备和工作流程时，应为除尘系统的合理布置提供必要条件。

2. 工艺设备

凡产生粉尘污染的定型铸造设备（如混砂机、筛砂机、带式输送机等），制造厂应配置密闭罩，非标准设备在设计时应附有防尘设施。型砂准备及砂的处理应密闭化、机械化。输送散料状干物料的带式输送机应设封闭罩。混砂不宜采用扬尘大的爬式翻斗加料机和外置式定量器，宜采用带称量装置的密闭混砂机。炉料准备的称量、送料及加料应采用机械化装置。

3. 工艺方法

在采用新工艺、新材料时，应防止产生新污染。冲天炉熔炼不宜加萤石。应改进各种加热炉窑的结构、燃料和燃烧方法，以减少烟尘污染。回用热砂应进行降温去灰处理。

4. 工艺操作

在工艺可能的条件下，宜采用湿法作业。落砂、打磨、切割等操作条件较差的场合，宜采用机械手遥控隔离作业。

（1）炉料准备。炉料准备包括金属块料（铸铁块料、废铁等）、焦炭及各种辅料。在准备过程中最容易发生事故的是破碎金属块料。

（2）熔化设备。用于机器制造工厂的熔化设备主要是冲天炉（化铁）和电弧炉（炼钢）。冲天炉熔炼过程：从炉顶加料口加入焦炭、生铁、废钢铁和石灰石，高温炉气上升和金属炉料下降，伴随着底焦的燃烧，使金属炉料预热和熔化以及铁水过热，在炉气和炉渣及焦炭的作用下使铁水成分发生变化。所以，其安全技术主要从装料、鼓风、熔化、出渣出铁、打炉修炉等环节考虑。

（3）浇注作业。浇注作业一般包括烘包、浇注和冷却三个工序。浇注前检查浇包是否符合要求，升降机构、倾转机构、自锁机构及抬架是否完好、灵活、可靠；浇包盛铁水不得太满，不得超过容积的80%，以免洒出伤人；浇注时，所有与金属溶液接触的工具，如扒渣棒、火钳等均需预热，防止与冷工具接触产生飞溅。

（4）配砂作业。配砂作业的不安全因素有粉尘污染；钉子、铁片、铸造飞边等杂物扎伤；混砂机运转时，操作者伸手取砂样或试图铲出型砂，结果造成被打伤或被拖进混砂机等。

（5）造型和制芯作业。制造砂型的工艺过程叫作造型，制造砂芯的工艺过程叫作制芯。生产上常用的造型设备有振实式、压实式、振压式等，常用的制芯设备有挤芯机、射芯机等。很多造型机、制芯机都是以压缩空气为动力源，为保证安全，防止设备发生事故或造成人身伤害，在结构、气路系统和操作中，应设有相应的安全装置，如限位装置、联锁装置、保险装置。

（6）落砂清理作业。铸件冷却到一定温度后，将其从砂型中取出，并从铸件内腔中清除芯砂和芯骨的过程称为落砂。有时为提高生产率，若过早取出铸件，因其尚未完全凝固而易导致烫伤事故。

(二) 建筑要求

铸造车间应安排在高温车间、动力车间的建筑群内，建在厂区其他不释放有害物质的生产建筑的下风侧。

厂房主要朝向宜南北向。厂房平面布置应在满足产量和工艺流程的前提下同建筑、结构和防尘等要求综合考虑。铸造车间四周应有一定的绿化带。

铸造车间除设计有局部通风装置外，还应利用天窗排风或设置屋顶通风器。熔化、浇注区和落砂、清理区应设避风天窗。有桥式起重设备的边跨，宜在适当高度位置设置能启闭的窗扇。

(三) 除尘

1. 炉窑

(1) 炼钢电弧炉。排烟宜采用炉外排烟、炉内排烟、炉内外结合排烟。通风除尘系统的设计参数应按冶炼氧化期最大烟气量考虑。电弧炉的烟气净化设备宜采用干式高效除尘器。

(2) 冲天炉。冲天炉的排烟净化宜采用机械排烟净化设备，包括高效旋风除尘器、颗粒层除尘器、电除尘器。当粉尘的排放浓度在 400 ~ 600 mg/m^3 时，最好利用自然通风和喷淋装置进行排烟净化。

2. 破碎与碾磨设备

颚式破碎机上部，直接给料，落差小于 1 m 时，可只做密闭罩而不排风。不论上部有无排风，当下部落差大于或等于 1 m 时，下部均应设置排风密封罩。球磨机的旋转滚筒应设在全密闭罩内。

3. 砂处理设备、筛选设备、输送设备

以上所列设备及制芯、造型、落砂及清理、铸件表面清理等均应通风除尘。

第六节　锻造安全技术

锻造是金属压力加工的方法之一，它是机械制造生产中的一个重要环节。根据锻造加工时金属材料所处温度状态的不同，锻造又可分为热锻、温锻和冷锻。热锻指被加工的金属材料处在红热状态（锻造温度范围内），通过锻造设备对金属施加的冲击力或静压力，使金属产生塑性变形而获得预想的外形尺寸和组织结构。

锻造车间里的主要设备有锻锤、压力机（水压机或曲柄压力机）、加热炉等。操作人员经常处在振动、噪声、高温灼热、烟尘，以及料头、毛坯堆放等不利的工作环境中。因此，应特别注意操作这些设备人员的安全卫生，避免在生产过程中发生各种事故，尤其是人身伤害事故。

一、锻造的特点

从安全和劳动保护的角度来看，锻造的特点如下：

(1) 锻造生产是在金属灼热的状态下进行的(如低碳钢锻造温度范围在750～1250 ℃之间)，由于有大量的手工作业，稍不小心就可能发生灼伤。

(2) 锻造作业的加热炉和灼热的钢锭、毛坯及锻件，不断发散出大量的辐射热（锻件在锻压终了时，仍然具有相当高的温度），工人经常受到热辐射的侵害。

(3) 锻造作业的加热炉在燃烧过程中产生的烟尘排入车间的空气中，不但影响卫生，还降低了车间内的能见度（对于燃烧固体燃料的加热炉，情况就更为严重），增加了发生事故的可能性。

(4) 锻造加工所使用的设备如空气锤、蒸汽锤、摩擦压力机等，工作时发出的都是冲击力。设备在承受这种冲击载荷时，本身容易突然损坏（如锻锤活塞杆的突然折断）而造成严重的伤害事故。压力机（如水压机、曲柄热模锻压力机、平锻机、精压机）、剪床等在工作时，冲击性虽然较小，但设备的突然损坏等情况也时有发生，操作者往往猝不及防，也有可能导致工伤事故。

(5) 锻造设备在工作中的作用力是很大的，如曲柄压力机、拉伸锻压机和水压机这类锻压设备，它们的工作条件虽较平稳，但其工作部件所产生的力量却很大，如我国已制造和使用的12000 t的锻造水压机。就是常见的100～150 t的压力机，所发出的力量已足够大。如果模子安装或操作时稍不正确，大部分的作用力就不是作用在工件上，而是作用在模子、工具或设备本身的部件上了。这样，某种安装调整上的错误或工具操作的不当，就可能引起机件的损坏以及其他严重的设备或人身事故。

(6) 锻工的工具和辅助工具，特别是手锻和自由锻的工具、夹钳等，这些工具都放在一起。在工作中，工具的更换很频繁，存放往往非常杂乱，这就必然增加对这些工具检查的困难，当锻造中需用某一工具而又不能迅速找到时，有时会“凑合”使用类似的工具，为此往往会造成工伤事故。

(7) 由于锻造作业设备在运行中产生噪声和振动，使工作地点嘈杂，影响人的听觉和神经系统，分散了注意力，因而增加了发生事故的可能性。

二、锻造的危险有害因素

在锻造生产中易发生的伤害事故，按其原因可分为3种：

(1) 机械伤害。锻造加工过程中，机械设备、工具或工件的非正常选择和使用，人的违章操作等，都可导致机械伤害。如锻锤锤头击伤；打飞锻件伤人；辅助工具打飞击伤；模具、冲头打崩、损坏伤人；原料、锻件等在运输过程中造成的砸伤；操作杆打伤、锤杆断裂击伤等。

(2) 火灾爆炸。红热的坯料、锻件及飞溅氧化皮等一旦遇到易燃易爆物品，极易引发火灾和爆炸事故。

(3) 灼烫。锻造加工坯料常加热至800～1200 ℃，操作者一旦接触到红热的坯料、锻件及飞溅氧化皮等，必定被烫伤。

三、锻造安全技术措施

锻压机械的结构不但应保证设备运行中的安全，而且应能保证安装、拆卸和检修等各项工作的安全；此外，还必须便于调整和更换易损件，便于对在运行中应取下检查的零件进行检查。

（1）锻压机械的机架和突出部分不得有棱角或毛刺。

（2）外露的传动装置（齿轮传动、摩擦传动、曲柄传动或皮带传动等）必须有防护罩。防护罩需用铰链安装在锻压设备的不动部件上。

（3）锻压机械的启动装置必须能保证对设备进行迅速开关，并保证设备运行和停车状态的连续可靠。

（4）启动装置的结构应能防止锻压机械意外地开动或自动开动。较大型的空气锤或蒸汽—空气自由锤一般是用手柄操纵的，应该设置简易的操作室或屏蔽装置。模锻锤的脚踏板应置于某种挡板之下，操作者需将脚伸入挡板内进行操纵。设备上使用的模具都必须严格按照图样上提出的材料和热处理要求进行制造，紧固模具的斜楔应经退火处理，锻锤端部只允许局部淬火，端部一旦卷曲，则应停止使用或修复后再使用。

（5）电动启动装置的按钮盒，其按钮上需标有“启动”“停车”等字样。停车按钮为红色，其位置比启动按钮高 10～12 mm。

（6）高压蒸汽管道上必须装有安全阀和凝结罐，以消除水击现象，降低突然升高的压力。

（7）蓄力器通往水压机的主管上必须装有当水耗量突然增高时能自动关闭水管的装置。

（8）任何类型的蓄力器都应有安全阀。安全阀必须由技术检查员加铅封，并定期进行检查。

（9）安全阀的重锤必须封在带锁的锤盒内。

（10）安设在独立室内的重力式蓄力器必须装有荷重位置指示器，使操作人员能在水压机的工作地点上观察到荷重的位置。

（11）新安装和经过大修理的锻压设备应该根据设备图样和技术说明书进行验收和试验。

（12）操作人员应认真学习锻压设备安全技术操作规程，加强设备的维护、保养，保证设备的正常运行。

第七节 安全人机工程

安全人机工程是运用人机工程学的理论和方法研究“人—机—环境”系统，并使三者在安全的基础上达到最佳匹配，以确保系统高效、经济地运行的一门综合性的科学。

在人机系统中，人始终处于核心并起主导作用，机器起着安全可靠的保障作用。

安全人机工程的研究内容主要包括以下 4 个方面：

（1）分析机械设备及设施在生产过程中存在的不安全因素，并有针对性地进行可靠性设计、维修性设计、安全装置设计、安全启动和安全操作设计及安全维修设计等。

（2）研究人的生理和心理特性，分析研究人和机器各自的功能特点，进行合理的功能分配，以建构不同类型的最佳人机系统。

（3）研究人与机器相互接触、相互联系的人机界面中信息传递的安全问题。

（4）分析人机系统的可靠性，建立人机系统可靠性设计原则，据此设计出经济、合理以及可靠性高的人机系统。

一、人的特性

（一）人的生理特性

1. 人体供能与劳动强度分级

1）人体特性参数

人体特性参数较多，归纳起来主要有以下4类：

（1）尺度参数，指人体在静止状态下测得的形态参数，也称人体基本尺度，如人体高度及各部位长度尺寸等。

（2）动态参数，指人体运动状态下，人体的动作范围，主要包括肢体的活动角度和肢体所能达到的距离两方面的参数，如手臂、腿脚活动时测得的参数等。

（3）生理参数，主要指有关人体各种活动和工作时的参数及其变化，反映人活动和工作时负荷的参数大小，如人体耗氧量、心跳频率、呼吸频率及人体表面积和体积等。

（4）生物力学参数，主要指人体各部分如手掌、前臂、上臂、躯干（包括头、颈）、大腿和小腿、脚等出力大小的参数，如握力、拉力、推力、推举力、转动惯量等。

2）人体能量代谢

人体能量的产生和消耗称为能量代谢。人体代谢所产生的能量等于消耗于体外做功的能量与体内直接、间接转化为热的能量之和。在不对外做功的条件下，体内所产生的能量等于由身体发散出的能量，从而使体温维持在相对恒定的水平上。能量代谢分为三种，即基础代谢、安静代谢和活动代谢。

影响人体作业时能量代谢的因素很多，如作业类型、作业方法、作业姿势、作业速度等。

3）劳动强度及分级

劳动强度是以作业过程中人体的能耗量、氧耗、心率、直肠温度、排汗率或相对代谢率等指标分级的。

（1）我国的劳动强度分级。我国工作场所不同体力劳动强度分级（表1－9）现使用的是近年修订的国家标准《工作场所有害因素职业接触限值　第2部分：物理因素》（GBZ 2.2）。

表1－9　工作场所不同体力劳动强度WBGT限值

接触时间率/%	体力劳动强度/℃			
	Ⅰ	Ⅱ	Ⅲ	Ⅳ
100	30	28	26	25
75	31	29	28	26
50	32	30	29	28
25	33	32	31	30

WBGT 指数又称湿球黑球温度，是综合评价人体接触作业环境热负荷的一个基本参量，单位为℃。

《工业企业设计卫生标准》(GBZ 1) 指出了寒冷环境下作业时，一定的体力劳动强度对应的环境温度要求，见表 1－10。

表 1－10　冬季工作地点的采暖温度（干球温度）

体力劳动强度级别	采暖温度/℃	体力劳动强度级别	采暖温度/℃
Ⅰ	≥18	Ⅲ	≥14
Ⅱ	≥16	Ⅳ	≥12

（2）体力劳动强度指数 I。体力劳动强度指数 I 是区分体力劳动强度等级的指标，指数大反映劳动强度大，指数小反映劳动强度小。体力劳动强度按大小分为 4 级，见表 1－11。

表 1－11　体力劳动强度分级表（GBZ 2.2）

体力劳动强度级别	体力劳动强度指数	劳动强度
Ⅰ	$I\leqslant 15$	轻
Ⅱ	$15<I\leqslant 20$	中
Ⅲ	$20<I\leqslant 25$	重
Ⅳ	$I>25$	过重

体力劳动强度指数 I 的计算方法为

$$I=T\cdot M\cdot S\cdot W\cdot 10$$

式中　T——劳动时间率，劳动时间率＝工作日净劳动时间(min)/工作日总工时(min)，%；

M——8 h 工作日能量代谢率，kJ/(min·m^2)；

S——性别系数，男性＝1，女性＝1.3；

W——体力劳动方式系数，搬＝1，扛＝0.40，推/拉＝0.05；

10——计算常数。

通过以上公式计算的体力劳动强度指数 I 能较正确地反映生理负荷的大小。

常见职业体力劳动强度分级的描述见表 1－12。

表 1－12　常见职业体力劳动强度分级的描述

体力劳动强度分级	职业描述
Ⅰ（轻劳动）	坐姿：手工作业或腿的轻度活动（正常情况下，如打字、缝纫、脚踏开关等） 立姿：操作仪器，控制、查看设备，上臂用力为主的装配工作
Ⅱ（中等劳动）	手和臂持续动作（如锯木头等）；臂和腿的工作（如卡车、拖拉机或建筑设备等运输操作）；臂和躯干的工作（如锻造、风动工具操作、粉刷、间断搬运中等重物、除草、锄田、摘水果和蔬菜等）
Ⅲ（重劳动）	臂和躯干负荷工作（如搬重物、铲、锤锻、锯刨或凿硬木、割草、挖掘等）
Ⅳ（极重劳动）	大强度的挖掘、搬运，快到极限节律的极强活动

2. 疲劳

1）疲劳的定义

疲劳分为肌肉疲劳（或称体力疲劳）和精神疲劳（或称脑力疲劳）两种。肌肉疲劳是指过度紧张的肌肉局部出现酸痛现象，一般只涉及大脑皮层的局部区域；而精神疲劳则与中枢神经活动有关，是一种弥散的、不愿意再作任何活动的懒惰感觉，意味着肌体迫切需要得到休息。

2）疲劳产生的原因

劳动过程中，人体承受了肉体或精神上的负荷，受工作负荷的影响产生负担，负担随时间推移，不断地积累就将引发疲劳。归结起来疲劳有两个方面的主要原因。

（1）工作条件因素：泛指一切对劳动者的劳动过程产生影响的工作环境，包括劳动制度和生产组织不合理。如作业时间过久、强度过大、速度过快、体位欠佳等；机器设备和工具条件差，设计不良。如控制器、显示器不适合于人的心理及生理要求；工作环境很差。如照明欠佳，噪声太强，振动、高温、高湿以及空气污染等。

（2）作业者本身的因素：作业者因素包括作业者的熟练程度、操作技巧、身体素质及对工作的适应性，营养、年龄、休息、生活条件以及劳动情绪等。

大多数影响因素都会带来生理疲劳，但是肌体疲劳与主观疲劳感未必同时发生，有时肌体尚未进入疲劳状态，却出现了心理疲劳。如劳动效果不佳、劳动内容单调、劳动环境缺乏安全感、劳动技能不熟练等原因会诱发心理疲劳。

3）消除疲劳的途径

消除疲劳的途径归纳起来有以下几个方面：

（1）在进行显示器和控制器设计时应充分考虑人的生理、心理因素。

（2）通过改变操作内容、播放音乐等手段克服单调乏味的作业。

（3）改善工作环境，科学地安排环境色彩、环境装饰及作业场所布局，保证合理的温湿度、充足的光照等。

（4）避免超负荷的体力或脑力劳动，合理安排作息时间，注意劳逸结合等。

3. 轮班与单调作业生理问题

1）单调作业

单调作业是指内容单一、节奏较快、高度重复的作业。单调作业所产生的枯燥、乏味和不愉快的心理状态，又称为单调感。

单调作业的特点主要包括：作业简单、变化少、刺激少，引不起兴趣；受制约多，缺乏自主性，容易丧失工作热情；对作业者技能、学识等要求不高，易造成作业者情绪消极；只完成工作的一小部分，对整个工作的目的、意义体验不到，自我价值实现程度低；作业只有少量单项动作，周期短，频率高，易引起身体局部出现疲劳乃至心理厌烦。

2）改进单调作业措施

改进作业单调的措施主要包括以下几个方面：

（1）培养多面手。变换工种，基础作业工人兼做辅助或维修作业，或兼做基层管理工作。

（2）工作延伸。按进程扩展工作内容，如参与研究、开发、制造，激发热情和创造力。

（3）操作再设计。根据人的生理心理特点重组工序，如合并动作、工序，使作业多样化。

（4）显示作业终极目标。设立作业的阶段目标，使作业者意识到单项操作是最终产品的基本组成。中间目标的到达，会给人以鼓舞，增强信心。

（5）动态信息报告。在工作地放置标识板，每隔相同时间向工人报告作业信息，让作业人员了解工作成果。

（6）推行消遣工作法。作业者在保证任务完成前提下，可自由支配时间如弹性工作制等。这样会使时间浪费减少，充分利用节约的时间去休息、学习、研究，提高工作与生活质量。

（7）改善工作环境。可利用照明、颜色、音乐等条件，调节工作环境尽可能适宜于人。

3）轮班作业

轮班制分为单班制、两班制、三班制或四班制等。各个行业应当根据行业自身的特点、劳动性质及劳动者身心需要安排轮班方式。如纺织企业的“四班三运转”，煤炭企业的“四六轮班”，冶金、矿山企业的“四八交叉作业”，海上平台28天轮换作业等。国外还实行“弹性工作制”“变动工作班制”“非全日工作制”“紧缩工作班制”等轮班制度。

对于日夜轮班制度的研究，必须同时考虑工作效率和劳动者的身心健康。研究表明，夜班工作效率比白班降低约8%，夜班作业者的生理机能水平只有白班的70%，表现为体温、血压、脉搏降低，反应机能也有所降低，从而使工作效率下降。凌晨3—4时的工作错误率最高。这是因为，人的生理环境不易逆转，而夜班破坏了劳动者的生物节律。夜班作业者疲劳自觉症状多，人体的负担程度大，连续3～4天夜班作业，就可以发现有疲劳累积的现象，甚至连上几周夜班也难以完全习惯。轮班作业易发生疲劳的另一原因，是夜班作业者在白天难以得到充分休息，长此以往疲劳将会给作业者的身心健康带来显著的不利影响。

4）改进轮班作业的措施

改善轮班作业不利因素的措施主要包括，为使生物节律与休息时间相一致，可通过环境的明暗、喧闹与安静的交替来实现；环境变化若发生强制性的颠倒，人的生理机制会通过新的适应改变原节律，但这种适应需要较长时间；如体温节律改变约需5天，脑电波节律改变为5天，呼吸功能节律改变要11天，钾代谢节律改变要25天等。因此，工作轮班制的确定须考虑合理性、可行性，尽量减少对生物节律的干扰，不得已时则应考虑改善夜班作业的场所及其劳动、生活条件。现在我国许多企业在劳动强度大、劳动条件差的生产岗位，不少都实行“四班三运转制”，这对改善生物节律干扰效果不错，工人作业时精神和体力都处于较好状态，缺勤者少、工效高。这主要是因为每班只连续2天，8天中分为2天早班、2天中班、2天夜班和2天休息；其变化是延续而渐进的，在一定程度上减轻了肌体不适应性的疲劳状况。

（二）人的心理特性

有事故统计的资料表明，由人的心理因素而引发的事故占70%～75%，或者更多。

安全心理学的主要研究内容和范畴包括以下几个方面。

1. 能力

能力是指一个人完成一定任务的本领，或者说，能力是人们顺利完成某种任务的心理特征。能力标志着人的认识活动在反映外界事物时所达到的水平。影响能力的因素很多，主要有感觉、知觉、观察力、注意力、记忆力、思维想象力和操作能力等。

各种能力的总和就构成人的智力，它包括人的认识能力和活动能力。其中观察能力是智力结构的眼睛，记忆能力是智力结构的储存器，思维能力是智力结构的中枢，想象能力是智力结构的翅膀，操作能力是智力结构转化为物质力量的转换器。

2. 性格

性格是人们在对待客观事物的态度和社会行为方式中区别于他人所表现出来的那些比较稳定的心理特征的总和。道德品质和意志特点是构成性格的基础。

尽管人的性格有千差万别，但就其主要表现形式，可归纳为冷静型、活泼型、急躁型、轻浮型和迟钝型 5 种。在安全生产中，有不少人就是由于鲁莽、高傲、懒惰、过分自信等不良性格促成了不安全行为而导致伤亡事故的。

3. 需要与动机

动机是由需要产生的，合理的需要能推动人以一定的方式，在一定的方面去进行积极的活动，达到有益的效果。

随着社会的发展，人们为了个体和社会的生存，对安全、教育、劳动、交往的需要比对衣、食、住、行的需要更为强烈。其中对安全的需要（免除灾害、意外事故、疾病等安全需要）更为突出。安全是每个人的需要，也是家庭、社会、企业和国家的需要，只有将安全意识提高到这个水平，安全管理人员才能各尽其责，操作人员才能自觉地遵守安全操作规程，才能杜绝重复事故的发生，达到满足安全需要的目的，同时实现企业最基本的获利需求。

4. 情绪与情感

情绪是由肌体生理需要是否得到满足而产生的体验。情绪带有情境性，它由一定的情境引起，并随情境的改变而消失，带有冲动性和明显的外部表现。

在生产实践中常会出现以下 2 种不安全情绪：

（1）急躁情绪。急躁情绪的表现特征是干活利索但毛躁，求成心切但欠谨慎，工作不够仔细，有章不循，手与心不一致等。

（2）烦躁情绪。烦躁情绪的特征表现为沉闷、不愉快、精神不集中，严重时自身器官及生理机能往往不能很好地协调，更难以与外界条件协调一致。

以上不良情绪发展到一定程度时，能够控制人的身体及活动，使人的意识范围变得狭窄，判断力降低，甚至失去理智和自制力。带着这种情绪操纵机器则极易导致不安全行为的发生。

5. 意志

意志是人自觉地确定目标并调节自己的行动，以克服困难、实现预定目标的心理过程，它是意识的能动作用与表现。人们在日常生活和工作中，尤其是在恶劣环境中工作时，必须有意志活动的参与，才能顺利地完成任务。

二、机器的特性

依据对人的特性的描述，以下从同样的 7 个方面描述机器的特性。

（一）信息接收

对于信息接收，机器在接受物理因素时，其检测度量的范围非常广，机器能够正确地检测电磁波等人无法检测的物理量，机器能在视觉范围以外，使用红外线或者其他电磁波进行工作，这是人所无法企及的。

（二）信息处理

对于信息处理，机器若按预先编程，可快速、准确地进行工作。记忆正确并能长时间储存，调出速度快；能连续进行超精密的重复操作和按程序的大量常规操作，可靠性较高；对处理液体、气体和粉状体等比人优越，但处理柔软物体不如人；能够正确地进行计算，但难以修正错误；图形识别能力弱；能进行多通道的复杂动作。

（三）信息的交流与输出

对于信息的交流与输出，机器与人之间的信息交流只能通过特定的方式进行，能够输出极大的和极小的功率，但在作精细的调整方面，多数情况下不如人手，难做精细的调整；一些专用机械的用途不能改变，只能按程序运转，不能随机应变。

（四）学习与归纳能力

在学习与归纳能力方面，机器的学习能力较差，灵活性也较差，只能理解特定的事物，决策方式只能通过预先编程来确定。

（五）可靠性和适应性

机器在持续性、可靠性和适应性方面也有以下特点：可连续、稳定、长期地运转，但是也需要适当地进行维修和保养；机器可进行单调的重复性作业而不会疲劳和厌烦；可靠性与成本有关，设计合理的机器对设定的作业有很高的可靠性，但对意外事件则无能为力；机器的特性固定不变，不易出错，但是一旦出错则不易修正。

（六）环境适应性

在环境适应性方面，机器能非常好地适应不良的环境条件，可在具有放射性、有毒气体、粉尘、噪声、黑暗、强风暴雨等恶劣的环境、甚至危险的环境下可靠地工作。

（七）成本

在成本方面，机器设备一次性投资可能过高，包括购置费、运转和保养维修费；但是在寿命期限内的运行成本较人工成本要低；不足是万一机器不能使用，本身价值完全失去。

三、人与机器特性的比较

（一）人优于机器的功能

（1）在感知方面，人的某些感官的感受能力比起机器来要优越。例如，人的听觉器官对音色的分辨力以及嗅觉器官对某些化学物质的感受性等，都显著地优于机器。

（2）人能够运用多种通道接收信息。当一种信息通道发生障碍时可运用其他的通道进行补偿；而机器只能按设计的固定结构和方法输入信息。

（3）人具有高度的灵活性和可塑性，能随机应变，采取灵活的程序和策略处理问题。人能根据情境改变工作方法，能学习和适应环境，能应付意外事件和排除故障，有良好的优化决策能力。而机器应付偶然事件的程序则非常复杂，均需要预先设定，任何高度复杂的自动系统都离不开人的参与。

（4）人能长期大量储存信息并能综合利用记忆的信息进行分析和判断。

（5）人具有总结和利用经验，除旧创新，改进工作的能力。而机器无论多么复杂，只能按照人预先编排好的程序进行工作。

（6）人能进行归纳、推理，在获得实际观察资料的基础上，归纳出一般结论，形成概念，并能创造、发明。

（7）人的最重要特点是有感情、意识和个性，具有能动性，能继承历史、文化和精神遗产。人在社会生活中，接受社会的影响，有明显的社会性。

（二）机器优于人的功能

（1）机器能平稳而准确地输出巨大的动力，输出值域宽广；而人受身体结构和生理特性的限制，可使用的力量小和输出功率较小。

（2）机器的动作速度极快，信息传递、加工和反应的速度也极快。

（3）机器运行的精度高，现代机器能做极高精度的精细工作；产生的误差随机器精度提高而减小。而人的操作精度远不如机器，对刺激的感受阈也有限。

（4）机器的稳定性好，做重复性工作而不存在疲劳和单调等问题。人的工作易受身心因素和环境条件等的影响，因此在感受外界作用和操作的稳定性方面不如机器。

（5）机器对特定信息的感受和反应能力一般比人高，如机器可以接受超声、电离辐射、微波、电磁波和磁场等信号。还可以做出人难以做到的反应，如发射电讯信号、发出激光等。

（6）机器能同时完成多种操作，且可保持较高的效率和准确度。人一般只能同时完成1~2项操作，而且两项操作容易相互干扰，而难以持久地进行。

（7）机器能在恶劣的环境条件下工作，如机器在高压、低压、高温、低温、超重、缺氧、辐射、振动等条件下都可以很好地工作，而人则无法耐受恶劣的环境。

四、人机系统和人机作业环境

（一）人机系统

1. 人机系统的概念

系统是由相互作用、相互依存的要素（部分）组成的、具有特定功能的有机整体。人机系统是由相互作用、相互依存的人和机器两个子系统构成，能完成特定目标的一个整体系统。人是指机器的操作者或使用者；机器含义是广义的，泛指人所操纵或使用的各种机器、设备、工具甚至环境因素等的总称。人机系统还有一个重要因素——人机界面。人的子系统的功能主要是感受刺激—大脑信息加工—做出反应；机器子系统的功能主要是控制装置—机器运转—显示装置。在人机系统中，人与机器之间存在着信息回路；系统能否正常工作，取决于信息传递过程能否持续有效地进行，或取决于信息流和能量流能否正常无误地流动。

2. 人机系统的类型

人机系统按系统的自动化程度可分为人工操作系统、半自动化系统和自动化系统三种。

在人工操作系统、半自动化系统中，人机共体，或机为主体，系统的动力源由机器提供，人在系统中主要充当生产过程的操作者与控制者，即控制器主要由人来进行操作。在控制系统中设置监控装置，如果人操作失误，机器会拒绝执行或提出警告，是现代生产中应用较多的人机系统类型。其系统的安全性主要取决于人机功能分配的合理性、机器的本质安全性及人为失误状况。

在自动化系统中，则以机为主体，机器的正常运转完全依赖于闭环系统的机器自身的控制，人只是一个监视者和管理者，监视自动化机器的工作。只有在自动控制系统出现差错时，人才进行干预，采取相应的措施。该系统的安全性主要取决于机器的本质安全性、机器的冗余系统是否失灵以及人处于低负荷时的应急反应变差等情形。

人机系统按有无反馈控制可分为闭环人机系统和开环人机系统两类。反馈是指系统的输出量与系统输入量结合后重新对系统发生作用的机制。闭环人机系统也叫反馈控制人机系统，其特点是系统中有反馈回路，系统的输出直接作用于系统的控制。开环人机系统的特征是系统中没有反馈回路，系统输出不对系统的控制发生作用，所提供的反馈信息不能控制下一步的操作，即系统的输出对系统的控制作用没有直接影响。

人机系统按系统中人机结合的方式可分为人机串联系统、人机并联系统和人机串、并联混合系统等类型。

（二）人机系统的可靠度计算

人机系统组成的串联系统的可靠度可按下式计算：

$$R_S = R_H \cdot R_M$$

式中　R_S——人机系统可靠度；

R_H——人的操作可靠度；

R_M——机器设备可靠度。

人机系统可靠度采用并联方法来提高。常用的并联方法有并行工作冗余法和后备冗余法。并行工作冗余法是同时使用两个以上相同单元来完成同一系统任务，当一个单元失效时，其余单元仍能完成工作的并联系统。后备冗余法也是配备两个以上相同单元来完成同一系统的并联系统。它与并行工作冗余法不同之处在于后备冗余法有备用单元，当系统出现故障时，才启用备用单元。

1. 两人监控人机系统的可靠度

当系统由两人监控时，控制如图 1－29 所示。一旦发生异常情况应立即切断电源。该系统有以下两种控制情形。

（1）正常状况时，相当于两人串联，可靠度比一人控制的系统减小了，即产生误操作的概率增大了，操作者不切断电源的可靠度为 R_{Hc}（不产生误动作的概率）：

$$R_{Hc} = R_1 \cdot R_2$$

（2）异常状况时，相当于两人并联，可靠度比一人控制的系统增大了，这时操作者切断电源的可靠度为 R_{Hb}（正确操作的概率）：

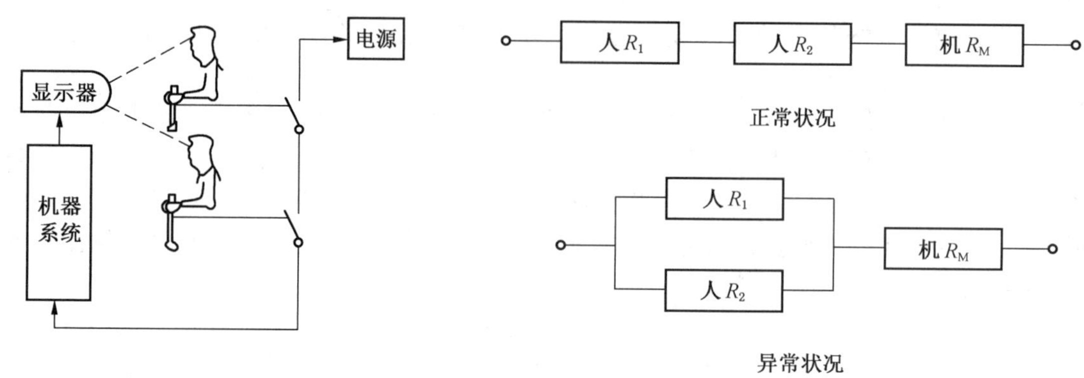

图 1-29　两人监控人机系统示意图

$$R_{Hb}=1-(1-R_1)(1-R_2)$$

从监视的角度考虑，首要问题是避免异常状况时的危险，即保证异常状况时切断电源的可靠度，而提高正常状况下不误操作的可靠度则是次要的，因此这个监控系统是可行的。所以两人监控的人机系统的可靠度 R_{sr} 为

正常情况时：

$$R''_{sr}=R_{Hc}\cdot R_M=R_1\cdot R_2\cdot R_M$$

异常情况时：

$$R'_{sr}=R_{Hb}\cdot R_M=[1-(1-R_1)(1-R_2)]R_M$$

2. 多人表决的冗余人机系统可靠度

上述两人监控作业是单纯的并联系统，所以正常操作和误操作两种概率都增加了，而由多数人表决的人机系统就可以避免这种情况。若由几个人构成控制系统，当其中 r 个人的控制工作同时失误时，系统才会失败，我们称这样的系统为多人表决的冗余人机系统。设每个人的可靠度均为 R，则系统全体人员的操作可靠度 R_{Hn} 为

$$R_{Hn}=\sum_{i=0}^{r-1}C_n^i(1-R)^iR^{(n-1)}$$

式中　C_n^i——n 个人中有 i 个人同意时事件数，$C_n^i=n!/[i!(n-1)!]$，且规定 $C_n^0=1$。

多人表决的冗余人机系统可靠度的计算公式为

$$R_{Sd}=\left[\sum_{i=0}^{r-1}C_n^i(1-R)^iR^{(n-1)}\right]\cdot R_M$$

3. 控制器监控的冗余人机系统可靠度

设监控器的可靠度为 R_{Mk}，则人机系统的可靠度 R_{Sk} 为

$$R_{Sk}=[1-(1-R_{Mk}\cdot R_H)(1-R_H)]\cdot R_M$$

4. 自动控制冗余人机系统可靠度

设自动控制系统的可靠度为 R_{Mz}，则人机系统的可靠度 R_{Sz} 为

$$R_{Sz}=[1-(1-R_{Mz}\cdot R_H)(1-R_{Mz})]\cdot R_M$$

（三）人机作业环境

人机作业环境包括的因素很多，如照明环境、声环境、色彩环境、气候环境、空气中的气体成分环境等。声环境和气体环境在其他章节描述，本节不再赘述。本节仅针对光环境和色彩环境进行探讨。

1. 照明环境

1）照明环境特性

照明环境即光环境，又称为光照环境。光环境主要依赖于光照条件。光照条件中来自光源的光通量是最主要的物理量和最基本的光度量。

光通量是人眼所能感觉到的辐射功率，是单位时间内可到达、离开或通过某曲面的光强。其单位是流明（lm）。由于人眼对不同波长光的相对视见率不同，对于辐射功率相同但波长不同的光，光通量不相等。

发光强度简称光强，是光源在给定方向上单位立体角内的光通量。其单位是坎德拉（cd）。

亮度是人对光的强度的感受，是表示发光体表面发光强弱的物理量。当从某个方向观察光源时，光强与人眼所见到的光源面积之比可定义为亮度。其单位是坎德拉每平方米（cd/m^2）。

照度即光照强度，是单位面积上接受可见光的能力。其单位是勒克司（lx）。

照明条件与作业疲劳有一定的联系。适当的照明条件能提高近视力和远视力。因为在亮光下，瞳孔缩小，视网膜上成像更为清晰，视物清楚。当照明不良时，因反复努力辨认，易使视觉发生疲劳，工作难以持久。眼睛疲劳的自觉症状有眼球干涩、怕光、视物模糊、眼充血、流泪等。视觉疲劳还会引起视力下降、眼球发胀、头痛以及其他疾病而影响健康，并会引起工作失误甚至导致事故的发生。视觉疲劳可通过闪光融合频率和反应时间等方法进行测定。

不良照明条件可能导致不良后果。据统计，事故的数量与工作环境的照明条件有一定程度的关系；事故产生的原因虽然是多方面的，但照度不足有时是重要的影响因素。

照明不良的另一极端情况是对象目标与背景亮度的对比过大，或者物体周围背景发出刺目耀眼的光线，这被称为眩光。眩光条件下，人们会因瞳孔缩小而影响视网膜的视物，导致视物模糊。眩光在眼球介质内可散射，进而进一步减弱物体与背景间的对比，造成不舒适的视觉条件，并迅速导致视觉疲劳；汽车驾驶员高速驾驶途中遇不良眩光条件，有时可能导致重大道路交通事故的发生。

2）光环境控制应注意的问题

工作环境进行照明设计时，应考虑视觉作业的照明与作业安全、视觉工效之间的关系，可使用自然采光或人工照明，但均应满足正常状态和紧急情况两类情况下的需要，一般应设应急照明装置。在配置比较暗淡的一般照明的同时，控制台或操作部位需配置局部照明。

作业场所的照明方案应既能满足工作照明，又避免不良的眩光；注意颜色的利用、表面特性的显示、各种照明方式的运用、灯光与昼光的合理结合，以及无强烈对比和眩光等。面对作业人员的墙壁，避免采用强烈的颜色对比；避免有光泽的或反射性的涂料等。

有控制要求的房间，开设窗户不仅为照明，还有针对作业人员心理和生理的需要；使用的各种视觉显示器之间的亮度差应避免大于10：1；确保显示器使用时无闪烁；出于减少反射光引起视物不清及安全保密等理由，应不设或少设窗户。

2. 色彩环境

1）色彩对人的影响

色彩可以引起人的情绪反应，也会一定程度影响人的行为。产生这种反应的原因，一是人的先天因素；二是人们对过去经验的潜意识作用。

色彩对人们的生理和心理均会产生一定程度的影响。

色彩的生理作用主要表现在对视觉疲劳的影响。由于人眼对明度和彩度的分辨力较差，在选择色彩对比时，常以色调对比为主。对引起眼睛疲劳而言，蓝、紫色最甚，红、橙色次之，黄绿、绿、绿蓝等色调不易引起视觉疲劳且认读速度快、准确度高。色彩对人体其他系统的机能和生理过程也有一定的影响。例如，红色色调会使人的各种器官机能兴奋和不稳定，有促使血压升高及脉搏加快的作用；而蓝色、绿色等色调则会抑制各种器官的兴奋并使机能稳定，可起到一定的降低血压及减缓脉搏的作用。

色彩对人们的心理也有一定的影响。人类在漫长的生活实践中获得和形成了大量有关色彩的感受和联想，并赋予不同的情感和象征。它们虽因人的年龄、性别、经历、民族和习惯等有所差异，但共同的社会条件和生活环境将使其具有一定的共性，有时称为“色彩感情”。

2）色彩控制应注意的问题

作业场所色彩设计时，应考虑色彩环境与作业安全、视觉工效之间的关系，色彩控制应注意运用前面所述的原理和手段。

选择适当的色彩设计方案，以满足作业环境使人在视觉上产生愉悦的感觉；这些手段主要包括：颜色的利用、表面特性的显示、颜色的合理选用，结合无反射表面的利用，避免作业人员视觉的紧张和疲劳等。

颜色设计具体应遵循的原则包括：面对作业人员的墙壁，避免采用强烈的颜色对比；避免过多地使用黑色、暗色或深色；避免有光泽的或具有反射性的涂料（包括地板在内）；避免过度使用反射性强的颜色，如白色；控制台或工作台应为低的颜色对比；避免环境中有高饱和色等。

本章涉及的相关技术规程、标准与规范：

1. 《机械安全　防止上下肢触及危险区的安全距离》(GB 23821)
2. 《机械工业职业安全卫生设计规范》(JBJ 18)
3. 《机械安全　避免人体各部位挤压的最小间距》(GB 12265.3)
4. 《金属切削机床　安全防护通用技术条件》(GB 15760)
5. 《工作场所有害因素职业接触限值　第2部分：物理因素》(GBZ 2.2)
6. 《工业企业设计卫生标准》(GBZ 1)

第二章 电气安全技术

电气安全是与电能关联的安全。电气安全技术包括电能产生、电能转换、电能应用中的安全技术，也包括雷电、静电等非电能应用过程中的安全技术。本章含电气事故及危害、触电防护技术、电气防火防爆技术、雷击和静电防护技术与电气装置安全技术等五节。

第一节 电气事故及危害

电的应用改变了人们的生产方式和生活方式，改变了世界。但是，如果人们不掌握电的规律，不分析电的潜在危险性，电将带来种种危害和灾难。不同形态的电能，不同应用电能的方式，不同电气设施，有着不同的危险因素，并可能带来不同的危害。

一、电气事故

电气事故包括人身事故和设备事故。人身事故和设备事故都可能导致二次事故，而且二者很可能同时发生。电气事故是与电能相关联的事故。电能失去控制将造成电气事故。按照电能的形态，电气事故分为触电事故、电气火灾爆炸事故、雷击事故、静电事故、电磁辐射事故和电路事故等。

（一）触电事故

触电事故是由电流形态的能量造成的事故。触电事故分为电击和电伤。电击是电流直接通过人体造成的伤害。电伤是电流转换成热能、机械能等其他形态的能量作用于人体造成的伤害。在触电伤亡事故中，尽管85%以上的死亡事故是电击造成的，但其中大约70%含有电伤的因素。

（二）电气火灾爆炸事故

电气火灾爆炸事故是源自电气引燃源（电火花和电弧；电气装置危险温度）的能量所引发的火灾爆炸事故。

（三）雷击事故

雷击事故是由自然界正、负电荷形态的能量，在强烈放电时造成的事故。

（四）静电事故

静电事故是工艺过程中或人们活动中产生的，相对静止的正电荷和负电荷形态的电能造成的事故。

（五）电磁辐射事故

电磁辐射事故是由电磁波形态的能量造成的事故。辐射电磁波指频率100 kHz以上的电磁波。除无线电设备外，高频金属加热设备（如高频淬火设备、高频焊接设备），高频介质加热设备（如高频热合机、绝缘物料干燥设备）也都是有辐射危险的设备。

（六）电路事故

电路事故是由电能传递、分配、转换失去控制或电气元件损坏等电路故障发展所造成的事故。断线、短路、接地、漏电、突然停电、误合闸送电、电气设备损坏等都属于电路故障。电路故障得不到控制即可发展成为事故。

二、触电事故要素

（一）触电事故种类

1. 电击

按照发生电击时电气设备的状态，电击分为直接接触电击和间接接触电击。

直接接触电击是触及正常状态下带电的带电体时（如误触接线端子）发生的电击，也称为正常状态下的电击。绝缘、屏护、间距等属于防止直接接触电击的安全措施。

间接接触电击是触及正常状态下不带电，而在故障状态下意外带电的带电体时（如触及漏电设备的外壳）发生的电击，也称为故障状态下的电击。接地、接零、等电位联结等属于防止间接接触电击的安全措施。

按照人体触及带电体的方式和电流流过人体的途径，电击可分为单线电击、两线电击和跨步电压电击。

单线电击是人体站在导电性地面或接地导体上，人体某一部位触及带电导体由接触电压造成的电击。单线电击是发生最多的触电事故。其危险程度与带电体电压、人体阻抗、鞋袜条件、地面状态等因素有关。

两线电击是不接地状态的人体某两个部位同时触及不同电位的两个导体时由接触电压造成的电击。其危险程度主要决定于接触电压和人体阻抗。

跨步电压电击是人体进入地面带电的区域时，两脚之间承受的跨步电压造成的电击。故障接地点附近（特别是高压故障接地点附近），有大电流流过的接地装置附近，防雷接地装置附近以及可能落雷的高大树木或高大设施所在的地面均可能发生跨步电压电击。

2. 电伤

按照电流转换成作用于人体的能量的不同形式，电伤分为电弧烧伤、电流灼伤、皮肤金属化、电烙印、电气机械性伤害、电光眼等伤害。

电弧烧伤是由弧光放电造成的烧伤，是最危险的电伤。电弧温度高达 8000 ℃，可造成大面积、大深度的烧伤，甚至烧焦、烧毁四肢及其他部位。发生弧光放电时，熔化了的炽热金属飞溅出来还会造成烫伤。高压电弧和低压电弧都能造成严重烧伤。高压电弧的烧伤更为严重一些。

电流灼伤是电流通过人体由电能转换成热能造成的伤害。电流越大、通电时间越长、电流途径上的电阻越大，电流灼伤越严重。

皮肤金属化是电弧使金属熔化、气化，金属微粒渗入皮肤造成的伤害。

电烙印是电流通过人体后在人体与带电体接触的部位留下的永久性斑痕。

电气机械性伤害是电流作用于人体时，由于中枢神经强烈反射和肌肉强烈收缩等作用造成的机体组织断裂、骨折等伤害。

电光眼是发生弧光放电时，由红外线、可见光、紫外线对眼睛的伤害。

(二) 电流对人体的作用

1. 电流对人体作用的生理反应

电流对人体的作用事先没有任何预兆，伤害往往发生在瞬息之间，而且，人体一旦遭到电击后，防卫能力迅速降低。

小电流对人体的作用主要表现为生物学效应，给人以不同程度的刺激，使人体组织发生变异。电流对机体除直接起作用外，还可能通过中枢神经系统起作用。因此，当人体触及带电体时，一些没有电流通过的部位也会发生强烈反应，甚至重要器官的正常工作会受到影响。

电流通过人体，会引起麻感、针刺感、打击感、痉挛、疼痛、呼吸困难、血压异常、昏迷、心律不齐、窒息、心室纤维性颤动等症状。

数十至数百毫安的小电流通过人体短时间使人致命的最危险的原因是引起心室纤维性颤动。呼吸麻痹和中止、电休克虽然也可能导致死亡，但其危险性比引起心室纤维性颤动的危险性小得多。发生心室纤维性颤动时，心脏每分钟颤动 1000 次以上，但幅值很小，而且没有规则，血液实际上中止循环，如抢救不及时，数秒钟至数分钟将由诊断性死亡转为生物性死亡。

人的心电图和血压图如图 2－1 所示。图 2－1 的左半部是正常时的心电图和血压图；图 2－1 的右半部是发生心室纤维性颤动后的心电图和血压图。心室纤维性颤动是在心电图上 T 波的前半部发生的。

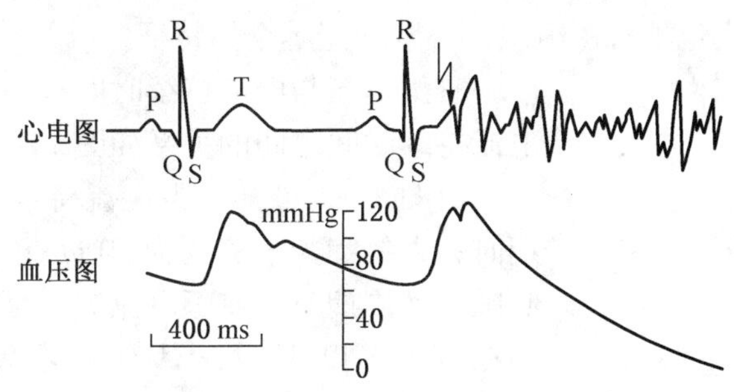

图 2－1 人的心电图和血压图

电流的瞬时作用引起的心室纤维性颤动，呼吸可能持续 2～3 min。在其丧失知觉之前，有时还能叫喊几声、有的还能跑几步。但是，由于血液已中止循环，大脑和全身迅速缺氧，病情将急剧恶化。

2. 电流对人体作用的影响因素

电流通过人体内部，对人体伤害的严重程度与通过人体电流的大小、电流通过人体的持续时间、电流通过人体的途径、电流的种类以及人体状况等多种因素有关。各影响因素之间，特别是电流大小与通电时间之间有着十分密切的关系。

50 Hz 是人们接触最多的频率，对于电击来说也是最危险的频率。如不单独说明，下面说到的电流都是指的 50 Hz 工频电流，所说的数值都是指有效值。

1）电流大小的影响

按照人体所呈现的不同状态，将通过人体的电流划分为三个阈值。

（1）感知电流，指在一定概率下，通过人体的使人有感觉的最小电流。人对电流最初的感觉是轻微麻感和微弱针刺感。感知概率为 50% 的平均感知电流，成年男子约为 1. 1 mA，成年女子约为 0. 7 mA。最小感知电流约为 0. 5 mA，且与时间无关。

感知电流一般不会对人体构成生理伤害，但当电流增大时，感觉增强，反应加剧，可能导致摔倒、坠落等二次事故。

（2）摆脱电流。通过人体的电流超过感知电流时，肌肉收缩增加，刺痛感觉增强，感觉部位扩展。至电流增大到一定程度时，由于中枢神经反射，触电人将因肌肉强烈收缩，发生痉挛而紧抓带电体。在一定概率下，人触电后能自行摆脱带电体的最大电流称为该概率下的摆脱电流。摆脱电流与个体生理特征、电极形状、电极尺寸等因素有关。

摆脱概率为 50% 的摆脱电流，成年男子约为 16 mA，成年女子约为 10. 5 mA；摆脱概率为 99. 5% 的摆脱电流，则分别约为 9 mA 和 6 mA。

摆脱电流是人体可以忍受但一般尚不致造成严重后果的极限。电流超过摆脱电流以后，会感到异常痛苦、恐慌和难以忍受；如时间过长，则可能昏迷、窒息，甚至死亡。

（3）室颤电流。通过人体引起心室发生纤维性颤动的最小电流称为室颤电流。电流致命的原因是比较复杂的。例如，高压触电事故中，可能由于强烈电弧烧伤使人致命；低压触电事故中，可能由于窒息时间过长使人致命。在电流不超过数百毫安的情况下，电击致命的主要原因是心室纤维性颤动。室颤电流除决定于电流持续时间、电流途径、电流种类等电气参数外，还决定于机体组织、心脏功能等个体特征。

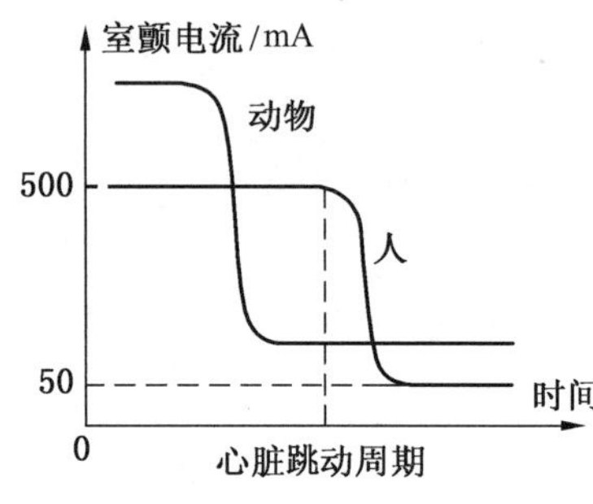

图 2 – 2　室颤电流与电流持续时间的关系曲线

室颤电流与电流持续时间有很大关系。室颤电流与电流持续时间之间的关系如图 2 – 2 所示。

由图 2 – 2 可知，当电流持续时间超过心脏跳动周期时，人的室颤电流约为 50 mA；当电流持续时间短于心脏跳动周期时，室颤电流约为 500 mA。当电流持续时间在 0. 1 s 以下时，只有电击发生在心脏易损期，500 mA 以上乃至数安的电流才可能引起心室纤维性颤动；如果电流持续时间超过心脏跳动周期，可能导致心脏停止跳动。

对于从左手到双脚的电流途径，《电流对人和家畜的效应　第 1 部分：通用部分》（GB/T 13870. 1）推荐按图 2 – 3 划分电流对人体作用的带域。图 2 – 3 中，a 线以下的 AC – 1 区是无生理效应，没有感觉的带域；a 线与 b 线之间的 AC – 2 区是有感觉，但没有有害的生理效应的带域；b 线与 c_1 线之间的 AC – 3 区是没有机体损伤、不发生心室纤维性颤动，但可能引起肌肉收缩和呼吸困难，可能引起心脏组织和心脏脉冲传导障碍，还可能引起心房颤动以及转变为心脏停止跳动等可复性病理效应的带域；c_1 线以上的 AC – 4 区是除 AC – 3 区各项效应外，还有心室纤维性颤动危险的带域。c_1 线上 500 mA、

100 ms 点相应于心室纤维性颤动的概率为 0.14%；c_2 线相应于心室纤维性颤动的概率为 5%；c_3 线相应于心室纤维性颤动的概率为 50%。相应于 AC－4 区内的电流和时间，还可能引起呼吸中止、心脏停止跳动、严重烧伤等病理效应。图 2－3 中，b 线不是摆脱电流，但与摆脱电流有一定的关系。

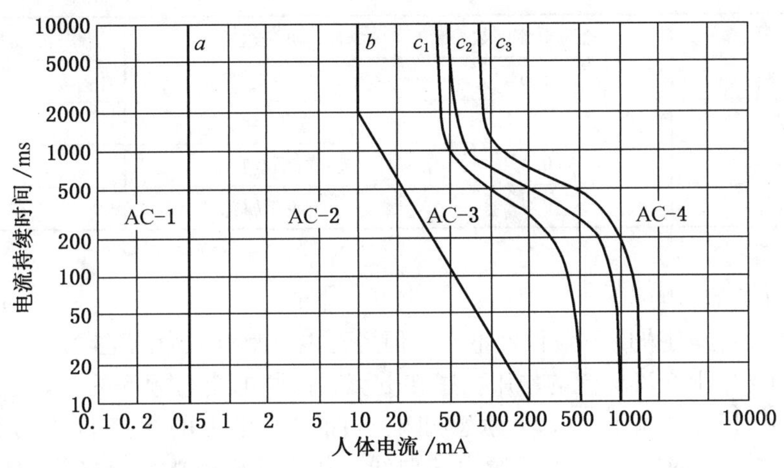

图 2－3 电流对人体作用带域划分图

2）电流持续时间的影响

图 2－3 表明，电击持续时间越长，越容易引起心室纤维性颤动，即电击危险性越大。其原因有四：

（1）电流持续时间越长，积累局外电能越多，室颤电流明显减小。

（2）心脏跳动周期中，只有相应于心脏收缩与舒张之交 0.1～0.2 s 的 T 波（特别是 T 波的前半部，如图 2－1 所示）对电流最敏感。心脏跳动的这一特定时间间隔即心脏易损期。电击持续时间延长，必然重合心脏易损期，电击危险性增大。

（3）电击持续时间延长，人体阻抗由于出汗、击穿、电解而下降，如接触电压不变，将导致通过人体的电流增大，电击危险性增大。

（4）电击持续时间越长时，中枢神经反射越强烈，电击危险性越大。

3）电流途径的影响

人体在电流的作用下，没有绝对安全的途径。电流通过心脏会引起心室纤维性颤动乃至心脏停止跳动而导致死亡；电流通过中枢神经，会引起中枢神经强烈失调而导致死亡；电流通过头部，会使人昏迷，严重损伤大脑，使人不醒而死亡；电流通过脊髓会使人截瘫；电流通过人的局部肢体也可能引起中枢神经强烈反射导致严重后果。

心脏是最薄弱的环节。流过心脏的电流越多，且电流路线越短的途径是电击危险性越大的途径。

表 2－1 所列心脏电流系数可用于判断不同电流途径下心室纤维性颤动的危险性。表 2－1 中，从左手至脚的电流途径为参照途径，其相应的心脏电流系数为 1。由表 2－1 可

知，左手至胸部途径的心脏电流系数为1.5，是最危险的途径。除表2－1中所列途径以外，头至手、头至脚也是很危险的电流途径；左脚至右脚的电流途径也有相当的危险，而且这条途径还可能使人站立不稳而导致电流通过全身。

表2－1 心脏电流系数

电流途径	心脏电流因数	电流途径	心脏电流因数
左手至脚	1.0	右手至背部	0.3
右手至脚	0.8	左手至胸部	1.5
左手至右手	0.4	右手至胸部	1.3
左手至背部	0.7	手至臀部	0.7

4）电流种类的影响

不同种类的电流对人的危险程度不同，但各种电流都有致命的危险。

（1）100 Hz以上交流电流的作用。感知电流、摆脱电流与频率的关系也可按图2－4确定。图2－4中，曲线1、2、3为感知电流曲线，相应的感知概率分别为0.5%、50%、99.5%；曲线4、5、6为摆脱电流曲线，相应的摆脱概率分别为99.5%、50%、0.5%。

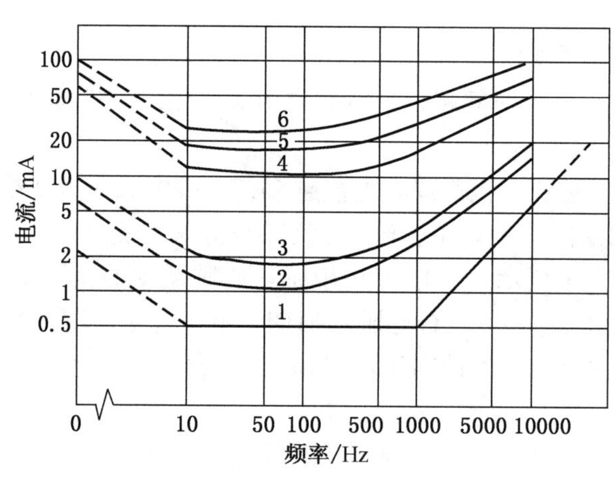

图2－4 感知电流、摆脱电流与频率的关系曲线

（2）直流电流的作用。直流电流对人体的刺激作用是与电流的变化，特别是与电流的接通和断开联系在一起的。直流电流感知阈值约为2 mA。300 mA以下的直流电流，没有确定的摆脱阈值；300 mA以上的直流电流，将导致不能摆脱或数秒至数分钟以后才能摆脱带电体，并能使人昏迷。电流持续时间超过心脏跳动周期时，直流室颤电流为交流的数倍；电流持续时间200 ms以下时，直流室颤电流与交流大致相同。

（3）冲击电流的作用。冲击电流系指作用时间0.1～10 ms的电流。冲击电流有感知阈值、疼痛界限和室颤阈值，没有摆脱阈值。疼痛界限和室颤阈值常用比能量 I^2t 表示。冲击电流作用的室颤阈值为 0.01 ~0.02 $A^2 \cdot s$。

5）个体特征的影响

身体健康、肌肉发达者摆脱电流较大。患有心脏病、中枢神经系统疾病、肺病的人电击后的危险性较大。精神状态和心理因素对电击后果也有影响。女性的感知电流和摆脱电流约为男性的2/3。儿童遭受电击后的危险性较大。

（三）人体阻抗

1. 人体阻抗组成

人体阻抗是由皮肤、血液、肌肉、细胞组织及其结合部所组成的，是含有电阻和电容的阻抗。人体阻抗的等值电路如图 2 -5 所示。图 2 -5 中，R_{S1} 和 R_{S2} 是皮肤电阻，C_{S1} 和 C_{S2} 是皮肤电容，R_I 及与其并联的虚线支路是体内阻抗。人体电容只有数百皮法，工频条件下可以忽略不计，将人体阻抗看作是纯电阻。

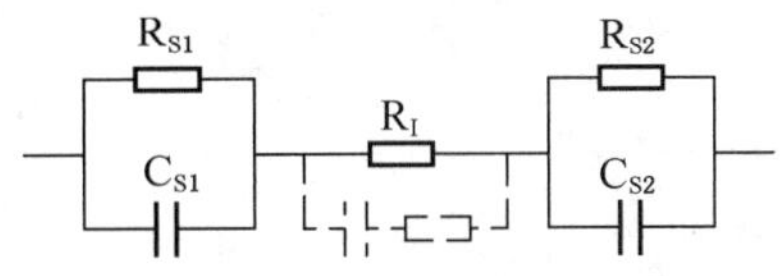

图 2 -5　人体阻抗等值电路

人体阻抗是皮肤阻抗与体内阻抗之和。皮肤由外层的表皮和表皮下面的真皮组成。表皮最外层的角质层是由鳞状死细胞紧密排列成的膜状物，厚度一般不超过 0.05 ~0.2 mm。在干燥和干净的状态下，角质层的电阻率可达 $1\times10^5 \sim 1\times10^6$ Ω·m；表皮阻抗高达数万欧。但表皮有很多微孔保持内外相通，而且容易受到机械破坏和电击穿，计算人体阻抗时一般不予考虑。

在通电瞬间，人体各部电容由于尚未充电而相当于短路状态。此时的人体阻抗近似等于体内阻抗。

2. 人体阻抗范围

在电流途径从左手到右手、大接触面积（>50 ~100 cm^2）的条件下，人体总阻抗见表 2 -2。表 2 -2 表明，在干燥条件下，当接触电压在 100 ~220 V 范围内时，人体阻抗大致上在 2000 ~3000 Ω 之间。

表 2 -2　人体总阻抗　　Ω

接触电压/V	最低百分数					
	5%		50%		95%	
	干燥条件	湿润条件	干燥条件	湿润条件	干燥条件	湿润条件
25	1750	1175	3250	2175	6100	4100
50	1375	1100	2500	2000	4600	3675
75	1125	1025	2000	1825	3600	3275
100	990	975	1725	1675	3125	2950
125	900	900	1550	1550	2675	2675
150	850	850	1400	1400	2350	2350
175	825	825	1325	1325	2175	2175

表 2－2（续） Ω

接触电压/V	最低百分数					
	5%		50%		95%	
	干燥条件	湿润条件	干燥条件	湿润条件	干燥条件	湿润条件
200	800	800	1275	1275	2050	2050
225	775	775	1225	1225	1900	1900
400	700	700	950	950	1275	1275
500	625	625	850	850	1150	1150
700	575	575	775	775	1050	1050
1000	575	575	775	775	1050	1050
渐近值	575	575	775	775	1050	1050

3. 人体阻抗影响因素

表 2－2 表明，随着接触电压升高，人体阻抗急剧降低。其原因之一是角质层和表皮被击穿，人体阻抗下降。角质层的击穿强度只有 500～2000 V/m，数十伏的电压即被击穿。其原因之二是随着电流增加，皮肤局部发热增加，汗腺增多，使人体阻抗下降。接触电压较高时，人体阻抗随电压的变化逐渐减小，并趋于一个下限值。这个下限值接近体内阻抗。

皮肤状态对人体阻抗的影响很大。如皮肤长时间湿润，则角质层变得松软而饱含水分，皮肤阻抗几乎消失。大量出汗后，人体阻抗明显降低。金属粉、煤粉等导电性物质污染皮肤，乃至渗入汗腺也会大大降低人体阻抗。角质层或表皮破损，也会明显降低人体阻抗。

电流持续时间延长，人体阻抗由于出汗等原因而下降。

接触面积增大、接触压力增大、温度升高时，人体阻抗也会降低。

此外，人体阻抗还与个体特征有关。

（四）触电事故分析

为防止触电事故，必须认真进行触电事故调查工作，找出触电事故发生的规律。对于每一触电事故，包括未遂事故在内，均应仔细调查。调查工作应在事故发生后立即进行；事故报告未填写完毕以前，应保护事故现场，除移去受害人之外，不得做任何变动。应及时记录发生事故的时间、地点、发生事故的设备情况（包括设备名称、型号、规格以及事故前和事故后的状态）、生产环境、周围空间和地面等关联情况均应记录清楚。特别是事故发生的详细经过，包括触电人在触电前、触电时、触电后的情况、触电部位、伤势和救护过程等，应记录清楚。

根据对触电事故的分析，从发生率上看，可找到触电事故有以下规律：

（1）错误操作和违章作业造成的触电事故多。其主要原因是安全教育不够、安全制度不严和安全措施不完善，一些人缺乏足够的安全意识。

（2）中、青年工人、非专业电工、合同工和临时工触电事故多。其主要原因是这些人是主要操作者，经常接触电气设备；而且，这些人中有的经验不足，有的缺乏用电安全知识，有的责任心不够强。

(3) 低压设备触电事故多。其主要原因是低压设备远远多于高压设备，与之接触的人比与高压设备接触的人多得多，而且多数是缺乏电气安全知识的非电专业人员。应当注意，近几年来高压触电事故有增加的趋势；在专业电工中，高压触电事故多于低压触电事故。

(4) 移动式设备和临时性设备触电事故多。其主要原因是这些设备是在人的紧握之下运行，不但接触电阻小，而且一旦触电就难以摆脱；同时，这些设备需要经常移动，工作条件差，设备和电源线都容易发生故障或损坏。

(5) 电气连接部位触电事故多。很多触电事故发生在接线端子、缠接接头、压接接头、焊接接头、电缆头、灯座、插头、插座等电气连接部位。其主要原因是这些连接部位机械牢固性较差、接触电阻较大、绝缘强度较低。

(6) 每年6—9月触电事故多。统计资料表明，每年二、三季度事故多。特别是6—9月，事故最为集中。其主要原因是这段时间天气炎热、人体衣单而多汗，触电危险性较大；而且这段时间多雨、潮湿，地面导电性增强、电气设备的绝缘电阻降低，容易构成电流回路；还有，这段时间在大部分农村是农忙季节，农村季节性临时用电增加。

(7) 潮湿、高温、混乱、多移动式设备、多金属设备环境中的事故多。例如，冶金、矿业、建筑、机械等行业容易存在这些不安全因素，乃至触电事故较多。

(8) 农村触电事故多。部分省市统计资料表明，农村触电事故约为城市的3倍。主要原因是农村设备条件较差、技术水平较低和安全知识不足。

应当注意，很多触电事故都不是由单一原因，而是多重原因造成的。

在一定的条件下，触电事故的规律也会发生一定的变化。例如，低压触电事故多于高压触电事故在一般情况下是成立的，但对于专业电气工作人员来说，情况往往是相反的。又如，在低压系统推广了漏电保护装置以后，低压触电事故大大降低，以致低压触电事故与高压触电事故的比例发生了一些变化。

第二节 触电防护技术

本节除包含绝缘、屏护和间距，接地和接零，双重绝缘、安全电压和漏电保护等电工安全通用技术外，还列入了电工安全用具和安全标识。

一、绝缘、屏护和间距

(一) 绝缘

绝缘是用绝缘物把带电体封闭起来。良好的绝缘是保证电气设备和线路正常运行的必要条件，也是防止触及带电体的安全保障。电气设备的绝缘应符合电压等级、环境条件和使用条件的要求。

1. 绝缘材料

1) 绝缘材料分类

电工绝缘材料分为：

（1）固体绝缘材料，包括瓷、玻璃、云母、石棉等无机绝缘材料，橡胶、塑料、纤维制品等有机绝缘材料和玻璃漆布等复合绝缘材料。

（2）液体绝缘材料，包括矿物油、硅油等液体。

（3）气体绝缘材料，包括六氟化硫、氮等气体。

2）绝缘材料性能

绝缘材料有电性能、热性能、力学性能、化学性能、吸潮性能、抗生物性能等多项性能指标。

（1）电性能。作为绝缘结构，主要性能是绝缘电阻、耐压强度、泄漏电流和介质损耗。

电阻率是相应于漏导电流，也就是相应于在稳定直流状态下材料所表现的电阻率。固体绝缘材料的漏导电流有两条途径：体积途径和表面途径。与前者对应的是体积电阻率，单位是Ω·m；与后者对应的是表面电阻率，单位是Ω。

介电常数是表明绝缘极化特征的性能参数。介电常数越大，极化过程越慢。

绝缘电阻相当于漏导电流遇到的电阻，是直流电阻，是判断绝缘质量最基本、最简易的指标。绝缘物受潮后绝缘电阻明显降低。

（2）力学性能。绝缘材料的力学性能指强度、弹性等性能。随着使用时间延长，力学性能将逐渐降低。

（3）热性能。绝缘材料的热性能包括耐热性能、耐弧性能、阻燃性能、软化温度和黏度。

绝缘材料的耐热性能用允许工作温度来衡量。按照耐热性能，绝缘材料的分级见表2－3。

表2－3　绝缘材料分级

级别	允许工作温度/℃	材料举例
Y	90	纸板、有机填料、塑料、木材、棉花及其纺织品
A	105	层压布板、沥青漆、漆布、漆包线的绝缘、浸渍过的Y级绝缘材料
E	120	玻璃布、油性树脂漆、耐热漆包线的绝缘
B	130	高强度漆包线的绝缘、石棉纤维、玻璃纤维、聚酯漆、聚酯薄膜
F	155	云母制品、石棉、玻璃漆布、复合硅有机树脂漆
H	180	玻璃漆布、硅有机弹性体、石棉布、补强的云母
C	>180	电瓷、石英、玻璃

绝缘材料的耐弧性能指接触电弧时表面抗炭化的能力。无机绝缘材料的耐弧性能优于有机绝缘材料的耐弧性能。

绝缘材料的阻燃性能用氧指数表示。氧指数是在规定的条件下，材料在氧、氮混合气体中恰好能保持燃烧状态所需要的最低氧浓度。氧指数用百分数表示。氧指数在21%以下的材料为可燃性材料，氧指数在21% ~27%之间的为自熄性材料，氧指数在27%以上的为阻燃性材料。阻燃性材料应能保证短路电弧熄灭后或外部火源熄灭后不再继续燃烧；而且在一定的火焰温度（750 ~800 ℃）下，经过一定的时间（1.5 ~2 h），最里面的绝缘层仍有足够的绝缘能力维持通电。阻燃性绝缘材料可以抑制火灾的蔓延，具有减缓、终止有焰燃烧和抑制无焰燃烧的作用。

软化温度是指固体绝缘在较高温度下维持不变形的能力。

黏度指绝缘液体的流动性。例如，10号变压器油在 -10 ℃时流动性变坏，只能用于环境温度 -10 ℃以上的场合。

（4）吸潮性能。吸潮性能包括吸水性能和亲水性能。木材属于吸水性材料，而玻璃属于非吸水性材料。玻璃表面能凝结水膜，属于亲水性材料；而蜡和聚四氟乙烯表面不能凝结水膜，属于非亲水性材料。

（5）抗生物性能。抗生物性能是材料抵御霉菌等生物性破坏的能力。

2. 绝缘破坏

绝缘材料受到电气、高温、潮湿、机械、化学、生物等因素的作用时均可能遭到破坏，并可归纳为以下三种破坏方式：

1）绝缘击穿

当施加于绝缘材料上的电场强度高于临界值时，绝缘材料发生破裂或分解，电流急剧增加，完全失去绝缘性能。这种现象就是绝缘击穿。

气体绝缘击穿是由碰撞电离导致的电击穿。气体击穿后绝缘性能会很快恢复。气体的平均击穿场强随着电场不均匀程度的增加而下降。

液体绝缘的击穿特性与其纯净程度有关。纯净液体的击穿也是由碰撞电离最后导致的电击穿。液体的密度大，电子自由行程短，积聚能量的难度大，其击穿强度比气体高。工程上液体绝缘材料不可避免地含有各种杂质。杂质在电场作用下极化，并在电极间联成"小桥"。小桥引起电导剧增，局部温度骤升，最后将导致热击穿。为保证绝缘质量，液体绝缘使用前须经过纯化、脱水、脱气处理；使用中也应避免杂质的侵入。液体绝缘的击穿强度除受杂质影响外，还受湿度、电压作用时间、电场均匀程度等因素的影响。液体绝缘击穿后，绝缘性能只在一定程度上得到恢复。

固体绝缘的击穿有电击穿、热击穿、电化学击穿、放电击穿等击穿形式。电击穿也是碰撞电离导致的击穿。电击穿的特点是作用时间短、击穿电压高。热击穿是固体绝缘温度上升、局部熔化、烧焦或烧裂导致的击穿。热击穿的特点是电压作用时间较长，而击穿电压较低。电化学击穿是由于电离、发热和化学反应等因素综合作用造成的击穿。电化学击穿的特点是电压作用时间很长、击穿电压往往很低。放电击穿是固体绝缘在强电场作用下，内部气泡首先发生碰撞电离而放电，继而加热其他杂质，使之气化形成气泡，由气泡放电进一步发展导致的击穿。除上述外，还可能发生沿绝缘固体与气体分界面的所谓沿面放电。当沿面放电发展到另一电极时称之为闪络。固体绝缘的击穿受电压作用时间、电场均匀程度、湿度、电极几何形状、周围媒质特征、电压种类等多种因素的影响。固体绝缘击穿后将失去其原有性能。

2）绝缘老化

老化是绝缘材料在运行过程中受到热、电、光、氧、机械力、微生物等因素的长期作用，发生一系列不可逆的物理化学变化，导致电气性能和机械性能的劣化。

3）绝缘损坏

损坏是指绝缘材料受到外界腐蚀性液体、气体、蒸气、潮气、粉尘的污染和侵蚀，以及受到外界热源、机械力、生物因素的作用，失去电气性能、力学性能的现象。

3. 绝缘检测

绝缘检测包括绝缘试验和外观检查。现场绝缘试验指绝缘电阻试验。

外观检查主要是绝缘机构物理性能的观察和检查。包括是否受潮，表面有无粉尘、纤维或其他污物，有无裂纹或放电痕迹，表面光泽是否减退，有无脆裂，有无破损，弹性是否消失，运行时有无异味等项目。

（二）屏护和间距

1. 屏护

屏护是采用护罩、护盖、栅栏、箱体、遮栏等将带电体同外界隔绝开来。屏护包括能防止无意识，也能防止有意识触及或过分接近带电体的遮拦和只能防止无意识触及或过分接近带电体，而不能防止有意识移开或越过该障碍触及或过分接近带电体的阻挡物。

屏护的安全作用是防止触电（防止触及或过分接近带电体）、防止短路及短路火灾、防止被机械破坏以及便于安全操作。

固定式屏护装置所用材料应有足够的力学强度和良好的耐燃性能。网眼屏护装置的网眼不应大于 20 mm × 20 mm ~ 40 mm × 40 mm。

屏护装置须符合以下安全条件：

（1）遮栏高度不应小于 1. 7 m，下部边缘离地面高度不应大于 0. 1 m。户内栅栏高度不应小于 1. 2 m；户外栅栏高度不应小于 1. 5 m。

（2）对于低压设备，遮栏与裸导体的距离不应小于 0. 8 m，栏条间距离不应大于 0. 2 m；网眼遮栏与裸导体之间的距离不宜小于 0. 15 m。

（3）屏护装置应安装牢固。凡用金属材料制成的屏护装置，为了防止屏护装置意外带电造成触电事故，必须接地（或接零）。

（4）遮栏、栅栏等屏护装置上应根据被屏护对象挂上“止步！高压危险！”“禁止攀登！”等标示牌。

（5）遮栏出入口的门上应根据需要安装信号装置和联锁装置。前者一般用灯光或仪表指示有电；后者是采用专门装置，当人体将要越过屏护装置时，被屏护装置自动断电。屏护装置上锁的钥匙应有专人保管。

2. 间距

间距是将可能触及的带电体置于可能触及的范围之外。其安全作用与屏护的安全作用基本相同。带电体与地面之间、带电体与树木之间、带电体与其他设施和设备之间、带电体与带电体之间均需保持一定的安全距离。安全距离的大小决定于电压高低、设备类型、环境条件和安装方式等因素。架空线路的间距须考虑气温、风力、覆冰及环境条件的影响。

架空线路导线与地面和水面的距离，不应小于表 2 - 4 所列数值。

表 2-4 导线与地面和水面的最小距离 m

线路经过地区	线路电压		
	≤1 kV	10 kV	35 kV
居民区	6	6.5	7
非居民区	5	5.5	6
不能通航或浮运的河、湖（冬季水面）	5	5	5.5
不能通航或浮运的河、湖（50 年一遇的洪水水面）	3	3	3
交通困难地区	4	4.5	6
步行可以达到的山坡	3	4.5	5
步行不能达到的山坡、峭壁或岩石	1	1.5	3

架空线路应避免跨越建筑物，架空线路不应跨越可燃材料屋顶的建筑物。架空线路必须跨越建筑物时，应与有关部门协商并取得该部门的同意。架空线路导线与建筑物的距离不应小于表 2-5 所列数值。

表 2-5 导线与建筑物的最小距离

线路电压/kV	≤1	10	35
垂直距离/m	2.5	3.0	4.0
水平距离/m	1.0	1.5	3.0

架空线路导线与街道树木或厂区树木的距离不应小于表 2-6 所列数值。但与绿化区或公园树木的距离不得小于 3 m。

表 2-6 导线与树木的最小距离

线路电压/kV	≤1	10	35
垂直距离/m	1.0	1.5	3.0
水平距离/m	1.0	2.0	—

架空线路应与有爆炸危险的厂房和有火灾危险的厂房保持必需的防火间距。

架空线路断线接地时，为了防止跨步电压伤人，在离接地点 4~8 m 范围内，不能随意进入。

在低压作业中，人体及其所携带工具与带电体的距离不应小于 0.1 m。在 10 kV 作业中，无遮栏时，人体及其所携带工具与带电体的距离不应小于 0.7 m；有遮栏时，遮栏与带电体之间的距离不应小于 0.35 m。

在架空线路进行起重工作时，起重机具（包括被吊物）与线路导线之间的最小距离见表 2-7。

表 2－7 起重机具与线路导线的最小距离

线路电压/kV	≤1	10	35
最小距离/m	1.5	2	4

二、保护接地和保护接零

（一）接地保护

接地保护和接零保护都是防止间接接触电击的基本技术措施。这两种技术措施还与低压系统的防火性能有关。

1. IT 系统

IT 系统即保护接地系统。

1）IT 系统安全原理

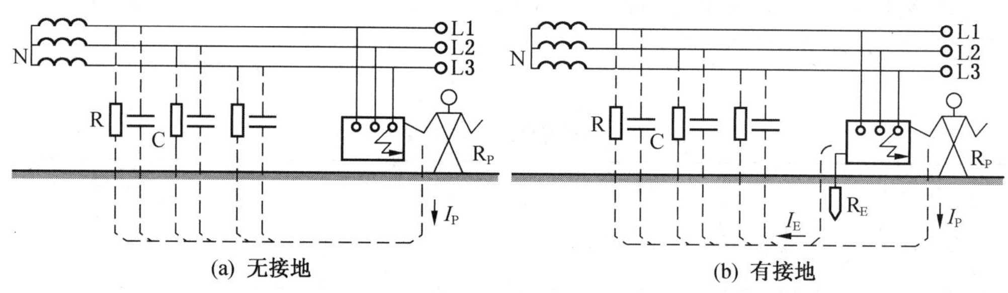

图 2－6 IT 系统原理

图 2－6 所示是在不接地配电网中，三相设备的一相碰连外壳时的示意图。图 2－6 中，R 是各相对地绝缘电阻，为 MΩ 级的电阻；C 是各相对地分布电容，范围是 0.006～0.06 μF/km；R_P 是人体电阻；R_E 是接地电阻。如各相对地绝缘阻抗对称，则运用戴维南定理可以求得无接地时和有接地时的人体电压分别为

$$\dot{U}_P = \frac{3\dot{U}R_P}{3R_P + Z} \quad 和 \quad \dot{U}_{PE} = \frac{3\dot{U}(R_E /\!/ R_P)}{3(R_E /\!/ R_P) + Z} \approx \frac{3\dot{U}R_E}{3R_E + Z}$$

式中 $\dot{U}$——相电压；

$\dot{U}_P$——无接地时的人体电压；

$\dot{U}_{PE}$——有接地时的人体电压；

Z——各相对地绝缘阻抗，即 R 与 C 的并联阻抗。

如配电网各相对地电压为 220 V，各相对地绝缘电阻可视为无限大，各相对地电容均为 0.55 μF，人体电阻为 2000 Ω，在无接地情况下可按上式求得人体电压 $U_P = 158.3$ V。说明尽管流过人体的电流经过绝缘阻抗形成回路，但在线路较长的低压配电网中，单相电击的危险性依然存在。

在设备有接地的情况下，由于 $R_E \ll R_P$，结果将大不一样。如有 $R_E = 4\ \Omega$，则人体电

压降低为 $U_{PE}=4.6$ V，危险性基本消除。

上面这种做法，即将在故障情况下可能呈现危险对地电压的金属部分经接地线、接地体同大地连接起来，把故障电压限制在安全范围以内的做法就是保护接地。这种系统就是IT 系统。字母 I 表示配电网不接地或经高阻抗接地，字母 T 表示电气设备外壳直接接地。

应当指出，只有在不接地配电网中，由于单相接地电流较小，才有可能通过保护接地把漏电设备故障对地电压限制在安全范围之内。

2）保护接地应用范围和基本要求

保护接地适用于各种不接地配电网。在这类配电网中，凡由于绝缘损坏或其他原因而可能呈现危险电压的金属部位，除另有规定外，均应接地。

在 380 V 不接地低压配电网中，为限制设备漏电时外壳对地电压不超过安全范围，一般要求保护接地电阻 $R_E \leqslant 4\ \Omega$。当配电变压器或发电机的容量不超过 100 kV·A 时，可以放宽到 $R_E \leqslant 10\ \Omega$。

2. TT 系统

图 2-7 所示为三相星形连接的低压中性点直接接地的三相四线配电网。这种配电网能提供一组线电压和一组相电压，便于动力和照明由同一台变压器供电。这种配电网的优点是过电压防护性能较好、一相故障接地时单相电击的危险性较小、故障接地点比较容易检测。中性点引出的 N 线称为中性线。由于 N 线的作用是与任一相线一起提供 220 V 的工作电压，而且是与零电位大地连起来的，因而 N 线也称为工作零线。中性点的接地 R_N 称为工作接地。

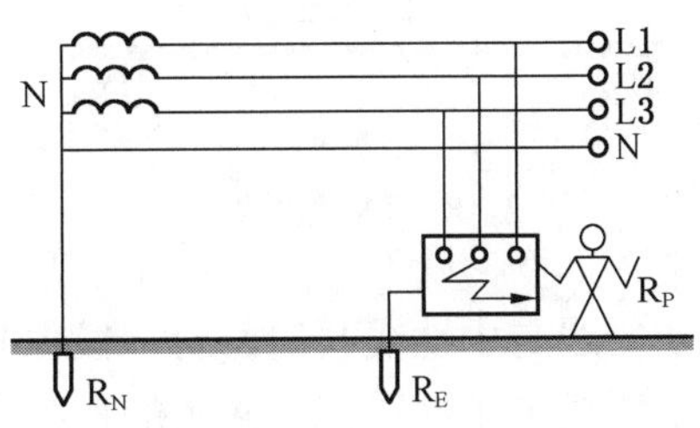

图 2-7 TT 系统

接地的配电网中发生单相电击时，人体承受的电压接近相电压。也就是说，在接地的配电网中，单相电击的危险性比不接地的配电网单相电击的危险性大。

图 2-7 中，设备外壳采取了接地措施。这种做法类似不接地配电网中的保护接地，但由于电源中性点是直接接地的，结果与 IT 系统大不相同。

这种配电防护系统称为 TT 系统。第一个字母 T 表示的就是电源是直接接地的。这时，如有一相漏电，则故障电流主要经接地电阻 R_E 和工作接地电阻 R_N 构成回路，一般情况下，$R_E \ll R_P$，漏电设备对地电压即人体电压近似为 $U_P \approx \dfrac{R_E}{R_E+R_N}U$。这一电压与没有接地时接近相电压的对地电压比较，已明显降低；但由于 R_E 和 R_N 同在一个数量级，漏电设备对地电压一般不能降低到安全范围以内。

另一方面，由于故障电流 I_E 经 R_E 和 R_N 成回路，R_E 和 R_N 都是欧姆级的电阻，I_E 不可能太大，一般的短路保护不起作用，不能及时切断电源，使故障长时间延续下去。

因此，只有在采用其他防止间接接触电击的措施有困难的条件下才考虑采用 TT 系统。

采用 TT 系统时，应当保证在允许故障持续时间内漏电设备的故障对地电压不超过某一限值。为此，在 TT 系统中应装设能自动切断漏电故障的漏电保护装置（剩余电流保护装置）。

TT 系统主要用于低压用户，即用于未装备配电变压器，从外面直接引进低压电源的小型用户。

（二）接零保护

1. 保护接零系统安全原理和类别

保护接零系统就是 TN 系统。TN 系统中的字母 N 表示电气设备在正常情况下不带电的金属部分与配电网中性点（N 点）之间做金属性连接，亦即与配电网保护零线（保护导体）的直接连接。

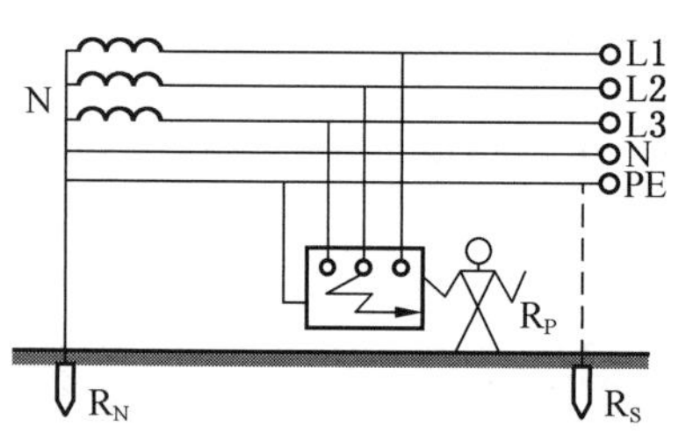

图 2－8　TN 系统原理

保护接零系统的原理如图 2－8 所示，当设备某相带电体碰连设备外壳（外露导电部分）时，通过设备外壳形成该相对保护零线的单相短路，短路电流促使线路上的短路保护迅速动作，从而将故障部分断开电源，消除电击危险。此外，保护接零也能在一定程度上降低漏电设备对地电压。

TN 系统分为 TN－S、TN－C－S、TN－C 三种方式。如图 2－9 所示，TN－S 系统是保护零线与中性线完全分开的系统；TN－C－S 系统是干线部分的前一段保护零线与中性线共用，后一段保护零线与中性线分开的系统；TN－C 系统是干线部分保护零线与中性线完全共用的系统。

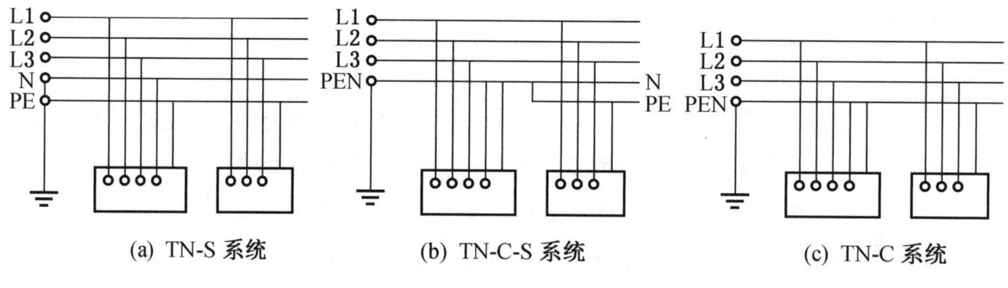

图 2－9　TN 系统

在 TN 系统中，中性线用 N 表示，专用的保护线用 PE 表示，共用的保护线与中性线用 PEN 表示。

2. TN 系统速断和限压要求

除速断保护的作用外，保护接零也能降低漏电设备对地电压。在相－零线短路情况下，漏电设备对地电压 U_E 为短路电流在保护零线上产生的电压降，即 $U_E = I_{SS}Z_{PE}$（I_{SS}为单相短路电流，Z_{PE}为保护线阻抗）。一般情况下，欲将漏电设备对地电压 U_E 限制在某一安全范围内是困难的。

在接零系统中，对于配电线路或仅供给固定式电气设备的线路，故障持续时间不宜超过 5 s；对于供给手持式电动工具、移动式电气设备的线路或插座回路，电压 220 V 者故障持续时间不应超过 0.4 s，380 V 者不应超过 0.2 s。否则，应采取能将故障电压限制在许可范围之内的等电位联结措施。配电线路或仅供给固定式电气设备的线路之所以放宽规定是因为这些线路不常发生故障，而且接触的可能性较小，即使触电也比较容易摆脱。

为了实现保护接零要求，可以采用一般过电流保护装置或剩余电流保护装置。

3. 保护接零应用范围

保护接零用于中性点直接接地电压 0.23/0.4 kV 的三相四线配电网。在保护接零系统中，凡因绝缘损坏而可能呈现危险对地电压的金属部分均应接零。

TN－S 系统可用于有爆炸危险，或火灾危险性较大，或安全要求较高的场所，宜用于有独立附设变电站的车间。TN－C－S 系统宜用于厂内设有总变电站，厂内低压配电的场所及非生产性楼房。TN－C 系统可用于无爆炸危险、火灾危险性不大、用电设备较少、用电线路简单且安全条件较好的场所。

在接地的三相四线配电网中，应当采取接零保护。但在现实中，往往会发现如图 2－10 所示的接零系统中有个别设备只接地、不接零的情况，即在 TN 系统中个别设备构成 TT 系统的情况。这时，如果采用了接地保护的设备漏电，该设备和保护零线（含所有接零设备）对地电压分别为 $U_E=\dfrac{R_E}{R_N+R_E}U$ 和 $U_N=U-U_E=\dfrac{R_N}{R_N+R_E}U$。这里，$R_E$ 是该设备的接地电阻，R_N 是工作接地与零线上所有接地电阻的并联值。这时，U_E 和 U_N 都可能是危险电压，而且故障电流不太大，短路保护元件往往不能动作切断电源，危险状态将在大范围内持续存在。因此，除非接地的设备装有快速切断故障的自动保护装置（如漏电保护装置），不得在 TN 系统中混用 TT 方式。

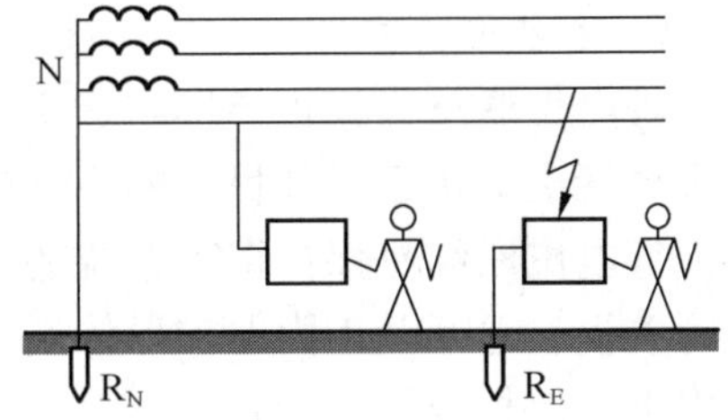

图 2－10　TT 与 TN 的混合系统

如果将接地设备的外露金属部分再同保护零线连接起来，构成 TN 系统，其接地成为下面将要介绍的重复接地，对安全是有益无害的。

4. 重复接地

重复接地指 PE 线或 PEN 线上除工作接地以外其他点的再次接地。图 2－8 中的 R_S 即重复接地。

重复接地的作用：

（1）减轻零线断开或接触不良时电击的危险性。接零系统中，当 PE 线或 PEN 线断开（含接触不良）时，在断开点后方有设备漏电或者没有设备漏电但接有不平衡负荷的情况下，重复接地虽然不一定能消除人身伤亡及设备损坏的危险性，但危险程度必然降低。

（2）降低漏电设备的对地电压。前面说过，接零也有降低故障对地电压的作用。如果接零设备有重复接地，则故障电压进一步降低。

（3）改善架空线路的防雷性能。架空线路零线上的重复接地对雷电流有分流作用，有利于限制雷电过电压。

（4）缩短漏电故障持续时间。因为重复接地和工作接地构成零线的并联分支，所以当发生短路时能增大单相短路电流，而且线路越长，效果越显著。这就加速了线路保护装置的动作，缩短了漏电故障持续时间。

5. 工作接地

工作接地指配电网在变压器或发电机中性点的接地。

工作接地的主要作用是减轻各种过电压的危险。在配电系统发生一相故障接地的情况下，如有工作接地 $R_N \leqslant 4\ \Omega$，一般可限制中性线对地电压一般不超过 50 V、非接地相对地电压不超过 250 V。

在不接地的 10 kV 系统中，工作接地与变压器外壳的接地、避雷器的接地是共用的。其接地电阻应根据三者中要求最高的确定。一般要求 $R_N \leqslant 4\ \Omega$；在高土壤电阻率地区，允许放宽至 $R_N \leqslant 10\ \Omega$。

在直接接地的 10 kV 系统中，工作接地应与变压器外壳的接地、避雷器的接地分开。

6. 等电位联结

等电位联结指保护导体与建筑物的金属结构、生产用的金属装备以及允许用作保护线的金属管道等用于其他目的的不带电导体之间的联结。

等电位联结是保护接零系统的组成部分，如图 2－11 所示。保护导体干线应接向低压总开关柜。总开关柜内保护导体端子排与自然导体之间的联结称为主等电位联结。总开关柜以下，保护导体连接到配电箱或用电设备。如配电箱或用电设备的保护接零措施难以满足速断要求，或为了提高保护接零的可靠性，可将其与自然导体之间再进行联结。这一联结称为辅助等电位联结。

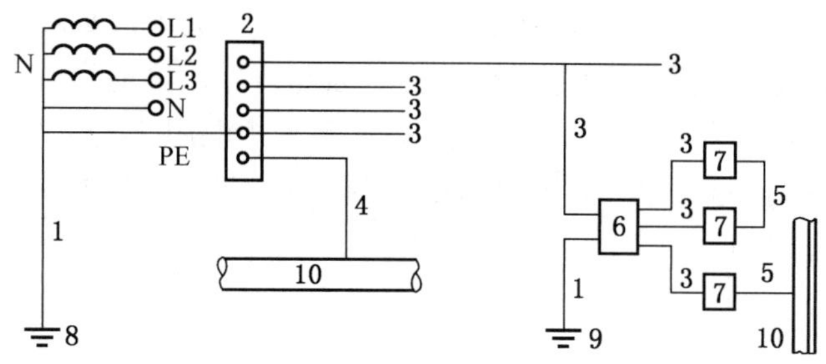

1—接地线；2—PE 线端子排；3—PE 线；4—主等电位联结线；5—辅助等电位联结线；6—配电箱；7—用电设备；8—工作接地；9—重复接地；10—可连接的自然导体

图 2－11 保护接零与等电位联结

主等电位联结导体的最小截面积不得小于最大保护导体截面积的 1/2，且不得小于 6 mm^2。两台设备之间局部等电位联结导体的最小截面积不得小于两台设备保护导体中较小者的截面积。设备与设备外导体之间的局部等电位联结线的截面积不得小于该设备保护零支线截面积的 1/2。

（三）保护导体和接地装置

1. 保护导体

1）保护导体组成

保护导体包括保护接地线、保护接零线和等电位联结线。保护导体分为人工保护导体和自然保护导体。

交流电气设备应优先利用建筑物的金属结构、生产用的起重机的轨道、配线的钢管等自然导体作保护导体。在低压系统，允许利用不流经可燃液体或气体的金属管道作保护导体。

人工保护导体可以采用多芯电缆的芯线、与相线同一护套内的绝缘线、固定敷设的绝缘线或裸导体等。

保护导体干线必须与电源中性点和接地体（工作接地、重复接地）相连。保护导体支线应与保护干线相连。为提高可靠性，保护干线应经两条连接线与接地体连接。

为了保持保护导体导电的连续性，所有保护导体，包括有保护作用的 PEN 线上均不得安装单极开关和熔断器；保护导体应有防机械损伤和化学腐蚀的措施；保护导体的接头应便于检查和测试（封装的除外）；可拆开的接头必须是用工具才能拆开的接头；各设备的保护（支线）不得串联连接，即不得利用设备的外露导电部分作为保护导体的一部分。

2）保护导体截面积

为满足导电能力、热稳定性、力学稳定性、耐化学腐蚀的要求，保护导体必须有足够的截面积。

当保护线与相线材料相同时，保护线可以按表 2－8 选取；如果保护线与相线材料不同，可按相应的阻抗关系折算。

表 2－8 保护零线截面积 mm^2

相线截面积 S_L	保护零线最小截面积 S_{PE}	相线截面积 S_L	保护零线最小截面积 S_{PE}
$S_L \leqslant 16$	S_L	$S_L > 35$	$S_L/2$
$16 < S_L \leqslant 35$	16		

除应用电缆芯线或金属护套作保护线者外，采用单芯绝缘导线作保护零线时，有机械防护的不得小于 2.5 mm^2；没有机械防护的不得小于 4 mm^2。

兼用作中性线、保护零线的 PEN 线的最小截面积除应满足不平衡电流和谐波电流的导电要求外，还应满足保护接零可靠性的要求。为此，要求铜质 PEN 线截面积不得小于 10 mm^2、铝质的不得小于 16 mm^2，如系电缆芯线则不得小于 4 mm^2。

电缆线路应利用其专用保护芯线和金属包皮作保护零线。如电缆没有专用保护芯线，应采用两条电缆的金属包皮作保护零线，并最好再沿电缆敷设一条规格 20 mm × 4 mm 的扁钢作为辅助保护零线；仅有一条电缆时，除利用其金属包皮外，还须敷设一条 20 mm × 4 mm 的扁钢作为辅助保护零线。

3）相－零线回路检测

相－零线回路检测包括保护零线完好性、连续性检查和相－零线回路阻抗测量。测量相-零线回路阻抗是为了检验接零系统是否符合规定的速断要求。

2. 接地装置

接地装置是接地体（极）和接地线的总称。运行中的电气设备的接地装置应当始终保持在良好状态。

1）自然接地体和人工接地体

自然接地体是用于其他目的，但与土壤保持紧密接触的金属导体。例如，埋设在地下的金属管道（有可燃或爆炸性介质的管道除外）、金属井管、与大地有可靠连接的建筑物的金属结构、水工构筑物及类似构筑物的金属管、桩等自然导体均可用作自然接地体。当自然接地体的接地电阻符合要求时，可不敷设人工接地体（发电厂和变电所除外）。在利用自然接地体的情况下，应考虑到自然接地体拆装或检修时，接地体被断开，断口处出现的电位差及接地电阻发生变化的可能性。自然接地体至少应有两根导体在不同地点与接地网相连（线路杆塔除外）。

为了保证足够的力学强度，并考虑到防腐蚀的要求，钢质接地体的最小尺寸见表2-9。

表2-9 钢质接地体和接地线的最小尺寸

材料种类		地上		地下	
		室内	室外	交流	直流
圆钢直径/mm		6	8	10	12
扁钢	截面/mm²	60	100	100	100
	厚度/mm	3	4	4	6
角钢厚度/mm		2	2.5	4	6
钢管管壁厚度/mm		2.5	2.5	3.5	4.5

2）接地线

交流电气设备应优先利用自然导体作接地线。在非爆炸危险环境，如自然接地线有足够的截面，可不再另行敷设人工接地线。

非经允许，接地线不得作其他电气回路使用。不得利用蛇皮管、管道保温层的金属外皮或金属网以及电缆的金属护层作接地线。

3）接地装置安装

为了减小自然因素对接地电阻的影响，接地体上端离地面深度不应小于0.6 m（农田地带不应小于1 m），并应在冰冻层以下。接地体宜避开人行道和建筑物出入口附近。接地体的引出导体应引出地面0.3 m以上。接地体离独立避雷针接地体之间的地下水平距离不得小于3 m；离建筑物墙基之间的地下水平距离不得小于1.5 m。

接地装置应尽量避免敷设在腐蚀性较强的地带。

为防止机械损伤和化学腐蚀，接地线与铁路或公路的交叉处及其他可能受到损伤处，均应穿管或用角钢保护。接地线穿过墙壁、楼板、地坪时，应敷设在明孔、管道或其他坚固的保护管中。接地线与建筑物伸缩缝、沉降缝交叉时，应弯成弧状或另加补偿连接件。

采取网络接地时还应当注意防止高电位引出和低电位引入的可能性。因为网络可能呈现较高的对地电压，如将网络内高电位引出，则可能在网络外造成触电危险；如将网络外低电位引入，则可能在网络内造成触电危险。

4）接地装置连接

接地装置地下部分的连接应采用焊接，并应采用搭焊，不得有虚焊。

利用建筑物的钢结构、起重机轨道、工业管道等自然导体作接地线时，其伸缩缝或接头处应另加跨接线，以保证连续可靠。自然接地体与人工接地体之间的连接必须可靠。

接地线与管道的连接可采用螺纹连接或抱箍螺纹连接，但必须采用镀锌件，以防止锈蚀。在有振动的地方，应采取防松措施。

三、双重绝缘、安全电压和漏电保护

（一）双重绝缘

双重绝缘属于防止间接接触电击的安全技术措施。

1. 双重绝缘结构

双重绝缘是强化的绝缘结构，包括双重绝缘和加强绝缘两种类型。图2－12所示是双重绝缘结构和加强绝缘结构的示意图。双重绝缘指工作绝缘（基本绝缘）和保护绝缘（附加绝缘）。前者是带电体与不可触及的导体之间的绝缘，是保证设备正常工作和防止电击的基本绝缘；后者是不可触及的导体与可触及的导体之间的绝缘，是当工作绝缘损坏后用于防止电击的绝缘。加强绝缘是具有与上述双重绝缘相同绝缘水平的单一绝缘。

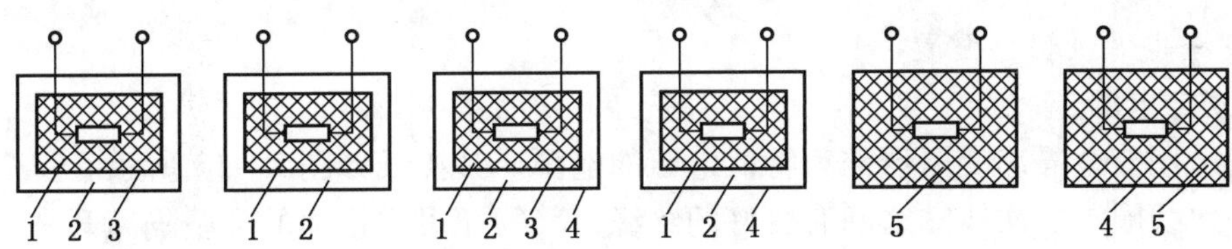

1—工作绝缘；2—保护绝缘；3—不可触及的导体；4—可触及的导体；5—加强绝缘

图2－12 双重绝缘结构和加强绝缘结构

具有双重绝缘的电气设备属于Ⅱ类设备。按其外壳特征，Ⅱ类设备分为3种类型，有绝缘外壳基本上连成一体的设备、金属外壳基本上连成一体的设备和兼有部分绝缘外壳和部分金属外壳的设备。

2. 双重绝缘的基本条件

Ⅱ类设备的绝缘电阻用500 V直流电压测试。工作绝缘的绝缘电阻不得低于2 MΩ，保护绝缘的绝缘电阻不得低于5 MΩ，加强绝缘的绝缘电阻不得低于7 MΩ。

Ⅱ类设备的外壳应有足够的绝缘水平和力学强度，外壳上的盖、窗必须使用工具才能打开。

Ⅱ类设备在其明显部位应有“回”形标志。

凡属双重绝缘的设备，不得再行接地或接零。

（二）安全电压

安全电压是在一定条件下、一定时间内不危及生命安全的电压。根据欧姆定律，可以把加在人身上的电压限制在某一范围之内，使得在这种电压下，通过人体的电流不超过特定的允许范围。这一电压就叫作安全电压，也称为特低电压（ELV）。

安全电压属既能防止间接接触电击也能防止直接接触电击的安全技术措施。具有依靠安全电压供电的设备属于Ⅲ类设备。

1. 安全电压限值和额定值

1）限值

安全电压限值是在任何情况下，任意两导体之间都不得超过的电压值。中国标准规定，工频安全电压有效值的限值为 50 V，直流安全电压的限值为 120 V。

对于电动儿童玩具及类似电器，当接触时间超过 1 s 时，推荐干燥环境中工频安全电压有效值的限值取 33 V，直流安全电压的限值取 70 V；潮湿环境中工频安全电压有效值的限值取 16 V，直流安全电压的限值取 35 V。

2）额定值

我国规定工频有效值的额定值有 42 V、36 V、24 V、12 V 和 6 V。凡特别危险环境使用的手持电动工具应采用 42 V 安全电压的Ⅲ类工具；凡有电击危险环境使用的手持照明灯和局部照明灯应采用 36 V 或 24 V 安全电压；金属容器内、隧道内、水井内以及周围有大面积接地导体等工作地点狭窄、行动不便的环境应采用 12 V 安全电压；6 V 安全电压用于特殊场所。当电气设备采用 24 V 以上安全电压时，必须采取直接接触电击的防护措施。

2. 安全电源及回路配置

1）安全电源

通常采用安全隔离变压器作为特低电压的电源。其接线如图 2－13 所示。安全隔离变压器的一次线圈与二次线圈之间有良好的绝缘；其间还可用接地的屏蔽隔离开来。除隔离变压器外，具有同等隔离能力的发电机、蓄电池、电子装置等均可做成特低电压电源。但不论采用什么电源，特低电压边均应与高压边保持双重绝缘的水平。

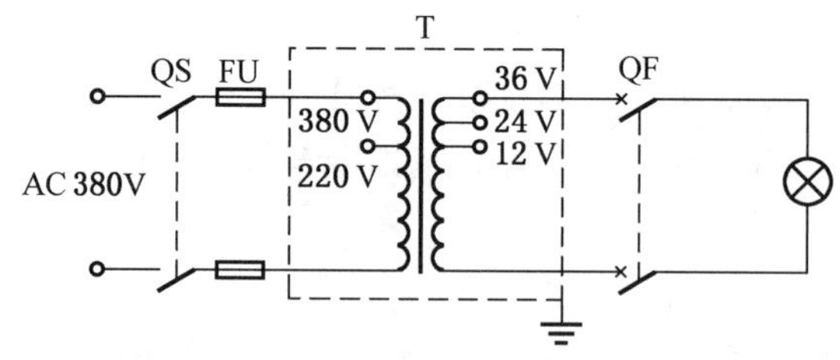

图 2－13　安全隔离变压器接线图

一般用途的单相安全隔离变压器的额定容量不应超过 10 kV · A，三相的不应超过 16 kV · A。电铃用变压器的额定容量不应超过 100 V · A。玩具用变压器的额定容量不应超过 200 V · A。

安全隔离变压器应具有耐热、防潮、防水及抗振的结构。

安全隔离变压器各部分绝缘电阻应满足表 2－10 的要求。

表 2－10　隔离变压器的绝缘电阻

部　位	绝缘电阻/MΩ	部　位	绝缘电阻/MΩ
带电部分与壳体之间的工作绝缘	2	输出回路与输出回路之间	2
带电部分与壳体之间的加强绝缘	7	Ⅱ类变压器的带电部分与金属物件之间	2
输入回路与输出回路之间	5	Ⅱ类变压器的金属物件与壳体之间	5
输入回路与输入回路之间	2	绝缘壳体上的内、外金属物件之间	2

当环境温度为 35 ℃，安全隔离变压器正常使用时，金属材料握持部分的温升不得超过 20 K，其他材料的温升不得超过 40 K。对于不被持续握持的外壳，分别不得超过 25 K 和 50 K。

Ⅰ类电源变压器可能触及的金属部分必须接地（或接零）。其电源线中，应有一条专用的黄绿相间颜色的保护线。Ⅱ类电源变压器不采取接地（或接零）措施，没有接地端子。

2）回路配置

安全电压回路的带电部分必须与较高电压的回路保持电气隔离，并不得与大地、保护接零（地）线或其他电气回路连接。但变压器外壳及其一、二次线圈之间的屏蔽隔离层应按规定接地或接零。如果变压器不具备双重绝缘的结构，为了减轻变压器一次线圈与二次线圈短接的危险，二次线圈应接地或接零。

安全电压的配线最好与其他电压等级的配线分开敷设。否则，其绝缘水平应与共同敷设的其他较高电压等级配线的绝缘水平一致。

3）插销座

安全电压设备的插销座不得带有接零或接地插头或插孔。为了防止与其他电压的插销座有插错的可能，特低电压应采用不同结构的插销座，或者在其插座上有明显的标志。

4）短路保护

安全隔离变压器的一次边和二次边均应装设短路保护元件。

5）功能特低电压

如果电压值与安全电压值相符，而由于功能上的原因，电源或回路配置不完全符合特低电压的要求，则称之为功能特低电压。其补充安全要求是，装设必要的屏护或加强设备的绝缘，以防止直接接触电击；当该回路与一次边保护零线或保护地线连接时，一次边应装设防止电击的自动断电装置，以防止间接接触电击。其他要求与特低电压相同。

（三）电气隔离和不导电环境

电气隔离和不导电环境都属于防止间接接触电击的安全技术措施。

1. 电气隔离

电气隔离指工作回路与其他回路实现电气上的隔离。其安全原理是在隔离变压器的二次边构成了一个不接地的电网，阻断在二次边工作的人员单相电击电流的通路。电气隔离的回路必须符合以下条件：

（1）电源变压器必须是隔离变压器。与安全隔离变压器一样，隔离变压器的输入绕组与输出绕组没有电气连接，并具有双重绝缘的结构。单相隔离变压器的额定容量不应超过25 kV·A，三相隔离变压器的额定容量不应超过40 kV·A。隔离变压器的空载输出电压交流不应超过1000 V。隔离变压器的其他要求与安全隔离变压器相同。

（2）二次边保持独立。为保证安全，被隔离回路不得与其他回路及大地有任何连接。对于二次边回路线路较长者，应装设绝缘监视装置。

（3）二次边线路要求。二次边线路电压过高或二次边线路过长，都会降低这种措施的可靠性。按照规定，应保证电源电压 $U \leqslant 500$ V 时线路长度 $L \leqslant 200$ m、电压与长度的乘积 $UL \leqslant 100000$ V·m。

（4）等电位联结。为了防止隔离回路中两台设备的不同相线漏电时的故障电压带来的危险，各台设备的金属外壳之间应采取等电位联结措施。

2. 不导电环境

不导电环境是指地板和墙都用不导电材料制成，即大大提高了绝缘水平的环境。不导电环境必须符合以下安全要求：

（1）电压500 V及以下者，地板和墙每一点的电阻不应低于50 kΩ；电压500 V以上者不应低于100 kΩ。

（2）保持间距或设置屏障，防止人体在工作绝缘损坏后同时触及不同电位的导体。

（3）具有永久性特征。为此，场所不会因受潮而失去不导电性能，不会因引进其他设备而降低安全水平。

（4）为了保持不导电特征，场所内不得有保护零线或保护地线。

（5）有防止场所内高电位引出场所范围外和场所外低电位引入场所范围内的措施。

（四）漏电保护

漏电保护装置主要用于防止间接接触电击和直接接触电击。用于防止直接接触电击时，只作为基本防护措施的补充保护措施。漏电保护装置也可用于防止漏电火灾，以及用于监测一相接地故障。

按照动作原理，漏电保护装置分为电压型和电流型两类；按照有无电子元器件，分为电子式和电磁式两类；按照极数，分为二极、三极和四极漏电保护装置等。

1. 漏电保护原理

电压型漏电保护装置以设备上的故障电压为动作信号，电流型漏电保护装置以漏电电流或触电电流为动作信号。动作信号经处理后带动执行元件动作，促使线路迅速分断。

电流型漏电保护通常指剩余电流型漏电保护。这种漏电保护装置采用零序电流互感器作为取得触电或漏电信号的检测元件。

电磁式电流型漏电保护的原理如图2-14所示。这种保护装置以极化电磁铁FV作为中间机构。这种电磁铁由于有永久磁铁而具有极性，而且在正常情况下，永久磁铁的吸力克服弹簧的拉力使衔铁保持在闭合位置。图 2 - 14 中，三条相线和一条中性线穿过环形的零序电流互感器0 TA 构成互感器的一次边，与极化电磁铁 FV 连接的线圈构成互感器的二次边。设备正常运行时，互感器一次边电流在其铁芯中产生的磁场互相抵消，互感器二次边不产生感应电动势，电磁铁不动作。设备发生漏电或后方有人触电时，出现额外的剩余电流，互感器二次边产生感应电动势，电磁铁线圈中有电流流过，并产生交变磁通。这个交变磁通与永久磁铁的磁通叠加，产生去磁作用，使吸力减小，衔铁被反作用弹簧拉开，电磁铁动作，并通过开关设备断开电源。图 2 - 14 中，SB、R 支路是检查支路，SB 是检查按钮，R 是限流电阻。

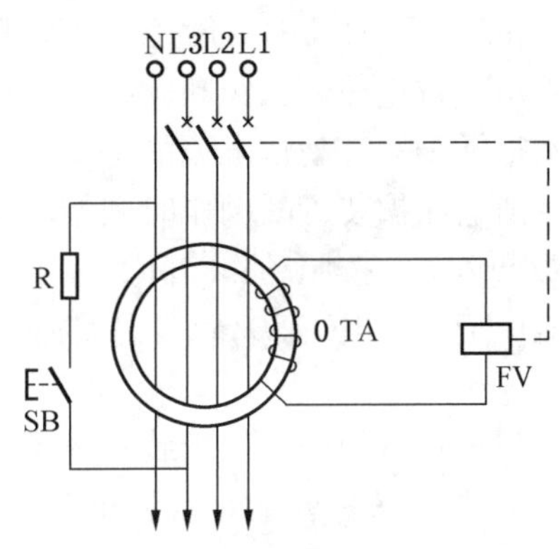

图 2 - 14 电磁式电流型漏电保护

电磁式漏电保护装置结构简单、承受过电流或过电压冲击的能力较强；但其灵敏度不高，而且工艺难度较大。在检测元件后方增设电子环节，即构成电子式漏电保护装置。电子式漏电保护装置灵敏度很高、动作参数容易调节，但其可靠性较低、承受电磁冲击的能力较弱。

2. 漏电保护装置的动作参数

电流型漏电保护装置的主要动作参数是动作电流和动作时间。电流型漏电保护装置的动作参数应符合表 2 - 11 和表 2 - 12 的要求。

表 2 - 11 直接接触保护用的漏电保护装置的最大分断时间

$I_{\Delta n}$/A	I_n/A	最大分断时间/s		
		$I_{\Delta n}$	$2I_{\Delta n}$	0.25A
0.006	任何值	5	1	0.04
0.010		5	0.5	0.04
0.030		0.5	0.2	0.04

表 2 - 12 间接接触保护用的漏电保护装置的最大分断时间

$I_{\Delta n}$/A	I_n/A	最大分断时间/s		
		$I_{\Delta n}$	$2I_{\Delta n}$	$5I_{\Delta n}$
>0.03	任何值	2	0.2	0.04
	只适用于≥40*	5	0.3	0.15

注：* 适用于由独立元件组装起来的组合式剩余电流保护装置。

电流型漏电保护装置的动作电流可分为 0.006 A、0.01 A、0.015 A、0.03 A、0.05 A、0.075 A、0.1 A、0.2 A、0.3 A、0.5 A、1 A、3 A、5 A、10 A、20 A 等 15 个等级。其中，

30 mA 及 30 mA 以下的属高灵敏度，主要用于防止触电事故；30 mA 以上、1000 mA 及 1000 mA 以下的属中灵敏度，用于防止触电事故和漏电火灾；1000 mA 以上的属低灵敏度，用于防止漏电火灾和监视一相接地故障。为了避免误动作，保护装置的额定不动作电流不得低于额定动作电流的 1/2。

漏电保护装置的动作时间指动作时最大分断时间。漏电保护装置的动作时间应根据保护要求确定。按照动作时间，漏电保护装置有快速型、定时限型和反时限型之分。延时型只能用于动作电流 30 mA 以上的漏电保护装置，其动作时间可选为 0. 2 s、0. 8 s、1 s、1. 5 s 和 2 s。

防止触电的漏电保护装置宜采用高灵敏度、快速型装置。

3. 漏电保护装置的安装和运行

1）安装

属于Ⅰ类的移动式电气设备及手持式电动工具；生产用的电气设备；施工工地的电气机械设备；安装在户外的电气装置；临时用电的电气设备；机关、学校、宾馆、饭店、企事业单位和住宅等除壁挂式空调电源插座外的其他电源插座或插座回路；游泳池、喷水池、浴池的电气设备；安装在水中的供电线路和设备；医院中可能直接接触人体的电气医用设备等均必须安装漏电保护装置。

对于公共场所的通道照明电源和应急照明电源、消防用电梯及确保公共场所安全的电气设备、用于消防设备的电源（如火灾报警装置、消防水泵、消防通道照明等）、用于防盗报警的电源，以及其他不允许突然停电的场所或电气装置的电源，漏电时立即切断电源将会造成其他事故或重大经济损失。在这些情况下，应装设不切断电源的报警式漏电保护装置。

从防止触电的角度考虑，使用特低电压供电的电气设备、一般环境条件下使用的具有双重绝缘或加强绝缘结构的电气设备、使用隔离变压器且二次侧为不接地系统供电的电气设备，以及其他没有漏电危险和触电危险的电气设备可以不安装漏电保护装置。

2）误动作和拒动作

误动作是指漏电保护装置在线路或设备未发生预期的触电或漏电时的动作。拒动作是指发生预期动作的触电或漏电时保护装置拒绝动作。误动作和拒动作都会影响漏电保护装置正常运行。

第三节　电气防火防爆技术

电气火灾约占全部火灾总数的 30%。电气火灾和爆炸除可能造成人身伤亡和设备毁坏外，还可能造成大规模、长时间停电，给国家财产造成重大损失。

一、电气引燃源

电气引燃源包括电气装置的危险温度和发生在可燃物上的电火花和电弧。

（一）危险温度

由于不存在 100% 的效率，电气设备运行时总是要发热的。电气设备稳定运行时，其最高温度和最高温升都不会超过允许范围；当电气设备的正常运行遭到破坏时，发热量增加，温度升高，乃至产生危险温度。

1. 短路

发生短路时，线路中电流增大为正常时的数倍乃至数十倍，而产生的热量又与电流的平方成正比，使得温度急剧上升。

2. 接触不良

接触部位是电路的薄弱环节，是产生危险温度的重点部位。不可拆卸的接头连接不牢、焊接不良或接头处夹有杂物，会增加接触电阻导致危险温度；可拆卸的接头连接不紧密或由于振动而松动也会导致危险温度；可开闭的触头，如各种开关的触头，如果没有足够的接触压力或表面粗糙不平，均可能增大接触电阻，产生危险温度；滑动接触处没有足够的压力或接触不良也会产生危险温度；不同种类导体连接处，由于二者的理化性能不同，接触处极易产生危险温度。

3. 过载

严重过载或长时间过载都会产生危险温度。

4. 铁芯过热

对于电动机、变压器、接触器等带有铁芯的电气设备，如铁芯短路，或线圈电压过高，或通电后铁芯不能吸合，由于涡流损耗和磁滞损耗增加都将造成铁芯过热并产生危险温度。

5. 散热不良

电气设备的散热或通风措施遭到破坏，如散热油管堵塞、通风道堵塞、安装位置不当、环境温度过高或距离外界热源太近，均可能导致电气设备和线路产生危险温度。

6. 漏电

漏电电流一般不大，不能促使线路熔丝动作。如漏电电流沿线路均匀分布，发热量分散，一般不会产生危险温度；但当漏电电流集中在某一点时，可能引起比较严重的局部发热，产生危险温度。

7. 机械故障

电动机被卡死或轴承损坏、缺油，造成堵转或负载转矩过大，都将产生危险温度。

8. 电压过高或过低

电压过高，除使铁芯发热增加外，对于恒定电阻的负载，还会使电流增大，增加发热；电压过低，除使电磁铁吸合不牢或吸合不上外，对于恒定功率负载，还会使电流增大，增加发热。两种情况都可能导致危险温度。

9. 电热器具和照明灯具

电炉、电烘箱、电熨斗、电烙铁、电褥子等电热器具和照明器具的工作温度较高。例如，电炉电阻丝的工作温度高达 800 ℃，100 W 白炽灯泡表面温度高达 170 ~ 220 ℃，1000 W 卤钨灯表面温度高达 500 ~ 800 ℃等。如果这些发热部件紧贴可燃物或离可燃物太近，极易引燃成火。

白炽灯泡灯丝温度高达 2000 ~ 3000 ℃，当灯泡爆碎时，炽热的钨丝落到可燃物上，也会引起可燃物质燃烧。

灯座内接触不良会造成过热，日光灯镇流器散热不良也会造成过热，都可能引燃成灾。

（二）电火花和电弧

电火花是电极间的击穿放电；大量电火花汇集起来即构成电弧。电火花的温度很高，特别是电弧，温度高达 8000 ℃。因此，电火花和电弧不仅能引起可燃物燃烧，还能使金属熔化、飞溅，构成二次引燃源。

电火花分为工作火花和事故火花。工作火花指电气设备正常工作或正常操作过程中产生的电火花。例如，控制开关、断路器、接触器接通和断开线路时产生的火花；插销拔出或插入时产生的火花；直流电动机的电刷与换向器的滑动接触处、绕线式异步电动机的电刷与滑环的滑动接触处产生的火花等。

事故火花是线路或设备发生故障时出现的火花。例如，电路发生短路或接地时产生的火花；熔丝熔断时产生的火花；连接点松动或线路断开时产生的火花；变压器、断路器等高压电气设备由于绝缘质量降低发生的闪络等。

事故火花还包括由外部原因产生的火花。如雷电火花、静电火花和电磁感应火花。

除上述外，电动机的转动部件与其他部件相碰也会产生机械碰撞火花。

二、危险物质和爆炸危险环境

（一）危险物质的性能参数和分级分组

爆炸性物质、可燃气体、可燃液体、自燃物质、遇水燃烧物质、氧化剂属于有火灾和爆炸危险的物质。下面所说的危险物质指在大气条件下能与空气形成爆炸性混合物的气体、蒸气、薄雾、粉尘、纤维。所谓爆炸性混合物就是一经点燃，燃烧能在整个范围内传播的混合物。这种能与空气形成爆炸性混合物的爆炸危险物质分为三类：Ⅰ类是矿井甲烷；Ⅱ类是爆炸性气体、蒸气、薄雾；Ⅲ类是爆炸性粉尘、纤维。

闪点、燃点、引燃温度、爆炸极限、最小点燃电流比、最大试验安全间隙是危险物质的主要性能参数。

1. 闪点

闪点是在规定的试验条件下，易燃液体能释放出足够的蒸气并在液面上方与空气形成爆炸性混合物，点火时能发生闪燃的最低温度。闪点越低者危险性越大。

2. 燃点

燃点是物质在空气中点火时发生燃烧，移开火源仍能继续燃烧的最低温度。对于闪点不超过 45 ℃的易燃液体，燃点仅比闪点高 1～5 ℃，一般只考虑闪点，不考虑燃点。

3. 引燃温度

引燃温度又称自燃点或自燃温度，是在规定试验条件下，可燃物质不需外来火源即发生燃烧的最低温度。爆炸性气体、蒸气、薄雾按引燃温度分为 6 组。其相应的引燃温度范围见表 2－13。

表 2－13　气体、蒸气、薄雾按引燃温度分组

组　别	T1	T2	T3	T4	T5	T6
引燃温度/℃	>450	$450\geqslant T>300$	$300\geqslant T>200$	$200\geqslant T>135$	$135\geqslant T>100$	$100\geqslant T>85$

4. 爆炸极限

爆炸极限分为爆炸浓度极限和爆炸温度极限。后者很少用到，通常所指的都是爆炸浓度极限。该极限是指在一定的温度和压力下，气体、蒸气、薄雾或粉尘、纤维与空气形成的能够被引燃并传播火焰的浓度范围。该范围的最低浓度称为爆炸下限，最高浓度称为爆炸上限。例如,甲烷的爆炸极限为5% ~15% ,汽油的为1.4% ~7.6% ,乙炔的为1.5% ~82% 等。

5. 最小点燃电流比

最小点燃电流比的代号为MICR，是在规定试验条件下，气体、蒸气、薄雾爆炸性混合物的最小点燃电流与甲烷爆炸性混合物的最小点燃电流之比。气体、蒸气、薄雾按最小点燃电流比分级见表2－14。

表2－14 气体、蒸气、薄雾按最小点燃电流比分级

级 别	Ⅰ	ⅡA	ⅡB	ⅡC
最小点燃电流比	1.0	≤1.0，>0.8	≤0.8，>0.45	≤0.45

除最小点燃电流外，还经常用到最小引燃能量。最小引燃能量是在规定的试验条件下，能使爆炸性混合物燃爆所需最小电火花的能量。例如，甲烷的最小引燃能量为0.33 mJ，乙炔的为0.02 mJ 等。

6. 最大试验安全间隙

最大试验安全间隙的代号为MESG，是衡量爆炸性物质传爆能力的性能参数，是在规定试验条件下，两个经长25 mm 的间隙连通的容器，一个容器内燃爆不引起另一个容器内燃爆的最大连通间隙。气体、蒸气、薄雾爆炸性混合物按最大试验安全间隙分级见表2－15。

表2－15 气体、蒸气、薄雾爆炸性混合物按最大试验安全间隙分级

级 别	Ⅰ	ⅡA	ⅡB	ⅡC
最大试验安全间隙/mm	1.14	≤1.14，>0.9	≤0.9，>0.5	≤0.5

爆炸性气体的分类、分级、分组举例见表2－16。

爆炸性粉尘、纤维或飞絮分为以下三级：

ⅢA 级：可燃性飞絮。

ⅢB 级：非导电性粉尘。

ⅢC 级：导电性粉尘。

（二）爆炸危险环境

为了正确选用电气设备和电气线路，必须正确划分所在环境危险区域的大小和级别。

1. 气体、蒸气爆炸危险环境

根据爆炸性气体、蒸气混合物出现的频繁程度和持续时间将此类危险场所分为0 区、1 区和2 区。

表 2－16　爆炸性气体的分类、分级、分组

类和级	最大试验安全间隙 MESG	最小点燃电流比 MICR	组别及引燃温度/℃					
			T1	T2	T3	T4	T5	T6
			$T>450$	$300<T\leqslant450$	$200<T\leqslant300$	$135<T\leqslant200$	$100<T\leqslant135$	$85<T\leqslant100$
ⅡA	0.9～1.14	0.8～1.0	甲烷、乙烷、丙烷、丙酮、氯苯、苯乙烯、氯乙烯、甲苯、苯胺、甲醇、一氧化碳、乙酸乙酯、乙酸、丙烯腈	丁烷、乙醇、丙烯、丁醇、乙酸丁酯、乙酸戊酯、乙酸酐	戊烷、己烷、庚烷、癸烷、辛烷、汽油、硫化氢、环己烷	乙醚、乙醛		亚硝酸乙酯
ⅡB	0.5～0.9	0.45～0.8	二甲醚、民用煤气、环丙烷	环氧乙烷、环氧丙烷、丁二烯、乙烯	异戊二烯			
ⅡC	≤0.5	≤0.45	水煤气、氢、焦炉煤气	乙炔			二硫化碳	硝酸乙酯

（1）0 区，指正常运行时持续出现或长时间出现或短时间频繁出现爆炸性气体、蒸气或薄雾，能形成爆炸性混合物的区域。除了装有危险物质的封闭空间，如密闭的容器、储油罐等内部气体空间外，很少存在 0 区。

（2）1 区，指正常运行时可能出现（预计周期性出现或偶然出现）爆炸性气体、蒸气或薄雾，能形成爆炸性混合物的区域。

（3）2 区，指正常运行时不出现，即使出现也只可能是短时间偶然出现爆炸性气体、蒸气或薄雾，能形成爆炸性混合物的区域。

危险区域的级别和大小受释放源特征、通风条件、危险物质性质等因素的影响。

2. 粉尘、纤维爆炸危险环境

根据爆炸性粉尘、纤维混合物出现的频繁程度和持续时间将此类危险场所分为 20 区、21 区和 22 区。

（1）20 区。空气中的可燃性粉尘云持续或长期或频繁地出现于爆炸性环境中的区域。

（2）21 区。在正常运行时，空气中的可燃性粉尘云很可能偶尔出现于爆炸性环境中的区域。

（3）22 区。在正常运行时，空气中的可燃粉尘云一般不可能出现于爆炸性粉尘环境中的区域，即使出现，持续时间也是短暂的。

粉尘、纤维爆炸危险区域的级别和大小受粉尘量、粉尘爆炸极限和通风条件等因素影响。

三、爆炸危险区域

（一）气体、蒸气爆炸危险环境

1. 释放源和通风条件对区域危险等级的影响

释放源是划分爆炸危险区域的基础。释放源分为连续释放、长时间释放或短时间频繁释放的连续级释放源；正常运行时周期性释放或偶然释放的一级释放源；正常运行时不释放或不经常且只能短时间释放的二级释放源。很多现场还存在上述两种以上特征的多级释放源。

通风情况是划分爆炸危险区域的重要因素。通风分为自然通风、一般机械通风和局部机械通风等类型。良好的通风标志是混合物中危险物质的浓度被稀释到爆炸下限的1/4以下。

划分危险区域时，应综合考虑释放源和通风条件，并应遵循下列原则：

(1) 存在连续级释放源的区域可划为0区，存在第一级释放源的区域可划为1区，存在第二级释放源的区域可划为2区。

(2) 如通风良好,应降低爆炸危险区域等级;如通风不良,应提高爆炸危险区域等级。

(3) 局部机械通风在降低爆炸性气体混合物浓度方面比自然通风和一般机械通风更为有效时，可采用局部机械通风降低爆炸危险区域等级。

(4) 在障碍物、凹坑和死角处，应局部提高爆炸危险区域等级。

(5) 利用堤或墙等障碍物，限制比空气重的爆炸性气体混合物的扩散，可缩小爆炸危险区域的范围。

2. 危险区域的范围

爆炸危险区域的范围应根据释放源的级别和位置、易燃物质的性质、通风条件、障碍物及生产条件、运行经验，经技术经济比较综合确定。

危险区域范围的大小受很多因素的影响。当危险物质释放量越大、浓度越高、爆炸下限越低、闪点越低、温度越高、通风越差时，爆炸危险区域越大。

在建筑物内部，宜以厂房为单位划定爆炸危险区域的范围；如果厂房内空间大，释放源释放的易燃物质量少，可按厂房内部分空间划定爆炸危险的区域范围。在后一情况下，必须充分考虑危险气体、蒸气的密度和通风条件。

3. 爆炸危险区域划分举例

典型爆炸危险区域的划分如图2－15至图2－20所示。

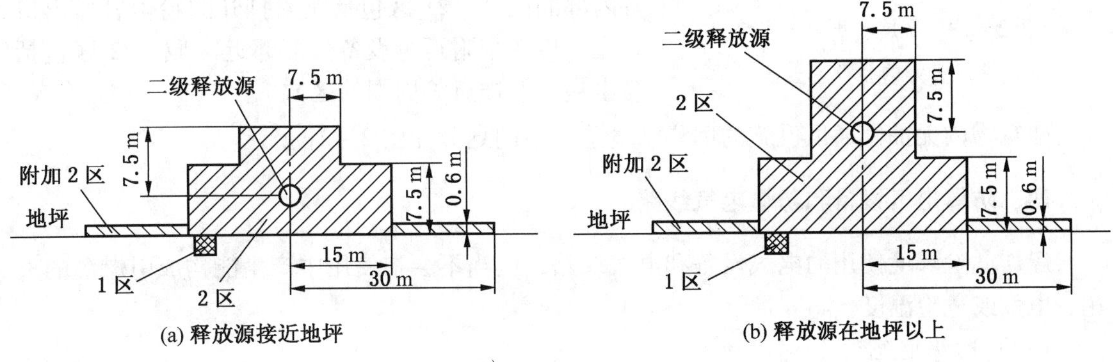

图2－15　易燃物质重于空气，通风良好的生产装置区

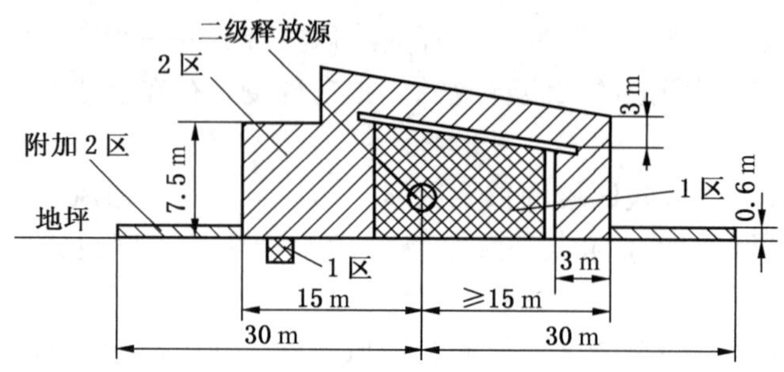

图2－16　易燃物质重于空气，释放源在封闭建筑物内，通风不良的生产装置区

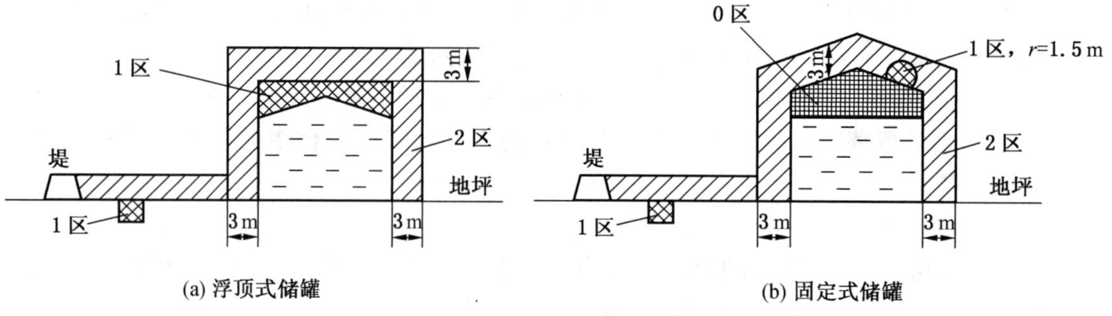

图2－17　易燃物质重于空气，设在户外地坪上的储罐

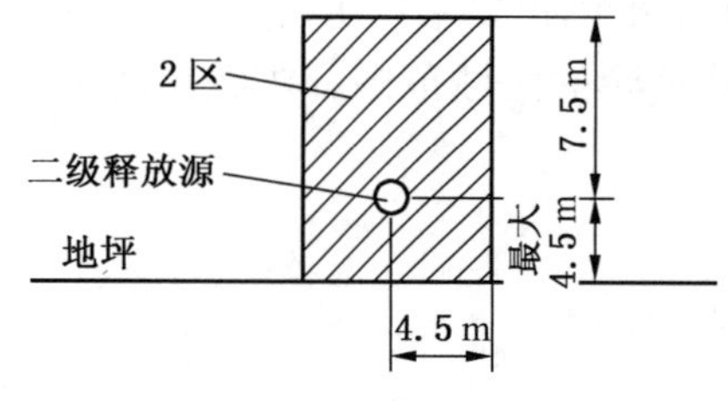

图2－18　易燃物质轻于空气，通风良好的生产装置区

（二）粉尘、纤维爆炸危险环境

爆炸性粉尘环境的范围，应根据爆炸性粉尘的量、释放率、浓度和物理特性，以及同类企业相似厂房的实践经验等确定。

20区包括粉尘容器、旋风除尘器、搅拌器等设备内部的区域。21区包括频繁打开的粉尘容器出口附近、传送带附近等设备外部邻近区域。22区包括粉尘袋、取样点等周围的区域。

建筑物内无抽气通风设施的倒袋站危险区域的划分如图2－21所示。

四、防爆电气设备和防爆电气线路

爆炸危险环境使用的电气设备和电气线路，应当不会在使用中产生能构成引燃源的火花、电弧或危险温度。

（一）防爆电气设备

1. 防爆电气设备类型

防爆电气设备有隔爆型、增安型、本质安全型、正压型、充油型、充砂型、无火花

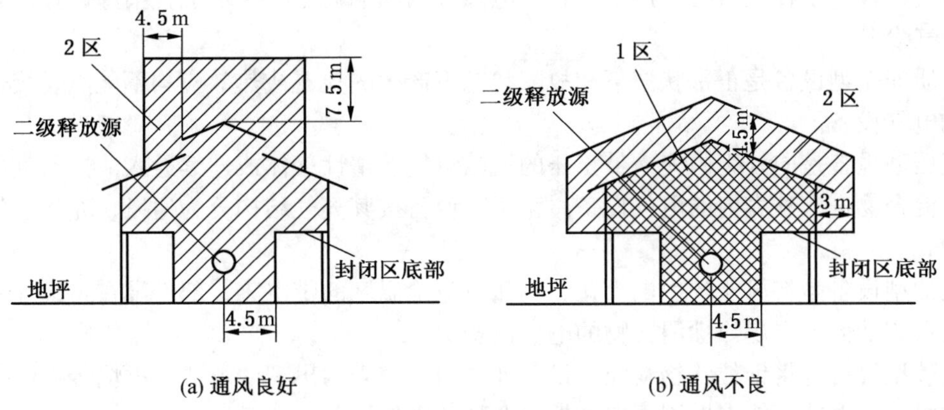

注：释放源距地坪的高度超过 4.5 m 时，应根据实践经验确定

图 2－19　易燃物质轻于空气的压缩机厂房

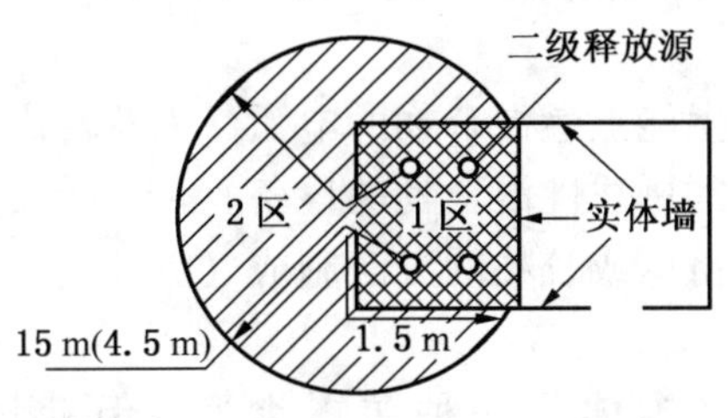

注：15 m、4.5 m 分别用于易燃物质重于空气、轻于空气的场合

图 2－20　毗邻通风不良的房间

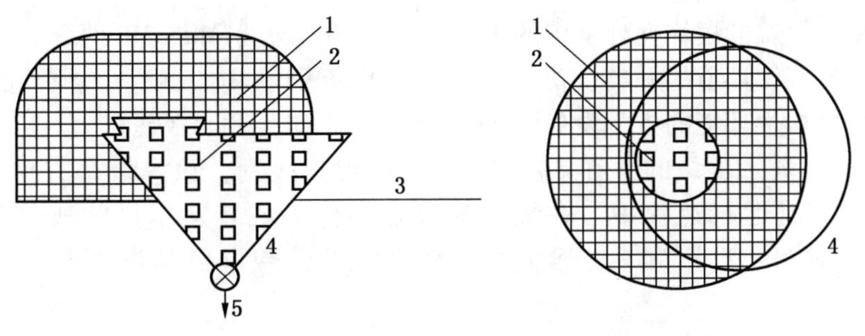

1—21 区（半径 1 m）；2—20 区；3—地板；4—排料斗；5—出料加工

图 2－21　建筑物内无抽气通风设施的倒袋站危险区域的划分

型、浇封型、气密型等多种类型。

隔爆型设备是具有能承受内部的爆炸性混合物发生爆炸而不致受到破坏，而且通过外壳任何结合面或结构间隙，不致由内部爆炸引起外部爆炸性混合物爆炸的电气设备。

增安型设备是在正常时不产生火花、电弧或高温的设备上采取加强措施以提高安全水平的电气设备。

本质安全型设备是正常状态下和故障状态下产生的火花或热效应均不能点燃爆炸性混合物的电气设备。

正压型设备是向外壳内充入带正压的清洁空气、惰性气体或连续通入清洁空气以阻止爆炸性混合物进入外壳内的电气设备。正压型设备按其充气结构分为通风、充气、气密等三种型式。

充油型设备是将可能产生电火花、电弧或危险温度的带电零、部件浸在绝缘油里，使之不能点燃油面上方爆炸性混合物的电气设备。

充砂型设备是将细粒状物料充入设备外壳内，令壳内出现的电弧、火焰传播、壳壁温度及粒料表面温度不能点燃周围爆炸性混合物的电气设备。

无火花型设备是在防止产生危险温度、防冲击、防机械火花、防电缆事故、外壳防护等方面采取措施，以防止火花、电弧或危险温度的产生来提高安全程度的电气设备。无火花型设备在正常条件下不会点燃周围爆炸性混合物，而且一般不会发生有点燃作用的故障。

浇封型设备是将可能产生能点燃混合物的电弧、火花及高温部件浇封在环氧树脂等浇封剂里面，使其不能点燃周围爆炸性混合物的设备。

气密型设备是用熔化、挤压或胶粘的方法制成气密外壳，能防止外部气体进入壳内的设备。

有的防爆电气设备，其本体是一种防爆类型，但允许安装有其他防爆类型的部件。

2. 防爆电气设备的保护级别（EPL）

EPL 用于表示设备的固有点燃风险，区别爆炸性气体环境、爆炸性粉尘环境和煤矿有甲烷的爆炸性环境的差别。

用于煤矿有甲烷的爆炸性环境中的Ⅰ类设备的 EPL 分为 Ma、Mb 两级。

用于爆炸性气体环境的Ⅱ类设备的 EPL 分为 Ga、Gb、Gc 三级。

用于爆炸性粉尘环境的Ⅲ类设备的 EPL 分为 Da、Db、Dc 三级。

其中，Ma、Ga、Da 级的设备具有“很高”的保护级别，该等级具有足够的安全程度，使设备在正常运行过程中、在预期的故障条件下或者在罕见的故障条件下不会成为点燃源。对 Ma 级来说，甚至在气体突出时设备带电的情况下也不可能成为点燃源。

Mb、Gb、Db 级的设备具有“高”的保护级别，在正常运行过程中、在预期的故障条件下不会成为点燃源。对 Mb 级来说，在从气体突出到设备断电的时间范围内预期的故障条件下不可能成为点燃源。Gc、Dc 级的设备具有爆炸性气体环境用设备。具有“加强”的保护级别，在正常运行过程中不会成为点燃源，也可采取附加保护，保证在点燃源有规律预期出现的情况下（如灯具的故障），不会点燃。

3. 防爆电气设备的标志

防爆电气设备的型式和标志见表 2－17。

表 2-17 防爆电气设备型式和标志

防爆型式	隔爆型	增安型	本质安全型	正压型	油浸型	充砂型	n 型	浇封型
防爆型式标志	d	e	i	p	o	q	n	m

防爆电气设备的标志应设置在设备外部主体部分的明显地方，且应设置在设备安装之后能看到的位置。标志应包含：制造商的名称或注册商标、制造商规定的型号标识、产品编号或批号、颁发防爆合格证的检验机构名称或代码、防爆合格证号、Ex 标志、防爆结构型式符号、类别符号、表示温度组别的符号（对于Ⅱ类电气设备）或最高表面温度及单位℃，前面加符号 T（对于Ⅲ类电气设备）、设备的保护级别（EPL）、防护等级（仅对于Ⅲ类，如 IP54）。

表示 Ex 标志、防爆结构型式符号、类别符号、温度组别或最高表面温度、保护级别、防护等级的示例：

（1）Ex d ⅡB T3 Gb，表示该设备为隔爆型"d"，保护级别（EPL）为 Gb，用于ⅡB 类 T3 组爆炸性气体环境的防爆电气设备。

（2）Ex p ⅢC T120 ℃ Db IP65，表示该设备为正压型"p"，保护级别（EPL）为 Db，用于有ⅢC 导电性粉尘的爆炸性粉尘环境的防爆电气设备，其最高表面温度低于 120 ℃，外壳防护等级为 IP65。

（3）用于煤矿的电气设备，其环境中除了甲烷外还可能含有其他爆炸性气体时，应按照Ⅰ类和Ⅱ类相应可燃性气体的要求进行制造和检验。该类电气设备应有相应的标志。如"Ex d Ⅰ/ⅡB T3"或者"Ex d Ⅰ/Ⅱ(NH_3)"。

4. 爆炸危险环境中电气设备选用

应根据电气设备使用环境的等级、电气设备的种类和使用条件选择电气设备。所选用的防爆电气设备的级别和组别不应低于该环境内爆炸性混合物的级别和组别。

在爆炸危险环境应尽量少用携带式设备和移动式设备，应尽量少安装插销座。

为了减小防爆电气设备的使用量，应当考虑把电气设备安装在危险环境之外；即使不得不安装在危险环境内，也应当安装在危险较小的位置。

气体、蒸气爆炸危险环境的低压电气设备的选型见表 2-18 至表 2-20。表中，"○"表示适用，"△"表示尽量避免采用，"×"表示不适用，"—"表示一般不用。

表 2-18 电动机防爆结构选型

电气设备类别	爆炸危险环境区别						
	1 区			2 区			
	隔爆型	正压型	增安型	隔爆型	正压型	增安型	n 型
三相鼠笼型感应电动机	○	○	△	○	○	○	○
三相绕线型感应电动机	△	△	—	○	○	○	×
直流电动机	△	△	—	○	○	—	—

表 2 - 19　低压开关和控制器类防爆结构选型

电气设备类别	爆炸危险环境区别								
	0 区	1 区				2 区			
	本质安全	本质安全	隔爆	油浸	增安	本质安全	隔爆	油浸	增安
刀开关、断路器	—	—	○	—	—	—	○	—	—
熔断器	—	—	△	—	—	—	○	—	—
操作用小开关	○	○	○	○	—	○	○	○	—
配电盘	—	—	△	—	—	—	○	—	—

表 2 - 20　照明灯具类防爆结构选型

电气设备类别	爆炸危险环境区别			
	1　区		2　区	
	隔爆型	增安型	隔爆型	增安型
固定式白炽灯	○	×	○	○
移动式白炽灯	△	—	○	—
固定式荧光灯	○	×	○	○

（二）防爆电气线路

1. 线路敷设方式

（1）电气线路宜在爆炸危险性较小的环境或远离释放源的地方敷设。当可燃物质比空气重时，电气线路宜在较高处敷设或直接埋地；架空敷设时宜采用电缆桥架；电缆沟敷设时，沟内应充砂，并宜设置排水措施。电气线路宜在有爆炸危险的建、构筑物的墙外敷设。在爆炸粉尘环境，电缆应沿粉尘不易堆积并且易于粉尘清除的位置敷设。

（2）敷设电气线路的沟道、电缆桥架或导管，所穿过的不同区域之间墙或楼板处的孔洞，应采用非燃性材料严密堵塞。

（3）敷设电气线路时宜避开可能受到机械损伤、振动、腐蚀、紫外线照射以及可能受热的地方，不能避开时，应采取预防措施。

（4）钢管配线可采用无护套的绝缘单芯或多芯导线。

（5）在爆炸性气体环境内钢管配线的电气线路必须作好隔离密封。

（6）在 1 区内电缆线路严禁有中间接头，在 2 区、20 区、21 区内不应有中间接头。

（7）电缆或导线的终端连接：电缆内部的导线如果为绞线，其终端应采用定型端子或接线鼻子进行连接。

（8）架空电力线路严禁跨越爆炸性气体环境，架空线路与爆炸性气体环境的水平距离，不应小于杆塔高度的 1.5 倍。在特殊情况下，采取有效措施后，可适当减少距离。

爆炸危险环境配线见表 2 - 21。

表2-21　爆炸危险环境配线

配线方式		区域危险等级				
		0、20	1	2	21	22
本质安全型配线		○	○	○	○	○
镀锌钢管配线		×	○	○	×	○
电缆配线	低压	×	○	○	×	○
	高压	×	△	○	×	○

2. 隔离密封

敷设电气线路的沟道以及保护管、电缆或钢管在穿过爆炸危险环境等级不同的区域之间的隔墙或楼板时，应用非燃性材料严密堵塞。

3. 导线材料

爆炸危险环境应优先采用铜线。

1 区和 21 区的电力及照明线路应采用截面不小于 2.5 mm^2 的铜芯导线。2 区和 22 区电力线路应采用截面不小于 1.5 mm^2 的铜芯导线或截面不小于 16 mm^2 的铝芯导线。2 区和 22 区照明线路应采用截面不小于 1.5 mm^2 的铜芯导线。

在有剧烈振动处应选用多股铜芯软线或多股铜芯电缆。

爆炸危险环境不宜采用油浸纸绝缘电缆。

在爆炸危险环境，低压电力、照明线路所用电线和电缆的额定电压不得低于工作电压，并不得低于 500 V。中性线应与相线有同样的绝缘能力，并应在同一护套内。

对于爆炸危险环境中的移动式电气设备，1 区和 21 区应采用重型电缆，2 区和 22 区应采用中型电缆。

4. 允许载流量

爆炸危险环境导线允许载流量不应高于非爆炸危险环境的允许载流量。1 区、2 区导体允许载流量不应小于熔断器熔体额定电流和断路器长延时过电流脱扣器整定电流的 1.25 倍，也不应小于电动机额定电流的 1.25 倍。高压线路应进行热稳定校验。

五、电气防火防爆技术

（一）消除或减少爆炸性混合物

这项措施包括采取封闭式作业，防止爆炸性混合物泄漏；清理现场积尘，防止爆炸性混合物积累；设计正压室，防止爆炸性混合物侵入；采取开式作业或通风措施，稀释爆炸性混合物；在危险空间充填惰性气体或不活泼气体，防止形成爆炸性混合物；安装报警装置，当混合物中危险物品的浓度达到其爆炸下限的 10% 时报警等。

（二）消除引燃源

为了防止出现电气引燃源，应根据爆炸危险环境的特征和危险物的级别、组别选用电气设备和电气线路，并保持电气设备和电气线路安全运行。安全运行包括电流、电压、温升和温度等参数不超过允许范围，包括绝缘良好、连接和接触良好、整体完好无损、清洁、标志清晰等。

保持设备清洁有利于防火。设备脏污或灰尘堆积既降低设备的绝缘又妨碍通风和冷却，特别是正常时有火花产生的电气设备，很可能由于过分脏污引起火灾。

（三）隔离和间距

室内电压 10 kV 以上、总油量 60 kg 以下的充油设备，可安装在两侧有隔板的间隔内；总油量 60～600 kg 者，应安装在有防爆隔墙的间隔内；油量 600 kg 以上者，应安装在单独的防爆间隔内。

10 kV 变、配电室不得设在爆炸危险环境的正上方或正下方；变、配电室与爆炸危险环境或火灾危险环境毗连时，隔墙应用非燃材料制成；配电室允许通过走廊或套间与火灾危险环境相通，但走廊或套间应由非燃材料制成。隔墙上与变、配电室有关的管子和沟道，孔洞、沟道应用非燃性材料严密堵塞。毗连变、配电室的门、窗应向外开，通向无爆炸或火灾危险的环境。

室外变、配电装置不应设置在易于沉积可燃粉尘或可燃纤维的地方。室外变、配电站与建筑物的防火间距见表 2－22。

表 2－22　室外变、配电站与建筑物的防火间距　m

<table>
<tr><th colspan="3" rowspan="2">建筑物特征</th><th colspan="3">变压器总油量</th></tr>
<tr><th>5～10 t</th><th>10～50 t</th><th>＞50 t</th></tr>
<tr><td colspan="1" rowspan="3">民用建筑</td><td rowspan="6">耐火等级</td><td>一、二级</td><td>15</td><td>20</td><td>25</td></tr>
<tr><td>三级</td><td>20</td><td>25</td><td>30</td></tr>
<tr><td>四级</td><td>25</td><td>30</td><td>35</td></tr>
<tr><td rowspan="3">丙、丁、戊类厂房及库房</td><td>一、二级</td><td>12</td><td>15</td><td>20</td></tr>
<tr><td>三级</td><td>15</td><td>20</td><td>25</td></tr>
<tr><td>四级</td><td>20</td><td>25</td><td>30</td></tr>
<tr><td colspan="3">甲、乙类厂房</td><td colspan="3">25</td></tr>
<tr><td rowspan="3">甲、乙类库房</td><td colspan="2">储量不超过 10 t 的甲类 1、2、5、6 项物品及乙类物品</td><td colspan="3">25</td></tr>
<tr><td colspan="2">储量不超过 5 t 的甲类 3、4 项物品和储量超过 10 t 的甲类 1、2、5、6 项物品</td><td colspan="3">30</td></tr>
<tr><td colspan="2">储量超过 5 t 的甲类 3、4 项物品</td><td colspan="3">40</td></tr>
</table>

开关、插销、熔断器、电热器具、照明器具、电焊设备、电动机等均应避开易燃物或易燃建筑构件。起重机滑触线的下方，不应堆放易燃物品。

（四）爆炸危险环境接地和接零

爆炸危险环境的接地、接零应注意以下几点：

（1）从防止触电的角度考虑不要求接地（或接零）的部位，如交流 127 V 及以下、直流 110 V 及以下的电气设备也应接地（或接零），并实施等电位联结。

（2）将所有设备的金属部分、金属管道，以及建筑物的金属结构全部接地（或接零），并连接成连续整体。

（3）采用 TN－S 系统，并装设双极开关同时操作相线和中性线。保护导体的最小截面，铜导体不得小于 4 mm^2，钢导体不得小于 6 mm^2。

（4）在不接地配电网中，必须装设一相接地时或严重漏电时能自动切断电源的保护装置或能发出声、光双重信号的报警装置。短路保护应有较高的灵敏度。

（五）电气灭火

1. 触电危险和断电

发现起火后，首先要设法切断电源。切断电源应注意以下几点：

（1）火灾发生后，由于受潮和烟熏，开关设备绝缘能力降低，因此，拉闸时最好用绝缘工具操作。

（2）高压应先断开断路器，后断开隔离开关，低压应先断开电磁起动器或低压断路器，后断开闸刀开关。

（3）切断电源的范围应选择适当，防止切断电源后影响灭火工作。

（4）剪断电线时，不同相的电线应在不同的部位剪断，以免造成短路；剪断空中的电线时，剪断位置应选择在电源方向的支持点附近，以防电线断落下来造成接地短路和触电事故。

2. 带电灭火安全要求

带电灭火须注意以下几点：

（1）按灭火剂的种类选择适当的灭火器。二氧化碳灭火器、干粉灭火器可用于带电灭火。泡沫灭火器的灭火剂有一定的导电性，而且对电气设备的绝缘有影响，不宜用于电气灭火。

（2）人体与带电体之间保持必要的安全距离。用水灭火时，水枪喷嘴至带电体的距离，电压 10 kV 及以下者不应小于 3 m。用二氧化碳等有不导电灭火剂的灭火器灭火时，机体、喷嘴至带电体的最小距离，电压 10 kV 者不应小于 0.4 m。

（3）对架空线路等空中设备进行灭火时，人体位置与带电体之间的仰角不应超过 45°。

（4）如有带电导线断落地面，应在周围画警戒圈，防止可能的跨步电压电击。

第四节　雷击和静电防护技术

一、防雷

带电积云是构成雷电的基本条件。当带不同电荷的积云互相接近到一定程度，或带电积云与大地凸出物接近到一定程度时，发生强烈的放电，同时发出耀眼的闪光。由于放电时温度高达 20000 ℃，空气受热急剧膨胀，发出爆炸的轰鸣声。这就是闪电和雷鸣。

（一）雷电概要

1. 雷电种类

1）直击雷

带电积云与地面建筑物等目标之间的强烈放电称为直击雷。

直击雷的放电过程如图 2－22 所示。带电积云接近地面时，在地面凸出物顶部感应出异性电荷。当积云与地面凸出物之间的电场强度达到 25～30 kV/cm 时，即发生由带电积云向大地发展的跳跃式先导放电，持续时间为 5～10 ms。当先导放电即将达到地面凸出物时，发生从地面凸出物向积云发展的极明亮的主放电，其放电时间仅 50～100 μs。主放电向上发展，至云端即告结束。主放电结束后空间留有微弱的余光，持续时间为 30～150 ms。

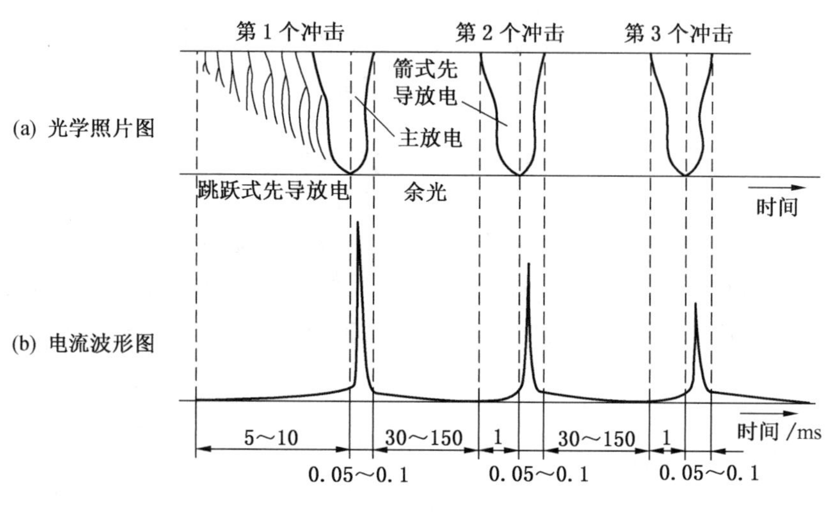

图 2－22　直击雷放电图

大约 50% 的直击雷有重复放电的性质。平均每次雷击有三四个冲击，最多能出现几十个冲击。第一个冲击的先导放电是跳跃式先导放电，第二个以后的先导放电是箭式先导放电。其放电时间仅为 1 ms。一次雷击的全部放电时间一般不超过 500 ms。

2）感应雷

感应雷也称作闪电感应，分为静电感应和电磁感应。

静电感应是由于带电积云接近地面，在架空线路导线或其他导电凸出物顶部感应出大量电荷引起的。在带电积云与其他客体放电后，架空线路导线或导电凸出物顶部的电荷失去束缚，以大电流、高电压冲击波的形式，沿线路导线或导电凸出物极快地传播。这一现象也说成是静电感应雷。

电磁感应是由于雷电放电时，巨大的冲击雷电流在周围空间产生迅速变化的强磁场引起的。这种迅速变化的磁场能在邻近的导体上感应出很高的电动势。如系开口环状导体，开口处可能由此引起火花放电；如系闭合导体环路，环路内将产生很大的冲击电流。这一现象也说成是电磁感应雷。

3）球雷

球雷是雷电放电时形成的发红光、橙光、白光或其他颜色光的火球。出现的概率约为雷电放电次数的2% 。其直径多为 20 cm 左右；其运动速度约为 2 m/s 或更高一些；其存在时间为数秒钟到数分钟。球雷是一团处在特殊状态下的带电气体。在雷雨季节，球雷可能从门、窗、烟囱等通道侵入室内。

直击雷和感应雷都能在架空线路或在空中金属管道上产生沿线路或管道的两个方向迅速传播的闪电冲击波（闪电电涌）。直击雷和感应雷都能在空间产生辐射电磁波。

2. 雷电参数

1）雷暴日

一天之内能听到雷声的就算一个雷暴日。通常说的雷暴日是指年平均雷暴日，单位为d/a。雷暴日数越大，说明雷电活动越频繁。年平均雷暴日不超过15 d/a的地区为少雷区，超过40 d/a的为多雷区。长江流域以南大部分地区属于多雷区，西北很多地区属于少雷区。

2）雷电流幅值

雷电流幅值指主放电时冲击电流的最大值。雷电流幅值可达数十千安至数百千安。

3）雷电流陡度

雷电流陡度指雷电流随时间上升的速度。雷电流冲击波波头陡度可达50 kA/μs。雷电流波头时间仅数微秒。由于雷电流陡度很大，雷电具有高频特征。

4）雷电冲击过电压

直击雷冲击过电压高达数千千伏；感应雷过电压也高达数百千伏。

由于雷电的电流和陡度都很大、放电时间很短，从而表现出极强的冲击性。

3. 雷电的危害

雷电有电性质、热性质、机械性质等多方面的破坏作用。雷电的主要危害如下所述。

1）火灾和爆炸

直击雷放电的高温电弧能直接引燃邻近的可燃物造成火灾；高电压造成的二次放电可能引起爆炸性混合物爆炸；巨大的雷电流通过导体，在极短的时间内转换出大量的热能，可能烧毁导体、熔化导体，导致易燃品的燃烧，从而引起火灾乃至爆炸；球雷侵入可引起火灾；数百万伏乃至更高的冲击电压击穿电气设备的绝缘导致的短路亦可能引起火灾。

2）触电

雷电直接对人放电会使人遭到致命电击；二次放电也能造成电击；球雷打击也能使人致命；数十至数百千安的雷电流流入地下，会在雷击点及其连接的金属部分产生极高的对地电压，可能直接导致接触电压和跨步电压电击；电气设备绝缘损坏后，可能导致高压窜入低压，在大范围内带来触电危险。

3）设备和设施毁坏

数百万伏乃至更高的冲击电压可能毁坏发电机、电力变压器、断路器、绝缘子等电气设备的绝缘、烧断电线或劈裂电杆；巨大的雷电流瞬间产生的大量热量使雷电流通道中的液体急剧蒸发，体积急剧膨胀，造成被击物破坏甚至爆碎；静电力和电磁力也有很强的破坏作用。

4）大规模停电

电力设备或电力线路破坏后即可能导致大规模停电。

4. 防雷分类

建筑物按其火灾和爆炸的危险性、人身伤亡的危险性、政治经济价值分为三类。

1）第一类防雷建筑物

第一类防雷建筑物有：

（1）制造、使用或储存火炸药及其制品，遇电火花会引起爆炸、爆轰，从而造成巨大破坏或人身伤亡的建筑物。

（2）具有 0 区、20 区爆炸危险场所的建筑物。

（3）具有 1 区、21 区爆炸危险场所，且因电火花引起爆炸会造成巨大破坏和人身伤亡的建筑物。

2）第二类防雷建筑物

第二类防雷建筑物有：

（1）国家级重点文物保护的建筑物。

（2）国家级的会堂、办公楼、档案馆，大型展览馆，大型机场航站楼，大型火车站，大型港口客运站，大型旅游建筑，国宾馆，大型城市的重要动力设施。

（3）国家级计算中心、国际通讯枢纽。

（4）国际特级和甲级大型体育馆。

（5）制造、使用或储存火炸药及其制品，但电火花不易引起爆炸，或不致造成巨大破坏和人身伤亡的建筑物。

（6）具有 1 区、21 区爆炸危险场所，但电火花引起爆炸或不会造成巨大破坏和人身伤亡的建筑物。

（7）具有 2 区、22 区爆炸危险场所的建筑物。

（8）有爆炸危险的露天气罐和油罐。

（9）预计雷击次数大于 0.05 次/a 的省、部级办公建筑物和其他重要或人员集中的公共建筑物以及火灾危险场所。

（10）预计雷击次数大于 0.25 次/a 的住宅、办公楼等一般性民用建筑物或一般工业建筑物。

3）第三类防雷建筑物

第三类防雷建筑物有：

（1）省级重点文物保护的建筑物和省级档案馆。

（2）预计雷击次数大于或等于 0.01 次/a，小于或等于 0.05 次/a 的省、部级办公建筑物和其他重要或人员集中的公共建筑物以及火灾危险场所。

（3）预计雷击次数大于或等于 0.05 次/a，小于或等于 0.25 次/a 的住宅、办公楼等一般性民用建筑物或一般工业建筑物。

（4）年平均雷暴日 15 d/a 以上地区，高度 15 m 及 15 m 以上的烟囱、水塔等孤立高耸的建筑物；年平均雷暴日 15 d/a 及 15 d/a 以下地区，高度 20 m 及 20 m 以上的烟囱、水塔等孤立高耸的建筑物。

（二）防雷装置

防雷装置包括外部防雷装置和内部防雷装置。外部防雷装置由接闪器、引下线和接地装置组成；内部防雷装置主要指防雷等电位联结及防雷间距。

避雷针、避雷线、避雷网、避雷带都是经常采用的防雷装置。严格地说，针、线、网、带都只是直击雷防护装置的接闪器。

接闪器所用材料应能满足力学强度和耐腐蚀的要求，还应有足够的热稳定性。

1. 接闪器

避雷针（接闪杆）、避雷线、避雷网和避雷带都可作为接闪器，建筑物的金属屋面可作为第一类工业建筑物以外其他各类建筑物的接闪器。这些接闪器都是利用其高出被保护物的凸出地位，把雷电引向自身，然后，通过引下线和接地装置，把雷电流泄入大地，以此保护被保护物免受雷击。

接闪器的保护范围现有两种计算方法。对于建筑物，接闪器的保护范围按滚球法计算；对于电力装置，接闪器的保护范围可按折线法计算。

滚球法是设想一定直径的球体沿地面由远及近向被保护设施滚动，当该球体触及接闪器或其引下线时，球面线即保护范围的轮廓线。滚球的半径按防雷级别确定。各级别的滚球半径见表2－23。表中，除滚球半径外，还给出了避雷网网格的要求。

表2－23 滚球半径和避雷网网格

建筑物防雷类别	滚球半径/m	避雷网网格/(m×m)
第一类防雷建筑物	30	≤5×5 或≤6×4
第二类防雷建筑物	45	≤10×10 或≤12×8
第三类防雷建筑物	60	≤20×20 或≤24×16

折线法是将避雷针或避雷线保护范围的轮廓看作是折线，折点在避雷针或避雷线高度的1/2处。对于高度30 m以上的避雷针，上部折线与垂线的夹角不超过45°，下部折线与地面的交点至垂足的距离不超过针高的1.5倍；对于高度30 m以上的避雷线，上部折线与垂线的夹角一般不应超过20°～30°，下部折线与地面的交点至垂足的距离不超过避雷线的高度。

采用热镀锌钢制作的接闪器的最小尺寸见表2－24。接闪器装设在烟囱上方时，由于烟气有腐蚀作用，应适当加大尺寸。

表2－24 接闪器常用材料的最小尺寸

类别	规格	圆钢或钢管		扁钢	
		圆钢直径/mm	钢管直径/mm	截面/mm^2	厚度/mm
避雷针	针长1 m以下	12	20	—	—
	针长1～2 m	16	25	—	—
	针在烟囱上方	20	40	—	—
避雷网和避雷带	不在烟囱上方	8	—	50	2.5
	在烟囱上方	12	—	100	4

避雷线一般采用截面不小于50 mm^2 的热镀锌钢绞线或铜绞线。

用金属屋面作接闪器时，金属板之间的搭接长度不得小于100 mm；金属板下方无易燃物品时，所用铅板厚度不得小于2 mm，铁板和铜板厚度不得小于0.5 mm，铝板厚度不得小于0.65 mm，锌板厚度不得小于0.7 mm；金属板下方有易燃物品时，为了防止雷击穿孔，所用铁板、铜板、铝板厚度分别不得小于4 mm、5 mm、7 mm；金属板不得有绝缘层。

接闪器焊接处应涂防腐漆。接闪器截面锈蚀30%以上时应予更换。

2. 避雷器和电涌保护器

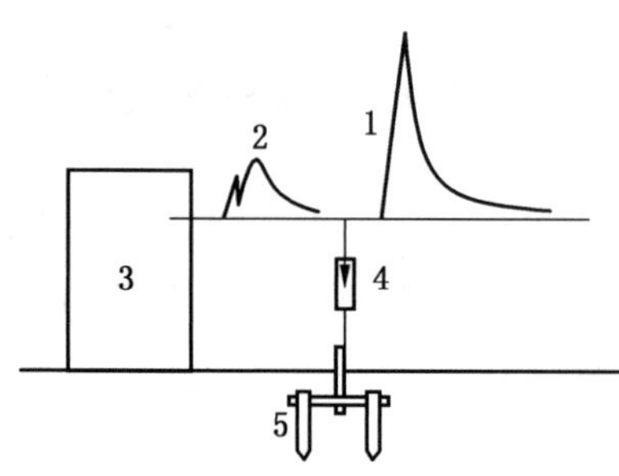

1—线路上的雷电冲击波；
2—经过避雷器后的残余波；3—被保护设施；
4—避雷器；5—防雷接地

图2－23　避雷器的保护原理

避雷器的保护原理如图2－23所示。避雷器装设在被保护设施的引入端。正常时处在不通的状态；出现雷击过电压时，击穿放电，切断过电压，发挥保护作用；过电压终止后，迅速恢复不通状态，恢复正常工作。

避雷器主要用来保护电力设备和电力线路，也用作防止高电压侵入室内的安全措施。

老式阀型避雷器主要由瓷套、火花间隙和非线性电阻阀片组成。压敏阀型避雷器是一种新型的阀型避雷器。这种避雷器没有火花间隙，只有压敏电阻阀片。阀型避雷器类似一个阀门，对于雷电流，阀门打开，让雷电流泄入地下；对于工频电流，阀门关闭，迅速切断。

电涌保护器就是低压阀型避雷器。其中，有的以气体放电管、晶闸管为主要元件，有的以压敏电阻、二极管为主要元件。无论哪种电涌保护器，无冲击波时都表现为高阻抗，冲击到来时急剧转变为低阻抗。

3. 引下线

防雷装置的引下线也应满足力学强度、耐腐蚀和热稳定的要求。

引下线截面锈蚀30%以上者也应予以更换。

4. 防雷接地装置

除独立避雷针外，在接地电阻满足要求的前提下，防雷接地装置可以和其他接地装置共用。

防雷接地电阻一般指冲击接地电阻。接地电阻值视防雷种类和建筑物类别而定。独立避雷针的冲击接地电阻一般不应大于10 Ω；附设接闪器每一引下线的冲击接地电阻一般也不应大于10 Ω，但对于不太重要的第三类建筑物可放宽至30 Ω。防感应雷装置的工频接地电阻不应大于10 Ω。防雷电冲击波的接地电阻，视其类别和防雷级别，冲击接地电阻不应大于5～30 Ω。其中，阀型避雷器的接地电阻一般不应大于5 Ω。

（三）防雷技术

1. 直击雷防护

第一类防雷建筑物、第二类防雷建筑物以及第三类防雷建筑物的易受雷击部位应采取防直击雷防护措施；可能遭受雷击，且一旦遭受雷击后果比较严重的设施或堆料（如装卸油台、露天油罐、露天储气罐等）也应采取防直击雷的措施；35 kV 及以上的高压架空电力线路、发电厂、变电站等也应采取防直击雷的措施。

装设避雷针、避雷线、避雷网、避雷带是直击雷防护的主要措施。

避雷针分独立避雷针和附设避雷针。独立避雷针是离开建筑物单独装设的。一般情况下，其接地装置应当单设。严禁在装有避雷针的构筑物上架设通讯线、广播线或低压线。利用照明灯塔作独立避雷针支柱时，为了防止将雷电冲击电压引进室内，照明电源线必须采用铅皮电缆或穿入铁管，并将铅皮电缆或铁管埋入地下经 10 m 以上（水平距离，埋深 0.5～0.8 m）才能引进室内。独立避雷针不应设在人经常通行的地方。

附设避雷针是装设在建筑物或构筑物屋面上的避雷针。如系多支附设避雷针或其他接闪器，应相互连接，并与建筑物或构筑物的金属结构连接起来；其接地装置可以与其他接地装置共用，宜沿建筑物或构筑物四周敷设；其接地装置的接地电阻不宜超过 1～2 Ω。

露天装设的有爆炸危险的金属储罐和工艺装置，当其壁厚不小于 4 mm 时，允许不再装设接闪器，但必须接地；接地点不应少于两处，其间距离不应大于 30 m，冲击接地电阻不应大于 30 Ω。如金属储罐和工艺装置击穿后不对周围环境构成危险，则允许其壁厚不小于 2.5 mm 时不再装设接闪器。

2. 二次放电防护

防雷装置承受雷击时，其接闪器、引下线和接地装置呈现很高的冲击电压，可能击穿与邻近的导体之间的绝缘，造成二次放电。为了防止二次放电，不论是空气中或地下，都必须保证接闪器、引下线、接地装置与邻近导体之间有足够的安全距离。在任何情况下，第一类防雷建筑物防止二次放电的最小距离不得小于 3 m，第二类防雷建筑物防止二次放电的最小距离不得小于 2 m。不能满足间距要求时应予跨接，即进行等电位联结。

3. 感应雷防护

电力系统中应采取雷电感应防护措施；有爆炸和火灾危险的建筑物也应采取。

为了防止静电感应产生的高电压，应将建筑物内的金属设备、金属管道、金属构架、钢屋架、钢窗、电缆金属外皮以及凸出屋面的放散管、风管等金属物件与防雷电感应的接地装置相连。屋面结构钢筋宜绑扎或焊接成闭合回路。对于金属屋顶，应将屋顶妥善接地；对于钢筋混凝土屋顶，应将屋面钢筋焊成 5～12 m 的网格，连成通路并予以接地；对于非金属屋顶，宜在屋顶上加装边长 5～12 m 的金属网格，并予以接地。

为了防止电磁感应，平行敷设的管道、构架、电缆相距不到 100 mm 时，须用金属线跨接；跨接点之间的距离不应超过 30 m；交叉相距不到 100 mm 时，交叉处也应用金属线跨接。管道接头、弯头、阀门等连接处的过渡电阻大于 0.03 Ω 时，连接处也应用金属线跨接。

4. 雷电冲击波防护

10 kV 变、配电站防雷保护接线如图 2－24 所示。图中，FS、FZ 为阀型避雷器，L 为电抗器。

对于建筑物，为防止雷电冲击波沿低压线进入室内，可采用以下措施：

（1）全长直接埋地电缆供电者，入户处电缆金属外皮接地。

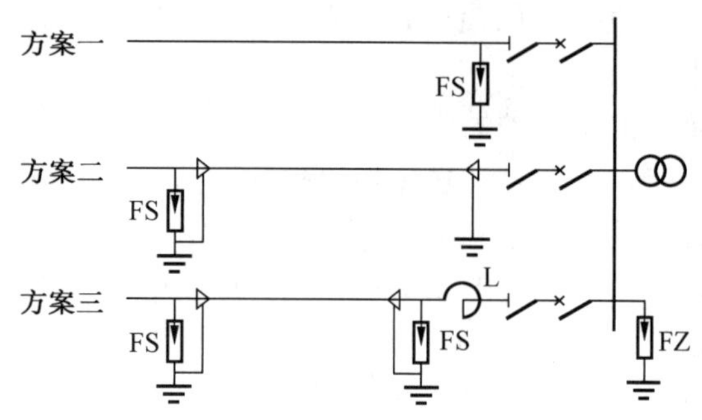

图 2－24　10 kV 变、配电站防雷保护接线

（2）架空线转电缆供电者，架空线与电缆连接处装设阀型避雷器，避雷器、电缆金属外皮、绝缘子铁脚、金具等一起接地。

（3）架空线供电者，入户处装设阀型避雷器或保护间隙，并与绝缘子铁脚、金具一起接地。

室外天线的馈线临近避雷针或避雷针引下线时，馈线应穿金属管或采用屏蔽线，并将金属管或屏蔽接地。如馈线未穿金属管，又不是屏蔽线，则应在馈线上装设避雷器或放电间隙。

5. 电涌防护

电涌防护指对室内浪涌电压的防护。方法是在配电箱或开关箱内安装电涌保护器。电涌保护器的接线如图 2－25 所示。

6. 电磁脉冲防护

电磁脉冲防护的基本方法是将建筑物所有正常时不带电的导体进行充分的等电位联结，并予以接地。同时，在配电箱或开关箱内安装电涌保护器。

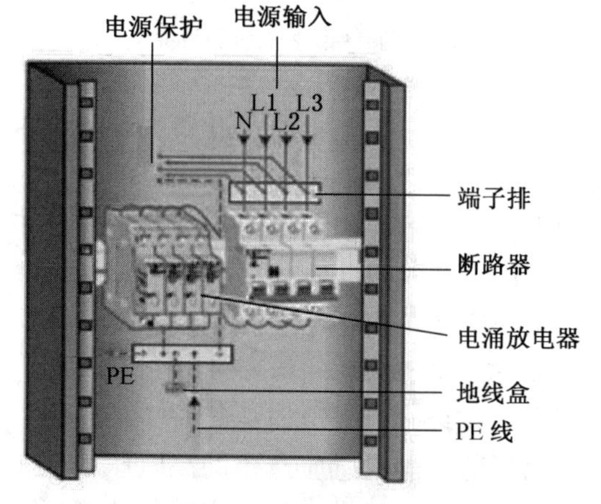

图 2－25　电涌保护器的接线

7. 人身防雷

雷暴时，非工作必需，应尽量减少在户外或野外逗留；如有条件，可进入有宽大金属构架或有防雷设施的建筑物、汽车或船只。

雷暴时，应尽量离开小山、小丘、隆起的小道，应尽量离开海滨、湖滨、河边、池塘旁，应尽量避开电力设施、铁丝网、铁栅栏、金属晒衣绳、旗杆、电线杆、烟囱、宝塔、孤独的树木、铁轨附近，应尽量离开没有防雷保护的小建筑物或其他设施。在户外避雨时，要注意离开墙壁或树干 8 m 以外。

雷暴时，不要在河里游泳或划船。

雷暴时，应停止高空作业；应避免田间工作，避免露天行走；不应持有高出人体的金属器具。

雷暴时，在户内应注意防止雷电冲击波的危险，应离开照明线、动力线、电话线、广播线、收音机和电视机电源线、收音机和电视机天线，以及与其相连的各种金属设备，以防止这些线路或设备对人体二次放电。雷暴时人体最好离开可能传来雷电冲击波的线路和设备 1.5 m 以上。

雷雨天气，还应注意关闭门窗，以防止球雷进入室内造成危害。

二、静电防护技术

（一）静电产生、影响与特点

1. 静电产生

静电产生的方式也很多。其中，最常见的方式是接触－分离起电。如图 2－26 所示，当两种物体接触，其间距离小于 25×10^{-8}cm 时，由于不同物质束缚最外层电子的能力不同，将发生电子转移。因此，界面两侧处会出现大小相等、极性相反的两层电荷。这两层电荷称为双电层。其间的电位差称为接触电位差。当两种物体迅速分离时即可能产生静电。

感应起电也是比较常见的起电方式。如图 2－27 所示，当导体 B 与接地体 C 相连时，在带电体 A 的感应下，端部出现正电荷；当导体 B 离开接地体 C 时，导体 B 成为带电体。

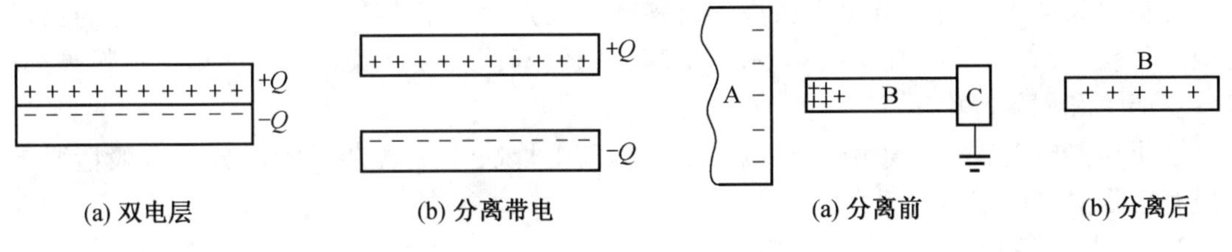

图 2－26 接触－分离起电

图 2－27 感应起电

除上述两种起电方式外，破断、挤压、吸附也能产生静电。

液体在流动、过滤、搅拌、喷雾、喷射、飞溅、冲刷、灌注、剧烈晃动等过程中会产生静电。如图 2－28 所示，紧贴分界面的电荷层只有一个分子直径的厚度，是不随液体流动的固定电荷层；与其相邻的异性电荷层为数十至数百倍分子直径厚度的随液体流动的滑移电荷层。如果液体在管道内呈紊流状态，则滑移层的电荷被搅动，不局限在某一范围，而近似地沿管道断面均匀分布。显然，液体流动时，一种极性的电荷随液体流动，形成所谓的流动电流。由于流动电流的出现，管道的终端容器里将积累静电。

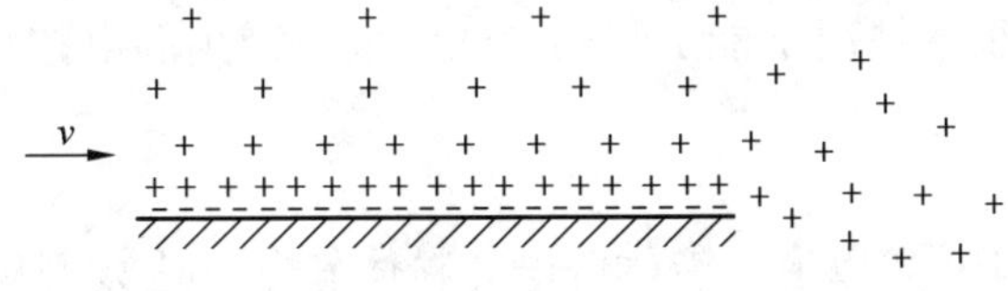

图 2－28 液体静电

下列过程比较容易产生和积累静电：

（1）固体物质大面积的摩擦，固体物质在压力下接触而后分离，固体物质在挤出、过滤时与管道、过滤器摩擦，固体物质的粉碎、研磨。

（2）粉体物料筛分、过滤、输送、干燥，悬浮粉尘高速运动。

（3）在混合器中搅拌各种高电阻率物质。

（4）高电阻率液体在管道中高速流动，液体喷出管口，液体注入容器发生冲击、冲刷和飞溅。

（5）液化气体、压缩气体或高压蒸汽在管道中高速流动和由管口喷出。

（6）穿化纤布料衣服、穿高绝缘鞋的人员操作、行走、起立等。

2. 静电的影响因素

静电的产生和积累受材质、工艺设备和工艺参数、环境条件等因素的影响。

1）材质和杂质的影响

对于固体，电阻率 1×10^{7} Ω·m 以下者，由于泄漏较强而不容易积累静电；电阻率 1×10^{9} Ω·m 以上者，容易积累静电。对于液体，电阻率 1×10^{8} Ω·m 以下的液体，由于泄漏较强而不容易积累静电；电阻率 1×10^{10} Ω·m 左右的液体最容易产生静电；电阻率 1×10^{13} Ω·m 以上的液体由于其分子极性很弱反而不容易产生静电。

容易得失电子，而且电阻率很高的材料才容易产生和积累静电。生产中常见的乙烯、丙烷、丁烷、原油、汽油、轻油、苯、甲苯、二甲苯、硫酸、橡胶、赛璐珞、塑料等都比较容易产生和积累静电。

杂质对静电有很大的影响。静电在很大程度上取决于所含杂质的成分。一般情况下，杂质有增强静电的趋势。

2）工艺设备和工艺参数的影响

接触面积越大，双电层正、负电荷越多，产生的静电越多。接触压力越大或摩擦越强烈，会增加电荷分离强度，产生较多静电。

设备的几何形状也对静电有影响。例如，平皮带与皮带轮之间的滑动位移比三角皮带大，产生的静电也比较强烈。

过滤器会大大增加接触和分离程度，可能使液体静电电压增加十几倍到100倍以上。

3）环境条件的影响

湿度对静电泄漏的影响很大。随着湿度增加，绝缘体表面凝成薄薄的水膜，并溶解空气中的二氧化碳气体和绝缘体析出的电解质，使绝缘体表面电阻大为降低，从而加速静电泄漏。空气湿度降低，很多绝缘体表面电阻率升高，泄漏变慢，从而容易积累危险静电。由于空气湿度受环境温度的影响，以致环境温度的变化可能加剧静电的产生。

导电性材料接地在很多情况下能加强静电的泄放，减少静电的积累。

3. 静电特点

1）静电电压高

固体静电可达 20×10^{4} V 以上，液体静电和粉体静电可达数万伏，气体和蒸气静电可达一万多伏，人体静电也可达一万多伏。

静电电压高的原因不在于静电电量大或静电能量大，而在于电容的变化。电容器上的电压 U、电量 Q、电容 C 三者之间保持 $U=\frac{Q}{C}$ 的关系。对于平板电容器，$C=\frac{\varepsilon S}{d}$，因此：

$$U=\frac{Q}{C}=\frac{Qd}{\varepsilon S}$$

式中，ε、S 和 d 为极间电介质的介电常数、极板面积和极间距离。显然，当 Q、ε、S 不变时，U 与 d 成正比。将两种相接近的两个带电面看作是电容器的极板。紧密接触时，其间距离只有 25×10^{-8} cm。若二者分开为 1 cm，距离即增大为 400 万倍。因此，如接触电位差仅为 0.01 V，则在不考虑分开时电荷回流的情况下，二者之间的电压高达 40000 V。显然，静电电压在很大程度上取决于几何条件。

2）静电泄漏慢

静电泄漏有两条途径：一条是绝缘体表面，另一条是绝缘体内部。前者遇到的是表面电阻，后者遇到的是体积电阻。

静电泄漏的速率随着材料介电常数 ε 与电阻率 ρ 乘积的增大而减小。介电常数与电阻率的乘积称为时间常数，用 τ 表示，即 $\tau=\varepsilon\rho$。很多易起电材料的电阻率都很高，其上静电泄漏很慢。例如，某橡胶的电阻率 $\rho=1\times10^{14}\ \Omega\cdot\text{m}$，介电常数 $\varepsilon=17\times10^{-12}$ F/m，则时间常数 $\tau=\varepsilon\rho=1700$ s，经 20 min 后其上静电才能泄漏一半。

3）多种放电形式

如图 2－29 所示，静电放电有多种形式。

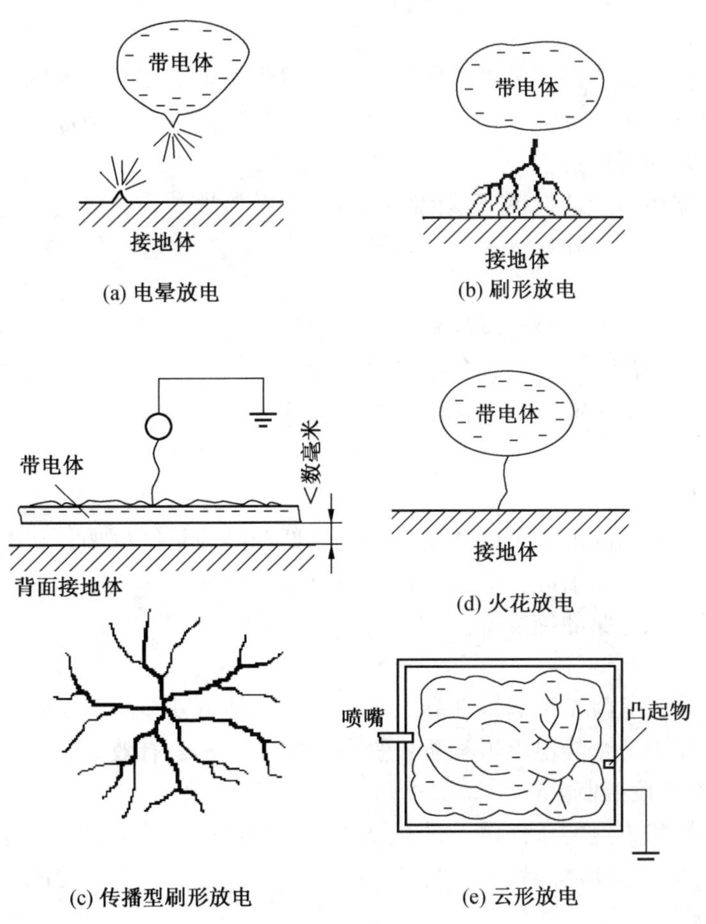

图 2－29 静电放电

电晕放电是发生在带电体尖端附近局部区域内的放电。电晕放电可能伴有嘶嘶声和淡蓝色光。电晕放电的电流很小，能量密度不高，如不继续发展则没有引燃危险。

刷形放电是火花放电的一种。其放电通道有很多分支；放电时伴有声光。绝缘体束缚电荷的能力很强，其表面容易出现刷形放电。同一带电绝缘体与其他物体之间，可能发生多次刷形放电。刷形放电能引燃一些敏感度高的爆炸性混合物。当高电阻薄膜背面贴有金属导体时，能形成所谓传播型刷形放电。传播型刷形放电产生高密度的火花，引燃危险性较大。

火花放电是放电通道火花集中，即电极上有明显的放电集中点的火花放电。火花放电伴有短促的爆裂声和明亮的闪光。其引燃危险性大。

云形放电是悬浮在空气中的带电粒子形成空间电荷云后所发生的闪电状放电。云形放电的引燃危险性也很大。

（二）静电危害与防治

1. 静电的危害

工艺过程中产生的静电可能引起爆炸和火灾，也可能给人以电击，还可能妨碍生产。其中，爆炸或火灾是最大的危害和危险。

1）爆炸和火灾

静电能量虽然不大，但因其电压很高而容易发生放电。如果所在场所有易燃物质，又有由易燃物质形成的爆炸性混合物，包括爆炸性气体和蒸气，以及爆炸性粉尘等，即可能由静电火花引起爆炸或火灾。

带静电的人体接近接地导体或其他导体时，以及接地的人体接近带电的物体时，均可能发生火花放电，导致爆炸或火灾。

2）静电电击

静电电击是静电放电造成的瞬间冲击性的电击。由于生产工艺过程中积累的静电能量不大，静电电击不会使人致命。但是，不能排除由静电电击导致严重后果的可能性。例如，人体可能因静电电击而坠落或摔倒，造成二次事故。静电电击还可能引起工作人员紧张而妨碍工作等。

3）妨碍生产

生产过程中产生的静电，可能妨碍生产或降低产品质量。例如，在电子技术领域，生产过程中产生的静电可能引起计算机等设备中电子元件误动作，可能对无线电设备产生干扰，还可能击穿集成电路的绝缘等。

2. 静电防护措施

静电最为严重的危险是引起爆炸和火灾。因此，静电安全防护主要是对爆炸和火灾的防护。这些措施对于防止静电电击和防止静电影响生产也是有效的。

1）环境危险程度控制

静电引起爆炸和火灾的条件之一是有爆炸性混合物存在。为了防止静电引燃成灾，可采取取代易燃介质、降低爆炸性混合物的浓度、减少氧化剂含量等控制所在环境爆炸和火灾危险程度的措施。

2）工艺控制

工艺控制是从材料的选用、摩擦速度或流速的限制、静电松弛过程的增强、附加静电的消除等方面采取措施，限制和避免静电的产生和积累。

为了有利于静电的泄漏，可采用导电性工具；为了减轻火花放电和感应带电的危险，可采用阻值为 $10^7 \sim 10^9\ \Omega$ 的静电导电性工具。

为了限制产生危险的静电，烃类燃油在管道内流动时，流速与管径应满足以下关系：

$$v^2 D \leqslant 0.64$$

式中　v——流速，m/s；

D——管径，m。

为了防止静电放电，在液体灌装、循环或搅拌过程中不得进行取样、检测或测温操作。进行上述操作前，应使液体静置一定的时间，使静电得到足够的消散或松弛。

为了避免液体在容器内喷射、溅射，应将注油管延伸至容器底部；而且，其方向应有利于减轻容器底部积水或沉淀物搅动；装油前清除罐底积水和污物，以减少附加静电。

3）接地

接地的主要作用是消除导体上的静电。金属导体应直接接地。

为了防止火花放电，应将可能发生火花放电的间隙跨接连通起来，并予以接地，使其各部位与大地等电位。为了防止感应静电的危险，不仅产生静电的金属部分应当接地，而且与其不相连接但邻近的其他金属物体也应接地。

因为静电泄漏电流很小，所以防静电接地电阻原则上不超过 1 MΩ 即可；对于金属导体，为了检测方便，可要求接地电阻不超过 100 ~ 1000 Ω。

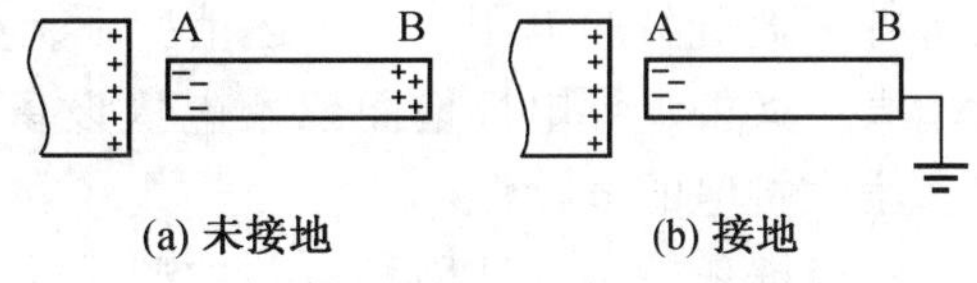

图 2－30　感应静电的接地

对于感应静电，接地只能消除部分危险。如图 2－30 所示，导体 B 端不接地时，A、B 两端都有静电危险；B 端接地以后，B 端没有放电危险了，但 A 端仍有放电危险。

采用电阻率 $1 \times 10^8\ \Omega \cdot m$ 以下的材料制成的静电导电性地面，实质也是一种接地措施。

对于产生和积累静电的高绝缘材料，宜通过 $10^6\ \Omega$ 或稍大一些的电阻接地。

4）增湿

为防止大量带电，相对湿度应在 50% 以上；为了提高降低静电的效果，相对湿度应提高到 65% ~70%；对于吸湿性很强的聚合材料，为了保证降低静电的效果，相对湿度应提高到 80% ~90%。应当注意，增湿的方法不宜用于消除高温绝缘体上的静电。

5）抗静电添加剂

抗静电添加剂是化学药剂，具有良好的导电性或较强的吸湿性。因此，在容易产生静电的高绝缘材料中，加入抗静电添加剂之后，能降低材料的体积电阻率或表面电阻率以加速静电的泄漏，消除静电的危险。

6）静电消除器

静电消除器是能产生电子和离子的装置。由于产生了电子和离子，物料上的静电电荷得到异性电荷的中和，从而消除静电的危险。

静电消除器主要用来消除非导体上的静电。尽管不一定能把带电体上的静电完全消除掉，但可消除至安全范围以内。按照工作原理和结构的不同，静电消除器分为感应式中和器、高压式中和器、放射线式消除器和离子风式中和器。在要求较高的场所，还可以采用组合型的静电中和器。

第五节　电气装置安全技术

本节为围绕电能应用中与电气装置相关的安全技术问题，包括低压电气设备、高压电气设备、电气线路、电气安全检测仪器。

一、低压电气设备

低压电气设备包括电动机等各种用电设备及其控制电器。

（一）电气设备环境条件和外壳防护等级

1. 电气设备环境条件

空气中介质的状态及其他环境参数会影响触电的危险性。例如，潮湿、导电性粉尘、腐蚀性蒸气和气体对电气设备的绝缘起破坏作用，可能造成电气设备的外壳及其连接的金属部件带上危险的电压。在上述情况下，如果环境温度较高，人体电阻降低，则触电危险性增大。又如，导电性地面以及电气设备附近有金属接地物体存在使得容易构成电流回路，增大触电的危险性。

应根据环境特征选用相应防护型式的用电设备。

2. 电气设备外壳防护等级

电机和低压电器的外壳防护包括两种防护。第一种防护是对固体异物进入内部以及对人体触及内部带电部分或运动部分的防护；第二种防护是对水进入内部的防护。

外壳防护等级按以下方法标志：

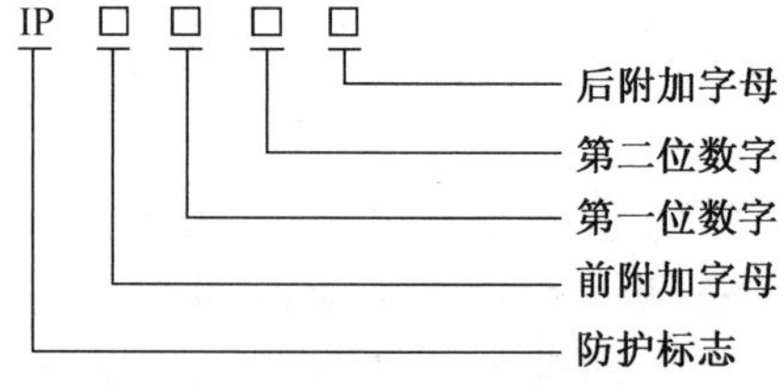

第一位数字表示第一种防护型式等级；第二位数字表示第二种防护型式等级。仅考虑一种防护时，另一位数字用“×”代替。前附加字母是电机产品的附加字母，W 表示气候防护式电机，R 表示管道通风式电机；后附加字母也是电机产品的附加字母，S 表示在静止状态下进行第二种防护型式试验的电机，M 表示在运转状态下进行第二种防护型式试验的电机。如无须特别说明，附加字母可以省略。

第一种防护分为 7 级。各级防护性能见表 2－25。

表 2-25 电气设备第一种防护性能

防护等级	简称	防护性能
0	无防护	没有专门的防护
1	防护大于50 mm的固体	能防止直径大于50 mm的固体异物进入壳内；能防止人体的某一大面积部分（如手）偶然或意外触及壳内带电或运动部分，但不能防止有意识地接近这些部分
2	防护大于12 mm的固体	能防止直径大于12 mm的固体异物进入壳内；能防止手指触及壳内带电或运动部分①
3	防护大于2.5 mm的固体	能防止直径大于2.5 mm的固体异物进入壳内；能防止厚度（或直径）大于2.5 mm的工具、金属线等触及壳内带电或运动部分①②
4	防护大于1 mm的固体	能防止直径大于1 mm的固体异物进入壳内；能防止厚度（或直径）大于1 mm的工具、金属线等触及壳内带电或运动部分
5	防尘	能防止灰尘进入达到影响产品正常运行的程度；能完全防止触及壳内带电或运动部分①
6	尘密	能完全防止灰尘进入壳内；能完全防止触及壳内带电运动部分①

注：① 对用同轴外风扇冷却的电机，风扇的防护应能防止其风叶或轮辐被试指触及；在出风口，直径50 mm的试指插入时，不能通过护板。

② 不包括泄水孔，泄水孔不应低于第2级的规定。

第二种防护分为9级。各级防护性能见表2-26。

表 2-26 电气设备第二种防护性能

防护等级	简称	防护性能
0	无防护	没有专门的防护
1	防滴	垂直的滴水不能直接进入产品内部
2	15°防滴	与垂线成15°角范围内的滴水不能直接进入产品内部
3	防淋水	与垂线成60°角范围内的淋水不能直接进入产品内部
4	防溅	任何方向的溅水对产品应无有害的影响
5	防喷水	任何方向的喷水对产品应无有害的影响
6	防海浪或强力喷水	强烈的海浪或强力喷水对产品应无有害的影响
7	浸水	产品在规定的压力和时间下浸在水中，进水量应无有害影响
8	潜水	产品在规定的压力下长时间浸在水中，进水量应无有害影响

（二）电动机

1. 电动机的危险因素

（1）电动机漏电，导致金属外壳及相连接的底座、传动装置、金属管线带电。

（2）电动机接线错误，导致外壳带电；电动机未连接保护线，导致外壳带故障电压、传导电压或感应电压。

（3）直流电动机和绕线型异步电动机滑环处的火花，各种绝缘击穿时产生的电火花，各种异常状态下产生的危险温度构成点火源。

（4）电动机故障停车，影响系统正常运行，排放有毒气体、可燃气体、烟尘的风机电动机故障停车将带来严重的次生灾难。

（5）电动机突然启动或转速失控，可能造成严重的机械伤害。

2. 电动机安全运行条件

（1）电动机选型正确，规格与使用条件相符。接法正确，安装良好，控制电器及传动机构完好，空载试运行时转向、转速、声音、振动、电流正常。

（2）电动机的电压、电流、温升等运行参数应符合要求。电压波动不得超过 -5% ~ 10%，电压不平衡不得超过5%。电流不平衡不得超过10%。

（3）电动机绝缘良好，其绝缘电阻见表2-27。

表2-27　电动机绝缘电阻允许值

额定电压/V	6000			<500			≤42		
绕组温度/℃	20	45	75	20	45	75	20	45	75
交流电动机定子绕组/MΩ	25	15	6	3	1.5	0.5	0.15	0.1	0.05
绕线式转子绕组和滑环/MΩ	—	—	—	3	1.5	0.5	0.15	0.1	0.05
直流电动机电枢绕组和换向器/MΩ	—	—	—	3	1.5	0.5	0.15	0.1	0.05

（4）电动机保护完善：用熔断器保护时，熔体额定电流应取异步电动机额定电流的1.5倍（减压启动或轻载启动）或2.5倍（全压启动或重载启动）；用热继电器保护时，热元件的电流不应大于电动机额定电流的1~1.5倍；电动机最好有失压保护装置；重要的电动机应装设缺相保护单元。电动机的外壳应根据配电网的运行方式可靠接零或接地。

（5）电动机应保持主体完整、零附件齐全、无损坏，并保持清洁。

（6）定期维修，有维修记录。

（三）手持电动工具和移动式电气设备

手持电动工具包括手电钻、手砂轮、冲击电钻、电锤、手电锯等工具。移动式设备包括蛙夯、振捣器、水磨石磨平机等电气设备。

1. 电气设备触电防护分类

按照触电防护方式，电气设备分为以下五类。

（1）0类。这种设备仅仅依靠基本绝缘来防止触电。0类设备的外壳可以用绝缘材料制成。这时，外壳本身构成全部基本绝缘，或构成基本绝缘的一部分。0类设备的外壳也可以用金属材料制成。这时，外壳与其内部带电部件之间由基本绝缘隔开。0类设备外壳上和内部的不带电导体上都没有接地端子。0类设备可以有Ⅱ类结构或Ⅲ类结构的部件。

（2）0Ⅰ类。这种设备也是依靠基本绝缘来防止触电的，也可以有Ⅱ类结构或Ⅲ类结构的部件。这种设备的金属外壳上装有接地（零）的端子，不提供带有保护芯线的电源线。

（3）Ⅰ类。这种设备除依靠基本绝缘外，还有一个附加的安全措施。Ⅰ类设备外壳上没有接地端子，但内部有接地端子。自设备内部有接地端子引出的专用的保护芯线的带有保护插头的电源线。Ⅰ类设备带有全部或部分金属外壳，所用电源开关为全极开关。Ⅰ类设备也可以有Ⅱ类结构或Ⅲ类结构的部件。

（4）Ⅱ类。这种设备具有双重绝缘和加强绝缘的结构。Ⅱ类设备可以有Ⅲ类结构的部件。

（5）Ⅲ类。这种设备依靠安全特低电压供电以防止触电。Ⅲ类设备内不得产生高出安全特低电压的电压。

手持电动工具没有0类和0Ⅰ类产品，市售产品绝大多数都是Ⅱ类设备。移动式电气设备大部分是Ⅰ类产品。

2. 手持电动工具和移动式电气设备的危险性

手持电动工具和移动式电气设备是触电事故较多的用电设备。其主要原因是：

（1）这些工具和设备是在人的紧握之下运行的，人与工具之间的接触电阻小，一旦工具带电，将有较大的电流通过人体，容易造成严重后果；同时，操作者一旦触电，由于肌肉收缩而难以摆脱带电体，后果比较严重。

（2）这些工具和设备有很大的移动性，其电源线容易受拉、磨而损坏，电源线容易接错，而且连接处容易脱落而使金属外壳带电，导致触电事故。

（3）这些工具和设备没有固定的工位，运行时振动大，而且可能在恶劣的条件下运行，本身容易损坏而使金属外壳带电，导致触电事故。

3. 手持电动工具和移动式电气设备的安全使用

（1）Ⅱ类、Ⅲ类设备没有保护接地或保护接零的要求，Ⅰ类设备必须采取保护接地或保护接零措施。

（2）在有爆炸和火灾危险的环境中，除中性线外，应另设保护零线。

（3）单相设备的相线和中性线上都应该装有熔断器，并装有双极开关。

（4）移动式电气设备的保护线不应单独敷设，而应当与电源线有同样的防护措施，即采用带有保护芯线的橡皮套软线作为电源线。

（5）移动式电气设备的电源插座和插销应有专用的保护线插孔和插头。其结构应能保证插入时保护插头在导电插头之前接通，拔出时保护插头在导电插头之后拔出。同时，其结构还应能保证保护插头与导电插头不得互相插错。

（6）一般场所，手持电动工具应采用Ⅱ类设备。在潮湿或金属构架上等导电性能良好的作业场所，必须使用Ⅱ类或Ⅲ类设备。在锅炉内、金属容器内、管道内等狭窄的特别危险场所，应使用Ⅲ类设备；如果使用Ⅱ类设备，则必须装设额定漏电动作电流不大于15 mA、动作时间不大于0.1 s的漏电保护装置；而且，Ⅲ类设备的安全隔离变压器、Ⅱ类设备的漏电保护装置以及Ⅱ、Ⅲ类设备的控制箱和电源连接器件等必须放在外部。

（7）鉴于不接地配电网中单相触电的危险性小于接地配电网中单相触电的危险性，在接地配电网中，可以装设一台隔离变压器，并由该隔离变压器给设备供电。

除上述几项措施外，操作时使用绝缘手套、绝缘鞋、绝缘垫等安全用具也是一种防止触电的安全措施。

（四）电气照明

1. 电气照明概要

充足的照明是改善劳动环境、保障安全生产的必要条件。照明设备不正常运行可能导致火灾，也可能直接导致人身事故。

电气照明的光源分为热辐射光源、气体放电光源和半导体光源。

按照明功能，电气照明分为正常照明、应急照明、值班照明、警卫照明和障碍照明。应急照明包括备用照明、安全照明和疏散照明。在爆炸危险环境、中毒危险环境、火灾危险性较大的环境、手术室之类一旦停电即关系到人身安危的环境、500 人以上的公共环境、一旦停电使生产受到影响会造成大量废品的环境都应该有应急照明。

2. 电气照明基本安全要求

（1）一般照明的电源采用220 V 电压。在特别潮湿场所、高温场所、有导电灰尘的场所或有导电地面的场所，对于容易触及而又无防触电措施的固定式灯具，其安装高度不足2. 2 m 时，应采用24 V 安全电压。

（2）照明配线应采用额定电压500 V 的绝缘导线。凡重要的政治活动场所、易燃易爆场所、重要的仓库均应采用金属管配线。凡重要的政治活动场所、重要的控制回路和二次回路、移动的导线和剧烈振动处的导线、特别潮湿场所和严重腐蚀场所均应采用铜导线。卤钨灯及单灯功率超过100 W 的白炽灯，灯具引入线应选用105～250 ℃耐热绝缘电线。

（3）建筑物照明电源线路的进户处，应装设带有保护装置的总开关。配电箱内单相照明线路的开关必须采用双极开关；照明器具的单极开关必须装在相线上。

（4）应急照明的电源，应区别于正常照明的电源。应急照明线路不能与动力线路或照明线路合用，而必须有自己的供电线路。应急照明应根据需要选择切换装置。

（5）白炽灯的功率不应超过1000 W。

（6）照明装置由灯具、灯座、线路和开关等设备组成。照明灯具灯泡的额定功率不应超过灯具的额定功率。

（7）应当根据环境条件选用适当防护型式的照明装置。爆炸危险环境应选用防爆型灯具。在有腐蚀性气体或蒸气或特别潮湿的环境应选用防水型灯具。户外也应选用防水型灯具。多尘环境应选用防尘型灯具。

（8）灯饰所用材料应为难燃型材料；除敞开式灯具外，凡100 W 及100 W 以上的照明器应采用瓷灯座。

（9）库房内不应装设碘钨灯、卤钨灯、60 W 以上的白炽灯等高温灯具。

（10）灯具高度符合安装标准。照明灯具、日光灯镇流器等发热元件与可燃物之间保持足够的安全距离。当距离不够时，应采取隔热、散热措施。

（11）灯具不带电，金属件、金属吊管和吊链应连接保护线；保护线应与中性线分开。

（五）低压电器

低压电器可分为控制电器和保护电器。

控制电器主要用来接通、断开线路和用来控制电气设备。刀开关、低压断路器、减压启动器、电磁启动器属于低压控制电器。

保护电器主要用来获取、转换和传递信号，并通过其他电器对电路实现控制。熔断器、热继电器属于低压保护电器。

1. 低压电器的通用安全要求

低压电器的通用安全要求如下：

（1）电压、电流，断流容量，操作频率、温升等运行参数符合要求。

（2）结构型式与使用的环境条件相适应。

（3）安装牢固、连接紧密、机构灵活、操作方便。能防止自行合闸；一般情况下，电源线应接在固定触头上。

（4）灭弧装置（包括灭弧罩、灭弧触头、灭弧用绝缘板）完好。

（5）触头接触表面光洁，接触紧密，并有足够的接触压力；各极触头应当同时动作。

（6）防护完善，门（或盖）上的联锁装置可靠，外壳、手柄、漆层无变形和损伤。

（7）正常时不带电的金属部分接地（或接零）良好。

（8）绝缘电阻符合要求。

2. 低压控制电器的特点和性能

常见低压电器如图2－31所示。

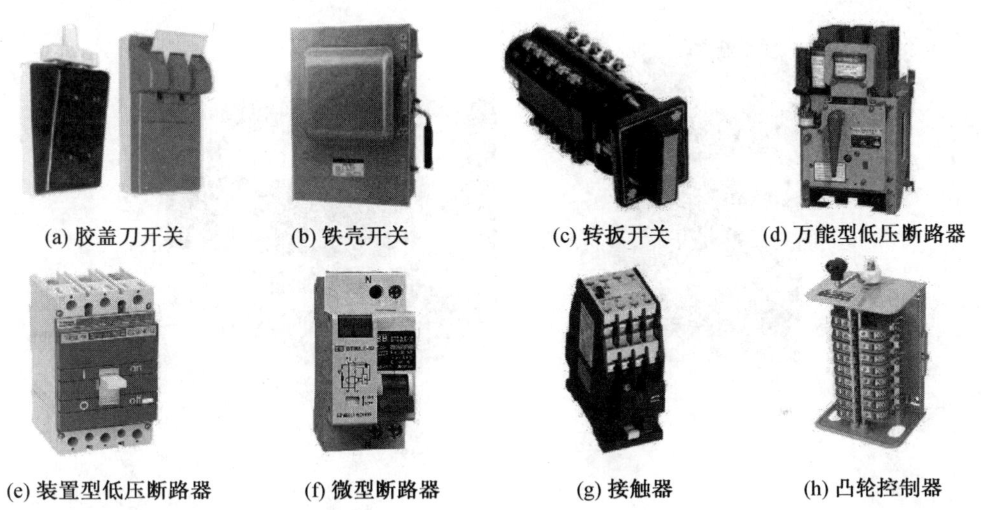

(a) 胶盖刀开关　(b) 铁壳开关　(c) 转扳开关　(d) 万能型低压断路器

(e) 装置型低压断路器　(f) 微型断路器　(g) 接触器　(h) 凸轮控制器

图2－31 低压电器

常见低压电器的特点、性能和应用见表2－28。

表2－28 常见低压电器的特点、性能和应用

类型	主要品种	特点和性能	应用	备注
刀开关（低压隔离开关）	胶盖刀开关	手动操作，没有或只有简单的灭弧机构；不能切断短路电流和较大的负荷电流	主要用来隔离电压，与熔断器串联使用	
	石板刀开关			
	铁壳开关		用来隔离电压和控制小容量设备，与熔断器串联使用	有快动作分、合闸机构
	转扳开关			
	组合开关			
低压断路器	万能型	有强有力的灭弧装置，能分断短路电流，有多种保护功能	用作线路主开关	故障时自动分闸
	装置型			

表 2-28（续）

类型	主要品种	特点和性能	应用	备注
接触器		有灭弧装置，能分、合负荷电流，不能分断短路电流，能频繁操作	用作线路主开关	本身有失压保护功能
控制器	凸轮控制器	触头多、挡位多	用于起重机等的控制	手动电器
	主令控制器			属于主令电器

3. 低压保护电器的特点和性能

1）热继电器

热继电器如图 2-32 所示。

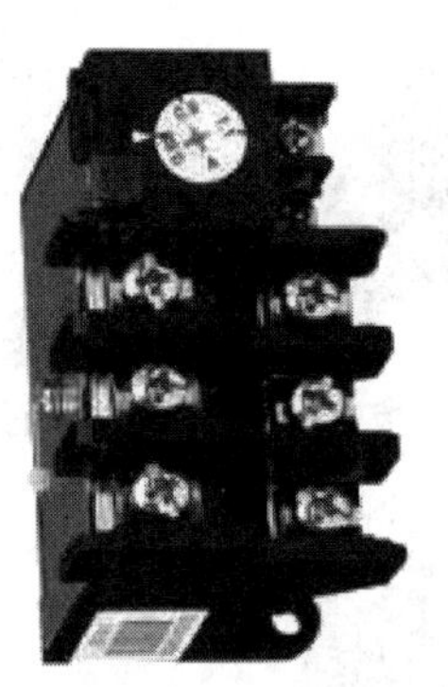

图 2-32　热继电器

热继电器的核心元件是热元件，利用电流的热效应实施保护作用。当热元件温度达到设定值时迅速动作，并通过控制触头断开主电路。有些热继电器在一次电路缺相时也能动作，起缺相保护作用。

热继电器和热脱扣器的热容量较大，动作延时也较大，只宜用于过载保护，不能用于短路保护。

对于电动机，热元件的额定电流原则上按电动机的额定电流选取。对于照明线路，可按负荷电流的 85% ~100% 选取。

2）熔断器

几种常用熔断器如图 2-33 所示。

熔断器是将易熔元件串联在线路上，遇到短路电流时迅速熔断来实施保护的保护电器。低熔点易熔元件由锑铅合金、锡铅合金、锌等材料制成；高熔点易熔元件由铜、银、铝制成。

易熔元件刚刚不会熔断的电流称为临界电流。易熔元件的临界电流大于其额定电流。临界电流多为额定电流的 1.3 ~1.5 倍。

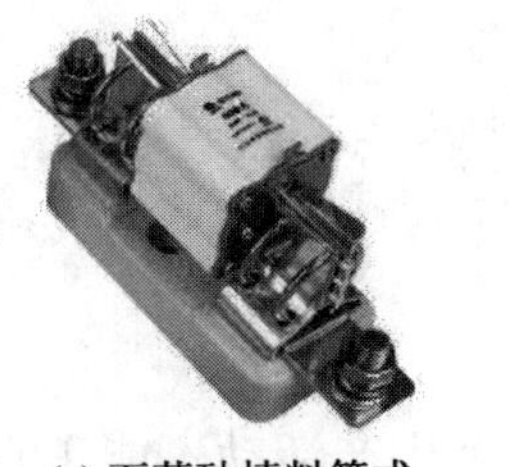
(a) 石英砂填料管式

(b) 纤维管式

(c) 滑轨式

(d) 螺塞式

图 2－33　常用熔断器

由于易熔元件的热容量小，动作很快，熔断器可用作短路保护元件；在有冲击电流出现的线路上，熔断器不可用作过载保护元件。

对于笼型电动机，熔体额定电流按下式选取：

$$I_{FU}=(1.5\sim2.5)I_M$$

式中　I_{FU}——熔体额定电流，A；

I_M——电动机额定电流，A。

对于没有冲击负荷的线路，熔体额定电流可按下式选取：

$$I_{FU}=(0.85\sim1)I_W$$

式中　I_W——线路导线许用电流，A。

4. 低压配电箱和配电柜

低压配电箱和配电柜是低压成套电器。配电箱和配电柜的安全要求如下：

（1）箱柜用不可燃材料制作。

（2）除触电危险性小的生产场所和办公室外，不得采用开启式的配电板。

（3）触电危险性大或作业环境较差的场所，如铸造车间、锻造车间、热处理车间、锅炉房、木工房等，应安装封闭式箱柜。

（4）有导电性粉尘或产生易燃易爆气体的危险作业场所，必须安装密闭式或防爆型箱柜。

（5）箱柜里各电气元件、仪表、开关和线路应排列整齐、安装牢固、操作方便，箱柜内应无积尘、积水和杂物。

（6）落地安装的箱柜底面应高出地面 50～100 mm，操作手柄中心高度一般为 1.2～1.5 m，箱柜前方 0.8～1.2 m 的范围内无障碍物。

（7）箱柜安装稳固，保护线连接可靠。

（8）箱柜外不得有裸带电体外露，装设在箱柜外表面或配电板上的电气元件必须有可靠的屏护。

（9）箱柜内各电气元件及线路应连接可靠、接触良好，不得有严重发热、烧损迹象。

（10）箱柜的门应完好，门锁应有专人保管。

二、高压电气设备

企业高压电气设备主要集中在变、配电站。变、配电站装有电力变压器，高、低压开关电器，电力电容器，高、低压母线，仪用互感器、测量仪表、继电保护装置等多种高、低压电气设备。

（一）变、配电站安全要求

变、配电站是企业的动力枢纽，一旦发生事故，不仅使整个生产活动不能正常进行，还可能导致火灾和人身伤亡。

变、配电站由高压配电室、低压配电室、变压器室等组成。

变、配电站安全要求包括建筑设计、设备安装、运行管理等方面的要求。

1. 变、配电站位置

从供电角度考虑，变、配电站应接近负荷中心，以降低有色金属的消耗和电能损耗；变、配电站进出线应方便等。从生产角度考虑，变、配电站不应妨碍生产和厂内运输；变、配电站本身设备的运输也应当方便。从安全角度考虑，变、配电站应避开易燃易爆场所；应设在企业的上风侧，并不得设在容易沉积粉尘和纤维的场所；不应设在人员密集的场所。变、配电站的选址和建筑还应考虑到灭火、防蚀、防污、防水、防雨、防雪、防振以及防止小动物钻入的要求。

2. 建筑结构

高压配电室和高压电容器室耐火等级不应低于二级；低压配电室耐火等级不应低于三级。油浸电力变压器室应为一级耐火建筑；对于不易取得钢材和水泥的地区，可以采用三级耐火等级的独立单层建筑。

变、配电站各间隔的门应向外开启；门的两面都有配电装置时，门应能向两个方向开启。门应为非燃烧或难燃烧材料制作的实体门。长度超过 7 m 的高压配电室和长度超过 10 m 的低压配电室至少应有两个门。

长度大于 8 m 的配电装置室应设两个出口，并宜布置在配电室的两端。若两个出口之间的距离超过 60 m，还应增加出口。

蓄电池室应隔离安装。有充油设备的房间与爆炸危险环境或有腐蚀性气体存在的环境毗邻时，墙上、天花板上以及地板上的孔洞应予封堵。

屋内单台电气设备总油量在 100 kg 以上时，应设置贮油设施或挡油设施。挡油设施应按容纳 20% 油量设计，并应有将事故油排至安全处的设施。当事故油无法排至安全处时，应设置能容纳 100% 油量的贮油设施。

屋外单台电气设备的油量在 1000 kg 以上时，应设置贮油或挡油设施。当设置有容纳 20% 油量的贮油或挡油设施时，应设置将油排到安全处的设施，且不应引起污染危害。当不能满足上述要求时，应设置能容纳 100% 油量的贮油或挡油设施。贮油设施内应铺设卵石层。

3. 间距、屏护和隔离

变、配电站各部间距应符合相关标准的要求。

高压装置应有完善的屏护、遮栏。应根据需要在遮栏上悬挂相应的标示牌。

4. 通风

蓄电池室有可燃气体产生，必须有良好的通风；变压器室、电容器室等有较多热量排放，必须有良好的自然通风，必要时采取强迫通风。进风口宜在下方，出风口宜在上方。但装有六氟化硫装置的房间，排风系统的出风口应在下方。

5. 联锁装置

为了避免注意力不集中造成事故，应当采用必要的联锁装置。如油断路器与隔离开关操动机构之间的联锁装置，电力电容器的开关与其放电负荷之间的联锁装置，禁区门上的联锁装置等。为了避免注意力不集中造成事故，还可以安装指示灯等信号装置。

6. 防护

变压器室、配电装置室、电容器室等应有防止雨、雪和小动物从采光窗、通风窗、门、电缆沟等进入屋内的措施。通向站外的孔洞、沟道应予封堵。

7. 电气设备正常运行

保持电气设备正常运行包括观察电流、电压、功率因数、油量、油色、温度指示、接点状态等是否正常，观察绝缘件有无损坏、是否严重脏污以及观察门窗、围栏等辅助设施是否完好；听声音是否正常，注意有无放电声等异常声响；闻有无焦煳味及其他异常气味。

8. 保护

10 kV 变、配电站应装有电流速断保护、过电流保护、熔断器保护和防雷保护，10 kV 不接地系统应装有绝缘监视；10 kV 接地系统应装有零序电流保护。油浸式变压器应装有气体保护，干式变压器应装有温控保护等。

9. 安全用具和消防器材

变、配电站应备有绝缘杆、绝缘夹钳、绝缘靴、绝缘手套、绝缘垫、绝缘站台、各种标示牌、临时接地线、验电器、脚扣、安全带、梯子等各种安全用具。变配电站应配备可用于带电灭火的灭火器材。

10. 技术资料

变、配电站应备有高压系统图、低压系统图、电缆布线图、二次回路接线图、设备使用说明书、试验记录、测量记录、检修记录、运行记录等技术资料及重要设备的技术档案。

11. 规章制度

变、配电站应建立并执行相关规章制度，如工作票制度、操作票制度、工作许可制度、工作监护制度、值班制度、巡视制度、检查制度、检修制度、事故处理规程及岗位责任制等规章制度。

（二）变压器

1. 变压器类型和特点

电力变压器的外形如图 2－34 所示。

变压器的电磁元件是铁芯和绕组。油浸式变压器的铁芯、绕组浸没在绝缘油里。油的主要作用是绝缘、散热和减缓油箱内元件的氧化。变压器油的闪点在 135～160 ℃之间，属于可燃液体；变压器内的固体绝缘衬垫、纸板、棉纱、布、木材等都属于可燃物质。因

(a) 油浸自冷式

(b) 全密闭油浸式

(c) 干式

图 2－34　电力变压器

此，油浸式变压器不但火灾危险性较大，而且还有爆炸危险。

干式变压器没有油箱和变压器油，在很大程度上排除了火灾、爆炸隐患。

2. 变压器运行

变压器运行中应注意以下问题：

（1）高压边电压偏差不得超过额定值的 ±5%，Y，yn0 接法者低压中性线最大电流不得超过额定电流的 25%；△，yn11 接法者低压中性线最大电流不得超过额定电流的 75%。

（2）温度和温升不得超过规定值；接线端子不应过热。油浸式电力变压器的绝缘材料的最高工作温度不得超过 105 ℃；油箱上层油温最高不得超过 95 ℃，但为了减缓变压器油变质，上层油温最高一般不应超过 85 ℃。

（3）变压器器身、套管等保持清洁。

（4）外壳和低压中性点接地应保持完好。

（5）声音不得太大或不均匀。

（6）干式变压器所在环境的相对湿度不超过 70% ~85%。

（7）室外变压器基础不得下沉，电杆应牢固，不得倾斜。

（三）高压开关

1. 高压开关的特点和性能

常见高压开关的性能、应用见表 2－29。

表 2－29　高压开关的性能、应用

名　称	常见类型	灭弧方法	性　能	应　用
断路器	真空断路器	真空灭弧	能切断短路电流，故障时能自动跳闸	用作控制及保护的主开关
	SF_6 断路器	气吹灭弧		
	少油断路器	油、气纵横吹灭弧		
负荷开关	压气式、真空式、SF_6 式等	气吹、真空等灭弧	不能切断短路电流，能接通、分断负荷电流	与熔断器串联安装用作主开关

表 2-29（续）

名 称	常见类型	灭弧方法	性 能	应 用
跌开式熔断器		气吹、拉长灭弧	能接通、分断不大的负荷电流	用于小容量线路的控制和保护
隔离开关	户内型	无专门灭弧装置，拉长灭弧	能分断不大的空载电流	用于隔离电压
	户外型			

2. 高压开关安全要点

（1）整体完好、机构灵活、绝缘件无损伤并保持清洁、灭弧装置完善。

（2）安装牢固、间距合格、屏护完好、连接紧密、电气接触良好。

（3）运行时无异常声音、气味、过热点。

（4）高压断路器必须与高压隔离开关或隔离插头串联使用，由断路器接通和分断电流，由隔离开关或隔离插头隔断电源。

（5）高压负荷开关必须串联有高压熔断器。由熔断器切断短路电流。负荷开关只用来操作负荷电流。

（6）正常情况下，跌开式熔断器只用来操作空载线路或空载变压器。

（7）隔离开关不具备操作负荷电流的能力。切断电路时必须先拉开断路器，后拉开隔离开关；接通电路时必须先合上隔离开关，后合上断路器。如果断路器两侧都有隔离开关，分断电路时拉开断路器后，应先拉开负荷侧隔离开关，后拉开电源侧隔离开关；接通电路时顺序相反。为确保断路器与隔离开关之间的正确操作顺序，除严格执行操作制度外，10 kV 系统中常安装机械式或电磁式联锁装置。

（8）跌开式熔断器正确的操作顺序是拉闸时先拉开中相，再拉开下风侧边相，最后拉开上风侧边相；合闸时先合上上风侧边相，再合上下风侧边相，最后合上中相。

（9）高压开关喷出电弧方向不得有可燃物。

3. 高压开关柜

1）高压开关柜的外形

高压开关柜的外形如图 2-35 所示。

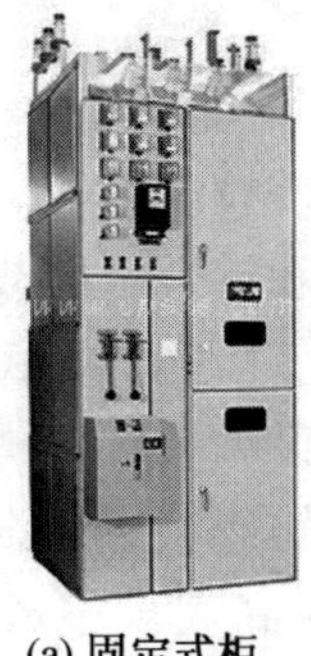

(a) 固定式柜

(b) 移开式柜

(c) 环网柜

图 2-35 高压开关柜

2）高压开关柜的基本要求

各种开关柜柜体应有足够的力学强度；柜体结构应具有防止事故扩大的设计；开关柜应装有必需的安全联锁装置；柜内各相导体之间及带电导体与接地导体之间均应保持规定的安全距离。当通过额定电流时，柜内导体最高温度不得超过规定值。

高压开关柜应具备“五防”功能。例如，开关柜的“五防”功能：

（1）保证只有断路器处在断开位置时才能操作隔离开关，防止带负荷操作隔离开关。

（2）防止未拆除临时接地线之前或未拉开接地隔离开关之前合闸送电。

（3）防止未断开电源前挂临时接地线或合上接地隔离开关。

（4）防止断路器在合闸状态移动手车、防止断路器未处在工作位置或试验位置误合闸。

（5）保证断路器、隔离开关未断开前，开关柜的门不能打开，防止工作人员误入带电间隔。

以上功能都是由高压开关柜的联锁装置保证的。联锁装置是用强制性的技术方法防止错误操作的自动化装置。联锁装置可分为机械式联锁装置和电磁式联锁装置。

3）高压开关柜的使用

开关柜使用中应注意以下问题：

（1）运行中的断路器故障跳闸后，必须详细检查一次隔离触头和断路器。

（2）接地开关闭合后才能拆卸柜后的下封板。

（3）合上手车上的照明灯开关后，照明灯应亮。

（4）开关柜应在额定参数下运行。

（5）采用油断路器的开关柜应定期巡视油面是否在油标管的两条红线之间；采用真空断路器时，应注意其真空度。

（6）油断路器未注足油前，不得快速分合操作。

（7）手车拖出柜外时，附加万向小轮应转向灵活。

（8）安装调试后，应将一、二次电缆孔堵死，以防潮气或小动物钻入。

三、电气线路

电气线路分为电力线路和控制线路。前者用来输送电能，后者用来输送信号。

（一）电力线路类型和特点

1. 架空线路

架空线路主要由导线、杆塔、横担、绝缘子、金具、基础及拉线组成。

架空线路的导线多采用钢芯铝绞线、硬铜绞线、硬铝绞线和铝合金绞线。由于铝导线易受碱性和酸性物质的侵蚀，腐蚀性强烈的环境应采用铜导线。厂区、居民区内的低压架空线路应采用绝缘导线。单股铝线或单股铝合金线不得架空敷设。

架空线路造价低、机动性强、便于施工和检修。架空线路妨碍城市建设；易受空气中杂物的污染；而且，架空线路可能碰撞或过分接近树木及其他高大设施或物件，导致触电、短路等事故。

2. 电缆线路

电缆线路主要由电力电缆、终端接头、中间接头及支撑件组成。

电力电缆主要由导电芯线、绝缘层和保护层组成。芯线分铜芯和铝芯两种。绝缘层分塑料绝缘、橡皮绝缘、浸渍纸绝缘等几种。保护层分内护层和外护层。内护层分铅包、铝包、聚氯乙烯护套、交联聚乙烯护套、橡胶套等多种。外护层包括黄麻衬垫、钢铠、防腐层等。

电缆终端头分户外型、户内型两大类。户外用的有铸铁外壳、瓷外壳的终端头和环氧树脂的终端头；户内用的主要有尼龙和环氧树脂的终端头。

电缆中间接头主要有铅套中间接头、铸铁中间接头和环氧树脂中间接头。10 kV 及以下的中间接头多采用环氧树脂浇注。

与架空线路相比，电缆线路造价高，不妨碍市容和交通，可靠性高，受外界因素的影响小，不易发生因雷击、风害、冰雪等自然灾害造成的故障。在现代化企业中，电缆线路得到了广泛的应用。特别是在有腐蚀性气体或蒸气，或易燃、易爆的场所应用最为广泛。

3. 室内配线

常见的室内配线有金属管配线、硬塑料管配线、金属槽配线、塑料槽配线、护套线直敷配线、瓷绝缘配线等多种类型。室内配线类型应根据建筑物性质和要求、环境条件、负荷特征等因素确定。配线应能预防外部机械力、热源、灰尘、腐蚀性物质等有害因素的影响。

各种配线方式的特点和适用范围见表 2－30。

表 2－30 各种配线方式的特点和适用范围

配线方式	特　点	适 用 范 围	备注
金属管配线	机械防护性能好、封闭式配线	适用于爆炸危险环境、火灾危险环境、多尘环境、高温环境、建筑物顶棚内；不适用于特别潮湿的环境	水管（或煤气管）的防护性能较电线管好
金属槽配线	防护式配线、机械防护性能好、机动性较好	不适用于特别潮湿的环境、多尘环境	
硬塑料管配线	封闭式配线	适用于潮湿和特别潮湿的环境、有腐蚀性物质的环境、多尘环境；不适用于高温和易受机械损伤的环境	塑料管的氧指数应高于 27%
塑料槽配线	防护式配线、机动性较好	不适用于在高温和易受机械损伤的环境	塑料管的氧指数应高于 27%
护套线直敷配线	非防护式配线	适用于室内正常的环境和室外挑檐下方；不适用于建筑物顶棚内	
瓷绝缘配线	非防护式配线、维修方便	适用于正常的环境、高温环境	

（二）电力线路安全条件

1. 导电能力

导体的导电能力应满足发热、电压损失和短路电流等三方面的要求。

1）发热条件

为了安全，橡皮绝缘线最高运行温度为65 ℃，塑料绝缘线为70 ℃，裸线为70 ℃，铅包或铝包电缆为80 ℃，塑料电缆为65 ℃。

2）电压损失条件

线路导线太细将导致其阻抗过大，受电端得不到足够的电压。用户供电电压允许变化范围见表2－31。

表2－31 用户供电电压允许变化范围

线路额定电压 U_N	电压允许变化范围	线路额定电压 U_N	电压允许变化范围
35 kV及以上	$\pm 5\% U_N$	低压照明	$+5\% U_N \sim -10\% U_N$
10 kV及以下	$\pm 7\% U_N$	农业用电	$+5\% U_N \sim -10\% U_N$

3）短路电流条件

在设计规定的短路电流的冲击下，线路应保持热稳定和动稳定。此外，在TN系统中，如果线路导线太细，则单相短路电流可能不能推动短路保护动作。

2. 力学强度

运行中的导线将受到自重、风力、热应力、电磁力和覆冰重力的作用，故障时还会受到短路电磁力的作用。因此，导线必须保证足够的力学强度。

3. 绝缘和间距

运行中低压电力线路的绝缘电阻一般不得低于每伏工作电压1000 Ω，新安装和大修后的低压电力线路一般不得低于0.5 MΩ。

电力线路与建筑物、与树木、与地面、与水面、与其他电力线路以及与各种工程设施之间均应保持足够的安全距离。

4. 导线连接

接头接触不良或松脱，会增大接触电阻，使接头过热而烧毁绝缘，还可能产生火花，严重的会酿成火灾和触电事故。工作中，应当尽可能减少导线的接头，接头过多的导线不宜使用。

导线连接必须紧密。原则上导线连接处的力学强度不得低于原导线力学强度的80%；绝缘强度不得低于原导线的绝缘强度；接头部位电阻不得大于原导线电阻的1.2倍。

铜导线与铝导线之间的连接应尽量采用铜－铝过渡接头，特别是在潮湿环境，或在户外，或遇大截面导线，必须采用铜－铝过渡接头。

5. 线路防护和过电流保护

各种线路对化学性质、热性质、机械性质、环境性质、生物性质及其他方面有害因素的危害具有足够的防护能力。

电力线路的过电流保护包括短路保护和过载保护。

6. 线路管理

电力线路应有必要的资料和文件，如施工图、实验记录等。还应建立巡视、清扫、维修等制度。

对临时线应建立相应的管理制度。例如，安装临时线应有申请、审批手续；临时线应有专人负责；应有明确的使用地点和使用期限等。

四、电气安全检测仪器

（一）绝缘电阻测量仪

1. 兆欧表概要

绝缘电阻是电气设备最基本的性能指标。绝缘电阻是兆欧级的电阻，要求在较高的电压下进行测量。现场应用兆欧表测量绝缘电阻。

兆欧表有指针式兆欧表和数字式兆欧表。其外形如图2－36所示。

(a) 指针式

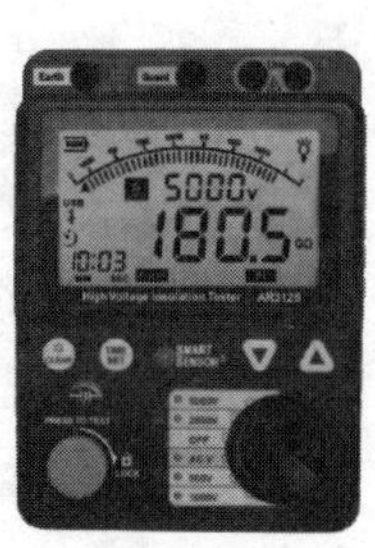

(b) 数字式

图2－36 兆欧表

指针式兆欧表俗称摇表，主要由作为电源的手摇发电机和作为测量机构的磁电系比率计组成。手摇发电机输出较高电压直流电源，施加到被测绝缘电阻上，运用欧姆定律进行测量。

数字式兆欧表由脉冲宽带调制器、升压变压器、倍压整流器等将电池电压转换为直流高电压加到被测绝缘电阻上，由运算放大器、反相器、双积分模数转换器处理数据，由液晶显示器或发光二极管显示测量结果。

兆欧表有E（接地端）、L（线路端）、G（屏蔽端）三个端子。一般测量只用到E端和L端。E端接外壳或接地、L接被测导体。G端是消除表面电流影响测量准确性的专用端子。测量电缆的绝缘电阻须将G端连接到被测缆芯的绝缘层上。测量电缆绝缘电阻的接线如图2－37所示。

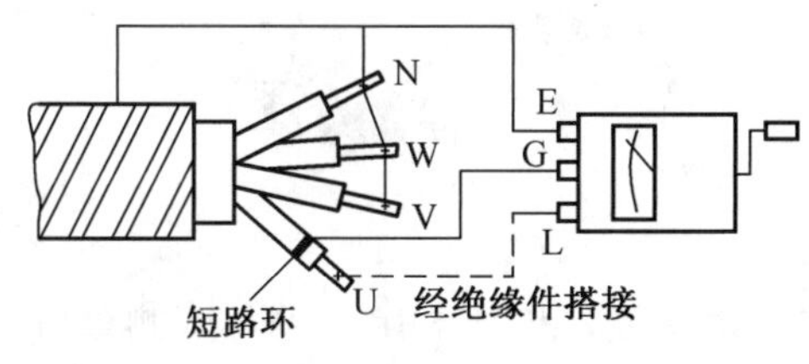

图2－37 电缆绝缘电阻测量

2. 兆欧表使用

应根据被测对象选用不同电压的兆欧表。测量额定电压500 V以下的线路或设备应采用500 V或1000 V的兆欧表；测量500 V以上的线路或设备应采用1000 V或2500 V的兆欧表；测量10 kV及10 kV以上的线路或设备应采用2500 V的兆欧表。测量新的和大修后的线路或设备应采用较高电压的兆欧表；测量运行中的线路或设备应采用较低电压的兆欧表。

使用兆欧表测量绝缘电阻时，应当注意下列事项：

（1）被测设备必须停电。对于有较大电容的设备，停电后还必须充分放电。

（2）测量连接导线不得采用双股绝缘线，而应采用绝缘良好单股线分开连接，以免双股线绝缘不良带来测量误差。

（3）使用指针式兆欧表摇把的转速应由慢至快，转速应稳定，不要时快时慢。一般在转速 120 r/min 左右时持续摇动 1 min，待指针稳定后读数。记录完毕后应将转速由快至慢，逐渐停止下来。

（4）使用指针式兆欧表测量过程中，如果指针指向“0”位，表明被测绝缘已经失效。应立即停止转动摇把，防止烧坏兆欧表。

（5）对于有较大电容的线路和设备，测量终了也应进行放电。

（6）测量应尽可能在设备刚停止运转时进行，以使测量结果符合运转时的实际温度。不同温度下的绝缘电阻可按下式计算：

$$R_{T_1}=R_{T_2}2^{0.1(T_2-T_1)}$$

式中　T_1，T_2——温度；

R_{T1}，R_{T2}——相应于 T_1 和 T_2 时的绝缘电阻。

（二）接地电阻测量仪

1. 接地电阻测量仪概要

接地电阻测量仪是用于测量接地电阻的仪器，有机械式测量仪和数字式测量仪。其外形如图 2-38 所示。

(a) 机械式　　(b) 数字式

图 2-38　接地电阻测量仪

指针式接地电阻测量仪俗称接地摇表，主要由手摇交流发电机和电位差计式测量机构组成。数字式接地电阻测量仪采用中大规模集成电路，应用 DC/AC 等转换技术进行测量和显示。

接地电阻测量仪有 C_2、P_2、P_1、C_1 四个接线端子或 E、P、C 三个接线端子。测量时，在离被测接地体一定的距离向地下打入电流极和电压极。如图 2-39 所示，测量时将连接起来的 C_2、P_2 端或 E 端接于被测接地体，P_1 端或 P 端接于电压极，C_1 或 C 端接于电流极。对于指针式接地电阻测量仪，选好倍率，以大约 120 r/min 的转速转动摇把或接通电源时，即可产生 110～115 Hz 的交流电流沿被测接地体和电流极构成回路。调节电位器旋钮，使仪表指针保持在中心位置，即可直接由电位器旋钮亦即刻度盘的位置结合所选倍率读出被测接地电阻值。

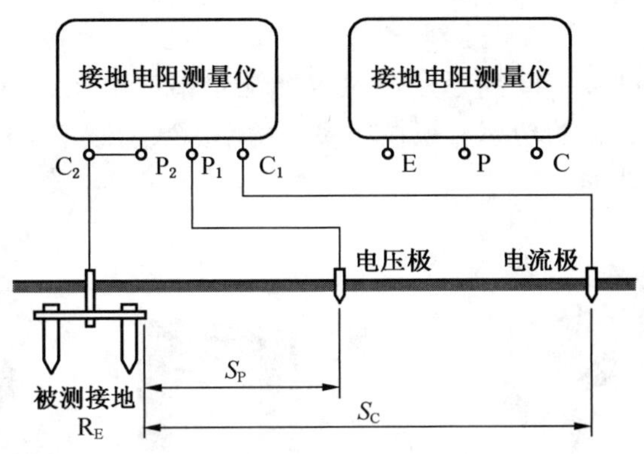

图2-39 接地电阻测量仪接线

如被测接地电阻很小，且接线很长，接线电阻可能带来较大的误差。为消除这一误差，应将仪器上的 C_2、P_2 端子拆开，分别接向被测接地体。

一般应当在雨季前或其他土壤最干燥的季节测量。雨天一般不应测量接地电阻。

2. 接地电阻测量仪使用

(1) 正确选定测量电极的位置。如测量电极位置选择不当，会产生很大的测量误差，而且土壤电阻率越高，测量误差越大。令电流极与被测接地体之间的距离为 S_C，电压极与被测接地体之间的距离为 S_P。为了得到比较准确的测量结果，对于占地面积较大的网络接地体，可取 S_C 为接地网对角线长度的2~3倍，取 $S_P=0.5\sim0.6S_C$；对于小型复合接地体，可取 $S_C=80$ m，$S_P=20$ m；对于占地面积不大的简单接地体，可取 $S_C=40$ m，$S_P=20$ m。

(2) 尽可能将被测接地与电力网分开。这样既有利于测量的安全，也有利于消除杂散电流引起的误差，还能防止将测量电压反馈到与被测接地体连接的其他导体上引起事故。

(3) 测量电极间的连线应避免与邻近的高压架空线路平行，以防止感应电压的危险。

(4) 雷雨天气不得测量防雷接地装置的接地电阻。

(5) 使用机械式接地电阻测量仪测量时，摇把的转速应由慢至快，至120 r/min左右时调节电位器，边调边摇；至指针稳定指在中心刻线位置停止调节，再逐渐减速，停止摇动。然后将刻度盘指示值乘以倍率得到被测接地电阻值，并记录。

(三) 谐波测试仪

1. 谐波的产生和危害

谐波是频率为基波（50 Hz）整数倍的正弦波。

由于非线性负载（如电子设备、电弧炉）的大量应用，线路上产生不同频率、不同幅值、不同相位的谐波。

谐波的产生必然影响电能质量。谐波的出现可能引起谐振，会增加变压器、电动机、电容器、电缆等设备发热，会在中性线上产生很大的电流，还会影响电子设备正常工作，会产生电磁干扰，甚至危及系统的稳定等。

2. 谐波测试与监测

钳形谐波测试仪如图 2－40 所示。测试仪能测量谐波电压、电流的流峰值和真有效值，还能测量有功功率、无功功率、视在功率、功率因数、频率。配置外设装置后，测试仪可实现监测、打印等功能。

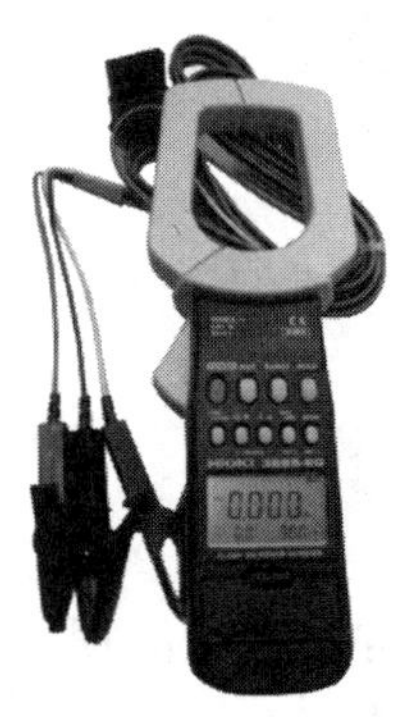

图 2－40　钳形谐波测试仪

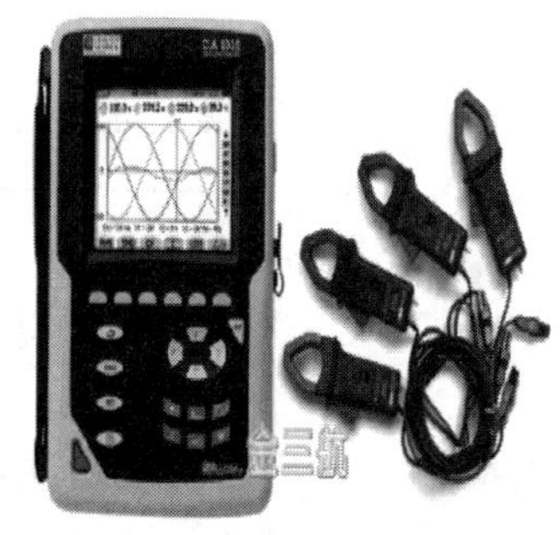

图 2－41　谐波分析仪

谐波分析仪如图 2－41 所示。这种仪器可同时测量各相谐波，可实时显示波形，并能完成相关计算，把结果以波形、图表的形式显示出来。

（四）红外测温仪

红外测温仪是利用热辐射体在红外波段的辐射通量来测量温度的，属于非接触式测量。

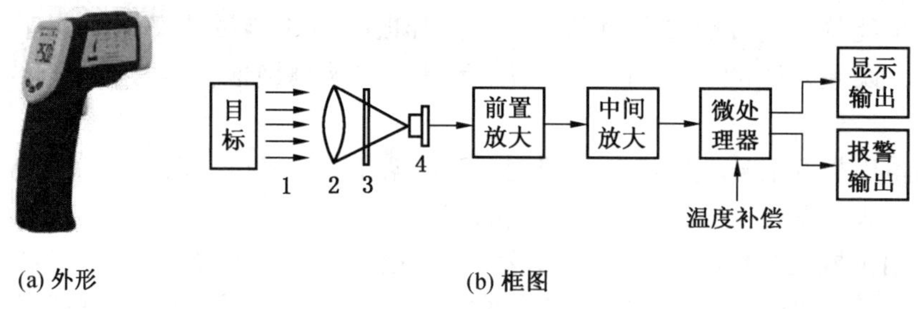

(a) 外形　　(b) 框图

1—红外光；2—透镜；3—滤光镜；4—红外探测器

图 2－42　红外测温仪

红外测温仪的外形和框图如图 2－42 所示。被测目标的红外辐射通过透镜、滤光镜聚焦在红外探测器上，并转换为电信号输出到前置放大级，经中间放大级后与温度补偿一起送到微处理器（含加法器等）进行处理、比较、运算，最后经数/模转换后将测量结果显示出来。

使用红外测温仪应注意的问题：①避免在强电磁环境、温度大幅度急剧变化的环境使用；②不应把测温仪存放在高温处；③将测温仪对准被测物后再按键测量；④为了保证测量的准确度，测量区域应小于被测目标的范围；⑤与带电体保持安全距离；⑥对于光亮的被测表面，宜在表面上覆盖黑色薄膜再进行测量，以提高测量准确度。

（五）可燃气体检测

1. 可燃气体检测概要

不同类型的可燃气体检测仪由传感器（探测器）、测量电路和显示单元组成。

检测浓度用百万分比 ppm 表示。为了安全，当可燃气体浓度达到其爆炸下限（LEL）的 20% 时应报警。

催化燃烧型传感器属于热电阻传感器。这种传感器一般用铂丝作为载体催化元件。被测气体经小气泵吸入探头，在探头里的铂丝表面发生无焰燃烧，使铂丝温度升高。随着可燃气体成分、浓度的不同，无焰燃烧产生的热量也不同，铂丝温度发生变化，电阻率随之发生变化。利用桥式测量电路测量铂丝的电阻，经过放大、比较和运算，再经转换后发出声、光信号，显示可燃气体的含量。铂丝的特点是精度高、稳定性好、选择性好、性能可靠。也有的检测仪是让被测气体经扩散进入探头，其成本较低，但容易受环境条件的影响。

半导体型传感器用半导体材料制成探测元件，利用 N 型半导体获得电子后电阻减小，P 型半导体获得电子后电阻增大的特征进行检测。半导体气敏传感器具有灵敏度高、响应快、简单等特点，可用于天然气、煤气、氢气、烷类气体、烯类气体、汽油、煤油、乙炔、氨气、酒精、烟雾等的检测和报警。

2. 可燃性气体检测仪安装

相关标准、规范性文件规定了安装可燃气体监测系统的要求。例如，《爆炸危险环境电力装置设计规范》（GB 50058）第 3. 1. 3 条规定："对区域内易形成和积聚爆炸性气体混合物的地点应设置自动测量仪器装置，当气体或蒸气浓度接近爆炸下限值的 50% 时，应能可靠地发出信号或切断电源。"《建筑设计防火规范》（GB 50016）第 8. 4. 3 条规定："建筑物内可能散发可燃气体、可燃蒸气的场所应设可燃气体报警装置。"《石油化工企业设计防火规范》（GB 50160）第 5. 1. 3 条规定："在使用或产生甲类气体或甲、$乙_A$ 类液体的工艺装置、系统单元和储运设施区内，应按区域控制和重点控制相结合的原则，装设可燃气体报警系统。"《危险场所电气防爆安全规范》（AQ 3009）第 7. 1. 3. 1. 2 条规定："应指定化验分析人员经常检测设备周围爆炸性混合物的浓度。"等。

可燃气体监控系统是比较简单的定点监控系统。探头获取的信号经转换后送到监控室，在监控室处理后显示出来。探头的安装应注意以下问题：

（1）安装前检查探头是否完好，规格是否与安装条件相符，并校准。

（2）应尽量接近阀门、管道接头等较容易泄漏处安装探头，与阀门、管道接头等之间的距离不宜超过 1 m。

（3）探头应尽量避开高温、潮湿、多尘等有害环境，并不得妨碍正常操作。

（4）可燃气体比空气轻时，探头应安装在设备上方；离屋顶距离视建筑特征、建筑物内设备安装等因素确定，通常 1 m 左右。

（5）可燃气体比空气重时，探头应安装在设备下方；离地面高度不应太大，通常不超过 1.5 ~ 2 m。

（6）探头安装可采用吊装、壁装、抱管安装等安装方式，安装应牢固；应方便维护、标定。

（7）探头所接电线应采用三芯屏蔽电缆，芯线截面不应小于 1 mm^2，屏蔽层应接地；电线安装应符合所在场所电力线路的安装要求。

（8）探头应定期标定。

（9）安装作业应符合爆炸危险环境作业的要求。

运行中的可燃气体检测仪可能失灵，出现误报、拒报现象。除可燃气体检测仪本身的问题外，安装、使用不当也会导致报警失灵。此外，安装环境的电磁波、线路上的电磁脉冲、电源电压波动等也可能导致检测仪失灵。应注意对可燃性气体检测仪的保养。超过服役期（约 10 a）的可燃性气体检测仪应及时更换。

本章涉及的相关技术规程、标准与规范：

1. 《电流对人和家畜的效应　第 1 部分：通用部分》（GB/T 13870.1）
2. 《爆炸危险环境电力装置设计规范》（GB 50058）
3. 《建筑设计防火规范》（GB 50016）
4. 《石油化工企业设计防火规范》（GB 50160）
5. 《危险场所电气防爆安全规范》（AQ 3009）

第三章　特种设备安全技术

第一节　特种设备的基础知识

一、特种设备的基本概念

根据《中华人民共和国特种设备安全法》，特种设备是指对人身和财产安全有较大危险性的锅炉、压力容器（含气瓶）、压力管道、电梯、起重机械、客运索道、大型游乐设施、场（厂）内专用机动车辆。

特种设备依据其主要工作特点，分为承压类特种设备和机电类特种设备。

（一）承压类特种设备

承压类特种设备是指承载一定压力的密闭设备或管状设备，包括锅炉、压力容器（含气瓶）、压力管道。

（1）锅炉，是指利用各种燃料、电或者其他能源，将所盛装的液体加热到一定的参数，并通过对外输出介质的形式提供热能的设备，其范围规定为设计正常水位容积大于或者等于30 L，且额定蒸汽压力大于或者等于0.1 MPa（表压）的承压蒸汽锅炉；出口水压大于或者等于0.1 MPa（表压），且额定功率大于或者等于0.1 MW的承压热水锅炉；额定功率大于或者等于0.1 MW的有机热载体锅炉。

（2）压力容器，是指盛装气体或者液体，承载一定压力的密闭设备，其范围规定为最高工作压力大于或者等于0.1 MPa（表压）的气体、液化气体和最高工作温度高于或者等于标准沸点的液体、容积大于或者等于30 L且内直径（非圆形截面指截面内边界最大几何尺寸）大于或者等于150 mm的固定式容器和移动式容器；盛装公称工作压力大于或者等于0.2 MPa（表压），且压力与容积的乘积大于或者等于1.0 MPa·L的气体、液化气体和标准沸点等于或者低于60 ℃液体的气瓶；氧舱。

（3）压力管道，是指利用一定的压力，用于输送气体或者液体的管状设备，其范围规定为最高工作压力大于或者等于0.1 MPa（表压），介质为气体、液化气体、蒸汽或者可燃、易爆、有毒、有腐蚀性、最高工作温度高于或者等于标准沸点的液体，且公称直径大于或者等于50 mm的管道。公称直径小于150 mm，且其最高工作压力小于1.6 MPa（表压）的输送无毒、不可燃、无腐蚀性气体的管道和设备本体所属管道除外。

（二）机电类特种设备

机电类特种设备是指必须由电力牵引或驱动的设备，包括电梯、起重机械、客运索道、大型游乐设施、场（厂）内专用机动车辆。

（1）电梯，是指动力驱动，利用沿刚性导轨运行的箱体或者沿固定线路运行的梯级

（踏步），进行升降或者平行运送人、货物的机电设备，包括载人（货）电梯、自动扶梯、自动人行道等。非公共场所安装且供单一家庭使用的电梯除外。

（2）起重机械，是指用于垂直升降或者垂直升降并水平移动重物的机电设备，其范围规定为额定起重量大于或者等于0.5 t的升降机；额定起重量大于或者等于3 t（或额定起重力矩大于或者等于40 t·m的塔式起重机，或生产率大于或者等于300 t/h的装卸桥），且提升高度大于或者等于2 m的起重机；层数大于或者等于2层的机械式停车设备。

（3）客运索道，是指动力驱动，利用柔性绳索牵引箱体等运载工具运送人员的机电设备，包括客运架空索道、客运缆车、客运拖牵索道等。非公用客运索道和专用于单位内部通勤的客运索道除外。

（4）大型游乐设施，是指用于经营目的，承载乘客游乐的设施，其范围规定为设计最大运行线速度大于或者等于2 m/s，或者运行高度距地面高于或者等于2 m的载人大型游乐设施。用于体育运动、文艺演出和非经营活动的大型游乐设施除外。

（5）场（厂）内专用机动车辆，是指除道路交通、农用车辆以外仅在工厂厂区、旅游景区、游乐场所等特定区域使用的专用机动车辆。

二、锅炉基础知识

（一）锅炉

锅炉是指利用燃料燃烧释放的热能或其他热能加热水或其他工质，以生产规定参数（温度、压力）和品质的蒸汽、热水或其他工质的设备。

锅炉由“锅”和“炉”以及相配套的附件、自控装置、附属设备组成（图3-1）。“锅”是指锅炉接受热量并将热量传给水、汽、导热油等工质的受热面系统，是锅炉中储存或输送锅水或蒸汽的密闭受压部分。“锅”主要包括锅筒（或锅壳）、水冷壁、过热器、

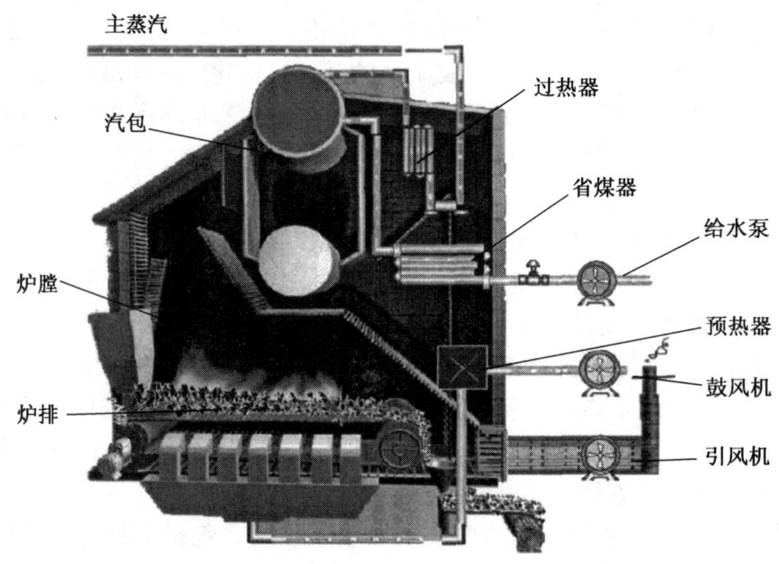

图3-1 卧式燃煤蒸汽锅炉结构图

再热器、省煤器、对流管束及集箱等。“炉”是指燃料燃烧产生高温烟气，将化学能转化为热能的空间和烟气流通的通道——炉膛和烟道。“炉”主要包括燃烧设备和炉墙等。

（二）锅炉工作原理及工作特性

1. 工作原理

输入能量为燃料中的化学能的锅炉，其工作原理可用下述工作过程和工作系统来说明。

1）工作过程

锅炉产生热水或蒸汽需要以下3个过程：

（1）燃料的燃烧过程：燃料在炉膛内燃烧放出热量的过程。

（2）传热过程：燃料燃烧后产生的热量，通过受热面传递给锅内的水或蒸汽的过程。

（3）水的加热、汽化过程：锅内的水吸收热量转变成具有一定温度和压力的热水或蒸汽的过程。

2）工作系统

锅炉的工作过程是通过两个工作系统来实现的：一个系统是介质系统，在蒸汽锅炉中称为汽水系统，另一个系统是燃烧系统。

（1）汽水系统。它的任务是使进入锅炉的给水吸热升温、汽化、过热，最后成为具有一定温度和压力的热水或蒸汽。

（2）燃烧系统。它的任务是将燃料和空气送入锅炉炉膛内进行燃烧放热，将热量以辐射方式传给炉膛四周的水冷壁等辐射受热面；燃烧生成的高温烟气主要以对流传热方式把热量传递给对流管、烟管或者过热器、省煤器等对流受热面。在传热过程中，烟气温度不断降低，最后由引风机送进烟囱，排入大气；燃烧生成的灰渣由排渣设备排出锅炉。

2. 工作特性

（1）爆炸危险性。锅炉在使用中容器或管路破裂、超压、严重缺水等均可能导致爆炸。

（2）易于损坏性。锅炉由于长期运行在高温高压的恶劣工况下，因而经常受到局部损坏，如不能及时发现处理，会进一步导致重要部件和整个系统的全面受损。

（3）应用的广泛性。由于锅炉为整个社会生产提供了能源和动力，因而其应用范围极其广泛。

（4）连续运行性。锅炉一旦投用，一般要求连续运行，而不能任意停车，否则会影响一条生产线、一个厂甚至一个地区的生活和生产，其间接经济损失巨大，有时还会造成恶劣后果。

（三）锅炉的分类

（1）按用途分为电站锅炉、工业锅炉。用锅炉产生的蒸汽带动汽轮机发电用的锅炉称为电站锅炉。产生的蒸汽或热水主要用于工业生产或民用的锅炉称为工业锅炉。

（2）按锅炉产生的蒸汽压力分为超临界压力锅炉、亚临界压力锅炉、超高压锅炉、高压锅炉、中压锅炉、低压锅炉。

① 出口蒸汽压力超过水蒸气的临界压力（22.1 MPa）的锅炉为超临界压力锅炉。

② 出口蒸汽压力低于但接近于临界压力，一般为15.7～19.6 MPa的锅炉为亚临界压

力锅炉。

③ 出口蒸汽压力一般为 11.8 ~ 14.7 MPa 的锅炉为超高压锅炉。

④ 出口蒸汽压力一般为 7.84 ~ 10.8 MPa 的锅炉为高压锅炉。

⑤ 出口蒸汽压力一般为 2.45 ~ 4.90 MPa 的锅炉为中压锅炉。

⑥ 出口蒸汽压力一般不大于 2.45 MPa 的锅炉为低压锅炉。

(3) 按锅炉的蒸发量分为大型、中型、小型锅炉。

① 蒸发量大于 75 t/h 的锅炉称为大型锅炉。

② 蒸发量为 20 ~ 75 t/h 的锅炉称为中型锅炉。

③ 蒸发量小于 20 t/h 的锅炉称为小型锅炉。

(4) 按载热介质分为蒸汽锅炉、热水锅炉和有机热载体锅炉。

① 锅炉出口介质为饱和蒸汽或者过热蒸汽的锅炉称为蒸汽锅炉。

② 锅炉出口介质为高温水（>120 ℃）或者低温水（120 ℃以下）的锅炉称为热水锅炉。

③ 以有机质液体（如高温导热油）作为热载体工质的锅炉称为有机热载体锅炉。

(5) 按燃料种类分为燃煤锅炉、燃油锅炉、燃气锅炉、电热锅炉、余热锅炉、废料锅炉等。

(6) 按燃烧方式分为层燃炉、室燃炉、旋风炉和流化床燃烧锅炉。

① 层燃炉采用火床燃烧，主要用于工业锅炉，火床燃烧是固体燃料以一定厚度分布在炉排上进行燃烧的方式。

② 室燃炉采用火室燃烧，电站锅炉和部分容量较大的工业锅炉采用室燃方式，燃料为油、气和煤粉。火室燃烧（悬浮燃烧）是燃料以粉状、雾状或气态随同空气喷入炉膛中进行燃烧的方式。

③ 旋风炉采用旋风燃烧，炉型有卧式和立式两种，燃用粗煤粉或煤屑。旋风燃烧是燃料和空气在高温的旋风筒内高速旋转，部分燃料颗粒被甩向筒壁液态渣膜上进行燃烧的方式。

④ 流化床燃烧锅炉送入炉排的空气流速较高，使大粒燃煤在炉排上面的流化床中翻腾燃烧，小粒燃煤随空气上升并燃烧。宜用于燃用劣质燃料，主要用于工业锅炉。现已经开发了大型循环流化床燃烧锅炉。

(7) 按锅炉结构分为锅壳锅炉、水管锅炉。

(8) 按制造、安装许可分为 A、B 级。额定出口压力大于 2.5 MPa 的蒸汽和热水锅炉属于 A 级；额定出口压力小于或等于 2.5 MPa 的蒸汽和热水锅炉，以及有机热载体锅炉属于 B 级。

三、压力容器基础知识

（一）压力容器

压力容器，一般泛指在工业生产中盛装用于完成反应、传质、传热、分离和储存等生产工艺过程的气体或液体，并能承载一定压力的密闭设备。它被广泛用于石油、化工、能源、冶金、机械、轻纺、医药、国防等工业领域。

(二) 压力容器工作特性

1. 压力容器特点

1) 结构特点

压力容器一般由筒体（又称壳体)、封头（又称端盖)、法兰、密封元件、开孔与接管（人孔、手孔、视镜孔、物料进出口接管)、附件（液位计、流量计、测温管、安全阀等）和支座等所组成。

2) 固定式压力容器的特点

(1) 具有爆炸的危险性。

(2) 介质种类繁多，千差万别。易燃易爆介质一旦泄漏，可引起爆燃。有毒介质泄漏，能引起中毒。一些腐蚀性强的介质，会使容器很快发生腐蚀失效。

(3) 不同容器的工作条件差别大。有的容器承受高温高压；有的容器在低温环境下工作；有的容器投入运行后要求连续运行。

(4) 材料种类多。

3) 移动式压力容器的主要特点

(1) 活动范围大，运行环境条件复杂，在运输和装卸过程中易受冲击、振动，有时还可能发生碰撞、倾翻。

(2) 介质绝大多数是易燃、易爆以及有毒等液化气体，一旦发生事故，造成的后果严重、社会影响大。

(3) 活动场所不固定，监督管理难度大。

2. 压力容器的参数

压力容器的主要工艺参数为压力、温度、介质。此外，容积、直径、壁厚也是重要的特性指标。

1) 压力

压力容器的压力可以来自两个方面，一是在容器外产生（增大）的，二是在容器内产生（增大）的。

(1) 最高工作压力，多指在正常操作情况下，容器顶部可能出现的最高压力。

(2) 设计压力，系指在相应设计温度下用以确定容器壳体厚度及其元件尺寸的压力，即标注在容器铭牌上的设计压力。压力容器的设计压力值不得低于最高工作压力。

2) 温度

(1) 设计温度，系指容器在正常工作情况下，设定的元件的金属温度。设计温度与设计压力一起作为设计载荷条件。当壳壁或元件金属的温度低于 -20 ℃，按最低温度确定设计温度；除此之外，设计温度一律按最高温度选取。

(2) 试验温度，指的是压力试验时，壳体的金属温度。

(3) 实际工作温度，是相对设计温度而言的一个参数，是容器在实际工作情况下，元件的金属温度。

3) 介质

生产过程涉及的介质品种繁多，分类方法也有多种。按物质状态分类，有气体、液体、液化气体、单质和混合物等；按化学特性分类，则有可燃、易燃、惰性和助燃 4 种；

按它们对人类毒害程度，又可分为极度危害（Ⅰ）、高度危害（Ⅱ）、中度危害（Ⅲ）、轻度危害（Ⅳ）4 级；按它们对容器材料的腐蚀性可分为强腐蚀性、弱腐蚀性和非腐蚀性。

（三）压力容器的分类

压力容器有众多分类方法，可以按压力等级分，按在生产中的作用分，按安装方式分，按制造许可分，按安全技术管理（基于危险性）分类等。

1. 按压力等级划分

按承压方式分类，压力容器可以分为内压容器和外压容器，内压容器按设计压力（p）可以划分为低压、中压、高压和超高压 4 个压力等级：

（1）低压容器，0.1 MPa$\leq p<$1.6 MPa。

（2）中压容器，1.6 MPa$\leq p<$10.0 MPa。

（3）高压容器，10.0 MPa$\leq p<$100.0 MPa。

（4）超高压容器，$p\geq$100.0 MPa。

外压容器中，当容器的内压力小于一个绝对大气压（约 0.1 MPa）时，又称为真空容器。

2. 按容器在生产中的作用划分

（1）反应压力容器：主要是用于完成介质的物理、化学反应的压力容器，如各种反应器、反应釜、聚合釜、合成塔、变换炉、煤气发生炉等。

（2）换热压力容器：主要是用于完成介质的热量交换的压力容器，如各种热交换器、冷却器、冷凝器、蒸发器等。

（3）分离压力容器：主要是用于完成介质的流体压力平衡缓冲和气体净化分离的压力容器，如各种分离器、过滤器、集油器、洗涤器、吸收塔、干燥塔、汽提塔、分汽缸、除氧器等。

（4）储存压力容器：主要是用于储存、盛装气体、液体、液化气体等介质的压力容器，如各种型式的储罐、缓冲罐、消毒锅、印染机、烘缸、蒸锅等。

3. 按安装方式划分

（1）固定式压力容器：指安装在固定位置使用的压力容器，如生产车间内的储罐、球罐、塔器、反应釜等。

（2）移动式压力容器：是指单个或多个压力容器罐体与行走装置、定型汽车底盘或者无动力半挂行走机构或框架组成，采用永久性连接，适用于铁路、公路、水路的运输装备，包括汽车罐车、铁路罐车、罐式集装箱、长管拖车等。这类压力容器使用时不仅承受内压或外压载荷，搬运过程中还会受到由于内部介质晃动引起的冲击力，以及运输过程中带来的外部撞击和振动载荷，因而在结构、使用和安全方面均有特殊的要求。

4. 按制造许可划分

国家市场监督管理总局颁布的《特种设备生产单位许可目录》中，以制造难度、结构特点、设备能力、工艺水平、人员条件等为基础，将压力容器划分为 A、B、C、D 共 4 个许可级别。

（1）制造许可 A 级：大型高压容器（A1），其他高压容器（A2），球罐（A3），非金属压力容器（A4），氧舱（A5），超高压容器（A6）。

（2）制造许可 B 级：无缝气瓶（B1），焊接气瓶（B2），特种气瓶［纤维缠绕气瓶（B3）、低温绝热气瓶（B4）、内装填料气瓶（B5）］。

（3）制造许可 C 级：铁路罐车（C1），汽车罐车、罐式集装箱（C2），长管拖车、管束式集装箱（C3）。

（4）制造许可 D 级：中、低压容器。

5. 按安全技术管理（基于危险性）划分

为便于安全监察、使用管理和检验检测，按《固定式压力容器安全技术监察规程》将压力容器划分为三类（Ⅰ、Ⅱ、Ⅲ类）。

划分办法如下：

（1）首先将压力容器的介质分为两组。

第一组介质：毒性程度为极度危害、高度危害的化学介质，易爆介质，液化气体。

第二组介质：由除第一组以外的介质组成，如毒性程度为中度危害以下的化学介质，包括水蒸气、氮气等。

（2）按照介质特性分组后选择分类图（图 3－2 和图 3－3），再根据设计压力 p（单位为 MPa）和容积 V（单位为 m^3），标出坐标点，确定容器类别。

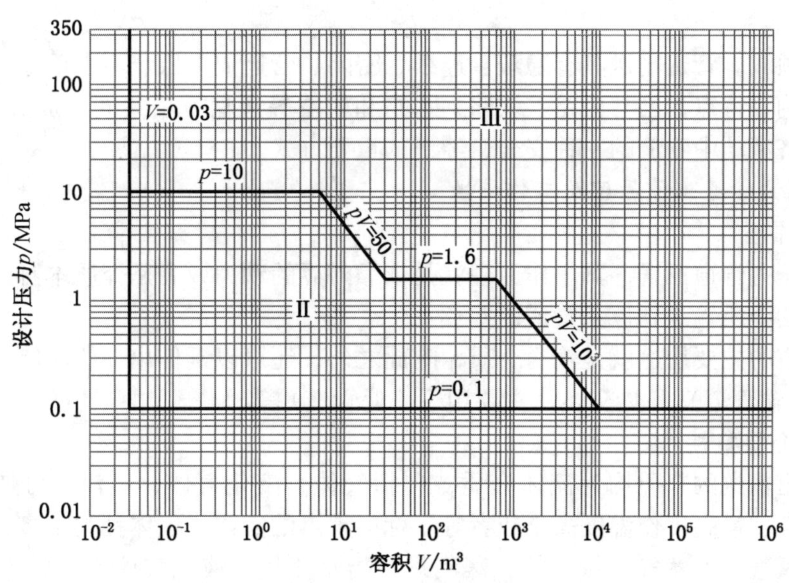

图 3－2　压力容器分类图——第一组介质（《固定式压力容器安全技术监察规程》）

四、压力管道基础知识

（一）压力管道

压力管道是指在生产和生活中用于输送流体介质，并能承载一定压力的密闭管状设备。它被广泛用于石油、化工、电力、冶金、机械、轻纺、医药、国防等工业，以及城市

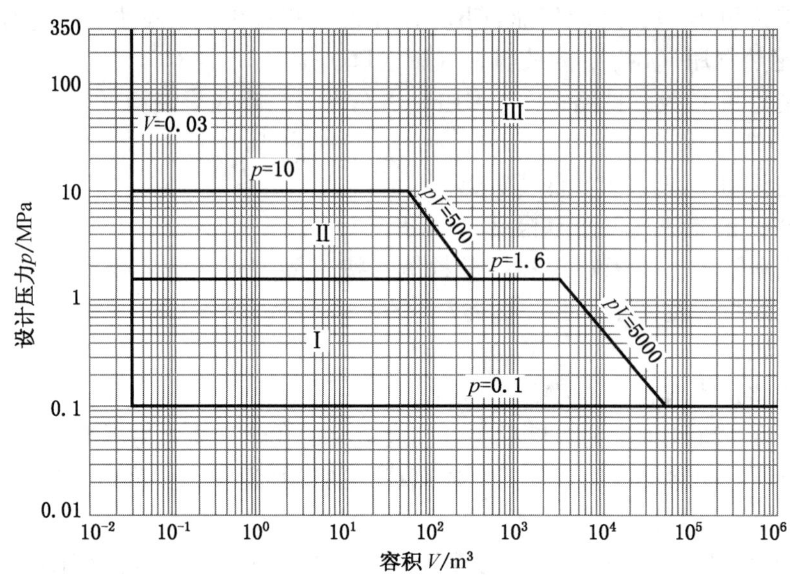

图3-3 压力容器分类图——第二组介质（《固定式压力容器安全技术监察规程》）

供热和供气领域。管道输送具有隐蔽、连续、密闭、营运成本低、不占用地面空间，不受周围环境影响等特点，已与公路、铁路、水路和航空等运输方法共同组成五大运输体系，成为国民经济活动中物流的一种安全、经济的重要方式。

（二）压力管道工作原理及工作特性

1. 工作原理

对单条压力管道而言，其工作原理就是依靠外界的动力或者是介质本身的驱动力将该条管道源头的介质输送到该条管道的终点。

压力管道的主要用途就是输送介质，除此之外，还可以延伸出一些功能，如储存功能（主要用于长输管道）和热交换（主要用于工业管道）等。

2. 输送介质特性

压力管道输送的介质均为流体介质，包括气体、液化气体、蒸汽，可燃、易爆、有毒、有腐蚀性、最高工作温度高于或者等于标准沸点的液体。气体种类很多，常见的有空气、氮气、氧气、天然气、氯气等，蒸汽是特指水蒸气，液化气体常见的有液化烃（液化天然气、液化乙烯、液化石油气等），以及液氨、液氧、液氮、液氯等。

3. 结构特点

压力管道是由管子、管件、阀门、补偿器等压力管道元件以及安全保护装置（安全附件）、附属设施等组成。

压力管道元件一般分成管子、管件（弯头、异径接头、三通、法兰、管帽）、阀门、补偿器、连接件、密封件、附属部件（疏水器、过滤器、分离器、除污器、凝水缸、缓冲器等）、支吊架等，也可以将压力管道元件分成管道组成件和支承件，其中管道组成件是承受介质压力的部件。

安全保护装置包括紧急切断装置（紧急切断阀等）、安全泄压装置（安全阀、爆破片等）、测漏装置、测温测压装置（温度计、压力表等）、静电接地装置、阻火器、液位计和泄漏气体安全报警装置。

附属设施指阴极保护装置、压气站、泵站、阀站、调压站、监控系统等。

4. 工作特点

（1）应用广泛。应用领域多，各领域所使用的压力管道又各有其特点，化工、石化系统有大量的压力管道，其工作压力由真空负压到300 MPa以上的高压、超高压，工作温度由－200 ℃到1000 ℃以上，介质多具有有毒、可燃、易爆等特征。

（2）管道体系庞大。由多种组成件、支承件组成，任一环节出现问题都会造成整条管线甚至整个管线系统失效。

（3）管道空间变化大。长距离经过复杂多变的地质条件、地形地貌、人文环境、天气环境，或者在一个环境中，但是立体空间变幻莫测。

（4）腐蚀机理和材料损伤复杂。容易受其承载的各种腐蚀介质的破坏，还易受周围介质或设施的影响（如埋地管道的土壤腐蚀、周边构筑物、电缆和导轨的杂散电流影响等），而且还容易遭受第三方破坏。

5. 压力管道工艺参数

（1）设计压力。在相应的设计温度下，用以确定管道及其元件尺寸的压力值，设计压力不得低于工作过程中可能出现的由压力与温度形成的最苛刻条件下的压力。

（2）操作压力。在稳定操作条件下，压力管道系统内介质的压力。

（3）设计温度。压力管道在正常工况下，管壁或元件金属可能达到的最高或最低温度。设计温度不得高于（或低于）工作过程中可能出现的由压力与温度形成的最苛刻条件下的最高温度（最低温度）。

（4）管输介质温度。管道输送介质在管道内输送时的流动温度。

（5）介质。压力管道输送介质均为流体介质，包括气体、液化气体、蒸汽，或者可燃、易爆、有毒、有腐蚀性、最高工作温度高于或者等于标准沸点的液体。

（6）公称直径（DN）。由字母DN和整数数字组合的尺寸标志，代表管道组成件的规格。公称是一种数字标记，作为管道直径的标称，不是一种精确度量。

（7）公称压力（PN）。由字母PN和整数数字组合的压力标志，代表管道组成件的压力等级。

（8）设计壁厚。在相应的设计压力和公称直径下，根据选用材料的许用应力，设计得出的满足工艺条件的管壁厚度。

（三）压力管道分类

压力管道用途广泛，品种繁多，不同领域内使用的管道，其分类方法也不同。一般可以按主体材料、敷设位置、输送介质特性和用途等进行分类。另外，为便于实施安全监督管理，可以按照安全监督管理的需要进行分类。

1. 按主体材料划分

可分为金属管道和非金属管道。金属管道又可分为铸铁管道、碳钢管道、低合金钢管道、不锈钢管道、有色金属管道等。非金属管道包括塑料管道、玻璃钢管道、金属与非金属复合管道、非金属复合管道。

2. 按敷设位置划分

可分为架空管道、埋地管道、地沟敷设管道。

3. 按介质压力划分

通常分为超高压管道（>42 MPa）、高压管道（10 ~ 42 MPa）、中压管道（1.6 ~ 10 MPa）、低压管道（<1.6 MPa）。

4. 按介质温度划分

一般可分为高温管道(>200 ℃)、常温管道(-29 ~ 200 ℃)、低温管道(<-29 ℃)。

5. 按管道用途划分

可分为长输油气管道、城镇燃气管道、热力管道、工业管道（包括工艺管道、公用工程管道）、动力管道、制冷管道。

6. 安全监督管理分类

为满足安全监督管理的需要，将压力管道分为长输管道（GA 类）、公用管道（GB 类）、工业管道（GC 类）共三类。相关安全技术规范对各类压力管道给出了定义，并进一步进行了分级。

1）长输管道（GA 类）

长输管道（GA 类）系指产地、储存库、使用单位间的用于输送商品介质的管道。级别划分为 GA1 级和 GA2 级。

（1）符合下列条件之一的长输管道为 GA1 级：

① 输送有毒、可燃、易爆气体介质，最高工作压力大于 4.0 MPa 的长输管道。

② 输送有毒、可燃、易爆液体介质，最高工作压力大于 6.4 MPa，并且输送距离（指产地、储存地、用户间的用于输送商品介质管道的长度）大于或者等于 200 km 的长输管道。

（2）GA1 级以外的长输管道为 GA2 级。

2）公用管道（GB 类）

公用管道（GB 类）是指城市或者乡镇范围内的用于公用事业或者民用的燃气管道和热力管道，划分为 GB1 级和 GB2 级。

（1）GB1 级：城镇燃气管道。

（2）GB2 级：城镇热力管道。

3）工业管道（GC 类）

工业管道（GC 类）是指企业、事业单位所属的用于输送工艺介质的工艺管道、公用工程管道及其他辅助管道，划分为 GC1 级、GC2 级、GC3 级。

（1）符合下列条件之一的工业管道为 GC1 级：

① 输送《职业性接触毒物危害程度分级》（GBZ 230）中规定的毒性程度为极度危害介质、高度危害气体介质和工作温度高于其标准沸点的高度危害液体介质的管道。

② 输送《石油化工企业设计防火规范》（GB 50160）及《建筑设计防火规范》（GB 50016）中规定的火灾危险性为甲、乙类可燃气体或者甲类可燃液体（包括液化烃），并且设计压力大于或者等于 4.0 MPa 的管道。

③ 输送流体介质并且设计压力大于或者等于10.0 MPa，或者设计压力大于或者等于4.0 MPa并且设计温度大于或者等于400 ℃的管道。

（2）除GC3级管道外，介质毒性危害程度、火灾危险性（可燃性）、设计压力和设计温度小于GC1级管道的工业管道为GC2级。

（3）输送无毒、非可燃流体介质，设计压力小于或者等于1.0 MPa，并且设计温度大于－20 ℃但小于185 ℃的工业管道为GC3级。

五、起重机械基础知识

起重机械，是指用于垂直升降或者垂直升降并水平移动重物的机电设备。

（一）起重机械工作特点

（1）起重机械通常具有庞大的和比较复杂的机构，作业过程中常常是几个不同方向运动的操作，操作技术难度较大。

（2）能吊运的重物多种多样，载荷是变化的。有的重物重达上百吨，体积大且不规则，还有散粒、热融和易燃易爆危险品等，使吊运过程复杂而危险。

（3）需要在较大的范围内运行，活动空间较大，一旦造成事故，影响的面积也较大。

（4）有些起重机械需要直接载运人员做升降运动，其可靠性直接影响人身安全。

（5）暴露的、活动的零部件较多，且常与吊运作业人员直接接触（如吊钩、钢丝绳等），潜在许多偶发的危险因素。

（6）作业环境复杂，如涉及企业、港口、工地等场所，涉及高温、高压、易燃易爆等环境危险因素，对设备和作业人员形成威胁。

（7）作业中常常需要多人配合，共同完成一项操作。

上述诸多危险因素的存在，决定了起重伤害事故较多。

（二）起重机械分类

1. 桥式起重机

桥式起重机，其桥架梁通过运行装置直接支承在轨道上的起重机。其使用广泛的有单主梁或双主梁桥式起重机，它的主梁和两个端梁组成桥架，整个起重机直接运行在建筑物高架结构的轨道上。最简单的是梁式起重机，采用电动葫芦在工字钢梁或其他简单梁上运行。

2. 门式起重机

门式起重机，桥架梁通过支腿支承在轨道上的起重机，又被称为带腿的桥式起重机。其主梁通过支撑在地面轨道上的两个刚性支腿或刚性－柔性支腿，形成一个可横跨铁路轨道或货场的门架，外伸到支腿外侧的主梁悬臂部分可扩大作业面积。门式起重机有时制造成单支腿的半门式起重机。装卸桥是专门用于装卸作业的门式起重机，供货站、港口等部门进行散粒物料的堆取，其特点是小车运行速度大、跨度大（一般为60～90 m以上），生产率高（可达500～1000 t/h或更高）。轨道式集装箱门式起重机是20世纪80年代发展起来的机种，是专门用来进行集装箱的堆垛和装卸作业的门式起重机。

3. 塔式起重机

塔式起重机，臂架安装在垂直塔身顶部的回转式臂架型起重机。其结构特点是悬架长

（服务范围大）、塔身高（增加升降高度）、设计精巧，可以快速安装、拆卸。轨道临时铺设在工地上，以适应经常搬迁的需要。

4. 流动式起重机

流动式起重机，可以配置立柱（塔柱），能带载或不带载情况下沿无轨道路面行驶，且依靠自重保持稳定的臂架型起重机。它包括轮胎起重机、履带起重机、集装箱正面吊运起重机、铁路起重机，采用充气轮胎或履带作运行装置，可以在无轨路面或轨道上长距离移动。其优点是机动性好，生产效率高。

5. 门座式起重机

门座式起重机，安装在门座上，下方可通过铁路或公路车辆的移动式回转起重机。它是回转臂架安装在门形座架上的起重机，沿地面轨道运行的门座架下可通过铁路车辆或其他车辆，多用于港口装卸作业，或造船厂进行船体与设备装配。

6. 升降机

常见的升降机有垂直升降机、电梯等，只有一个升降机构，配有完善的安全装置及其他附属装置。

7. 缆索起重机

以固定在支架顶部的承载索作为承载件的起重机。它适用于跨度大、地形复杂的货场、水库或工地作业。由于跨度大，固定在两个塔架顶部的缆索取代了桥形主梁。悬挂在起重小车上的取物装置被牵引索高速牵引，沿承载索往返运行，两塔架分别在相距较远的两岸轨道上，可以低速运行。

8. 桅杆式起重机

桅杆式起重机，其臂架铰接在上下两端均有支承的垂直桅杆下部的回转起重机。一类简易的、移动不方便且需拉设较多缆风绳保持稳定的起重和安装用起重机。它制作简单、装拆方便，能在比较狭窄的条件下使用；起重量可大可小，大者可达 100 t 以上，能吊装其他起重机械难以吊装的特殊构筑物和重大结构；工作半径小，移动不便，适用于吊装工程量比较集中的工程。

9. 机械式停车设备

机械式停车设备是机械式汽车库中运送和停放汽车设备的总称。可分为升降横移类机械式停车设备、简易升降类机械式停车设备、垂直循环类机械式停车设备、水平循环类机械式停车设备、多层循环类机械式停车设备、平面移动类机械式停车设备、巷道堆垛类机械式停车设备、垂直升降类机械式停车设备、汽车专用升降机类停车设备等。

（三）起重机械安全正常工作的条件

（1）金属结构和机械零部件应具有足够的强度、刚性和抗屈曲能力。

（2）整机必须具有必要的抗倾覆稳定性。

（3）原动机具有满足作业性能要求的功率，制动装置提供必需的制动力矩。

六、场（厂）内专用机动车辆基础知识

（一）场（厂）内专用机动车辆

场（厂）内机动车辆，是指除道路交通、农用车辆以外仅在工厂厂区、旅游景区、

游乐场所等特定区域使用的专用机动车辆，包括机动工业车辆和非公路用旅游观光车辆。

（二）场（厂）内专用机动车辆工作特点

（1）场（厂）内机动车辆种类繁多，同类厂内机动车辆的规格差别很大。机构复杂，作业过程中常常伴随着行驶操作，操作技术难度较大。

（2）场（厂）内机动车辆承载的重物多种多样，载荷是变化的，体积不规则，还有散粒和易燃易爆危险品等，使作业过程复杂而危险。

（3）需要在较大的范围内运行，机动性强，易造成事故，影响的面积也较大。

（4）属于暴露的、活动的工作装置，且常与吊运作业人员直接接触（货叉、铲斗等），潜在许多偶发的危险因素。

（5）作业环境复杂，如涉及企业、港口、工地等场所，涉及高温、高压、易燃易爆等环境危险因素，对设备和作业人员形成威胁。

（6）各类产品之间具有使用成套性。作业中常常需要多人配合，共同完成一项操作。

（7）一机具有多种可换的工作装置。

（8）对行驶路面、作业环境有要求。

（9）对于专用搭载乘客的场（厂）内机动车辆，如游览车、摆渡车等，载客人数多，安全性要求高。

（三）场（厂）内专用机动车辆分类

（1）机动工业车辆，指叉车，是指通过门架和货叉将载荷起升到一定高度进行堆垛作业的自行式车辆，包括平衡重式叉车、前移式叉车、侧面式叉车、插腿式叉车、托盘堆垛车、三向堆垛车。

（2）非公路用旅游观光车辆，包括观光车和列车观光。

观光车是指具有4个以上（含4个）车轮的非轨道无架线的非封闭型自行式乘用车辆，包括蓄电池观光车和内燃观光车。

列车观光是指具有8个以上（含8个）车轮的非轨道无架线的，由一个牵引车头与一节或者多节车厢组合的非封闭型自行式乘用车辆，包括蓄电池观光列车和内燃观光列车。

（四）场（厂）内专用机动车辆正常工作条件

（1）车辆的技术性能、动力性能、制动性能、承载能力、运行方向的控制能力和产品标识符合要求。

（2）满载作业时的纵向、横向稳定性，满载运行时的纵向稳定性，空载运行时的横向稳定性满足要求。

（3）车辆的动力输出能力、工作装置的控制和标识符合要求。

（4）车辆的各种安全保护装置，监测、指示、仪表、报警等自动报警、信号装置应完好齐全。

（5）操作人员能够正确操作和维护车辆。

七、客运索道基础知识

（一）客运索道

客运索道是指动力驱动，利用柔性绳索牵引箱体等运载工具运送人员的机电设备，包括客运架空索道、客运缆车、客运拖牵索道等。

客运架空索道：以架空的柔性绳索承载，用来输送物料或人员的索道。

客运缆车：运载工具沿地面轨道或由固定结构支承的轨道运行的索道。

客运拖牵索道：用绳索牵引，在地面上运送乘客的索道。

（二）客运索道分类

客运索道一般分为三大类：客运架空索道、客运缆车、客运拖牵索道。每一类中又可以按照不同形式进行分类。

1. 客运架空索道

1）按索系分

单线架空索道：一根钢丝绳既承载又牵引的架空索道。

双线架空索道：同时具有承载索和牵引索（包括平衡索）的架空索道，其中承载索可以是单承载或双承载，牵引索可以是单牵引或双牵引。

2）按吊具运行方向分

（1）循环式架空索道：

① 连续循环式架空索道：运载工具在线路上以恒定速度运行的循环式架空索道。

② 脉动循环式架空索道：运载工具在线路上脉动运行（快行—慢行—快行—慢行）的循环式架空索道。

（2）往复式架空索道：运载工具在线路上往复运行的架空索道。

3）按抱索器类型分

固定抱索器：在索道运行过程中，抱索器在绳索上保持固定位置不能脱开的架空索道。

脱挂抱索器：到达索道站内时，抱索器能够与牵引索或运载索脱开的架空索道。

4）按吊具类型分

吊厢式：运载工具为吊厢的架空索道。

吊篮式：运载工具为吊篮的架空索道。

吊椅式：运载工具为吊椅的架空索道。

2. 客运缆车

（1）循环式缆车：运载工具与钢丝绳可脱开和挂接，并在线路上循环运行的缆车。

（2）往复式缆车：运载工具在线路上往复运行的缆车。

① 单往复式缆车：只有一个或一组运载工具在轨道线路上运动的往复式缆车。

② 有会车段往复式缆车：两个或两组运载工具分别在中间有会车段的轨道线路上运动的往复式缆车。

③ 双线往复式缆车：两个或两组运载工具分别在两条轨道线路上运行的往复式缆车。

3. 客运拖牵索道

（1）高位拖牵索道：拖牵索距地面高度在 2 m 以上的拖牵索道。

（2）低位拖牵索道：拖牵索距地面高度小于 2 m 的拖牵索道。

（三）客运索道工作原理和特点

1. 客运架空索道

1）循环式架空索道

循环式架空索道是用一根首尾相接的环行钢丝绳（运载索）绕于驱动轮和迂回轮上，中间支撑在各支架的托压索轮组上，并用张紧装置张紧，保证运载索具有一定的初张力，利用摩擦原理带动运载索做循环运动。

其特点：一是对自然地形适应性强，爬坡能力大，能够适应险峻陡坡，可直接跨越峡谷、河流等天然障碍；两端站距离最短，尤其在地势险峻条件下，索道线路长度仅为公路的1/10～1/30。因此作为交通工具可大大节省乘客行程时间。二是站房配置紧凑，支架占地少。三是可按实际地形随坡就势架设，无须修筑桥梁、涵洞，不需要开挖大量土方石，占地面积小，对地形、地貌及自然环境破坏小。四是索道一般都采用电力驱动，不污染环境。五是运行安全可靠，维护简单，容易实现机械化、自动化操作，劳动定员少。六是能耗低，一般仅为汽车能耗的1/10～1/20，节约能源。七是客运索道是空中载人运输工具，因此它的安全级别等同于飞机，对设计、制造、安装、使用和管理的要求较高。

2）往复式索道

往复式索道的布置形式是两侧各用一根或两根钢丝绳（承载索）作为运载工具的轨道，由牵引索牵引客车沿承载索往复运动。其特点是：

（1）爬坡能力大，可跨越大跨度，客车距地高度允许超过100 m；客车数量少；支架少，便于检查维护；运行效率高；耗电少可运送大件重物；救护简单方便。

（2）缺点是运输能力与索道的长度成反比，受到限制；候车时间长；索系比较复杂，站房受水平力大，造价较高，吊厢和支架受力极大，一旦发生故障，易产生大的影响和损失。

2. 客运缆车

利用钢丝绳作为牵引动力，带动车厢在两站之间轨道上做往复运动或循环移动的运送乘客的设施。其工作特点是线路在地面，运行安全性高，便于营救。

3. 客运拖牵索道

客运拖牵索道是一条钢丝绳（运载索）绕过驱动轮和迂回轮，中间支撑在线路支架托压轮组上，拖牵器通过抱索器联于运载索上，拖牵器的托座托住滑雪者的臀部向上牵引，实现拖载乘客的目的。其工作特点是：

（1）投资成本低，结构简单，操作人员少。

（2）操作方便，便于维护。

（3）中途可随时上下。

（4）不能与滑雪道交叉，对地形要求较高。

（5）乘客必须穿戴滑雪板等用具。

八、游乐设施基础知识

（一）游乐设施

游乐设施：在特定的区域内运行，承载游客游乐的载体。广义上除可包括具有动力的游乐器械外，还包括为游乐而设置的构筑物和其他附属装置以及无动力的游乐载体。

大型游乐设施：《特种设备安全监察条例》所定义的大型游乐设施，是指用于经营目的，承载乘客游乐的设施，其范围规定为设计最大运行线速度大于或者等于 2 m/s，或者运行高度距地面高于或者等于 2 m 的载人游乐设施。

（二）游乐设施工作原理及特点

游乐设施是通过各种动力驱动（液压、气动、电机、弹力等），使游乐设施的座舱或沿轨道运行，或沿垂直轴旋转，或沿水平轴旋转，或在水面上运行，或被弹射到空中，或产生多种运行的组合，来实现游乐功能。其特点有：

（1）机构复杂，运动方式多样。既能上升下降，又能沿水平轴或垂直轴旋转。通常是多种运动方式组合在一起进行，技术难度较大。

（2）载荷变化范围较大。

（3）速度、加速度较大，运动方向变化急剧。

（4）游乐设施暴露的、活动的零部件较多，有可能与游客直接接触，存在许多偶发的危险因素。

（5）使用环境复杂。从南方到北方，从小公园到大游乐场，游乐设施的使用环境复杂多变。

（6）使用对象复杂。游乐设施的使用人群既有妇女儿童，又有青年和老人。

（7）游乐设施是游客直接在其上进行娱乐的设备，安全装置可靠性要求高。

（三）游乐设施分类

游乐设施主要依据其结构及运动形式进行分类，而不是按游乐设施的名称划分。每类游乐设施用一种常见的有代表性的游乐设施名称命名，该游乐设施为基本型，如“转马类”，“转马”为基本型，与“转马”结构及运动形式类似的游乐设施均属于“转马”类。大型游乐设施共分成 13 类：

（1）转马类：乘人部分绕垂直轴旋转及运动形式类似的游艺机。

（2）陀螺类：乘人部分绕可变倾角的轴旋转及运动形式类似的游艺机。

（3）飞行塔类：乘人部分用挠性件吊挂，边升降边绕垂直轴回转及运动形式类似的游艺机。

（4）自控飞机类：乘人部分绕中心垂直轴回转并升降及运动形式类似的游艺机。

（5）观览车类：乘人部分绕水平轴回转及运动形式类似的游艺机。

（6）滑行车类：沿轨道运行，有惯性滑行特征及运动形式类似的游艺机。

（7）架空游览车类：沿架空轨道运行，适用于人力、内燃机和电力等驱动及运动形式类似的游艺机。

（8）小火车类：沿地面轨道运行，适用于电力、内燃机及其他动力驱动及运动形式类似的游艺机。

（9）赛车类：沿地面指定线路运行及运动形式类似的游艺机。

（10）滑道类：用型材成槽型材料制成的，呈坡型铺设成，架设在地面上的由乘坐者操纵滑车沿固定线路滑行的游乐设施。

（11）碰碰车类：在固定的车场内运行，用电力、内燃机及人力动力驱动，车体可互相碰撞的游艺机。

（12）水上游乐设施：借助水域、水流或其他载体，为达到娱乐目的而建造的水上设施。如游乐池、水滑梯、造浪机、水上自行车、游船等。

（13）无动力类：本身无动力驱动，由乘客在其上操作或游乐的设施。

（四）游乐设施现场工作条件

游乐设施在每日投入运营前，使用单位必须进行试运行和相应的安全检查，并记录检查情况。

每次运行前，作业和服务人员必须向游客讲解安全注意事项，并对安全装置进行检查确认。运行中要注意游客动态，及时制止游客的危险行为。

室外游乐设施在暴风雨等危险的天气条件下不得操作和使用；高度超过 20 m 的游乐设施在风速大于 15 m/s 时，必须停止运行。

游乐设施在操作和使用时，全部通道和出口处都应有充足的照明，以防止发生人身伤害。

在醒目之处张贴“乘客须知”，其内容应包括该设施的运动特点，适应对象，禁止事宜及注意事项等。

游乐设施的运行区域应用护栏或其他保护措施加以隔离，防止公众受到运行设施的伤害。当有人处于危险位置时，游乐设施禁止操作。

第二节　特种设备事故的类型

一、锅炉事故

（一）锅炉事故特点

（1）锅炉在运行中受高温、压力和腐蚀等的影响，容易造成事故，且事故种类呈现出多种多样的形式。

（2）锅炉一旦发生故障，将造成停电、停产、设备损坏，其损失非常严重。

（3）锅炉是一种密闭的压力容器，在高温和高压下工作，一旦发生爆炸，将摧毁设备和建筑物，造成人身伤亡。

（二）锅炉事故发生原因

（1）超压运行。如安全阀、压力表等安全装置失灵，或者在水循环系统发生故障，造成锅炉压力超过许用压力，严重时会发生锅炉爆炸。

（2）超温运行。由于烟气流差或燃烧工况不稳定等原因，使锅炉出口气温过高、受热面温度过高，造成金属烧损或发生爆管事故。

（3）锅炉水位过低会引起严重缺水事故；锅炉水位过高会引起满水事故，长时间高水位运行，还容易使压力表管口结垢而堵塞，使压力表失灵而导致锅炉超压事故。

（4）水质管理不善。锅炉水垢太厚，又未定期排污，会使受热面水侧积存泥垢和水垢，热阻增大，而使受热面金属烧坏；给水中带有油质或给水呈酸性，会使金属壁过热或腐蚀；碱性过高，会使钢板产生苛性脆化。

（5）水循环被破坏。结垢会造成水循环被破坏；锅炉碱度过高，锅筒水面起泡沫、汽水共腾易使水循环遭到破坏。水循环被破坏，锅内的水况紊乱，有的受热面管子将发生倒流或停滞，或者造成“汽塞”，在停滞水流的管子内产生泥垢和水垢堵塞，从而烧坏受热面管子或发生爆炸事故。

（6）违章操作。锅炉工的误操作，错误的检修方法和不对锅炉进行定期检查等都可能导致事故的发生。

（三）锅炉事故应急措施

（1）锅炉一旦发生事故，司炉人员一定要保持清醒的头脑，不要惊慌失措，应立即判断和查明事故原因，并及时进行事故处理。发生重大事故和爆炸事故时应启动应急预案，保护现场，并及时报告有关领导和监察机构。

（2）发生锅炉爆炸事故时，必须设法躲避爆炸物和高温水、汽，在可能的情况下尽快将人员撤离现场；爆炸停止后立即查看是否有伤亡人员，并进行救助。

（3）发生锅炉重大事故时，要停止供给燃料和送风，减弱引风；熄灭和清除炉膛内的燃料（指火床燃烧锅炉），注意不能用向炉膛浇水的方法灭火，而用黄砂或湿煤灰将红火压灭；打开炉门、灰门，烟风道闸门等，以冷却炉子；切断锅炉同蒸汽总管的联系，打开锅筒上放空排放或安全阀以及过热器出口集箱和疏水阀；向锅炉内进水、放水，以加速锅炉的冷却；但是严重缺水事故时，切勿向锅炉内进水。

（四）锅炉事故及预防

1. 锅炉爆炸事故

1）水蒸气爆炸

锅炉中容纳水及水蒸气较多的大型部件，如锅筒及水冷壁集箱等，在正常工作时，或者处于水汽两相共存的饱和状态，或者是充满了饱和水，容器内的压力则等于或接近锅炉的工作压力，水的温度则是该压力对应的饱和温度。一旦该容器破裂，容器内液面上的压力瞬间下降为大气压力，与大气压力相对应的水的饱和温度是 100 ℃。原工作压力下高于 100 ℃的饱和水此时成了极不稳定、在大气压力下难于存在的“过饱和水”，其中的一部分即瞬时汽化，体积骤然膨胀许多倍，在空间形成爆炸。

2）超压爆炸

超压爆炸指由于安全阀、压力表不齐全、损坏或装设错误，操作人员擅离岗位或放弃监视责任，关闭或关小出汽通道，无承压能力的生活锅炉改作承压蒸汽锅炉等原因，致使锅炉主要承压部件筒体、封头、管板、炉胆等承受的压力超过其承载能力而造成的锅炉爆炸。

超压爆炸是小型锅炉最常见的爆炸情况之一。预防这类爆炸的主要措施是加强运行管理。

3）缺陷导致爆炸

缺陷导致爆炸指锅炉承受的压力并未超过额定压力，但因锅炉主要承压部件出现裂纹、严重变形、腐蚀、组织变化等情况，导致主要承压部件丧失承载能力，突然大面积破裂爆炸。

缺陷导致的爆炸也是锅炉常见的爆炸情况之一。预防这类爆炸，除加强锅炉的设计、制造、安装、运行中的质量控制和安全监察外，还应加强锅炉检验，发现锅炉缺陷及时处理，避免锅炉主要承压部件带缺陷运行。

4）严重缺水导致爆炸

锅炉的主要承压部件如锅筒、封头、管板、炉胆等，不少是直接受火焰加热的。锅炉一旦严重缺水，上述主要受压部件得不到正常冷却，甚至被烧，金属温度急剧上升甚至被烧红。这样的缺水情况是严禁加水的，应立即停炉。如给严重缺水的锅炉上水，往往酿成爆炸事故。长时间缺水干烧的锅炉也会爆炸。

防止这类爆炸的主要措施也是加强运行管理。

2. 缺水事故

1）锅炉缺水的后果

当锅炉水位低于水位表最低安全水位刻度线时，即形成了锅炉缺水事故。锅炉缺水时，水位表内往往看不到水位，表内发白发亮。缺水发生后，低水位警报器动作并发出警报，过热蒸汽温度升高，给水流量不正常地小于蒸汽流量。锅炉缺水是锅炉运行中最常见的事故之一，常常造成严重后果。严重缺水会使锅炉蒸发受热面管子过热变形甚至烧塌，胀口渗漏，胀管脱落，受热面钢材过热或过烧，降低或丧失承载能力，管子爆破，炉墙损坏。如锅炉缺水处理不当，甚至会导致锅炉爆炸。

2）常见的锅炉缺水原因

（1）运行人员疏忽大意，对水位监视不严；或者操作人员擅离职守，放弃了对水位及其他仪表的监视。

（2）水位表故障造成假水位，而操作人员未及时发现。

（3）水位报警器或给水自动调节器失灵而又未及时发现。

（4）给水设备或给水管路故障，无法给水或水量不足。

（5）操作人员排污后忘记关排污阀，或者排污阀泄漏。

（6）水冷壁、对流管束或省煤器管子爆破漏水。

3）锅炉缺水的处理

发现锅炉缺水时，应首先判断是轻微缺水还是严重缺水，然后酌情予以不同的处理。通常判断缺水程度的方法是“叫水”。“叫水”的操作方法是：打开水位表的放水旋塞冲洗汽连管及水连管，关闭水位表的汽连接管旋塞，关闭放水旋塞。如果此时水位表中有水位出现，则为轻微缺水。如果通过“叫水”水位表内仍无水位出现，说明水位已降到水连管以下甚至更严重，属于严重缺水。

轻微缺水时，可以立即向锅炉上水，使水位恢复正常。如果上水后水位仍不能恢复正常，应立即停炉检查。严重缺水时，必须紧急停炉。在未判定缺水程度或者已判定属于严重缺水的情况下，严禁给锅炉上水，以免造成锅炉爆炸事故。

“叫水”操作一般只适用于相对容水量较大的小型锅炉，不适用于相对容水量很小的电站锅炉或其他锅炉。对相对容水量小的电站锅炉或其他锅炉，以及最高火界在水连管以上的锅壳锅炉，一旦发现缺水，应立即停炉。

3. 满水事故

1）锅炉满水的后果

锅炉水位高于水位表最高安全水位刻度线的现象，称为锅炉满水。锅炉满水时，水位表内也往往看不到水位，但表内发暗，这是满水与缺水的重要区别。满水发生后，高水位报警器动作并发出警报，过热蒸汽温度降低，给水流量不正常的大于蒸汽流量。严重满水时，锅水可进入蒸汽管道和过热器，造成水击及过热器结垢。因而满水的主要危害是降低蒸汽品质，损害以致破坏过热器。

2）常见的满水原因

（1）运行人员疏忽大意，对水位监视不严；或者运行人员擅离职守，放弃了对水位及其他仪表的监视。

（2）水位表故障造成假水位，而运行人员未及时发现。

（3）水位报警器及给水自动调节器失灵而又未能及时发现，等等。

3）锅炉满水的处理

发现锅炉满水后，应冲洗水位表，检查水位表有无故障；一旦确认满水，应立即关闭给水阀停止向锅炉上水，启用省煤器再循环管路，减弱燃烧，开启排污阀及过热器、蒸汽管道上的疏水阀；待水位恢复正常后，关闭排污阀及各疏水阀；查清事故原因并予以消除，恢复正常运行。如果满水时出现水击，则在恢复正常水位后，还须检查蒸汽管道、附件、支架等，确定无异常情况，才可恢复正常运行。

4. 汽水共腾

1）汽水共腾的后果

锅炉蒸发表面（水面）汽水共同升起，产生大量泡沫并上下波动翻腾的现象，叫汽水共腾。发生汽水共腾时，水位表内也出现泡沫，水位急剧波动，汽水界线难以分清；过热蒸汽温度急剧下降；严重时，蒸汽管道内发生水冲击。汽水共腾与满水一样，会使蒸汽带水，降低蒸汽品质，造成过热器结垢及水击振动，损坏过热器或影响用汽设备的安全运行。

2）形成汽水共腾原因

形成汽水共腾有两个方面的原因：

（1）锅水品质太差。由于给水品质差、排污不当等原因，造成锅水中悬浮物或含盐量太高，碱度过高。由于汽水分离，锅水表面层附近含盐浓度更高，锅水黏度很大，气泡上升阻力增大。在负荷增加、汽化加剧时，大量气泡被黏阻在锅水表面层附近来不及分离出去，形成大量泡沫，使锅水表面上下翻腾。

（2）负荷增加和压力降低过快。当水位高、负荷增加过快、压力降低过速时，会使水面汽化加剧，造成水面波动及蒸汽带水。

3）汽水共腾的处理

发现汽水共腾时，应减弱燃烧力度，降低负荷，关小主汽阀；加强蒸汽管道和过热器的疏水；全开连续排污阀，并打开定期排污阀放水，同时上水，以改善锅水品质；待水质改善、水位清晰时，可逐渐恢复正常运行。

5. 锅炉爆管

1）爆管后果

炉管爆破指锅炉蒸发受热面管子在运行中爆破，包括水冷壁、对流管束管子爆破及烟管爆破。炉管爆破时，往往能听到爆破声，随之水位降低，蒸汽及给水压力下降，炉膛或烟道中有汽水喷出的声响，负压减小，燃烧不稳定，给水流量明显地大于蒸汽流量，有时还有其他比较明显的症状。

2）爆管原因

（1）水质不良、管子结垢并超温爆破。

（2）水循环故障。

（3）严重缺水。

（4）制造、运输、安装中管内落入异物，如钢球、木塞等。

（5）烟气磨损导致管壁减薄。

（6）运行或停炉的管壁因腐蚀而减薄。

（7）管子膨胀受阻碍，由于热应力造成裂纹。

（8）吹灰不当造成管壁减薄。

（9）管路缺陷或焊接缺陷在运行中发展扩大。

3）爆管处理

炉管爆破时，通常必须紧急停炉修理。

由于导致炉管爆破的原因很多，有时往往是几方面的因素共同影响而造成事故，因而防止炉管爆破必须从搞好锅炉设计、制造、安装、运行管理、检验等各个环节入手。

6. 省煤器损坏

省煤器损坏指由于省煤器管子破裂或省煤器其他零件损坏所造成的事故。

1）省煤器损坏的后果

省煤器损坏时，给水流量不正常的大于蒸汽流量；严重时，锅炉水位下降，过热蒸汽温度上升；省煤器烟道内有异常声响，烟道潮湿或漏水，排烟温度下降，烟气阻力增大，引风机电流增大。

省煤器损坏会造成锅炉缺水而被迫停炉。

2）省煤器损坏原因

（1）烟速过高或烟气含灰量过大，飞灰磨损严重。

（2）给水品质不符合要求，特别是未进行除氧，管子水侧被严重腐蚀。

（3）省煤器出口烟气温度低于其酸露点，在省煤器出口段烟气侧产生酸性腐蚀。

（4）材质缺陷或制造安装时的缺陷导致破裂。

（5）水击或炉膛、烟道爆炸剧烈振动省煤器并使之损坏等。

3）省煤器损坏处理

省煤器损坏时，如能经直接上水管给锅炉上水，并使烟气经旁通烟道流出，则可不停炉进行省煤器修理，否则必须停炉进行修理。

7. 过热器损坏

1）过热器损坏的后果

过热器损坏主要指过热器爆管。这种事故发生后，蒸汽流量明显下降，且不正常的小于给水流量；过热蒸汽温度上升，压力下降；过热器附近有明显声响，炉膛负压减小，过热器后的烟气温度降低。

2）过热器损坏的原因

（1）锅炉满水、汽水共腾或汽水分离效果差而造成过热器内进水结垢，导致过热爆管。

（2）受热偏差或流量偏差使个别过热器管子超温而爆管。

（3）启动、停炉时对过热器保护不善而导致过热爆管。

（4）工况变动（负荷变化、给水温度变化、燃料变化等）使过热蒸汽温度上升，造成金属超温爆管。

（5）材质缺陷或材质错用（如在需要用合金钢的过热器上错用了碳素钢）。

（6）制造或安装时的质量问题，特别是焊接缺陷。

（7）管内异物堵塞。

（8）被烟气中的飞灰严重磨损。

（9）吹灰不当，损坏管壁等。

由于在锅炉受热面中过热器的使用温度最高，致使过热蒸汽温度变化的因素很多，相应造成过热器超温的因素也很多。因此过热器损坏的原因比较复杂，往往和温度工况有关，在分析问题时需要综合各方面的因素考虑。

3）过热器损坏处理

过热器损坏通常需要停炉修理。

8. 水击事故

水在管道中流动时，因速度突然变化导致压力突然变化，形成压力波并在管道中传播的现象，叫水击。

1）水击事故的后果

发生水击时管道承受的压力骤然升高，发生猛烈振动并发出巨大声响，常常造成管道、法兰、阀门等的损坏。

2）水击事故原因

锅炉中易于产生水击的部位有：

（1）给水管道、省煤器、过热器、锅筒等。给水管道的水击常常是由于管道阀门关闭或开启过快造成的。比如，阀门突然关闭，高速流动的水突然受阻，其动压在瞬间转变为静压，造成对内门、管道的强烈冲击。

（2）省煤器管道的水击分两种情况：一种是省煤器内部分水变成了蒸汽，蒸汽与温度较低的（未饱和）水相遇时，水将蒸汽冷凝，原蒸汽区压力降低，使水速突然发生变化并造成水击；另一种则和给水管道的水击相同，是由阀门的突然开闭造成的。

（3）过热器管道的水击常发生在满水或汽水共腾事故中，在暖管时也可能出现。造成水击的原因是蒸汽管道中出现了水，水使部分蒸汽降温甚至冷凝，形成压力降低区，蒸汽携水向压力降低区流动，使水速突然变化而产生水击。

（4）锅筒的水击也有两种情况：一是上锅筒内水位低于给水管出口而给水温度又较低时，大量低温进水造成蒸汽凝结，使压力降低而导致水击；二是下锅筒内采用蒸汽加热时，进汽速度太快，蒸汽迅速冷凝形成低压区，造成水击。

3）水击事故的预防与处理

为了预防水击事故，给水管道和省煤器管道的阀门启闭不应过于频繁，开闭速度要缓慢；对可分式省煤器的出口水温要严格控制，使之低于同压力下的饱和温度 40 ℃；防止满水和汽水共腾事故，暖管之前应彻底疏水；上锅筒进水速度应缓慢，下锅筒进汽速度也应缓慢。发生水击时，除立即采取措施使之消除外，还应认真检查管道、阀门、法兰、支撑等，如无异常情况，才能使锅炉继续运行。

9. 炉膛爆炸事故

1）炉膛爆炸事故结果

炉膛爆炸是指炉膛内积存的可燃性混合物瞬间同时爆燃，从而使炉膛烟气侧压力突然升高，超过了设计允许值而造成水冷壁、刚性梁及炉顶、炉墙破坏的现象，即正压爆炸。此外还有负压爆炸，即在送风机突然停转时，引风机继续运转，烟气侧压力急降，造成炉膛、刚性梁及炉墙破坏的现象。

炉膛爆炸（外爆）要同时具备 3 个条件：一是燃料必须以游离状态存在于炉膛中；二是燃料和空气的混合物达到爆燃的浓度；三是有足够的点火能源。炉膛爆炸常发生于燃油、燃气、燃煤粉的锅炉。不同可燃物的爆炸极限和爆炸范围各不相同。

由于爆炸过程中火焰传播速度非常快，每秒达数百米甚至数千米，火焰激波以球面向各方向传播，邻近燃料同时被点燃，烟气容积突然增大，因来不及泄压而使炉膛内压力陡增而发生爆炸。

2）引起炉膛爆炸的主要原因

（1）在设计上缺乏可靠的点火装置、可靠的熄火保护装置及联锁、报警和跳闸系统，炉膛及刚性梁结构抗爆能力差，制粉系统及燃油雾化系统有缺陷。

（2）在运行过程中操作人员误判断、误操作，此类事故占炉膛爆炸事故总数的 90% 以上。有时因采用“爆燃法”点火而发生爆炸。此外，还有因烟道闸板关闭而发生炉膛爆炸事故。

3）炉膛爆炸事故预防

为防止炉膛爆炸事故的发生，应根据锅炉的容量和大小，装设可靠的炉膛安全保护装置，如防爆门、炉膛火焰和压力检测装置，联锁、报警、跳闸系统及点火程序，熄火程序控制系统。同时，尽量提高炉膛及刚性梁的抗爆能力。此外应加强使用管理，提高司炉工人技术水平。在启动锅炉点火时要认真按操作规程进行点火，严禁采用“爆燃法”，点火失败后先通风吹扫 5 ~ 10 min 后才能重新点火；在燃烧不稳，炉膛负压波动较大时，如除大灰，燃料变更，制粉系统及雾化系统发生故障，低负荷运行时应精心控制燃烧，严格控制负压。

10. 尾部烟道二次燃烧

1）尾部烟道二次燃烧事故结果

尾部烟道二次燃烧主要发生在燃油锅炉上。当锅炉运行中燃烧不完好时，部分可燃物随着烟气进入尾部烟道，积存于烟道内或黏附在尾部受热面上，在一定条件下这些可燃物自行着火燃烧。尾部烟道二次燃烧常将空气预热器、省煤器破坏。引起尾部烟道二次燃烧的条件是：在锅炉尾部烟道上有可燃物堆积下来，并达到一定的温度，有一定量的空气可供燃烧。这 3 个条件同时满足时，可燃物就有可能自燃或被引燃着火。

2）尾部烟道二次燃烧事故原因

尾部烟道二次燃烧易在停炉之后不久发生。

（1）可燃物在尾部烟道积存。锅炉启动或停炉时燃烧不稳定、不完全，可燃物随烟气进入尾部烟道，积存在尾部烟道；燃油雾化不良，来不及在炉膛完全燃烧而随烟气进入尾部烟道；鼓风机停转后炉膛内负压过大，引风机有可能将尚未燃烧的可燃物吸引到尾部烟道上。

（2）可燃物着火的温度条件是：刚停炉时尾部烟道上尚有烟气存在，烟气流速很低甚至不流动，受热面上沉积有可燃物，传热系数差，难以向周围散热；在较高温度的情况下，可燃物自氧化加剧放出一定能量，从而使温度更进一步上升。

（3）保持一定空气量。尾部烟道门孔和挡板关闭不严密；空气预热器密封不严，空气泄漏。

3）尾部烟道二次燃烧的预防

为防止产生尾部烟道二次燃烧，要提高燃烧效率，尽可能减少不完全燃烧损失，减少锅炉的启停次数；加强尾部受热面的吹灰；保证烟道各种门孔及烟气挡板的密封良好；应在燃油锅炉的尾部烟道上装设灭火装置。

11. 锅炉结渣

1）锅炉结渣结果

锅炉结渣，指灰渣在高温下黏结于受热面、炉墙、炉排之上并越积越多的现象。燃煤锅炉结渣是个普遍性的问题，层燃炉、沸腾炉、煤粉炉都有可能结渣。由于煤粉炉炉膛温度较高，煤粉燃烧后的细灰呈飞腾状态，因而更易在受热面上结渣。结渣使受热面吸热能力减弱，降低锅炉的出力和效率；局部水冷壁管结渣会影响和破坏水循环，甚至造成水循环故障；结渣会造成过热蒸汽温度的变化，使过热器金属超温；严重的结渣会妨碍燃烧设备的正常运行，甚至造成被迫停炉。结渣对锅炉的经济性、安全性都有不利影响。

2）锅炉结渣原因

产生结渣的原因主要是煤的灰渣熔点低，燃烧设备设计不合理，运行操作不当等。

3）锅炉结渣预防

预防结渣的主要措施有：

（1）在设计上要控制炉膛燃烧热负荷，在炉膛中布置足够的受热面，控制炉膛出口温度，使之不超过灰渣变形温度；合理设计炉膛形状，正确设置燃烧器，在燃烧器结构性能设计中充分考虑结渣问题；控制水冷壁间距不要太大，而要把炉膛出口处受热面管间距拉开；炉排两侧装设防焦集箱等。

（2）在运行上要避免超负荷运行；控制火焰中心位置，避免火焰偏斜和火焰冲墙；合理控制过量空气系数和减少漏风。

（3）对沸腾炉和层燃炉，要控制送煤量，均匀送煤，及时调整燃料层和煤层厚度。

（4）发现锅炉结渣要及时清除。清渣应在负荷较低、燃烧稳定时进行，操作人员应注意防护和安全。

二、压力容器事故

（一）压力容器事故特点

（1）压力容器在运行中由于超压、过热，而超出受压元件可以承受的压力，或腐蚀、磨损，造成受压元件承受能力下降到不能承受正常压力的程度，发生爆炸、撕裂等事故。

（2）压力容器发生爆炸事故后，不但事故设备被毁，而且还波及周围的设备、建筑和人群。其爆炸所直接产生的碎片能飞出数百米远，并能产生巨大的冲击波，其破坏力与杀伤力极大。

（3）压力容器发生爆炸、撕裂等重大事故后，有毒物质的大量外溢会造成人畜中毒的恶性事故；而可燃性物质的大量泄漏，还会引起重大的火灾和二次爆炸事故，后果也十分严重。

（二）压力容器事故发生原因

（1）结构不合理、材质不符合要求、焊接质量不好、受压元件强度不够以及其他设计制造方面的原因。

（2）安装不符合技术要求，安全附件规格不对、质量不好，以及其他安装、改造或修理方面的原因。

（3）在运行中超压、超负荷、超温，违反劳动纪律、违章作业、超过检验期限没有进行定期检验、操作人员不懂技术，以及其他运行管理不善方面的原因。

（三）压力容器事故应急措施

（1）压力容器发生超压超温时要马上切断进汽阀门；对于反应容器停止进料；对于无毒非易燃介质，要打开放空管排汽；对于有毒易燃易爆介质要打开放空管，将介质通过接管排至安全地点。

（2）如果属超温引起的超压，除采取上述措施外，还要通过水喷淋冷却以降温。

（3）压力容器发生泄漏时，要马上切断进料阀门及泄漏处前端阀门。

（4）压力容器本体泄漏或第一道阀门泄漏时，要根据容器、介质不同使用专用堵漏技术和堵漏工具进行堵漏。

（5）易燃易爆介质泄漏时，要对周边明火进行控制，切断电源，严禁一切用电设备运行，并防止静电产生。

（四）压力容器事故及预防

1. 压力容器爆炸事故及危害

1）压力容器爆炸

压力容器爆炸分为物理爆炸和化学爆炸。物理爆炸是容器内高压气体迅速膨胀并以高速释放内在能量。化学爆炸是容器内的介质发生化学反应，释放能量生成高压、高温，其爆炸危害程度往往比物理爆炸严重。

2）压力容器爆炸的危害

（1）冲击波及其破坏作用。冲击波超压会造成人员伤亡和建筑物的破坏。

压力容器因严重超压而爆炸时，其爆炸能量远大于按工作压力估算的爆炸能量，破坏和伤害情况也严重得多。

（2）爆破碎片的破坏作用。压力容器破裂爆炸时，高速喷出的气流可将壳体反向推出，有些壳体破裂成块或片向四周飞散。这些具有较高速度或较大质量的碎片，在飞出过程中具有较大的动能，会造成较大的危害。

碎片还可能损坏附近的设备和管道，引起连续爆炸或火灾，造成更大危害。

（3）介质伤害。主要是有毒介质的毒害和高温蒸汽的烫伤。

在压力容器所盛装的液化气体中有很多是毒性介质，如液氨、液氯、二氧化硫、二氧化氮、氢氟酸等。盛装这些介质的容器破裂时，大量液体瞬间气化并向周围大气扩散，会造成大面积的毒害，不但造成人员中毒，致死致病，也严重破坏生态环境，危及中毒区的动植物。

其他高温介质泄放气化会灼烫伤害现场人员。

（4）二次爆炸及燃烧危害。当容器所盛装的介质为可燃液化气体时，容器破裂爆炸在现场形成大量可燃蒸气，并迅即与空气混合形成可爆性混合气，在扩散中遇明火即形成二次爆炸。

可燃液化气体容器的这种燃烧爆炸，常使现场附近变成一片火海，造成严重的后果。

（5）压力容器快开门事故危害。快开门式压力容器开关盖频繁，在容器泄压未尽前或带压下打开端盖，以及端盖未完全闭合就升压，极易造成快开门式压力容器爆炸事故。

2. 压力容器泄漏事故及危害

1）压力容器泄漏

压力容器的元件开裂、穿孔、密封失效等造成容器内的介质泄漏的现象。

2）压力容器泄漏的危害

（1）有毒介质伤害。压力容器盛装的是毒性介质时，这些介质会从容器破裂处泄漏，大量液体瞬间气化并扩散，会造成大面积的毒害，造成人员中毒，破坏生态环境。

有毒介质由容器泄放气化后，体积增大 100～250 倍。所形成的毒害区的大小及毒害程度，取决于容器内有毒介质的质量、容器破裂前的介质温度和压力、介质毒性。

（2）爆炸及燃烧危害。容器盛装的是可燃介质时，这些介质会从容器破裂处泄漏，液化气会瞬间气化，在现场形成大量可燃气体，并迅即与空气混合，达到爆炸极限时，遇明火即会造成空间爆炸。未达到爆炸极限，遇明火即会形成燃烧，此时的燃烧往往会造成周边的容器产生爆炸，进而造成严重的后果。

（3）高温灼烫伤。主要是高温介质泄放气化灼烫伤害现场人员，如高温蒸汽的烫伤等。

3. 压力容器事故的预防

为防止压力容器发生爆炸、泄漏事故，应采取下列措施：

（1）在设计上，应采用合理的结构，如采用全焊透结构，能自由膨胀等，避免应力集中、几何突变。针对设备使用工况，选用塑性、韧性较好的材料。强度计算及安全阀排量计算符合标准。

（2）制造、修理、安装、改造时，加强焊接管理，提高焊接质量并按规范要求进行热处理和探伤；加强材料管理，避免采用有缺陷的材料或用错钢材、焊接材料。

（3）在压力容器的使用过程中，加强管理，避免操作失误、超温、超压、超负荷运行、失检、失修、安全装置失灵等。

（4）加强检验工作，及时发现缺陷并采取有效措施。

（5）在压力容器的使用过程中，发生下列异常现象时，应立即采取紧急措施，停止容器的运行：

① 超温、超压、超负荷时，采取措施后仍不能得到有效控制。

② 容器主要受压元件发生裂纹、鼓包、变形等现象。

③ 安全附件失效。

④ 接管、紧固件损坏，难以保证安全运行。

⑤ 发生火灾、撞击等直接威胁压力容器安全运行的情况。

⑥ 充装过量。

⑦ 压力容器液位超过规定，采取措施仍不能得到有效控制。

⑧ 压力容器与管道发生严重振动，危及安全运行。

三、压力管道事故

（一）压力管道事故特点

（1）压力管道系统在运行过程中，经常会由于密封元件损坏、管道元件腐蚀穿孔、焊接或结构缺陷、过量变形等出现泄漏。

（2）压力管道在运行中由于物理原因的超压、过热，或者异常化学反应的压力、温度的急剧升高，而超出管道元件可以承受的压力，或腐蚀、磨损，而造成管道元件承受能力下降到不能承受正常压力的程度，发生爆炸、撕裂等事故。

（3）压力管道本体发生爆炸，或者泄漏的易燃易爆介质爆炸，不但事故设备毁坏和操作人员伤亡，而且还波及周围的设施和人员。其爆炸所产生的碎片，以及产生的巨大冲击波，破坏力与杀伤力极大。

（4）压力管道发生泄漏、爆炸、撕裂后，有毒物质的大量外溢会造成人畜中毒的恶性事故；而可燃性物质的大量泄漏，还会引起重大火灾和二次爆炸事故，后果也十分严重。

（5）由于疲劳断裂常常是突然发生的，所以对于长距离输送管道来说，管道断裂，尤其是高压输气管道的断裂，造成的危害是非常严重的。

（二）压力管道事故发生原因

1. 随时间逐渐发展的缺陷导致的原因

（1）腐蚀减薄。由于介质和外部环境对管道元件产生腐蚀，会使管道整体或局部壁厚减薄，承载能力下降，而造成管道元件的破坏。腐蚀可以分为内腐蚀（介质引起）和外腐蚀（环境引起），从腐蚀形态上可以分为全面腐蚀和局部腐蚀，从腐蚀机理上可分为均应腐蚀、点腐蚀、缝隙腐蚀等。

（2）冲刷磨损。管道内的介质对管壁的长期冲刷，造成管壁厚度的减薄，当管壁厚度不能满足强度要求时，就会在管道冲刷部位产生冲刷磨损破坏。介质流速越大，冲蚀越严重；介质硬度越大，颗粒度越大，冲蚀越严重；在流动方向改变的区域和管道直径变化的区域，如弯头、三通、变径管件等，冲刷磨损越严重。

（3）开裂。压力管道在运行中由于各种原因会产生不同程度的裂纹，而裂纹是压力管道最危险的一种缺陷，是导致管道脆性破坏的主要原因。管道裂纹主要来源于两种途径：一是管材制造和管道安装中产生的裂纹，二是管道系统使用中产生或扩展的裂纹。前者是管材轧制裂纹、焊接裂纹和应力裂纹，后者是腐蚀裂纹、疲劳裂纹和蠕变裂纹。其中腐蚀裂纹是腐蚀性介质在一定压力、温度条件下，对材料造成腐蚀而逐渐形成的一种裂纹，常见的有应力腐蚀裂纹和晶间腐蚀裂纹。

（4）材质劣化。管道材料在压力、温度、介质的作用下，其金相组织发生变化，造成材料性能下降，导致管道破坏。如珠光体球化、石墨化、渗碳、脱碳、回火脆化、敏化、应变强化等。另外，含氢介质在一定的压力、温度条件下，会使管道材料产生氢损伤（如氢脆、氢鼓包、氢腐蚀、氢致剥离等），造成材料性能下降。

（5）变形。压力管道由于不合理的结构，或者长期超温、过载运行，其应力导致管道在某些部位产生很大的反力和反力矩，或者管系振动导致管道超出允许振动控制范围，致使管道系统发生结构形状改变，使得局部管道元件失效破坏，严重时管道系统可能发生整体坍塌。

2. 设计制造原因

（1）设计原因。管系设计结构布置不合理，材料选用不符合要求，阀门和管件选型错误，应力分析失误，受压元件强度不够等，造成管道在运行中发生事故。

（2）制造原因。管子、管件、阀门制造中形成的缺陷，如原材料中的原始缺陷，焊接结构中的裂纹、气孔等焊接缺陷，管件制造过程中过度减薄和变形，阀门密封结构和操作机构不可靠等。

3. 安装质量原因

安装不符合技术要求，材料混用，焊接质量低劣，存在未焊透、未熔合、夹渣、气孔，甚至裂纹等缺陷，未按规定进行无损检测，弯管加工造成管内皱褶、变形超标，密封元件安装质量差，安全附件规格错误等。

4. 与时间无关，具有一定随机性的原因

在运行中超压、超温，违章作业，超过检验期限没有进行定期检验，操作人员不懂技术而进行误操作，第三方破坏，气候、外力作用等。

5. 长输管道事故的特殊原因

（1）自然条件恶劣地区，自然地质灾害严重的区域，如在地震断裂带、煤矿采空区、山体滑坡区、黄土冲沟区等，地震、泥石流、塌陷和洪水冲击等易对管道造成破坏。

（2）第三方破坏，即人为破坏造成压力管道泄漏爆炸事故。如埋地长输管道、城镇燃气管道被其他工程的施工单位挖漏、挖断，偷油偷气损坏管道等。

（3）埋地长输管道一般采用防腐层和阴极保护联合进行保护。如果两者其中一个出现问题，都会加速管道腐蚀，腐蚀到一定程度管道发生泄漏事故。

（三）压力管道事故应急措施

1. 应采取紧急措施的情况

管道操作人员在运行中发现操作条件异常时应及时进行调整。遇有下列情况时，应立即采取紧急措施并及时报告有关部门和人员：

（1）介质压力、温度超过材料允许的使用范围且采取措施后仍不见效。

（2）管道及管件发生裂纹、鼓包、变形、泄漏或异常振动、声响等。

（3）安全保护装置失效。

（4）发生火灾等事故且直接威胁正常安全运行。

（5）管道的阀门及监控装置失灵，危及安全运行。

2. 管道泄漏的紧急处理

管道的泄漏大多是因为密封面和密封元件失效，以及焊口、接头或附属设备松动、破裂、腐蚀穿孔、开裂、折断等原因引起。

在管道出现泄漏点时，尤其是较高压力的可燃气体管道泄漏时，应迅速关断管道上的阀门，以隔断泄漏管段，限制事故扩大，并应立即采取措施对泄漏点进行紧急处理。

对泄漏点进行紧急处理时，要区分承插式接头泄漏、砂眼泄漏、裂纹造成泄漏、管子泄漏等不同情况，采取相应的紧急处理方式。

带压堵漏技术可以在保持生产运行连续进行的情况下，将泄漏部位密封止漏，操作简便、安全迅速、社会和经济效益高，在冶金、化工、电力、石油等行业中已广泛应用。带压堵漏技术包括夹具设计、密封剂选择、堵漏操作和专用工具使用等几个关键环节，对操作人员要求高，应经过专门培训才能上岗作业。

因为带压堵漏的特殊性，有些紧急情况下不能采取带压堵漏技术进行处理，这些情况包括：

（1）毒性极大的介质管道。

（2）管道受压元件因裂纹而产生泄漏。

（3）管道腐蚀、冲刷壁厚状况不清。

（4）由于介质泄漏使螺栓承受高于设计使用温度的管道。

（5）泄漏特别严重（当量直径大于 10 mm），压力高、介质易燃易爆或有腐蚀性的管道。

（6）现场安全措施不符合要求的管道。

（四）典型压力管道事故及预防

1. 管道焊接缺陷造成破坏

1）事故原因

此类破坏是由于管道系统中的焊接缺陷造成的。管道元件制造、管道安装中都存在大量焊接过程，由于制造施工质量的管理混乱，造成压力管道系统中存在大量焊接缺陷，这些缺陷在管道运行中会逐渐扩展，扩展到一定程度，当管道元件不能承受正常载荷时，产生破断，造成泄漏事故，严重的造成爆炸事故。

2）预防措施

（1）制造、修理、安装、改造时，加强焊接管理，完善焊接质量管理体系：

① 施焊前应进行焊接工艺评定，按照评定合格的焊接工艺编制焊接作业指导书。

② 施焊的焊工必须考试合格，持有相应项目的资格。

③ 加强材料管理，避免采用有缺陷的材料或用错钢材、焊接材料。

④ 施焊中严格执行焊接工艺要求，并按规范要求进行热处理。

⑤ 严格按照要求进行无损探伤。

(2) 在压力管道运行中，加强管理，避免操作失误、超温、超压运行等。

(3) 加强检验工作，及时发现缺陷并采取有效措施。

2. 管系振动破坏

1) 事故原因

压力管道的振源多种多样，大致可分为来自系统自身和系统外两大类。系统自身的主要有与管道直接相连接机器、设备的振动引起的振动，管道流体的不稳定流动引起的振动；系统外的有风载荷、地震载荷引起的振动等。管道振动最常见的振源是机器的振动和管道内流体的不稳定流动引起的振动。管道内介质的不稳定流动的原因有，管道中阀门的突然关闭或打开，使得流体流动速度突然改变，对管系产生很大的冲击力引起振动；介质自身是气液两相状态，其形态复杂，形成多种流型，在流动方向和管径变化处产生冲击力引起振动；管道设计布置不合理，使得管道内流体存在过大的压力波动，压力波动很大的流体流经弯管、三通、阀门等处时，对管道的作用力造成更大的变化引起振动。

这些振动：一是会增加管道系统的交变载荷，使得未按疲劳设计的管道元件承受交变载荷而破坏；二是有可能造成管道之间的振动摩擦，导致管道元件减薄或出现其他缺陷而破坏；三是长期振动造成管道支承件损坏而使得管道系统发生变形而破坏。

2) 预防措施

(1) 避免管道结构固有频率、管道内气柱固有频率与压缩机、机泵的激振频率相等而形成共振。机器的激振频率一般是不能改变的，只有设法改变结构固有频率或气柱固有频率。改变管道内气柱固有频率主要可以通过改变缓冲器容积、管道直径和长度，或增设缓冲器等方法实现。管道结构固有频率的改变，可以通过改变管道支座型式、数量、位置来实现，这种方法可以不改管道系统的基本结构，工作量要小些。但采取增加支座的方法时，要注意验证受热膨胀位移的补偿，不能减小了振动振幅而过度加大了管道应力而引起其他缺陷破坏。

(2) 减轻气液两相流的激振力。提高管道隔热设计要求，缩短管道长度，适当降低管道内流体流速，使相变过程不过分激烈，减少液化的气体；设计选择适当的管道内流速，避免形成液节流；采用较大弯曲半径的弯头，减小弯头两端的流体质量差值。

(3) 加强支架刚度。两相流的不稳定性质，必然要产生对管道的激振力。可以通过提高管道支承刚度，提高管道的抗振能力。或者改变支架的设置，改变管道自振频率避开共振。

3. 液击破坏

1) 事故原因

输送液体或气液两相介质的管道中，由于生产装置的开停和生产过程的调节，常需要启闭阀门、机泵，这时管道内的液体速度就会发生突然变化。液体速度的变化使液体的动量改变，反映在管道内的压强迅速上升或下降，并伴有液体锤击的声音，这种现象叫液击，也称为水锤或水击。液击对管道的危害是很大的，造成管道内压力的变化十分剧烈，突然的严重升压可使管子破裂，迅速降压形成管内负压，可能使管子失稳而破坏。液击还常导致管道振动、噪声，严重影响管道系统的正常运行。

2）预防措施

（1）装置开停和生产调节过程中，尽量缓慢开闭阀门。

（2）缩短管子长度。

（3）在管道靠近液击源附近设安全阀、蓄能器等装置，释放或吸收液击的能量。

（4）采用具有防液击功能的阀门。这种阀门可根据特定系统要求调整快慢关角行程及快慢关闭时间。还有一种设置在管道系统中的电液伺服调节阀，当液击压力波处于上升状态时迅速开阀泄压，液击压力波为负压时迅速关闭，从而控制住液击压力波，使其不超过运行压力的10%。

（5）采用自控保护装置。利用管道监控与数据采集系统，实现紧急顺序自动启停泵控制，或者采用调节阀超前骤发液击波来削弱和消除液击破坏。

4. 疲劳破坏

疲劳破坏是指管道长期受到反复加压和卸压的交变载荷作用，金属材料出现疲劳产生破坏。金属在大小和方向都随时间发生周期性变化的交变载荷的作用下，尽管载荷所产生的应力不大，而且往往低于材料的屈服极限，但如果长期受这种载荷的作用，也会发生断裂。疲劳破坏主要有爆破和泄漏两种：如果材料强度高而韧性差，疲劳裂纹产生并扩展到临界裂纹尺寸时，就会突然以极快的速度扩展而爆破；如果材料的强度较低而韧性较好，疲劳裂纹扩展到相当尺寸后，即使穿透了管壁仍未达到临界裂纹尺寸，此时管道只发生介质泄漏而不爆破。

1）破坏原因

（1）应力集中。管道几何不连续部位、焊缝附近、材料存在缺陷部位都有不同程度的应力集中，有些部位的集中应力往往要比设计应力高出几倍，完全有可能达到甚至超过材料的屈服极限。反复的加载和卸载，将会使受力最大的晶粒产生塑性变形并逐渐发展成微小裂纹。随着应力的周期性变化，裂纹逐步扩展，最后导致破裂。

（2）载荷的反复作用。管道上反复作用的载荷主要由运行中压力的波动、强迫振动和周期性的外载荷所引起。交变的压力载荷对疲劳的影响最大。转动设备引起的机械振动，会传递给与之相连接的配管系统，如果配管系统无法将其吸收转移，就会在连接部位产生较大的振动而产生疲劳。

对于长输油气管道，这些交变应力来源于管道内输送介质压力的波动和气体介质的分层结构，也可能来自管道外部的载荷，如埋地管道上车辆引起的振动及沙漠管道流沙的迁移等。

（3）温度的变化。管道在受热或冷却过程中，被约束和固定而不能自由地膨胀和收缩使管道承受载荷，相连管道因不同材料的膨胀系数不同而产生的载荷，以及管道温度急剧变化或温度分布不均匀而在管壁中产生的温差应力载荷等，都直接影响到管道的抗疲劳性能。

2）预防措施

（1）选用合适的抗疲劳材料。压力管道的疲劳破坏多属于低周高应力破坏，而低周高应力疲劳取决于材料的塑性应变能力。低碳钢、碳锰钢具有较好的塑性应变能力，同时又具有抗低周疲劳破坏的特性，高强钢则与之相反。

（2）管道系统设计时需做疲劳分析。

（3）考虑结构的抗疲劳性能。管系结构设计应尽可能消除和减少应力集中，如优化管道布置；合理采取固定措施；在振动较大的设备附近设置缓冲装置以吸收振动；对由温度产生的载荷和变形，采用补偿装置等补偿办法，补偿器能够吸收管道因安装或热胀冷缩产生的巨大应力。

（4）制造及安装时应注意的问题。严把材料质量关，杜绝冶金和轧制质量低劣、均匀度差、有缺陷的管件成为疲劳裂纹的根源；安装施工时保持管道表面完好，避免弧坑、焊疤、碰撞、腐蚀等表面损伤；提高焊接质量，严格进行焊缝无损检测，防止裂纹、未焊透、未熔合等严重缺陷残留；保证焊缝表面质量，控制焊缝余高、角焊缝的过渡圆角、过渡半径，避免焊缝咬边、尖角等。

（5）加强定期检验。按期进行定期检验，并在定期检验中注意应力集中部位的检查和探伤，及时发现消除缺陷。

5. 蠕变破坏

1）破坏原因

在一定的高温环境下，即使钢所受到的拉应力低于该温度下的屈服强度，也会随时间的延长而发生缓慢持续的伸长，即发生钢的蠕变现象。材料长期发生蠕变，使得性能下降或产生蠕变裂纹，最终造成破坏失效。

蠕变失效的特征。蠕变断口可能因长期在高温下被氧化或腐蚀，表面被氧化层或其他腐蚀物覆盖。宏观上还有一个重要特征，即因长期蠕变，致使管道在直径方向有明显的变形，并伴有许多沿径线方向的小蠕变裂纹，甚至出现表面龟裂，或穿透壁厚而泄漏，或引起破裂事故。常见的管道蠕变断裂包括：管道焊缝熔合线处蠕变开裂；运行中管道沿轴向开裂；三通焊缝部位蠕变失效。各种材料产生蠕变的温度界限各不相同，碳钢和低合金钢超过300～400 ℃，即应考虑蠕变破坏问题。Cr－Ni合金钢则具有较好的抗高温蠕变性能。

2）预防措施

（1）根据使用温度选用合适的材料，并按材料的使用温度和相应寿命蠕变极限选取许用应力。

（2）合理设计管系布置和结构。蠕变破坏部位常位于弯头、三通焊缝等高拉伸应力区域和承受弯曲应力、支撑不良、布置不合理的管道端部。

（3）严格控制焊接工艺和热处理。焊接产生的缺陷，焊接热影响区组织和性能的变化，冷弯等加工变形对组织和性能的影响等，都会导致蠕变性能下降。

（4）严格执行操作规程，杜绝超温超压运行，并加强检查，避免因局部过热而导致蠕变破坏。

（5）加强定期检验。按期进行定期检验，并在定期检验中重点检查设置的监察管段的变化情况，进行必要的化学分析、金相分析，必要时应在管路中设置可拆卸管段以供检验分析取样和破坏性检验。

6. 地质灾害造成长输油气管道破坏

长输油气管道经常途经自然地质灾害严重的区域，如地震断裂带、煤矿采空区、山体滑坡区、黄土冲沟区等，地震、泥石流、塌陷和洪水冲击等易对管道造成破坏。目前，因洪灾、暴雨、滑坡造成的管线爆管、悬空、露管、护坡堡坎垮塌事故频繁发生。地质灾害是油气管道主要风险源之一。

地质灾害主要有以下八大类：

（1）矿产地下采空区。采空区塌陷会对油气管道造成严重后果，沉陷导致的地表大幅变形，将使高压管道发生严重变形、扭曲，甚至发生火灾、爆炸事故，严重污染环境，甚至使人民生命财产蒙受巨大损失。

（2）黄土湿陷区。黄土湿陷导致的灾害是多方面的，有地表大面积不均匀下陷、地裂缝，还可以诱发滑坡和崩塌的发生。

（3）潜在崩塌滑坡区。管道建设可采取绕避措施，但经济上需付出相当大的代价，有时无法避开。在管道营运期，管道附近的堆土、开挖等人类工程活动也会对土体稳定产生破坏，进而诱发崩塌滑坡。另外，地震灾害也会诱发崩塌和滑坡。

（4）泥石流区。这种现象普遍存在于山区小流域的上游沟道或坡谷。

（5）地质沉降区。这种地质灾害主要是由过量开采地下水诱发的。容易发生在经济发达、需水量大而超规模开采地下水的地区。

（6）风蚀沙埋区。这种地质灾害类型主要分布在气候干燥、风力强劲、土地沙化和荒漠化较严重的西部地区。

（7）膨胀土和盐渍土。盐渍土是干旱气候环境中由于地下水埋深浅、运移滞缓、强烈蒸发而造成土壤中盐分聚集地表所致。高矿化盐水对金属管材具腐蚀性，可溶盐结晶时产生体胀又会对管材和站场地基产生附加压力，从而对管线工程系统产生危害。

（8）活动断层区。活动断层易发地震，地震是威胁管道安全的一种最为严重的自然灾害。地震对埋地管道主要有三种破坏方式，即地震波的传播效应、永久地面变形和次生灾害。

7. 管道第三方破坏

第三方破坏会危害油气管道的安全平稳运行，是油气管道失效的主要因素之一。

8. 长输管道腐蚀破坏

腐蚀是长输管线事故的主要原因。

（1）长输管道的内腐蚀是其输送介质的本身，或者在温度、压力的共同作用下对管道内壁产生的腐蚀，按照腐蚀破坏的特征分为局部腐蚀和全面腐蚀。

（2）埋地管道的外腐蚀是威胁管道完整性的主要因素之一。减缓埋地管道外腐蚀的主要方法是防腐层和阴极保护，长输管道一般采用防腐层和阴极保护联合进行保护。

（3）大气腐蚀主要在海边或工业区，主要对象为跨越段和露管段。金属材料的大气腐蚀机制主要是材料受大气中所含的水分、氧气和腐蚀性介质（包括雨水中杂质、烟尘、表面沉积物等）的联合作用而引起的破坏。在一般情况下，大气腐蚀多数表现为均匀腐蚀，但随着材料的不同和所处环境差异及应用工况的不同，往往也出现其他类型的局部腐蚀。

管线的腐蚀寿命可以预测。腐蚀寿命的预测方法相对较成熟，是基于腐蚀持续发生且腐蚀缺陷为典型尺寸和形状的假设。不同区段管体的腐蚀存在较大差别，每个管段的剩余寿命可以不同，应分别计算。作为预测的重点对象应该是影响管线安全运营相对薄弱的区段、腐蚀发展速度较快的管段、环境土壤腐蚀性较强的管段、间接检测过程中发现问题较多的管段。

四、起重机械事故

（一）起重机械事故特点

（1）事故大型化、群体化，一起事故有时涉及多人，可能伴随大面积设备设施的损坏。

（2）事故类型集中，一台设备可能发生多起不同性质的事故。

（3）事故后果严重，只要是伤及人，往往是恶性事故，一般不是重伤就是死亡。

（4）伤害涉及的人员可能是司机、司索工和作业范围内的其他人员，其中司索工被伤害的比例最高。

（5）在安装、维修和正常起重作业中都可能发生事故，其中，起重作业中发生的事故最多。

（6）事故高发行业中，建筑、冶金、机械制造和交通运输等行业较多，与这些行业起重设备数量多、使用频率高、作业条件复杂有关。

（7）重物坠落是各种起重机共同的易发事故；汽车起重机易发生倾翻事故；塔式起重机易发生倒塔折臂事故；室外轨道起重机在风载作用下易发生脱轨翻倒事故；大型起重机易发生安装事故等。

（二）起重机械事故发生原因

起重机机械事故的发生原因主要包括人的因素、设备因素和环境因素等几个方面，其中人的因素主要是由于管理者或使用者心存侥幸、省事和逆反等心理原因从而产生非理智行为；物的因素主要是由于设备未按要求进行设计、制造、安装、维修和保养，特别是未按要求进行检验，带“病”运行，从而埋下安全隐患。占比例较大的起重机械事故起因主要有：

（1）重物坠落。吊具或吊装容器损坏、物件捆绑不牢、挂钩不当、电磁吸盘突然失电、起升机构的零件故障（特别是制动器失灵，钢丝绳断裂）等都会引发重物坠落。上吨重的吊载意外坠落，或起重机的金属结构件破坏、坠落，都可能造成严重后果。

（2）起重机失稳倾翻。起重机失稳有两种类型：一是由于操作不当（如超载、臂架变幅或旋转过快等）、支腿未找平或地基沉陷等原因使倾翻力矩增大，导致起重机倾翻；二是由于坡度或风载荷作用，使起重机沿路面或轨道滑动，导致脱轨翻倒。

（3）金属结构的破坏。庞大的金属结构是各类桥架起重机、塔式起重机和门座起重机的重要构成部分，作为整台起重机的骨架，不仅承载起重机的自重和吊重，而且构架了起重作业的立体空间。金属结构的破坏常常会导致严重伤害，甚至群死群伤的恶果。

（4）挤压。起重机轨道两侧缺乏良好的安全通道或与建筑结构之间缺少足够的安全距离，使运行或回转的金属结构机体对人员造成夹挤伤害；运行机构的操作失误或制动器失灵引起溜车，造成碾压伤害等。

（5）高处跌落。人员在离地面大于 2 m 的高度进行起重机的安装、拆卸、检查、维修或操作等作业时，从高处跌落造成的伤害。

（6）触电。起重机在输电线附近作业时，其任何组成部分或吊物与高压带电体距离过近，感应带电或触碰带电物体，都可以引发触电伤害。

（7）其他伤害。其他伤害是指人体与运动零部件接触引起的绞、碾、戳等伤害；液压起重机的液压元件破坏造成高压液体的喷射伤害；飞出物件的打击伤害；装卸高温液体金属、易燃易爆、有毒、腐蚀等危险品，由于坠落或包装捆绑不牢破损引起的伤害等。

（三）起重机械事故应急措施

（1）由于台风、超载等非正常载荷造成起重机械倾翻事故时，应及时通知有关部门和起重机械制造、维修单位维保人员到达现场，进行施救。当有人员被压埋在倾倒起重机下面时，应先切断电源，采取千斤顶、起吊设备、切割等措施，将被压人员救出，在实施处置时，必须指定1名有经验的人员进行现场指挥，并采取警戒措施，防止起重机倒塌、挤压事故的再次发生。

（2）发生火灾时，应采取措施施救被困在高处无法逃生的人员，并应立即切断起重机械的电源开关，防止电气火灾的蔓延扩大；灭火时，应防止二氧化碳等中毒窒息事故的发生。

（3）发生触电事故时，应及时切断电源，对触电人员应进行现场救护，预防因电气而引发火灾。

（4）发生从起重机械高处坠落事故时，应采取相应措施，防止再次发生高处坠落事故。

（5）发生载货升降机故障，致使货物被困轿厢内，操作员或安全管理员应立即通知维保单位，由维保单位专业维修人员进行处置。维保单位不能很快到达的，由经过训练的取得特种设备作业人员证书的作业人员，依照规定步骤释放货物。

（四）典型起重机械事故及预防

1. 重物坠落事故

起重机械重物坠落事故是指起重作业中，吊载、吊具等重物从空中坠落所造成的人身伤亡和设备毁坏的事故。常见的重物坠落事故有以下几种类型。

1）脱绳事故

脱绳事故是指重物从捆绑的吊装绳索中脱落溃散发生的伤亡毁坏事故。

造成脱绳事故的主要原因有：重物的捆绑方法与要领不当，造成重物滑脱；吊装重心选择不当，造成偏载起吊或吊装中心不稳，使重物脱落；吊载遭到碰撞、冲击而摇摆不定，造成重物失落等。

2）脱钩事故

脱钩事故是指重物、吊装绳或专用吊具从吊钩口脱出而引起的重物失落事故。

造成脱钩事故的主要原因有：吊钩缺少护钩装置；护钩保护装置机能失效；吊装方法不当，吊钩钩口变形引起开口过大等。

3）断绳事故

断绳事故是指起升绳和吊装绳因破断造成的重物失落事故。

造成起升绳破断的主要原因有：超载起吊拉断钢丝绳；起升限位开关失灵造成过卷拉断钢丝绳；斜吊、斜拉造成乱绳挤伤切断钢丝绳；钢丝绳因长期使用又缺乏维护保养，造成疲劳变形、磨损损伤；达到或超过报废标准仍然使用等。

造成吊装绳破断的主要原因有：吊钩上吊装绳夹角太大（>120°），使吊装绳上的拉力超过极限值而拉断；吊装钢丝绳品种规格选择不当，或仍使用已达到报废标准的钢丝绳捆绑吊装重物，造成吊装绳破断；吊装绳与重物之间接触处无垫片等保护措施，造成棱角割断钢丝绳。

4）吊钩断裂事故

吊钩断裂事故是指吊钩断裂造成的重物失落事故。

造成吊钩断裂事故的原因有吊钩材质有缺陷；吊钩因长期磨损，使断面减小却仍然使用或经常超载使用，造成疲劳断裂。

起重机械重物坠落事故主要是发生在起升机构取物缠绕系统中，如脱绳、脱钩、断绳和断钩。每根起升钢丝绳两端的固定也十分重要，如钢丝绳在卷筒上的极限安全圈是否能保证在2圈以上，是否有下降限位保护，钢丝绳在卷筒装置上的压板固定及楔块固定是否安全可靠。另外，钢丝绳脱槽（脱离卷筒绳槽）或脱轮（脱离滑轮），也会造成失落事故。

2. 挤伤事故

挤伤事故是指在起重作业中，作业人员被挤压在两个物体之间，造成挤伤、压伤、击伤等人身伤亡事故。

造成此类事故的主要原因是起重作业现场缺少安全监督指挥管理人员，现场从事吊装作业和其他作业人员缺乏安全意识和自我保护措施，野蛮操作等。挤伤事故多发生在吊装作业人员和检修维护人员上。挤伤事故主要有以下几种：

1）吊具或吊载与地面物体间的挤伤事故

在车间、仓库等室内场所，地面作业人员处于大型吊具或吊载与机器设备、土建墙壁、牛腿立柱等障碍物之间的狭窄地带，在进行吊装、指挥、操作或从事其他作业时，由于指挥失误或误操作，作业人员躲闪不及被挤压在大型吊具（吊载）与各种障碍物之间，造成挤伤事故。或者由于吊装不合理，造成吊载剧烈摆动，冲撞作业人员致伤。

2）升降设备的挤伤事故

电梯、升降货梯、建筑升降机的维修人员或操作人员，不遵守操作规程，发生被挤压在轿箱、吊笼与井壁、井架之间而造成挤伤的事故也时有发生。

3）机体与建筑物间的挤伤事故

这类事故多发生在高空从事桥式起重机维护检修人员中，被挤在起重机端梁与支承、承轨梁的立柱或墙壁之间，或在高空承轨梁侧通道通过时被运行的起重机击伤。

4）机体回转挤伤事故

这类事故多发生在野外作业的汽车、轮胎和履带起重机作业中，往往由于此类作业的起重机回转时配重部分将吊装、指挥和其他作业人员撞伤，或把上述人员挤压在起重机配重与建筑物之间致伤。

5）翻转作业中的挤伤事故

从事吊装、翻转、倒个作业时，由于吊装方法不合理，装卡不牢，吊具选择不当，重物倾斜下坠，吊装选位不佳，指挥及操作人员站位不好，造成吊载失稳、吊载摆动冲击，造成翻转作业中的砸、撞、碰、挤、压等各种伤亡事故。

3. 坠落事故

坠落事故主要是指从事起重作业的人员，从起重机机体等高空处坠落至地面的摔伤事故，也包括工具、零部件等从高空坠落，使地面作业人员受伤的事故。

1）从机体上滑落摔伤事故

这类事故多发生于在高空起重机上进行维护、检修作业中。一些检修作业人员缺乏安全意识，作业时不戴安全带，由于脚下滑动、障碍物绊倒或起重机突然启动造成晃动，使作业人员失稳从高空坠落于地面而受伤。

2）机体撞击坠落事故

这类事故多发生在检修作业中，因缺乏严格的现场安全监督制度，检修人员遭到其他作业的起重机端梁或悬臂撞击，从高空坠落受伤。

3）轿箱坠落摔伤事故

这类事故多发生在载客电梯、货梯或建筑升降机升降运转中，由于起升钢丝绳破断、钢丝绳固定端脱落，使乘客及操作者随轿箱、货箱一起坠落，造成人员伤亡事故。

4）维修工具零部件坠落砸伤事故

在高空起重机上从事检修作业时，常常因不小心，使维修更换的零部件或维护检修工具从起重机机体上滑落，造成砸伤地面作业人员和机器设备等事故。

5）振动坠落事故

这类事故不经常发生。起重机个别零部件因安装连接不牢，如螺栓未能按要求拧入一定的深度，螺母锁紧装置失效，或因年久失修个别连接环节松动，当起重机遇到冲击或振动时，就会出现因连接松动造成某一零部件从机体脱落，造成砸伤地面作业人员或砸伤机器设备的事故。

6）制动下滑坠落事故

这类事故产生的主要原因是起升机构的制动器性能失效，多为制动器制动环或制动衬料磨损严重而未能及时调整或更换，导致刹车失灵，或制动轴断裂，造成重物急速下滑坠落于地面，砸伤地面作业人员或机器设备。坠落事故形式较多，近些年发生的严重事故大多是吊笼、简易客货梯的坠落事故。

4. 触电事故

触电事故是指从事起重操作和检修作业人员，因触电而导致人身伤亡的事故。触电事故可以按作业场合分为以下两大类型：

1）室内作业的触电事故

室内起重机的动力电源是电击事故的根源，遭受触电电击伤害者多为操作人员和电气检修作业人员。产生触电事故的原因，从人的因素分析，多为缺乏起重机基本安全操作规程知识、起重机基本电气控制原理知识、起重机电气安全检查要领，不重视必要的安全保护措施，如不穿绝缘鞋、不带试电笔进行电气检修等。从起重机自身的电气设施角度看，发生触电事故多为起重机电气系统及周围相应环境缺乏必要的安全保护。

2）室外作业的触电事故

随着土木建筑工程的发展，在室外施工现场从事起重运输作业的自行式起重机，如汽车起重机、轮胎起重机和履带起重机越来越多，虽然这些起重机的动力源非电力，但出现触电事故并不少见。这主要是在作业现场往往有裸露的高压输电线，由于现场安全指挥监督混乱，常有自行起重机的臂架或起升钢丝绳摆动触及高压输电线，使机体连电，进而造成操作人员或吊装作业人员间接遭到高压电线中的高压电击伤。

3）触电安全防护措施

（1）保证安全电压。为保证人体触电不至于造成严重伤害与伤亡，起重机应采用低压安全操作，常采用36 V 安全低压。

（2）保证绝缘的可靠性。起重机电气系统的绝缘容易受环境温度、湿度、化学腐蚀、机械损伤等因素的作用而失效。因此，必须经常用兆欧表测量检查各绝缘环节的可靠性。

（3）加强屏护保护。对起重机上的某些无法加装绝缘装置的部分，如馈电的裸露滑触线等，必须加设护栏、护网等屏护设施。

（4）严格保证配电最小安全净距。起重机电气的设计与施工必须规定出保证配电安全的合理距离。

（5）保证接地与接零的可靠性。

（6）加强漏电保护。除了在起重机电气系统中采用电压型漏电保护装置、零序电流型漏电保护装置和泄漏电流型漏电保护装置来防止漏电之外，还应设有绝缘站台（司机室采用木制或橡胶地板），规定作业人员穿戴绝缘鞋等进行操作与检修。

5. 机体毁坏事故

机体毁坏事故是指起重机因超载失稳等产生结构断裂、倾翻造成结构严重损坏及人身伤亡的事故。常见的机体毁坏事故有以下几种类型。

1）断臂事故

各种类型的悬臂起重机，由于悬臂设计不合理、制造装配有缺陷或者长期使用已有疲劳损坏隐患，一旦超载起吊就易造成断臂或悬臂严重变形等毁机事故。

2）倾翻事故

倾翻事故是自行式起重机的常见事故，自行式起重机倾翻事故大多是由起重机作业前支承不当引发，如野外作业场地支承地基松软，起重机支腿未能全部伸出等。起重量限制器或起重力矩限制器等安全装置动作失灵、悬臂伸长与规定起重量不符、超载起吊等因素也都会造成自行式起重机倾翻事故。

3）机体摔伤事故

在室外作业的门式起重机、门座起重机、塔式起重机等，由于无防风夹轨器，无车轮止垫或无固定锚链等，或者上述安全设施机能失效，当遇到强风吹击时，可能会倾倒、移位，甚至从栈桥上翻落，造成严重的机体摔伤事故。

4）相互撞毁事故

在同一跨中的多台桥式类型起重机由于相互之间无缓冲碰撞保护措施，或缓冲碰撞保护设施毁坏失效，易因起重机相互碰撞致伤。在野外作业的多台悬臂起重机群中，悬臂回转作业中也难免相互撞击而出现碰撞事故。

6. 起重机械事故的预防措施

（1）加强对起重机械的管理。认真执行起重机械各项管理制度和安全检查制度，做好起重机械的定期检查、维护、保养，及时消除隐患，使起重机械始终处于良好的工作状态。

（2）加强对起重机械操作人员的教育和培训，严格执行安全操作规程，提高操作技术能力和处理紧急情况的能力。

（3）起重机械操作过程中要坚持“十不吊”原则：①指挥信号不明或乱指挥不吊；②物体重量不清或超负荷不吊；③斜拉物体不吊；④重物上站人或有浮置物不吊；⑤工作场地昏暗，无法看清场地、被吊物及指挥信号不吊；⑥遇有拉力不清的埋置物时不吊；⑦工件捆绑、吊挂不牢不吊；⑧重物棱角处与吊绳之间未加衬垫不吊；⑨结构或零部件有影响安全工作的缺陷或损伤时不吊；⑩钢（铁）水装得过满不吊。

五、场（厂）内专用机动车辆事故

（一）场（厂）内专用机动车辆事故特点

（1）场（厂）内机动车辆事故不但会造成车辆的损失和人员伤亡，还会影响场（厂）的正常生产秩序。

（2）事故主要发生在车辆行驶、装卸作业、车辆维修和非驾驶员驾车等过程。

（3）事故类型繁多，不同车辆会造成不同事故，难以预防。

（4）伤害涉及的人员可能是司机、乘客、作业辅助人员和作业范围内的其他人员，其中，伤害他人的比例最高。

（5）游览区、机场等的乘人车辆发生事故，乘客受到伤害对社会造成不良影响。

（6）事故高发行业中，建筑、冶金、制造生产企业、铁路公路建设工地、仓储物流、旅游观光等行业较多，与这些行业相关的场（厂）内机动车辆数量多、使用频率高、作业条件复杂等因素有关。

（7）易发生倾翻、货物坠落、工作装置损坏、起步伤人、行驶伤人、作业伤人等事故。

（8）部分事故与道路环境有关。

（二）场（厂）内专用机动车辆事故发生原因

1. 车辆安全技术状况不良

我国对场（厂）内机动车辆的安全管理起步较晚，对场（厂）内机动车辆的技术标准、检验要求、有关安全管理的法规等也不健全。因此，造成很多场（厂）对场（厂）内机动车辆只顾使用，不进行维修保养，使车辆的技术状况越来越坏。

（1）车辆的安全装置存在问题。

（2）蓄电池车调速失控，造成飞车。

（3）举升装置锁定机构工作不可靠。

（4）安全防护装置，如制动器、限位器等工作不可靠。

（5）车辆维护修理不及时，带病行驶。车辆制动不合格，个别车辆一点制动也没有，还在行驶。转向不合格的车辆也占很大的比例。另外，车辆的灯光、声响等信号损坏、失灵，车辆各传动部位严重失油，各部位跑冒滴漏等现象也十分普遍。这样就给场（厂）内运输安全带来很大隐患。

2. 驾驶员安全技术素质不高

驾驶员安全技术素质的高低，是影响场（厂）内运输安全的关键因素。驾驶员的安全技术素质，包括了遵守安全操作规程的自觉性、驾驶技术、对设备各部位技术状况的了解、排除故障的能力、运输安全规则的掌握程度等。

3. 场（厂）内作业环境复杂

（1）道路条件差。厂区道路和厂房内、库房内通道狭窄、曲折，不但弯路多，而且急转弯多，再加之路面两侧大量物品的堆放，占用道路，致使车辆通行困难，装卸作业受限。在这种情况下，如驾驶员精神不集中或不认真观察情况，行车安全很难保证。

（2）视线不良。由于厂区内建筑物较多，特别是车间内、仓库之间的通道狭窄，且交叉和弯道较频繁，致使驾驶员在驾车行驶中的视距、视野大大受限，特别是在观察前方横向路两侧时的盲区较多，这在客观上给驾驶员观察判断造成了很大困难，对于突然出现的情况，往往不能及时发现判断，缺乏足够的缓冲空间，措施不及时而导致事故。

（3）因风、雪、雨、雾等自然环境的变化，在恶劣的气候条件下驾驶车辆，使驾驶员视线、视距、视野以及听觉受到影响，往往造成判断情况不及时，再加之雨水、积雪、冰冻等自然条件下，会造成刹车制动时摩擦系数下降，制动距离变长，或产生横滑，这些也是造成事故的因素。

4. 管理不到位

（1）管理规章制度或操作规程不健全，车辆安全行驶制度不落实。没有定期的安全教育和车辆维护修理制度等都会造成驾驶员无章可循的局面或带来安全管理的漏洞，从而导致事故的发生。由于执行不力、落实不好，或有章不循，对发生的事故或险兆事故不去认真分析和处理，而是大事化小，小事化了，那么各种制度如同虚设，就会淡化驾驶员的安全意识，这是导致车辆伤害事故不断发生或重复发生的重要原因之一。

（2）非驾驶员驾车。按照有关规定，场（厂）内机动车驾驶员须经过专业培训、考核，取得合法资格后方准驾车。在车辆伤害事故中，由于无证驾车，造成事故率较高，事故后果严重。无证驾驶车辆肇事之所以难以杜绝，屡禁不止，主要是无证驾车人法制观念淡薄，但根本原因还在于场（厂）安全管理不到位，处理不严，甚至有的竟是个别领导违章指挥所致。一般情况下，多数是无证者由于好奇私自驾车或驾驶员违反规定私自将车交给无证人员驾驶造成的。

（3）交通信号、标志、设施缺陷。有的场（厂）对此认识不足，不同程度地存在着标志、信号、设施不全或设置不合格的情况，这样驾驶员就难以根据在不同的道路情况下或在某些特殊情况下，按具体要求做到谨慎驾驶，安全行车。

（三）场（厂）内专用机动车辆事故应急措施

（1）车辆一旦肇事，驾驶员应努力减少事故损失，配合有关部门及人员做好以下工作：

① 迅速停车，积极抢救伤者，并迅速向主管部门报告。

② 要抢救受损物资，尽量减轻事故的损失程度，设法防止事故扩大。若车辆或运载的物品着火，应根据火情、部位，使用相应的灭火器和其他有效措施进行补救。

③ 在不妨碍抢救受伤人员和物资的情况下，尽最大努力保护好事故现场。对受伤人

员和物资需移动时，必须在原地点做好标志；肇事车辆非特殊情况不得移位，以便为勘查现场提供确切的资料。肇事车驾驶员有保护事故现场的责任，直至有关部门人员到达现场。

（2）事故单位的领导或主管部门接到事故报告后，应立即赶赴事故现场，组织人员抢救伤员、物资，保护好事故现场，根据人员的伤势程度，按规定程序逐级上报。事故单位的安全管理部门，可在不破坏事故现场的情况下，对现场初步进行勘察，尤其是在主要干路上易被破坏的痕迹，物品的勘察应抓紧进行。事故现场勘察主要有下列几项内容：

① 保护现场，首先应观察事故现场全貌，确定现场范围，并将现场封闭，禁止车辆和其他无关人员入内。如现场有易燃、易爆或剧毒、放射性物品，应设法采取措施防止事态扩大。

② 寻找证人。尽快查找到事故发生时的直接目击者、证人，获得第一手资料。

③ 看护肇事者，对重大伤亡事故的肇事者必须指定专人看护隔离，防止发生意外。

④ 测量事故现场。

（四）典型场（厂）内专用机动车辆事故及预防

1. 场（厂）内专用机动车辆事故的种类

（1）按车辆事故的事态分，有碰撞、碾轧、刮擦、翻车、坠车、爆炸、失火、出轨和搬运、装卸中的坠落及物体打击等。

（2）按厂区道路分，有交叉路口、弯道、直行、坡道、铁路道口、狭窄路面、仓库、车间等行车事故。

（3）按伤害程度分，有车损事故、轻伤事故、重伤事故、死亡事故。

2. 典型（厂）内机动车辆事故

（1）超速造成事故。场（厂）内机动车辆超速行驶，为躲避前方情况，操作不当，坠入海中；叉车转弯不减速，车辆侧翻、倾翻造成事故；汽车载货高速转弯，货物甩出。

（2）无证驾驶造成事故。搬运工无证驾驶场（厂）内机动车辆，由于对车辆性能不熟，车辆启动过猛，将旁人挤压造成事故；无证驾驶铲车，违章指挥自翻伤亡。

（3）违章载人造成事故。站在场（厂）内机动车辆脚踏板上违章乘车，行驶途中掉下，或车未停稳就跳下车，造成人员伤亡；前翻斗车载人，车厢翻起人落，造成事故。

（4）违章作业造成事故。场（厂）内机动车辆司机误操作，货叉下降造成事故。

（5）设备故障造成事故。叉车货叉断裂，造成事故；刹车失灵，造成事故。

3. 场（厂）内机动车辆事故的预防措施

（1）加强对场（厂）内机动车辆的管理。认真执行场（厂）内机动车辆各项管理制度和安全检查制度，做好场（厂）内机动车辆的定期检查、维护、保养，及时消除隐患，使场（厂）内机动车辆始终处于良好的工作状态。

（2）加强对场（厂）内机动车辆操作人员的教育和培训，严格执行安全操作规程，提高操作技术能力和处理紧急情况的能力。

（3）各种场（厂）内机动车辆操作过程中要严格遵守安全操作规程。

（4）加强厂区、园区直路行车、交叉路口、倒车、装卸过程、夜间行车、信号灯和交通标识等环节的管理。

六、客运索道事故

（一）客运索道事故特点

（1）事故大型化、群体化，客运索道一旦出现故障，可能造成人员被困、坠落等事故。

（2）事故后果严重，社会影响恶劣。

（3）伤害涉及的人员可能是游客和索道运行范围内的其他人员。

（4）在安装、维修和运行中都可能发生事故。

（5）与气候、天气有关。

（二）客运索道事故发生原因

（1）设计上不合理。索道的设备设计应将 7 个方面综合起来考虑。在设计具体索道时，也应充分考虑极限气温、风负荷、车身摇晃状况、负荷不均匀情况及站房和塔架之间的相互关系。

（2）制造上有误差。焊接质量差、润滑油选择不当以及各部分的装配发生错误都会涉及安全问题。

（3）质量控制不到位。在索道设备出厂前及定期检修时，必须对安全上至关重要的零部件如钢绳、抱索器等进行无损探伤检查。

（4）安装和装配上出现差错。索道在安装装配上一定要正确无误，若系统在安装和装配上出现差错，就会危及本来设计很好很安全的设备。

（5）维护和检修不正常。索道系统若维护和检修不正常，随着隐患扩大，可能会导致事故。因而对索道系统中重要零件必须进行预检。

（6）操作规程不合理。操作规程应清楚完整，简明易懂地提供给操作维护人员。

（7）操作人员对操作规程了解不全面。

（三）客运索道事故应急救援

客运索道的使用单位应当制定应急措施和救援预案。具体包括以下文件：一是紧急救护人员组织分工表（明确各岗位的人员），二是紧急救护人员职责（明确各岗位的职责范围），三是紧急救护方式及程序（采用何种救护方式的规定），四是紧急救护程序流程表（救护具体操作程序），五是紧急救护纪律（营救人员的纪律要求），六是紧急救护规范用语（宣传人员规范用语）。

必须定期或不定期进行应急救援演练。通过演练，一方面使参加应急救援的人员熟悉并掌握应急救援预案的组织、程序和措施，不至于在突发事件中手忙脚乱；另一方面通过演练，找出预案的不足之处，以便及时修改、完善预案，使之更加科学、有效。

客运索道运营单位自身的应急救援体系要与整个社会应急救援体系融为一体，成为整个社会应急救援大系统中的子系统，充分利用全社会的应急救援资源，实施最有效的救援。医疗救护可以与所在地的医疗急救体系联系起来；现场秩序的维护可以同社会治安保卫联系起来。相邻客运索道运营单位或一定区域可以共同组建救援队伍，做到资源整合，密切合作。

救护设备应按以下要求存放，并进行日常检查：

（1）检查所有的救护设备是否选用正确无误并处于最佳状态，特别对绳索、安全带、保护索等。

（2）平时不用时要把救护设备分类保存好以备及时使用。存放的地点应当放在有良好的通风和防雨房间内以防发霉。

（3）每年至少要进行一次营救演练，以观察每个部件是否保持其原有性能，对各种索具也不应当超时使用，要及时更换。

（4）当营救设备每次使用后或者演习之后，一定要把索具铺展开来，检查其有无打结和损坏等，然后再收藏好。

（5）凡是营救用品只准在营救时使用，不得挪作他用。

（四）典型客运索道事故及预防

1. 典型客运索道事故

1）拖动失效

拖动失效指索道机械传动系统与电气拖动系统的失效，设备停转、不能启动，是客运索道中最常见的事故。该类事故会造成高空滞留人员，一般不会导致人员伤亡。

2）脱索

脱索指运行中的钢丝绳从轨道中或托压索轮上脱落，是客运索道常见的一种事故，其后果通常是高空滞留、线路振荡等。脱索的原因有钢丝绳的运行受阻、靠贴力或附着力减小、轨道偏移、支撑物失效等。

3）坠落

坠落分为吊具坠落和作业人员高空坠落。

（1）吊具坠落是由于钢丝绳断裂，或抱索器松脱，或运行小车（对于双线索道而言）脱轨引起的吊具（双线索道中俗称“客车”）从高空坠落。导致吊具坠落的原因可能有：超载、防滑力太小、抱索器受损、抱索器在运行中被机械卡阻、运行小车在运行中被卡阻、钢丝绳断裂等。

（2）作业人员高空坠落的原因一般有：操作不当、疏忽大意、缺少防护措施、违规操作等。

4）撞击

客运索道撞击事故一般表现为人员与运行中的吊具（客车）的碰撞，以及吊具（客车）与站台或周围设施的撞击。人与吊具（或客车）的碰撞通常易发生在站内，乘客或作业人员不经意进入到吊具（或客车）通行区域，被运行中的吊具（或客车）撞击。对于站内运行速度较快的索道（如脱挂式客运索道），或站台与地面之间的落差较大的索道，撞击事故的危害性较大。

5）机械伤害

机械伤害指人体与运转中的机械设备直接接触，或与运转中的机械设备上的脱落物直接接触，导致人员被挤压、剪切、剐蹭、砸中等伤害。

6）振荡

客运索道运行中由于突然紧急停车（减速度很大）、脱索、吊具受阻、钢丝绳受外物碰砸等原因引起的钢丝绳的振荡。

7）触电

索道电气设备高压侧一般是 10 kV，低压侧一般为 380 V/220 V，操作人员使用维护时，由于漏电、违规操作等原因，可能造成触电事故。

8）电气火灾

短路、过负荷运行、接触电阻过大等原因可能导致电气火灾。

9）外部环境带来的其他伤害

小净空通行伤害，即索道本身以外的物体并行入索道运动或穿越索道时，由于净空太小而导致运动物体干涉运行中的索道。

雷电伤害，在客运索道事故中较为常见。由于客运索道地处户外，且地势较高，因此容易遭受雷击。雷击通常会造成电气设备损毁，使得索道设备不能运转起来，引起高空滞留乘客。

大风伤害，是很常见的索道事故。大风易造成脱索、吊具（或客车）撞击支架设施以及线路障碍物，因此客运索道通常在风力大于 7 级时停止运行。

此外，还有雪崩、地震等因素危害。

2. 事故预防措施

（1）加强管理，认真执行客运索道各项管理制度和安全检查制度，做好客运索道的定期检查、维护、保养，及时消除隐患，使客运索道始终处于良好的运行状态。

（2）加强对客运索道操作人员的教育和培训，严格执行安全操作规程，提高操作技术能力和处理紧急情况的能力。

（3）乘坐前，认真阅读《乘客须知》，查看该索道有无安全检验合格标志。

（4）心脏病、高血压、恐高症患者不要乘坐客运索道。

（5）年老体弱及未成年人乘坐客运索道必须有成年人陪同。

（6）进入轿厢（吊椅）后，不要嬉戏，打闹，不要将头、手伸出窗（栏）外。

七、大型游乐设施事故

（一）大型游乐设施事故特点

（1）大型游乐设施集知识性、趣味性、刺激性于一体，参与的游客面广、量大，一旦出现故障，可能造成人员被困、坠落、伤害等事故。

（2）随着科学技术的日新月异，许多大型游乐设施运用的技术更加先进，构造更加复杂，追求更高、更快、更刺激的同时，危险性也更高，出现故障或事故的后果更严重。

（3）参与者经常是少年儿童，参与过程中不易管理，容易出现意想不到的情况。

（4）一旦出现故障事故，伤害涉及的人员是游客，社会关注度高，社会影响恶劣。

（5）有些游乐设施是由个体经营，部分个体经营者的运营管理水平低下，以短期营利为目的，缺少日常检查和维护保养方面的投入，缺乏安全意识和自我保护意识，安全管理水平低下，而且躲避政府监管。

（二）大型游乐设施事故发生原因

游乐设施的整机失效，通常可以追溯到最终都是某个部件失效而引起。尽管零部件的功能千差万别，但绝大多数情况下，失效是由构成零部件的材料损伤和变质引起的。失效的方式主要有三种：过量变形、过度磨损和断裂。造成失效的原因主要有设计不当，材料及工艺缺陷，使用条件及运行维护不当等。

（1）设计中零件布置不合理。零件在结构中的位置或布置不合理，会造成载荷过于集中而不能均匀分布，使部分零件在运行中过早失效。有的零件相对位置不合理，使轴弯曲变形增大造成机构失效。

（2）零件的工艺设计不合理。零件的工艺设计不合理，不仅制造困难，不能保证质量，而且安装麻烦，在使用过程中极易产生失效。

（3）机械连接方式不当。由于连接方式不当或配合精度不够，会造成结构的失效。

（4）零件的精度不够。由于精度低，使零件无法固定或由于定位元件在反复装卸中损坏，使零件不能保持准确的位置，导致结构失效。

（5）安装不到位。在安装装配上出现超差，或由于设计结构不合理，使得安装无法保证到位或者易造成误安装，都会导致结构失效。

（6）维护和检修不正常。游乐设施的重要零件在使用中有可能产生裂纹、磨损减薄、变形等，如不及时发现处理，就可能继续发展而导致发生破坏。对此必须进行预检和使用中的定期检验维护。通过无损检测方法去检测裂纹、磨损、腐蚀和其他缺陷，并及时进行维护、修理。

（7）操作人员违规操作。有些事故发生的原因是操作人员不熟悉操作运行程序，违规操作引起的。因此必须要求全体操作维修人员掌握安全操作规程。

（三）大型游乐设施事故应急措施

1. 自控飞机类游乐设施

（1）当座舱的平衡拉杆出现异常，座舱倾斜或座舱某处出现断裂情况时，应立即停机使座舱下降，同时通过广播告诉乘客一定要紧握扶手。

（2）游乐设施运行中突然断电时，座舱不能自动下降，服务人员应该迅速打开手动阀门泄油，将高空的乘客降到地面。若未停电，换向阀门因故不能换向时，亦采用此办法将乘客降到地面。

（3）游乐设施运行中，出现异常振动、冲击和声响时，要立即按紧急事故按钮，切断电源。经过检查排除故障后，再开机。

2. 观览车类游乐设施

（1）当乘客上机产生恐惧时，要立即停车并反转，将恐惧的乘客疏散下来。不要等转一圈后再停下来，以免出现意外。

（2）当吊箱门未锁好时，要立即停车并反转，服务人员将两道门锁均锁好后再开机。

（3）当运转中突然停电时，要及时通过广播或者想办法向乘客说明情况，让乘客放心等待。立即采取备用动力源将乘客疏散下来。

3. 转马类游乐设施

（1）当乘客不慎从马上掉下来的时候，服务人员要立刻提醒乘客不要下转盘，否则会发生危险。

（2）当有人将脚掉进转盘与站台的间隙之中时，要立即停车。

4. 陀螺类游乐设施

（1）当升降大臂不能下降时，先停机，然后打开手动放油阀，使大臂徐徐下降。

（2）当吊椅悬挂轴断裂时，应有钢丝绳保险装置，椅子不会掉下来，但要立即告诉乘客抓紧双手，同时停车，将吊椅放下。

5. 滑行车类游乐设施

（1）正在向上拖动着的滑行车，若设备或乘客出现异常情况，按紧急停车按钮，停止运行，然后将乘客从安全走台上疏散下来。

（2）如果滑行车因故停在拖动斜坡的最高点，应将乘客从车头开始，依次向后进行疏散。注意一定不要从车尾开始疏散，否则滑行车重力前倾，有可能自动滑下，造成重大事故。

6. 小赛车类游乐设施

（1）当小赛车冲撞抵挡物翻车时，服务人员应立即赶到出事现场，并采取救护措施。

（2）小赛车进站不能停车时，服务人员应立即上前，搬动后制动器的拉杆，协助停车，以免碰撞别的车辆。

（3）车辆出现故障时，服务人员在跑道内处理故障时，绝对不能再发车，以免冲撞。故障不能马上排除时，要及时将车辆移到跑道外面。

7. 碰碰车类游乐设施

（1）车的激烈碰撞，使乘客的胸部或者头部碰到方向盘而受伤时，操作人员要立即停电，采取救护措施。

（2）突然停电时，操作人员要切断电源总开关，并将乘客疏散到场外。

（3）乘客万一触电时，要有急救措施。

8. 特殊情况处理

（1）遇其他复杂情况时，应立即通知游乐设施制造、维修单位专业维修人员进行处理。

（2）原制造、维修单位无法及时到达现场的，立即通知联动单位，由联动单位专业维修人员进行处置。

（四）典型大型游乐设施事故及预防

1. 大型游乐设施事故

1）倒塌（倾覆倾翻）

游乐设施运动时或因碰撞发生倾翻事故的主要原因有：违反操作规程、零部件损坏、机构失灵、超速等，还有结构失稳，基础塌陷，结构强度、刚度不够。

2）坠落

大型游乐设施坠落事故是指设施零部件、游客等从空中坠落至地面所造成的设备毁坏和人身伤亡的事故，也包括零部件等从高空坠落，致使地面人员受伤的事故。常见的坠落事故有以下几种类型：

（1）乘客坠落事故：指游客从游乐设施上脱出而引起的事故。主要原因有：乘坐游乐设施未系好安全带、因设施肩部压杠闭锁油缸的活塞杆断裂，游客身体失去保护装置，将游客抛出坠地死亡等。

（2）游乐设施机构坠落：机构坠落事故是指机构因破断造成的坠落致使游客坠落的事故。主要原因有：游乐设施机构或主要受力部件断裂、保险绳断裂，吊具钢丝绳从滑轮槽中脱出、支撑伞和支撑柱脱节等。

（3）其他人员（检验、维修、维护）坠落等。

3）挤压

挤压事故是指在大型游乐设施中，乘客被挤压在两个物体之间，造成挤伤、压伤、击伤等人身伤亡事故。如活动部分与静止部分之间（乘坐物与站台、立柱、树木等），游客与动力装置之间。发生此事故的原因有游客不遵守规定、防护不到位等。

4）碰撞

游乐设施之间相互撞击造成的事故。如游客与物之间，物与物之间（如乘坐物之间）。主要原因有：游客不遵守规定、操作人员违规操作、安全距离不符合要求、游乐设施失灵失控等。

5）火灾

游乐设施失火，被困游客、人员无法逃生造成的事故。主要原因有：设备本身的原因（电气线路短路、运动摩擦过热等），外在原因（天灾人祸、外来火种等）。

6）触电

游客触电（动力电源、装饰照明电源、动作控制电源等），其他人员（检验、维修、维护）触电。主要原因是设备存在缺陷。

7）物体打击

受设备本身物体打击、受外来物打击造成的事故。主要原因有：游客不遵守规定、操作人员违规操作、安全距离不符合要求、游乐设施失灵失控等。

8）溺水

游乐过程中游客在游乐水域中溺水。主要原因有：违反操作规程、零部件损坏、机构失灵、超速等，还有结构失稳，基础塌陷，结构强度、刚度不够。

9）失控

游乐设施机构突然失灵、失控造成的事故。主要原因有：超载，设计、制造缺陷，使用等。直流电机驱动的设备失控超速，同一线路上有两组以上车辆运行失控相碰撞，安全装置失控等。

10）高空滞留事故

游乐设施机构突然停止运动，乘客被迫滞留在空中，也包括乘客被遗忘。主要原因有：操作人员失职，机械故障，设施保险烧坏运行突然停止，超负荷运转导致设备故障，温度、大风、暴雨、雷电的影响等。

2. 事故预防措施

（1）加强对大型游乐设施的管理。认真执行大型游乐设施各项管理制度和安全检查制度，做好大型游乐设施的定期检查、维护、保养，及时消除隐患，使大型游乐设施始终处于良好的工作状态。

（2）制定正确详细的制造、安装、操作规程。操作规程应清楚完整，简明易懂地提供给操作维护人员。

（3）加强对大型游乐设施操作人员的教育和培训，严格执行安全操作规程，提高操作技术能力和处理紧急情况的能力。

（4）编制详细正确的《乘客须知》，参与者乘坐前认真阅读，对少年儿童进行嘱托教育，并在参与过程中严格遵守。

（5）身体不适应者不乘坐大型游乐设施。

第三节 锅炉安全技术

一、锅炉使用安全管理

（一）使用许可厂家的合格产品

锅炉实行设计文件鉴定制度，由国家市场监督管理总局核准的鉴定机构对锅炉设计文件中的安全性能和节能是否符合特种设备安全技术规范和有关规定进行审查。未经鉴定的设计文件，不得用于制造安装。锅炉制造单位，必须具备保证产品质量所必需的加工设备、技术力量、检验手段和管理水平，并取得《特种设备生产许可证》，才能生产相应种类的锅炉。购置、选用的锅炉应是许可厂家的合格产品，并有齐全的技术文件、产品质量合格证明书、监督检验证书和产品竣工图。从事锅炉安装、改造、维修的单位，必须取得《特种设备生产许可证》，方可在许可的范围内从事相应工作。

（二）登记建档

锅炉在正式使用前，必须到当地特种设备安全监察机构登记，经审查批准登记建档、取得使用证方可使用。使用单位也应建立锅炉设备档案，保存设计、制造、安装、使用、修理、改造和检验等过程的技术资料。

（三）专责管理

使用锅炉的单位，应对设备进行专责管理。应建立起完整的管理机构，单位技术负责人对锅炉的安全管理负责，并指定具有专业知识，熟悉国家相关法规标准的工程技术人员负责锅炉的安全管理工作。使用电站锅炉的单位，应设置专门的特种设备安全管理机构，逐台落实安全责任人。

（四）建立制度

使用单位必须建立一套科学、完整、切实可行的锅炉管理制度。管理制度应该包括管理制度和操作规程两方面。

（五）持证上岗

锅炉司炉、水质化验人员，应接受专业安全技术培训并考试合格，持证上岗。严格依照操作规程操作运行，任何人在任何情况下不得无证作业。

（六）定期检验

定期检验是指在设备的设计使用期限内，每隔一定的时间对锅炉承压部件和安全装置进行检测检查，或做必要的试验。使用单位应按照锅炉的检验周期，按时向取得国家市场监督管理总局核准资格的特种设备检验机构申请检验。

（七）监控水质

水中杂质会使锅炉结垢、腐蚀及产生汽水共腾，降低锅炉效率、寿命及供汽质量。必须严格监督、控制锅炉给水及锅水水质，使之符合锅炉水质标准的规定。

二、锅炉安全附件

（一）安全阀

安全阀是锅炉上的重要安全附件之一，它对锅炉内部压力极限值的控制及对锅炉的安全保护起着重要的作用。安全阀应按规定配置，合理安装，结构完整，灵敏、可靠。安全阀每年至少校验一次，检验的项目为整定压力和密封性能，有条件时可以校验回座压力。对新安装锅炉的安全阀及检修后的安全阀，也应检验其整定压力和密封性能。安全阀经校验后，应加锁或铅封。严禁用加重物、移动重锤、将阀瓣卡死等手段任意提高安全阀整定压力或使安全阀失效。锅炉运行中安全阀严禁解列。为了防止安全阀的阀芯和阀座粘住，使用单位应定期对安全阀做手动或自动排放试验。

（二）压力表

压力表用于准确地测量锅炉上所需测量部位压力的大小。

（1）锅炉必须装有与锅筒（锅壳）蒸汽空间直接相连接的压力表。

（2）根据工作压力选用压力表的量程范围，一般应在工作压力的1.5～3倍。

（3）表盘直径不应小于100 mm，表的刻盘上应划有最高工作压力红线标志。

（4）压力表装置齐全（压力表、存水弯管、三通旋塞）。应每半年对其校验一次，并铅封完好。

（三）水位计

水位计用于显示锅炉内水位的高低。水位计应安装合理，便于观察，且灵敏可靠。每台锅炉至少应装两只独立的水位计，额定蒸发量小于或等于0.2 t/h的锅炉可只装一只。水位计应设置放水管并接至安全地点。玻璃管式水位计应有防护装置。

（四）温度测量装置

温度是锅炉热力系统的重要参数之一，为了掌握锅炉的运行状况，确保锅炉的安全、经济运行，在锅炉热力系统中，锅炉的给水、蒸汽、烟气等介质均需依靠温度测量装置进行测量监视。

（五）保护装置

1. 超温报警和联锁保护装置

超温报警装置安装在热水锅炉的出口处，当锅炉的水温超过规定的水温时，自动报警，提醒司炉人员采取措施减弱燃烧。超温报警和联锁保护装置联锁后，还能在超温报警的同时，自动切断燃料的供应和停止鼓、引风，以防止热水锅炉发生超温而导致锅炉损坏或爆炸。

2. 高低水位警报和低水位联锁保护装置

当锅炉内的水位高于最高安全水位或低于最低安全水位时，水位警报器就自动发出警报，提醒司炉人员采取措施防止事故发生。低水位联锁保护装置，不仅能自动报警，而且在水位低于低水位极限时，最迟在最低安全水位时，启动给水设备上水，水位继续下降可以自动切断燃烧，保证锅炉的安全。

3. 超压报警装置

当锅炉出现超压现象时，能发出警报，并通过联锁装置控制燃烧，如停止供应燃料、停止通风，使司炉人员能及时采取措施，以免造成锅炉超压爆炸事故。

4. 锅炉熄火保护装置

当锅炉炉膛熄火时，锅炉熄火保护装置能切断燃料供应，并发出相应信号。

（六）排污阀或放水装置

排污阀或放水装置的作用是排放锅水蒸发而残留下的水垢、泥渣及其他有害物质，将锅水的水质控制在允许的范围内，使受热面保持清洁，以确保锅炉的安全、经济运行。

（七）防爆门

为防止炉膛和尾部烟道再次燃烧造成破坏，常采用在炉膛和烟道易爆处装设防爆门。

（八）锅炉自动控制装置

通过工业自动化仪表对温度、压力、流量、物位、成分等参数进行测量和调节，达到监视、控制、调节生产的目的，使锅炉在最安全、经济的条件下运行。

三、锅炉使用安全技术

（一）锅炉启动步骤

1. 检查准备

对新装、移装和检修后的锅炉，启动前要进行全面检查。主要内容有：检查受热面、承压部件的内外部，看其是否处于可投入运行的良好状态；检查燃烧系统各个环节是否处于完好状态；检查各类门孔、挡板是否正常，使之处于启动所要求的位置；检查安全附件和测量仪表是否齐全、完好并使之处于启动所要求的状态；检查锅炉架、楼梯、平台等钢结构部分是否完好；检查各种辅机特别是转动机械是否完好。

2. 上水

从防止产生过大热应力出发，上水温度最高不超过 90 ℃，水温与筒壁温差不超过 50 ℃。对水管锅炉，全部上水时间在夏季不小于 1 h，在冬季不小于 2 h。冷炉上水至最低安全水位时应停止上水，以防止受热膨胀后水位过高。

3. 烘炉

新装、移装、大修或长期停用的锅炉，其炉膛和烟道的墙壁非常潮湿，一旦骤然接触高温烟气，将会产生裂纹、变形，甚至发生倒塌事故。为防止此种情况发生，此类锅炉在上水后，启动前要进行烘炉。

4. 煮炉

对新装、移装、大修或长期停用的锅炉，在正式启动前必须煮炉。煮炉的目的是清除蒸发受热面中的铁锈、油污和其他污物，减少受热面腐蚀，提高锅水和蒸汽品质。

5. 点火升压

一般锅炉上水后即可点火升压。点火方法因燃烧方式和燃烧设备而异。层燃炉一般用木材引火，严禁用挥发性强烈的油类或易燃物引火，以免造成爆炸事故。

对于自然循环锅炉来说，其升压过程与日常的压力锅升压相似，即锅内压力是由烧火加热产生的，升压过程与受热过程紧紧地联系在一起。

6. 暖管与并汽

暖管，即用蒸汽慢慢加热管道、阀门、法兰等部件，使其温度缓慢上升，避免向冷态或较低温度的管道突然供入蒸汽，以防止热应力过大而损坏管道、阀门等部件；同时将管道中的冷凝水驱出，防止在供汽时发生水击。并汽也叫并炉、并列，即新投入运行锅炉向共用的蒸汽母管供汽。并汽前应减弱燃烧，打开蒸汽管道上的所有疏水阀，充分疏水以防水击；冲洗水位表，并使水位维持在正常水位线以下；使锅炉的蒸汽压力稍低于蒸汽母管内气压，缓慢打开主汽阀及隔绝阀，使新启动锅炉与蒸汽母管连通。

（二）点火升压阶段的安全注意事项

1. 防止炉膛爆炸

锅炉点火时需防止炉膛爆炸。锅炉点火前,锅炉炉膛中可能残存有可燃气体或其他可燃物,也可能预先送入可燃物,如不注意清除,这些可燃物与空气的混合物遇明火即可能爆炸,这就是炉膛爆炸。燃气锅炉、燃油锅炉、煤粉锅炉等点火时必须特别注意防止炉膛爆炸。

防止炉膛爆炸的措施是：点火前，开动引风机给锅炉通风 5 ~ 10 min，没有风机的可自然通风 5 ~ 10 min，以清除炉膛及烟道中的可燃物质。点燃气、油、煤粉炉时，应先送风，之后投入点燃火炬，最后送入燃料。一次点火未成功需重新点燃火炬时，一定要在点火前给炉膛烟道重新通风，待充分清除可燃物之后再进行点火操作。

2. 控制升温升压速度

升压过程也就是锅水饱和温度不断升高的过程。由于锅水温度的升高，锅筒和蒸发受热面的金属壁温也随之升高，金属壁面中存在不稳定的热传导，需要注意热膨胀和热应力问题。

为防止产生过大的热应力，锅炉的升压过程一定要缓慢进行。点火过程中，应对各热承压部件的膨胀情况进行监督。发现有卡住现象应停止升压，待排除故障后再继续升压。发现膨胀不均匀时也应采取措施消除。

3. 严密监视和调整仪表

点火升压过程中，锅炉的蒸汽参数、水位及各部件的工作状况在不断变化，为防止异常情况及事故的出现，必须严密监视各种指示仪表，将锅炉压力、温度和水位控制在合理范围内。同时，各指示仪表本身也要经历从冷态到热态、从不承压到承压的过程，也要产生热膨胀，在某些情况下甚至会产生卡住、堵塞或开关不灵等现象，导致锅炉无法投入运行或工作不可靠。因此点火升压过程中，保证指示仪表的准确可靠十分重要。

在一定时间内压力表指针应离开原点。如锅炉内已有压力而压力表指针不动，则须将火力减弱或停息，校验压力表并清洗压力表管道，待压力表正常后，方可继续升压。

4. 保证强制流动受热面的可靠冷却

自然循环锅炉的蒸发面在锅炉点火后开始受热，即产生循环流动。由于启动过程加热比较缓慢，蒸发受热面中产生的蒸汽量较少，水循环还不正常，各水冷壁受热不均匀的情况也比较严重，应保证蒸发受热面在启动过程中不致烧坏。

由于锅炉在启动中不向用户提供蒸汽及不连续经省煤器上水，省煤器、过热器等强制流动受热面中没有连续流动的水汽介质冷却，因而可能被外部连续流过的烟气烧坏。所以，必须采取可靠措施，保证强制流动受热面在启动过程中不致过热损坏。

对过热器的保护措施是：在升压过程中，开启过热器出口集箱疏水阀、对空排气阀，使一部分蒸汽流经过热器后被排除，从而使过热器得到足够的冷却。

对省煤器的保护措施是：对钢管省煤器，在省煤器与锅筒间连接再循环管，在点火升压期间，将再循环管上的阀门打开，使省煤器中的水经锅筒、再循环管（不受热）重回省煤器，进行循环流动。但在上水时应将再循环管上的阀门关闭。

（三）锅炉正常运行中的监督调节

1. 锅炉水位的监督调节

锅炉运行中，运行人员应不间断地通过水位表监督锅内的水位。锅炉水位应经常保持在正常水位线处，并允许在正常水位线上下 50 mm 内波动。

由于水位的变化与负荷、蒸发量和气压的变化密切相关，因此水位的调节常常不是孤立进行的，而是与气压、蒸发量的调节联系在一起的。

为使水位保持正常，锅炉在低负荷运行时，水位应稍高于正常水位，以防负荷增加时水位降得过低；锅炉在高负荷运行时，水位应稍低于正常水位，以免负荷降低时水位升得过高。

2. 锅炉气压的监督调节

在锅炉运行中，蒸汽压力应基本保持稳定。锅炉气压的变动通常是由负荷变动引起的，当锅炉蒸发量和负荷不相等时，气压就要变动。若负荷小于蒸发量，气压就上升；负荷大于蒸发量，气压就下降。所以，调节锅炉气压就是调节其蒸发量，而蒸发量的调节通过燃烧调节和给水调节实现。运行人员根据负荷变化，相应增减锅炉的燃料量、风量、给水量来改变锅炉蒸发量，使气压保持相对稳定。

对于间断上水的锅炉，为保持气压稳定，要注意上水均匀。上水间隔的时间不宜过长，一次上水不宜过多。在燃烧减弱时不宜上水，人工烧炉在投煤、扒渣时也不宜上水。

3. 气温的调节

锅炉负荷、燃料及给水温度的改变，都会造成过热气温的改变。过热器本身的传热特性不同，上述因素改变时气温变化的规律也不相同。

4. 燃烧的监督调节

燃烧调节的任务是：使燃料燃烧供热适应负荷的要求，维持气压稳定；使燃烧完好正常，尽量减少未完全燃烧损失，减轻金属腐蚀和大气污染；对负压燃烧锅炉，维持引风和鼓风的均衡，保持炉膛一定的负压，以保证操作安全和减少排烟损失。

5. 排污和吹灰

锅炉运行中，为了保持受热面内部清洁，避免锅水发生汽水共腾及蒸汽品质恶化，除了对给水进行必要而有效的处理外，还必须坚持排污。

燃煤锅炉的烟气中含有许多飞灰微粒，在烟气流经蒸发受热面、过热器、省煤器及空气预热器时，一部分烟灰就积沉到受热面上，不及时吹扫清理，往往越积越多。由于烟灰的导热能力很差，受热面上积灰会严重影响锅炉传热，降低锅炉效率，影响锅炉运行工况特别是蒸汽温度，对锅炉安全也造成不利影响。因此，应定期吹灰。

（四）停炉及停炉保养

1. 停炉

正常停炉是预先计划内的停炉。停炉中应注意的主要问题是防止降压降温过快，以避免锅炉部件因降温收缩不均匀而产生过大的热应力。

停炉操作应按规程规定的次序进行。锅炉正常停炉的次序应该是先停燃料供应，随之停止送风，减少引风；与此同时，逐渐降低锅炉负荷，相应地减少锅炉上水，但应维持锅炉水位稍高于正常水位。对于燃气、燃油锅炉，炉膛停火后，引风机至少要继续引风 5 min 以上。锅炉停止供汽后，应隔断与蒸汽母管的连接，排气降压。为保护过热器，防止其金属超温，可打开过热器出口集箱疏水阀适当放气。降压过程中，司炉人员应连续监视锅炉，待锅内无气压时，开启空气阀，以免锅内因降温形成真空。

停炉时应打开省煤器旁通烟道，关闭省煤器烟道挡板，但锅炉进水仍需经省煤器。对钢管省煤器，锅炉停止进水后，应开启省煤器再循环管；对无旁通烟道的可分式省煤器，应密切监视其出口水温，并连续经省煤器上水、放水至水箱中，使省煤器出口水温低于锅筒压力下饱和温度 20 ℃。

为防止锅炉降温过快，在正常停炉的 4 ~ 6 h 内，应紧闭炉门和烟道挡板。之后打开烟道挡板，缓慢加强通风，适当放水。停炉 18 ~ 24 h，在锅水温度降至 70 ℃以下时，方可全部放水。

锅炉遇有下列情况之一者，应紧急停炉：锅炉水位低于水位表的下部可见边缘；不断加大向锅炉进水及采取其他措施，但水位仍继续下降；锅炉水位超过最高可见水位（满水），经放水仍不能见到水位；给水泵全部失效或给水系统故障，不能向锅炉进水；水位表或安全阀全部失效；设置在汽空间的压力表全部失效；锅炉元件损坏，危及操作人员安全；燃烧设备损坏、炉墙倒塌或锅炉构件被烧红等，严重威胁锅炉安全运行；其他异常情况危及锅炉安全运行。

紧急停炉的操作次序是：立即停止添加燃料和送风，减弱引风；与此同时，设法熄灭炉膛内的燃料，对于一般层燃炉可以用砂土或湿灰灭火，链条炉可以开快挡使炉排快速运转，把红火送入灰坑；灭火后即把炉门、灰门及烟道挡板打开，以加强通风冷却；锅内可以较快降压并更换锅水，锅水冷却至 70 ℃左右允许排水。因缺水紧急停炉时，严禁给锅炉上水，并不得开启空气阀及安全阀快速降压。

紧急停炉是为防止事故扩大，不得不采用的非常停炉方式，有缺陷的锅炉应尽量避免紧急停炉。

2. 停炉保养

锅炉停炉以后，本来容纳水汽的受热面及整个汽水系统，依旧是潮湿的或者残存有剩水。由于受热面及其他部件置于大气之中，空气中的氧有充分的条件与潮湿的金属接触或者更多地溶解于水，使金属的电化学腐蚀加剧。另外，受热面的烟气侧在运行中常常黏附有灰粒及可燃质，停炉后在潮湿的气氛下，也会加剧对金属的腐蚀。实践表明，停炉期的腐蚀往往比运行中的腐蚀更为严重。

停炉保养主要指锅内保养，即汽水系统内部为避免或减轻腐蚀而进行的防护保养。常用的保养方式有：压力保养、湿法保养、干法保养和充气保养。

第四节　气瓶安全技术

一、气瓶概述

（一）瓶装气体分类

按照《瓶装气体分类》（GB/T 16163）的分类原则，应根据气体在气瓶内的物理状态和临界温度进行分类。按其化学性能、燃烧性、毒性、腐蚀性进行分组；按 FTSC 编码标示每种气体的基本特性。主要分为适用于气瓶充装的压缩气体、液化气体和溶解气体等。

（1）压缩气体：是指在 -50 ℃时加压后完全是气态的气体，包括临界温度（T_c）低于或者等于 -50 ℃的气体，也称永久气体。

（2）高（低）压液化气体：高、低压液化气体是指在温度高于 -50 ℃时加压后部分是液态的气体，包括临界温度（T_c）在 -50 ~ 65 ℃（T_c）的高压液化气体和临界温度（T_c）高于 65 ℃ 的低压液化气体。

（3）低温液化气体：是指在运输过程中由于深冷低温而部分呈液态的气体，临界温度（T_c）一般低于或者等于 -50 ℃，也称为深冷液化气体或者冷冻液化气体。

（4）溶解气体：在压力下溶解于气瓶内溶剂中的气体。易分解或聚合的可燃气体。

（5）吸附气体：在压力下吸附于吸附剂中的气体。

（6）混合气体与标准气体。

（二）气瓶常识

把容积不超过 3000 L，用于储存和运输压缩气体、液化气体的可重复充装的可移动的容器叫作气瓶，是运输压缩气体和液化气体最常用的容器。常见的气瓶有无缝气瓶（图 3 -4）、焊接气瓶、缠绕气瓶、低温绝热气瓶（图 3 -5）、内装填料气瓶等。

《气瓶安全技术监察规程》按照公称工作压力，分为高压气瓶（大于或等于 10 MPa）和低压气瓶（小于 10 MPa）。气瓶水压试验压力为公称工作压力的 1.5 倍，见表 3 -1。

表 3 -1　公称工作压力与水压试验压力　　MPa

压力类别	高压				低压				
公称工作压力	30	20	15	12.5	8	5	3	2	1
水压试验压力	45	30	22.5	18.8	12	7.5	4.5	3	1.5

（三）气瓶附件

气瓶附件包括瓶阀、瓶帽、保护罩、安全泄压装置、防震圈、气瓶专用爆破片、安全阀、液位计、紧急切断和充装限位装置等。气瓶附件是气瓶的重要组成部分，对气瓶安全使用起着非常重要的作用。

1. 瓶阀

瓶阀是装在气瓶瓶口上的，用于控制气体进入或排出气瓶的组合装置。气瓶瓶体只有

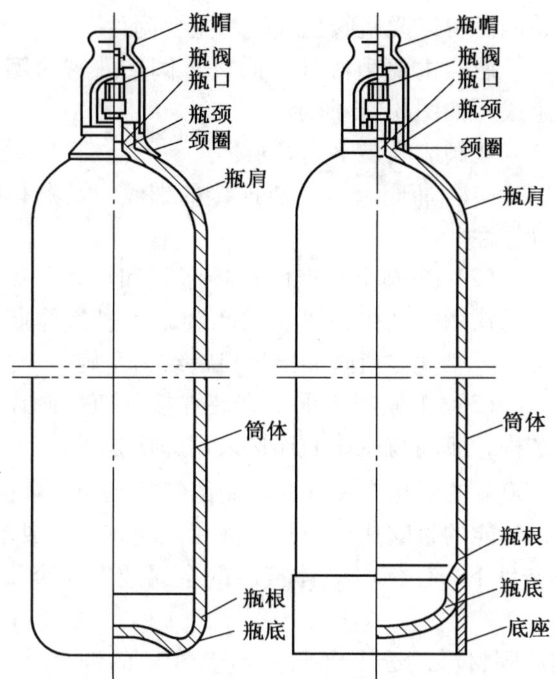

图3-4　无缝气瓶的典型结构

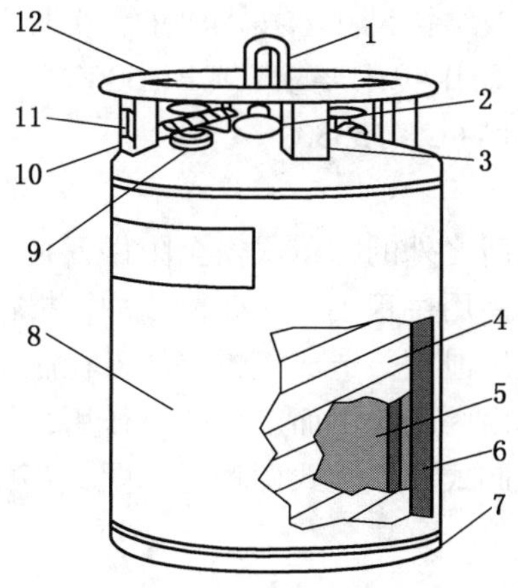

1—液位计；2—安全阀；3—管路控制；4—绝热层；
5—内胆；6—真空层；7—底座；8—外壳；9—抽真空口；
10—保护圈支架；11—长圆槽孔；12—保护圈

图3-5　低温绝热气瓶

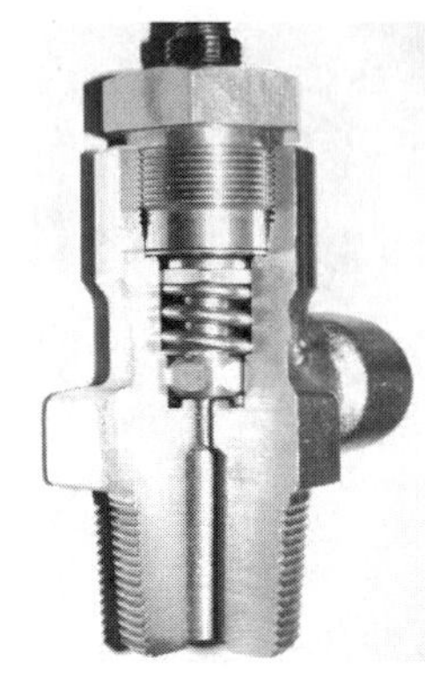

图3-6 瓶阀外形图

装有瓶阀，才能构成一个完整的密闭容器，才能具有盛装气体的功能。可以说瓶阀是气瓶的主要附件。

瓶阀主要由阀体、阀杆、阀芯、密封圈、锁紧螺母等零部件组成，如图3-6所示。

瓶阀应满足下列要求：

（1）瓶阀上与气瓶连接的螺纹，与瓶体螺纹匹配并保证密封可靠性。

（2）瓶阀出气口的连接型式和尺寸，设计成能够防止气体错装、错用的结构，盛装助燃和不可燃气体瓶阀的出气口螺纹为右旋，可燃气体瓶阀的出气口螺纹为左旋。

（3）工业用非重复充装焊接气瓶瓶阀设计成不可重复充装的结构，瓶阀与瓶体的连接采用焊接方式。

（4）公称容积大于100 L的液化石油气瓶使用的气相瓶阀，宜设计成带有液位限定功能或者带有电子防伪识读功能的直阀或者角阀，液相瓶阀宜设计成单向阀。

（5）在规定的操作条件下，任何与气体接触的金属或者非金属瓶阀材料与气瓶内所充装的气体具有相容性。

（6）与乙炔接触的瓶阀材料，选用含铜量小于70%的铜合金（质量比）；这是因为铜会与乙炔起反应，生成乙炔铜，乙炔铜是一种爆炸性化合物。

（7）盛装易燃气体的气瓶瓶阀的手轮，选用阻燃材料制造。

（8）盛装氧气或者其他强氧化性气体的气瓶瓶阀的非金属密封材料，具有阻燃性和抗老化性。

各种气体瓶阀的基本形式及结构尺寸、技术要求、实验方法和检验规则，应符合各种气体瓶阀的标准，如《气瓶阀通用技术要求》(GB 15382)。气瓶接口形式和尺寸须符合《气瓶阀出气口连接型式和尺寸》(GB 15383)。

2. 瓶帽和保护罩

瓶帽是装在气瓶顶部、阀门之外的帽罩式安全附件，是气瓶保护帽的简称。其功能在于避免气瓶在搬运、运输或者使用过程中，受碰撞或冲击损伤阀门。

为防止气体泄漏或由于超压泄放，造成瓶帽爆炸，在瓶帽上要开有对称的泄气孔。泄气孔对称开设是为了避免气体由一侧排出而产生的反作用，使气瓶倾倒或旋转。

气瓶瓶帽的结构形式有可卸式和固定式两种，如图3-7所示。

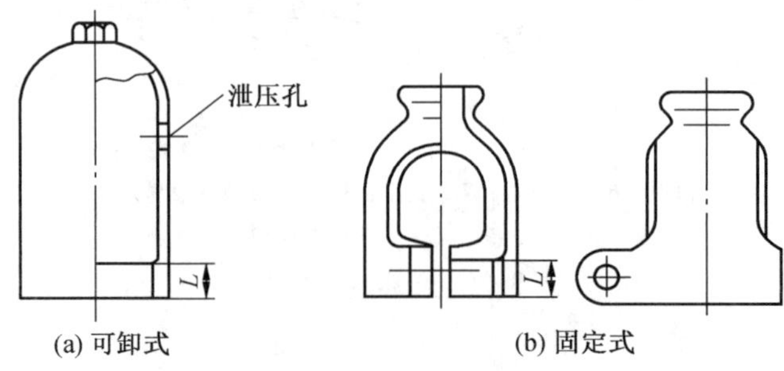

图3-7 瓶帽结构示意图

可卸式瓶帽，帽体下部加工有内螺纹，用于与气瓶颈圈连接。固定式瓶帽，其帽体下部也有加工螺纹，但此螺纹不起紧固作用，在其帽口处还有侧向突缘，上有螺孔，瓶帽装入瓶颈后用紧固螺栓紧固，使瓶帽固定在气瓶上。固定式瓶帽顶部有开孔，以方便用专用扳手打开气瓶阀门。

保护罩是保护瓶帽、瓶阀或易熔塞免受撞击而设置的敞口屏罩式零件，也可兼作提升零件，多用于焊接气瓶及液化石油气钢瓶，所有保护罩应为不可拆卸结构。

瓶帽和保护罩应满足下列要求：

（1）公称容积大于或等于 5 L 的钢质无缝气瓶，应当配有螺纹连接的快装式瓶帽或者固定式保护罩。

（2）公称容积大于或等于 10 L 的钢质焊接气瓶（含溶解乙炔气瓶），应当配有不可拆卸的保护罩或者固定式瓶帽。

（3）瓶帽应当有良好的抗撞击性，不得用灰口铸铁制造。

3. 安全泄压装置

安全泄压装置是包括气瓶在内的所有承压设备的保护装置。它在设备超压运行时能迅速自动泄放气体，降低压力，以保护设备不因过量超压而发生爆炸。

气瓶安全泄压装置的主要作用（甚至是唯一作用）是保护气瓶在遇到周围发生火灾时，不会因瓶体受热、瓶内温度升高过快而造成气瓶爆炸。

1）安全泄压装置的类型

目前常用的安全泄压装置有 4 种，即易熔塞合金装置、爆破片装置、安全阀和爆破片－易熔塞复合装置。

（1）易熔塞合金装置。易熔塞合金装置结构简单，其结构示意图如图 3－8 所示。这种装置是通过控制温度来控制瓶内的温升压力的，所以也只适用于气瓶，而不是用于固定式容器。易熔塞合金装置由钢制塞体及其中心孔中浇铸的易熔合金塞构成。为了防止易熔合金塞因受压力而脱落，常常将塞体内孔做成带螺纹形、阶梯形或锥形。

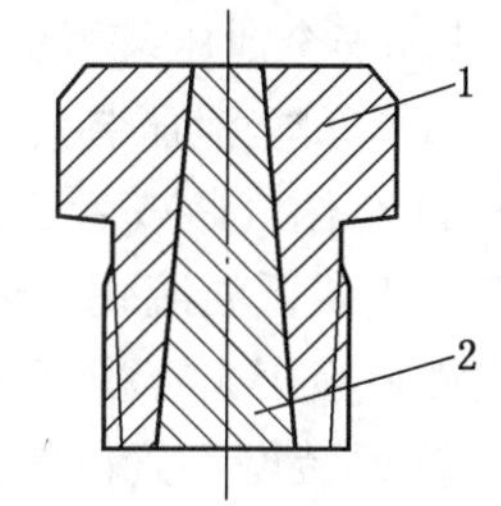

1—塞体；2—易熔合金

图 3－8　易熔塞合金装置的结构示意图

易熔塞合金由熔点很低的金属组成。组成的金属必须与瓶内介质相适应，不与瓶内气体发生化学反应，也不影响气体的质量；易熔合金的流动温度准确，熔化后具有良好的流动性；易熔合金塞座与瓶体连接的螺纹应保证密封性。

装设有易熔塞合金装置的气瓶，在正常环境温度下运行，填满塞孔内的易熔合金保证气瓶的良好密封性能。一旦气瓶周围发生火灾或遇到其他意外高温，达到预定的温度值，易熔合金即熔化，瓶内气体由此塞孔排除，气瓶泄压。我国目前使用的易熔塞合金装置的公称动作温度有 102.5 ℃、100 ℃和 70 ℃三种。其中用于溶解乙炔的易熔塞合金装置，其公称动作温度为 100 ℃。公称动作温度为 70 ℃的易熔塞合金装置用于除溶解乙炔气瓶外的公称工作压力小于或等于 3.45 MPa 的气瓶；公称动作温度为 102.5 ℃的易熔塞合金装置用于公称工作压力大于 3.45 MPa 且不大于 30 MPa 的气瓶。车用压缩天然气气瓶的易熔塞合金装置的动作温度为 110℃。

（2）爆破片装置。爆破片装置是由爆破片（压力敏感元件）和夹持器（或支撑圈）等组装而成的安全泄压装置。当气瓶内介质的压力因环境温度升高等原因而增加到规定的压力限定值（一般为气瓶的水压试验压力）时，爆破片立即动作（破裂），形成通道，使气瓶排气泄压。

由于无缝气瓶瓶体上不宜开孔，高压无缝气瓶容积较小，安全泄放量也小，不需要太大的泄放面积，因此用于永久气体气瓶的爆破片一般装配在气瓶阀门上。

（3）安全阀。安全阀是广泛用于固定式压力容器的泄压装置。它的特点是机构简单、紧凑，而且可重新关闭，保持密封状态。具有这些特点，用作气瓶的安全泄压装置就更能显示其无比的优越性。但安全阀也有不足之处，如泄压反应慢（因阀的开启具有滞后作用）、对介质的洁净度要求很高、密封性能差（是各类泄压装置中最差的一种）等。特别是气瓶在运输、使用、搬运过程中的颠簸振动，使装在气瓶上的安全阀的密封性能更受影响，增加泄漏量。一般气瓶都没有安装这种泄压装置。

（4）复合装置。爆破片－易熔塞复合装置由爆破片与易熔塞串联组装而成。易熔合金塞装设在爆破片排放一侧。这种复合装置兼有爆破片与易熔塞的优越性，尤其是密封性能更加，因为它具有双重密封机构。在正常情况下，易熔塞不承受瓶内介质压力（被爆破片隔离），所以不易被挤压脱落。复合装置只有在环境温度和瓶内压力都分别达到了规定值的条件才发生动作、泄压排气，一般不会发生误动作。由于结构较为复杂，爆破片－易熔塞复合装置一般是用于对密封性能要求特别严格的气瓶。如盛装三氟化硼、氯化氢、硅烷、氟乙烯、溴化氢等气体的气瓶。至于盛装其他气体的气瓶，如果在经济上或安全上有特殊密封性要求的，也可以装设这种复合装置，如汽车用天然气钢瓶。

2）安全泄压装置的要求

（1）安全泄压装置的设置原则：

① 车用气瓶或者其他可燃气体气瓶、呼吸器用气瓶、消防灭火器用气瓶、溶解乙炔气瓶、盛装低温液化气体的焊接绝热气瓶、盛装液化气体的气瓶集束装置、长管拖车及管束式集装箱用大容积气瓶，应当装设安全泄压装置。

② 盛装剧毒气体的气瓶，禁止装设安全泄压装置。

③ 液化石油气钢瓶，不宜装设安全泄压装置。

（2）安全泄压装置的选用原则：

① 盛装有毒气体的气瓶，不应当单独装设安全阀；盛装低压有毒气体的气瓶允许装设易熔塞合金装置。

② 盛装溶解乙炔的气瓶，应当装设易熔塞合金装置。

③ 盛装易于分解或者聚合的可燃气体的气瓶，宜装设易熔塞合金装置。

④ 盛装液化天然气及其他可燃气体的焊接绝热气瓶，应当装设两级安全阀；盛装其他低温液化气体的焊接绝热气瓶应当装设爆破片和安全阀。

⑤ 机动车用液化石油气瓶，应当装设带安全阀的组合阀或者分立的安全阀；车用压缩天然气气瓶应当装设爆破片－易熔合金塞串联复合装置。

⑥ 工业用非重复充装焊接钢瓶，应当装设爆破片装置。

⑦ 爆破片－易熔合金塞复合装置或者爆破片－安全阀复合装置中的爆破片应当置于

与瓶内介质接触的一侧。

⑧ 爆破片装置（或者爆破片）的公称爆破压力为气瓶的水压试验压力。

⑨ 安全阀的开启压力不得小于气瓶水压试验压力的 75% 或者相应标准的规定，也不得大于气瓶水压试验压力。

⑩ 盛装可燃气体的气瓶，其安全泄压装置的结构与装设都应当使所排出的气体直接排向大气空间，不会被阻挡或者冲击到其他设备上。

（3）安全泄压装置的装设部位：

① 不应当妨碍气瓶的正常使用和搬运。

② 无缝气瓶，应当装设在瓶阀上。

③ 焊接气瓶，可以装设在瓶阀上，也允许单独装设在气瓶的封头部位。

④ 工业用非重复充装焊接钢瓶，应当将爆破片直接焊接在气瓶封头部位。

⑤ 溶解乙炔气瓶，应当将易熔合金塞装设在气瓶上封头、阀座或者瓶阀上。

⑥ 每个安全泄压装置都应当有明显的标志。

4. 防震圈

防震圈是指套在气瓶外面的弹性物质，是气瓶防震圈的简称。防震圈的主要功能是防止气瓶受到直接冲撞。在充装、运输、储存和使用时，特别是搬运过程中，气瓶常常会因滚动、震动而相互碰撞，或者与其他物体相撞击而发生气瓶爆破事故。同时套装在气瓶外面的防震圈也有利于保护气瓶外表面漆色、标字和色环等识别标记。另外防震圈还可以减少气瓶瓶身的磨损，延长气瓶使用寿命。

防震圈的基本要求：

（1）材料应具有一定的抗拉强度，使其制成的防震圈在装配时不致轻易被拉断。

（2）材料应具有一定的弹性和塑性，使其制成的防震圈能紧紧套在气瓶上而不会自动脱落。

（3）材料应具有一定的硬度，使防震圈能够经受撞击。

目前，我国的防震圈大部分以天然橡胶或者合成橡胶为原料制备而成，以 40 L 气瓶为例，防震圈内径应比气瓶外径松 6 mm，公差 ±1.0 mm；断面尺寸为 30 mm × 30 mm，公差 ±0.5 mm。

国外一般用与气瓶瓶身长度接近的塑料网作为气瓶外表面保护物。我国有少量气瓶使用这种方法保护气瓶外表面。

（四）气瓶的颜色标记和钢印标记

1. 颜色标志

《气瓶颜色标志》（GB/T 7144）中规定，各种介质气瓶的颜色标记是指涂敷在气瓶外表面的瓶色、字样、字色以及色环，是识别气瓶内所充装气体的标志。同时也规定了气瓶检验色标，目的是从颜色上迅速辨别出盛装某种气体的气瓶和瓶内气体的性质（可燃性、毒性）；避免错装和错用的可能性。另外是反射阳光和热量，防止气瓶外表面生锈。

2. 钢印标志

气瓶的钢印标志是识别气瓶的重要依据。气瓶的钢印标志包括制造钢印标志和检验钢印标志。

国产无缝气瓶制造钢印包含以下内容（图3－9）：

（1）气瓶制造依据标准编号。

（2）气瓶编号。

（3）检验压力（MPa）。

（4）公称工作压力（MPa）。

（5）制造厂代码、生产日期。

（6）制造许可证编号。

（7）充装介质。

（8）气瓶质量（kg）。

（9）气瓶容积（L）。

（10）气瓶壁厚（mm）。

（11）国家监督检查标记。

（12）检验单位代码、检验日期及检验周期。

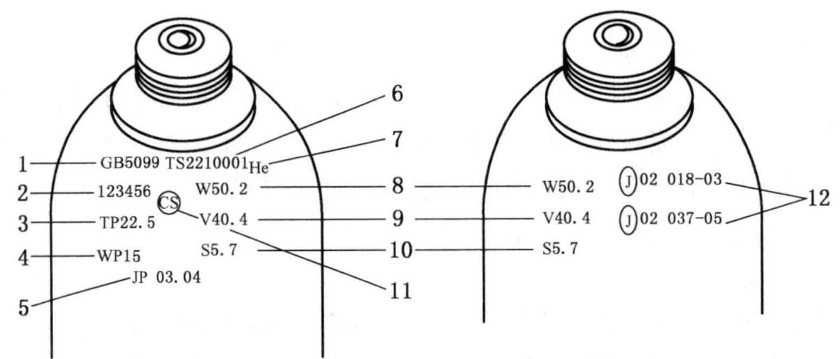

1—气瓶制造依据标准编号；2—气瓶编号；3—检验压力（MPa）；4—公称工作压力（MPa）；
5—制造厂代码、生产日期；6—制造许可证编号；7—充装介质；8—气瓶质量（kg）；9—气瓶容积（L）；
10—气瓶壁厚（mm）；11—国家监督检查标记；12—检验单位代码、检验日期及检验周期

图3－9 气瓶制造钢印标记内容

《气瓶安全技术监察规程》规定，我国气瓶检验标志的内容，检验合格的气瓶包括：检验单位代号；本次检验日期（年、月）和下次检验日期（年）规定了色标的使用年限循环法则和具体的方法。在气瓶定期检验标志上，按不同检验年份喷涂不同颜色和不同形状的色标。

二、气瓶充装

（一）充装管理要求

（1）气瓶充装单位应当按照《气瓶充装许可规则》（TSG R4001）的规定，取得气瓶充装许可。

（2）气瓶充装单位应当按照规定申请办理气瓶使用登记。

（3）气瓶实行固定充装单位充装制度，气瓶充装单位应当充装本单位自有并且办理使用登记的气瓶（车用气瓶、非重复充装气瓶、呼吸器用气瓶以及托管气瓶除外）。

（4）气瓶充装单位应当在充装完毕验收合格的气瓶上牢固粘贴充装产品合格标签，

标签上至少注明充装单位名称和电话、气体名称、充装日期和充装人员代号。无标签的气瓶不准出充装单位。

(5) 严禁充装超期未检气瓶、改装气瓶、翻新气瓶和报废气瓶。

(6) 气瓶充装单位发生暂停充装等特殊情况，应当向所在市级质监部门报告，可委托辖区内有相应资质的单位临时充装，并告知省级质监部门。

(二) 充装基本要求

(1) 气瓶的充装单位负责在自有产权或者托管的气瓶瓶体上涂敷充装站标志，并负责对气瓶进行日常维护保养，按照原标志涂敷气瓶颜色和色环标志。

(2) 气瓶充装单位对气瓶的充装安全负责。气瓶充装单位作为气瓶的使用单位，应当及时申报自有或者托管气瓶的定期检验，并且负责对瓶装气体经销单位或者气体消费者进行安全宣传教育和指导。

(3) 气瓶充装单位应当制定相应的安全管理制度和安全技术操作规程，严格按照相应标准充装气瓶。

(4) 气瓶充装单位应当制定特种设备事故（特别是泄漏事故）应急预案和救援措施，并且定期演练。

(5) 气瓶充装单位应当建立气瓶信息化管理数据库和气瓶档案，气瓶档案包括产品合格证、批量检验产品质量证明书等出厂资料、气瓶产品制造监督检验证书、气瓶使用登记资料、气瓶定期检验报告等。气瓶的档案应当保存到气瓶报废为止。

(6) 气瓶充装单位应当在自有产权或者托管的气瓶上粘贴气瓶警示标签。

(7) 气瓶充装单位应当在气瓶充装前和充装后，由取得气瓶充装作业人员证书的人员对气瓶逐只进行检查，并做好检查记录和充装记录。

(8) 车用气瓶的充装单位应当采用信息化手段对气瓶充装进行控制和记录。

(三) 充装特殊规定

1. 气体充装装置

(1) 气体充装装置，必须能够保证防止可燃气体与助燃气体或者不相容气体的错装，无法保证时应当先进行抽空再进行充装。

(2) 充装高（低）压液化气体、低温液化气体以及溶解乙炔气体时，所采用的称重计量衡器的最大称量值及校验期应当符合相关标准的规定。

2. 充装压缩气体

(1) 严格控制气瓶的充装量，充分考虑充装温度对最高充装压力的影响，气瓶充装后，在 20 ℃时的压力不得超过气瓶的公称工作压力。

(2) 采用电解法制取氢气、氧气的充装单位，应当制定严格的定时测定氢、氧纯度的制度，设置自动测定氢、氧浓度和超标报警的装置，并且定期进行手动检测；当氢气中含氧或者氧气中含氢超过 0.5%（体积比）时，严禁充装，同时应当查明原因并妥善处置。

3. 充装高（低）压液化气体

(1) 应当采用逐瓶称重的方式进行充装，禁止无称重直接充装（车用气瓶除外）。

(2) 应当配备与其充装接头数量相适应的计量衡器。

(3) 计量衡器必须设有超装警报或者自动切断气源的装置。

（4）应当对充装量逐瓶复检（设复检用计量衡器），严禁过量充装。

4. 充装低温液化气体及低温液体

应当对充装量逐瓶复检（车用焊接绝热气瓶除外），严禁过量充装。充装超量的气瓶不准出站并及时处置。

5. 充装溶解乙炔

（1）充装前，按照有关标准规定测定溶剂补加量并补加溶剂。

（2）乙炔瓶的乙炔充装量及乙炔与溶剂的质量比(炔酮比)应当符合有关标准的规定。

（3）充装过程中，瓶壁温度不得超过 40 ℃，充装容积流速小于 0.015 $m^3/(h \cdot L)$。

（4）一般分两次充装，中间的间隔时间不少于 8 h；静置 8 h 后的瓶内压力应当符合有关标准的规定。

6. 充装混合气体

（1）充装混合气体的气瓶应当采用加温、抽真空等适当方式进行预处理。

（2）气体充装前，应当根据混合气体的每一气体组分性质，确定各种气体组分的充装顺序。

（3）在充入每一气体组分之前，应用待充气体对充装配制系统管道进行置换。

7. 其他要求

（1）禁止在充装站外由罐车等移动式压力容器直接对气瓶进行充装；禁止将气瓶内的气体直接向其他气瓶倒装。

（2）车用天然气瓶充装枪应当具有防伪识读信息化标签的功能，只能对可以识读的气瓶进行充装。

（3）车用液化天然气气瓶充装站应当具备向气瓶充装蒸汽压不小于 0.8 MPa 的饱和液体的能力。

（四）充装压力

《气瓶安全技术监察规程》规定，对于盛装压缩气体的钢瓶，气瓶的公称工作压力系指在基准温度时（我国为 20 ℃）所盛装气体的限定充装压力；对于盛装高压液化气体的钢瓶，气瓶的公称工作压力系指温度为 60 ℃时瓶内气体压力的上限值。常用气体气瓶的公称工作压力见表 3－2。

表 3－2 常用气体气瓶的公称工作压力

<table>
<tr><th colspan="2">气体类别</th><th>公称工作压力/MPa</th><th>常 用 气 体</th></tr>
<tr><td colspan="2" rowspan="3">压缩气体
$T_c \leq -50$ ℃</td><td>30</td><td rowspan="2">空气、氧气、氢气、氮气、氩气、氦气、氖气、氪气、甲烷、煤气、天然气、氟气等</td></tr>
<tr><td>20</td></tr>
<tr><td>15</td><td>空气、氧气、氢气、氮气、氩气、氦气、氖气、甲烷、煤气、三氟化硼、四氟甲烷（R－14）、一氧化碳、一氧化氮、氘（重氢）、氪气等</td></tr>
<tr><td rowspan="2">液化气体</td><td rowspan="2">高压液化气体
－50 ℃≤
T_c≤65 ℃</td><td>20</td><td rowspan="2">二氧化碳、一氧化二氮（氧化亚氮）、乙烷、乙烯、硅烷、磷烷、乙硼烷等</td></tr>
<tr><td>15</td></tr>
</table>

表3-2（续）

气体类别		公称工作压力/MPa	常用气体
液化气体	高压液化气体 $-50\ ℃ \leq T_c \leq 65\ ℃$	12.5	氙气、一氧化二氮（氧化亚氮）、六氟化硫、氯化氢、乙烷、乙烯、三氟氯甲烷（R-13）、三氟甲烷（R-23）、六氟乙烷（R-116）、1,1-二氟乙烯（偏二氟乙烯）（R-1132a）、氟乙烯（R-1141）、三氟溴甲烷（R-13B1）等
		8	六氟化硫、三氟氯甲烷（R-13）、1,1-二氟乙烯（偏二氟乙烯）（R-1132a）、六氟乙烷（R-116）、氟乙烯（R-1141）、三氟溴甲烷（R-13B1）等
	低压液化气体 $T_c > 65\ ℃$	5	溴化氢、硫化氢、碳酰二氯（光气）、硫酰氟等
		3	氨气、二氟氯甲烷（R-22）、1，1，1-三氟乙烷（R-143a）等
		2	氯气、二氧化硫、环丙烷、六氟丙烯、二氟二氯甲烷（R-12）、1，1-二氟乙烷（R-152a）、氯甲烷、二甲醚、二氧化氮、三氟氯乙烯（R-1113）、溴甲烷、氟化氢、五氟氯乙烷（R-115）等
		1	正丁烷、异丁烷、异丁烯、1-丁烯、1，3-丁二烯、一氟二氯甲烷（R-21）、四氟二氯乙烷（R-114）、二氟氯乙烷（R-142b）、二氟溴氯甲烷（R-12B1）、氯乙烷、氯乙烯、溴乙烯、甲胺、二甲胺、三甲胺、乙胺、乙烯基甲醚、环氧乙烷、八氟环丁烷（R-C318）、（顺）2-丁烯、（反）2-丁烯、三氯化硼（氯化硼）、甲硫醇（硫氢甲烷）、三氟氯乙烷（R-133a）等

三、充装站对气瓶的日常管理

充装站日常要对气瓶实施管理工作，主要包括气瓶的装卸、运输、储存、保管和发送等环节。

（一）气瓶的装卸运输

运输气瓶的单位必须严格遵守国家有关危险品运输的规定及要求，气瓶在搬运过程中，留下许多隐患。因此，气瓶的运输单位要建立相应的安全管理、应急预案制度，对气瓶的押运员、驾驶人员、装卸人员都应进行相关的气体知识教育，并应会使用消防器材、防毒面具等。

（1）熟知气体性质。在搬运前应了解气体名称、性质和安全搬运注意事项，要备齐工器具和防护用品，如有毒、有害、腐蚀、放射性、自燃等；低温液体汽化充装工艺在装卸液体时要备齐防低温损伤人体的工器具和防护用品。

（2）检查气瓶的气体产品合格证、警示标签是否与充装气体及气瓶标志的介质名称一致，要配带瓶帽、防震圈。运送要注意：

① 气瓶轻装、轻卸。

② 严禁抛、滑、滚、碰。

③ 严禁拖拽、随地平滚、顺坡横或竖滑下或用脚踢；严禁肩扛、背驮、怀抱、臂挟、托举等。当人工将气瓶向高处举放或气瓶从高处落地时必须二人同时操作。吊运气瓶应做到：

① 将散装瓶装入集装箱内，固定好气瓶，用机械起重设备吊运。

② 不得使用电磁起重机吊运气瓶。

③ 不得使用金属链绳捆绑后吊运气瓶。

④ 不得吊气瓶瓶帽吊运气瓶。

(3) 严禁用叉车、翻斗车或铲车搬运气瓶。

(4) 在气瓶运输车上，应注意：

① 氧气瓶不可与可燃气体气瓶同车。

② 运输车辆应具有固定气瓶的相应装置，散装直立气瓶高出栏板部分不应大于气瓶高度的1/4。

③ 运输气瓶的车上严禁烟火。

④ 夏季时气瓶要防晒。

(5) 化学性质相抵触的气体（如氧气、氯气与氢气；乙炔和液化石油气）不得同车运输，氧化或强氧化气体气瓶不准和易燃品、油脂及沾有油脂的物品同车运输。

(6) 严禁用自卸汽车、挂车或长途客运汽车运送气瓶，同时也不准许装运气瓶的货车载客。

(7) 运送气瓶的汽车应遵守公安、交通部门有关危险品运输的安全规定，严禁在首脑机关、居民密集处、超市闹市区及学校等处停车。运输车停靠时，司机和押运员不得同时离开车辆。

(8) 司机、装卸及押运员均应明确所运输的气体性质，安全注意事项和紧急处置措施。

(二) 气瓶的贮存、保管

瓶装气体品种多，性质复杂，具有可燃性、腐蚀性、毒性、窒息性、氧化性等特点。还有的气瓶内的压力高达30 MPa以上。气瓶在贮存过程中，经常发生事故。因此，气瓶的贮存场所应符合建设规范，管理人员应有一定的素质。还应建立健全贮存气瓶的各项规章制度。

(1) 气瓶瓶库的建设必须经有关部门的批准。气瓶的储存必须有专用瓶库，应符合《建筑设计防火规范》(GB 50016) 的有关规定。

(2) 气瓶瓶库屋顶应为轻型结构，应有足够的泄压面积，透明的玻璃上应涂白漆，应有通风换气装置，地面平坦且不打滑，瓶库内不得有地沟、暗道，严禁明火和其他热源；冬季集中供暖库房设计温度为10 ℃，严禁采用煤炉、电热器取暖。在夏季，乙烷、氯甲烷、溴甲烷、一甲胺、二甲胺、三甲胺、氯乙烯、乙二烯、丁烯、甲醚、环氧乙烷、氯乙炔、二氧化硫、光气、氟化氰等库房温度应控制在30 ℃以下，相对湿度在80%以下。可燃、有毒、窒息库房应有自动报警装置。

(3) 气瓶入库应按照气体的性质、公称工作压力及空实瓶严格分类存放，应有明确的标志。可燃气体的气瓶不可与氧化性气体气瓶同库储存；氢气不准与笑气、氨、氯乙烷、环氧乙烷、乙炔等同库。

(4) 气瓶的库房应与其他建筑物保持一定的距离，应为单层建筑，墙壁及屋顶的建筑材料应为防火材料。

(5) 应当遵循先入库先发出的原则。应设立明显的警示标签，如禁止烟火、当心爆炸等。

（6）库房应设有相应的灭火器材，库房周围严禁存放易燃易爆物品。库房内应设有适当的通道。

（7）盛装易发生聚合反应或分解反应的气瓶，必须根据气体性质控制瓶库内的温度，规定储存期限，避开放射源。

（8）空、实瓶应分开放置，并有明显标志，毒性气体气瓶和瓶内气体相互接触能引起燃烧、爆炸、产生毒物的，应分室存放，并设置防毒用具。

（9）气瓶放置应整齐，并佩戴瓶帽，立放时，应有防倾倒措施；横放时，头部朝向一方。

为了防止气瓶的混放，避免气瓶混淆，气瓶充装单位应设置气瓶待检区、不合格区、待充装区、充装合格区。应按气体性质分类存放，并有足够的防火安全距离。

（三）气瓶的发送

充装单位气瓶的出库、发送应有专人负责，建立气瓶出库安全管理制度。瓶库的账目应准确，做到账物相符。气瓶发送前应检查：

（1）气瓶发送应检查安全附件是否齐全，不全的应补齐。

（2）发送前，应检查气瓶警示标签是否齐全。

（3）气瓶发送应随带气体质量证明或气体检验合格证。

气瓶发送前，充装单位应向使用单位或购买气瓶人员宣传相关的气体知识及气瓶常识；应向消费者讲解气瓶内气体的性质、安全防护知识及应急处理方法等。气瓶发送人员应每天检查库存的数量，保证气瓶的周转率。发送的气瓶要填写气瓶发放记录表。至少应包括：气体名称、气瓶编号、入库日期、出库日期、领用单位、领用人签字、发送人员签字、备注等。

第五节 压力容器安全技术

一、压力容器使用安全管理

在使用许可厂家的合格产品、登记建档、建立制度、定期检验方面与锅炉使用安全管理基本相同。

专责管理方面，使用压力容器的单位，应设置安全管理机构，配备安全管理负责人和安全管理人员。使用石化与化工成套装置的单位，以及使用压力容器台数达到50台及以上的单位，应当设置专门的特种设备安全管理机构，配备专职安全管理人员，并且逐台落实安全责任人。

持证上岗方面，压力容器安全管理负责人和安全管理人员，应当按照规定持有相应的特种设备管理人员证。操作人员必须严格执行压力容器安全管理制度，依照操作规程及其他法规操作运行。

日常检查方面，压力容器的安全检查每月进行一次，检查内容主要有：安全附件，装卸附件，安全保护装置，测量调控装置，附属仪器仪表是否完好，各密封面有无泄漏，以及其他异常情况等。

二、压力容器安全附件及仪表

（一）安全附件

1. 安全阀

压力容器安全阀分全启式安全阀和微启式安全阀。根据安全阀的整体结构和加载方式可以分为静重式、杠杆式、弹簧式和先导式4种。

安全阀如果出现故障，尤其是不能开启时，有可能会造成压力容器失效甚至爆炸的严重后果。安全阀的主要故障有：

（1）泄漏。在压力容器正常工作压力下，阀瓣与阀座密封面之间发生超过允许程度的泄漏。

（2）到规定压力时不开启。安全阀锈死、阀瓣与阀座黏住、杠杆被卡住等都会造成安全阀不开启；如果安全阀定压不准，也会造成到规定压力时不开启。

（3）不到规定压力时开启。安全阀定压不准，或者弹簧老化。

（4）排气后压力继续上升。选用的安全阀排量太小，或者排气管截面积太小，不能满足压力容器的安全泄放量要求。

（5）排放泄压后阀瓣不回座。阀杆、阀瓣安装位置不正或者被卡住。

2. 爆破片

爆破片装置是一种非重闭式泄压装置，由进口静压使爆破片受压爆破而泄放出介质，以防止容器或系统内的压力超过预定的安全值。

爆破片又称为爆破膜或防爆膜，是一种断裂型安全泄放装置。与安全阀相比，它具有结构简单、泄压反应快、密封性能好、适应性强等特点。

3. 爆破帽

爆破帽为一端封闭，中间有一薄弱层面的厚壁短管，爆破压力误差较小，泄放面积较小，多用于超高压容器。超压时其断裂的薄弱层面在开槽处。由于其工作时通常还有温度影响，因此，一般均选用热处理性能稳定，且随温度变化较小的高强度材料（如$34CrNi_3Mo$等）制造，其破爆压力与材料强度之比一般为0.2～0.5。

4. 易熔塞

易熔塞属于“熔化型”（“温度型”）安全泄放装置，它的动作取决于容器壁的温度，主要用于中、低压的小型压力容器，在盛装液化气体的钢瓶中应用更为广泛。

5. 紧急切断阀

紧急切断阀是一种特殊结构和特殊用途的阀门，它通常与截止阀串联安装在紧靠容器的介质出口管道上。其作用是在管道发生大量泄漏时紧急止漏，一般还具有过流闭止及超温闭止的性能，并能在近程和远程独立进行操作。紧急切断阀按操作方式的不同，可分为机械（或手动）牵引式、油压操纵式、气压操纵式和电动操纵式等多种，前两种目前在液化石油气槽车上应用非常广泛。

（二）安全附件装设要求

1. 安全阀、爆破片的压力设定

（1）安全阀的整定压力一般不大于该压力容器的设计压力。设计图样或者铭牌上标注有最高允许工作压力的，也可以采用最高允许工作压力确定安全阀的整定压力。

（2）爆破片的爆破压力。压力容器上爆破片的设计爆破压力一般不大于该容器的设计压力，并且爆破片的最小爆破压力不得小于该容器的工作压力。

（3）安全阀、爆破片的排放能力，应当大于或者等于压力容器的安全泄放量。排放能力和安全泄放量按照压力容器产品标准的有关规定进行计算。对于充装处于饱和状态或者过热状态的气液混合介质的压力容器，设计爆破片装置应当计算泄放口径，确保不产生空间爆炸。

2. 安全附件安装

（1）安全泄放装置应当铅直安装在压力容器液面以上的气相空间部分，或者装设在与压力容器气相空间相连的管道上。

（2）压力容器与安全泄放装置之间的连接管和管件的通孔，其截面积不得小于安全阀的进口截面积，其接管应当尽量短而直。

（3）压力容器一个连接口上装设两个或者两个以上的安全泄放装置时，则该连接口入口的截面积，应当至少等于这些安全泄放装置的进口截面积总和。

（4）安全泄放装置与压力容器之间一般不宜装设截止阀门；为实现安全阀的在线校验，可在安全阀与压力容器之间装设爆破片装置；对于盛装毒性程度为极度、高度、中度危害介质，易爆介质，腐蚀、黏性介质或者贵重介质的压力容器，为便于安全阀的清洗与更换，经过使用单位主管压力容器安全技术负责人批准，并且制定可靠的防范措施，方可在安全泄放装置与压力容器之间装设截止阀门，压力容器正常运行期间截止阀门必须保证全开（加铅封或者锁定），截止阀门的结构和通径不得妨碍安全泄放装置的安全泄放。

（5）对易爆介质或者毒性程度为极度、高度或者中度危害介质的压力容器，应当在安全阀或者爆破片的排出口装设导管，将排放介质引至安全地点，并且进行妥善处理；毒性介质不得直接排入大气。

3. 安全阀与爆破片装置的组合

安全阀与爆破片装置并联组合时，爆破片的标定爆破压力不得超过容器的设计压力。安全阀的开启压力应略低于爆破片的标定爆破压力。

当安全阀进口和容器之间串联安装爆破片装置时，应满足下列条件：

（1）安全阀和爆破片装置组合的泄放能力应满足要求。

（2）爆破片破裂后的泄放面积应不小于安全阀进口面积，同时应保证爆破片破裂的碎片不影响安全阀的正常动作。

（3）爆破片装置与安全阀之间应装设压力表、旋塞、排气孔或报警指示器，以检查爆破片是否破裂或渗漏。

当安全阀出口侧串联安装爆破片装置时，应满足下列条件：

（1）容器内的介质应是洁净的，不含有胶着物质或阻塞物质。

（2）安全阀泄放能力应满足要求。

（3）当安全阀与爆破片之间存在背压时，阀仍能在开启压力下准确开启。

（4）爆破片的泄放面积不得小于安全阀的进口面积。

(5) 安全阀与爆破片装置之间应设置放空管或排污管，以防止该空间的压力累积。

(三) 压力容器仪表

1. 压力表

压力表是指示容器内介质压力的仪表，是压力容器的重要安全装置。按其结构和作用原理，压力表可分为液柱式、弹性元件式、活塞式和电量式四大类。活塞式压力计通常用作校验用的标准仪表，液柱式压力计一般只用于测量很低的压力，压力容器广泛采用的是各种类型的弹性元件式压力计。

2. 液位计

液位计又称液面计，是用来观察和测量容器内液体位置变化情况的仪表。特别是对于盛装液化气体的容器，液位计是一个必不可少的安全装置。

3. 温度计

温度计是用来测量物质冷热程度的仪表，可用来测量压力容器介质的温度。对于需要控制壁温的容器，还必须装设测试壁温的温度计。

三、压力容器使用安全技术

(一) 压力容器安全操作

1. 基本要求

(1) 平稳操作。加载和卸载应缓慢，并保持运行期间载荷的相对稳定。

压力容器开始加载时，速度不宜过快，尤其要防止压力突然升高。过高的加载速度会降低材料的断裂韧性，可能使存在微小缺陷的容器在压力的快速冲击下发生脆性断裂。

高温容器或工作壁温在0 ℃以下的容器，加热和冷却都应缓慢进行，以减小壳壁中的热应力。

操作中，压力频繁地、大幅度地波动，对容器的抗疲劳强度是不利的，应尽可能避免，保持操作压力平稳。

(2) 防止超载。防止压力容器过载主要是防止超压。压力来自外部（如气体压缩机、蒸汽锅炉等）的容器，超压大多是由于操作失误而引起的。为了防止操作失误，除了装设联锁装置外，可实行安全操作挂牌制度。在一些关键性的操作装置上挂牌，牌上用明显标记或文字注明阀门等的开闭方向、开闭状态、注意事项等。对于通过减压阀降低压力后才进气的容器，要密切注意减压装置的工作情况，并装设灵敏可靠的安全泄压装置。

由于内部物料的化学反应而产生压力的容器，往往因加料过量或原料中混入杂质，使反应后生成的气体密度增大或反应过速而造成超压。要预防这类容器超压，必须严格控制每次投料的数量及原料中杂质的含量，并有防止超量投料的严密措施。

储装液化气体的容器，为了防止液体受热膨胀而超压，一定要严格计量。对于液化气体储罐和槽车，除了密切监视液位外，还应防止容器意外受热，造成超压。如果容器内的介质是容易聚合的单体，则应在物料中加入阻聚剂，并防止混入可促进聚合的杂质。物料储存的时间也不宜过长。

除了防止超压以外，压力容器的操作温度也应严格控制在设计规定的范围内，长期的超温运行也可以直接或间接地导致容器的破坏。

2. 压力容器运行期间的检查

压力容器专职操作人员在容器运行期间应经常检查容器的工作状况，以便及时发现设备上的不正常状态，采取相应的措施进行调整或消除，防止异常情况的扩大或延续，保证容器安全运行。

对运行中的容器进行检查，包括工艺条件、设备状况以及安全装置等方面。

在工艺条件方面，主要检查操作压力、操作温度、液位是否在安全操作规程规定的范围内，容器工作介质的化学组成，特别是那些影响容器安全（如产生应力腐蚀、使压力升高等）的成分是否符合要求。

在设备状况方面，主要检查各连接部位有无泄漏、渗漏现象，容器的部件和附件有无塑性变形、腐蚀以及其他缺陷或可疑迹象，容器及其连接道有无振动、磨损等现象。

在安全装置方面，主要检查安全装置以及与安全有关的计量器具是否保持完好状态。

3. 压力容器的紧急停止运行

压力容器在运行中出现下列情况时，应立即停止运行：容器的操作压力或壁温超过安全操作规程规定的极限值，而且采取措施仍无法控制，并有继续恶化的趋势；容器的承压部件出现裂纹、鼓包变形、焊缝或可拆连接处泄漏等危及容器安全的迹象；安全装置全部失效，连接管件断裂，紧固件损坏等，难以保证安全操作；操作岗位发生火灾，威胁到容器的安全操作；高压容器的信号孔或警报孔泄漏。

（二）压力容器的维护保养

做好压力容器的维护保养工作，可以使容器经常保持完好状态，提高工作效率，延长容器使用寿命。

容器的维护保养主要包括以下几方面的内容：

（1）保持完好的防腐层。工作介质对材料有腐蚀作用的容器，常采用防腐层来防止介质对器壁的腐蚀，如涂漆、喷镀或电镀、衬里等。如果防腐层损坏，工作介质将直接接触器壁而产生腐蚀，所以要常检查，保持防腐层完好无损。若发现防腐层损坏，即使是局部的，也应该先经修补等妥善处理以后再继续使用。

（2）消除产生腐蚀的因素。有些工作介质只有在某种特定条件下才会对容器的材料产生腐蚀。因此要尽力消除这种能引起腐蚀的、特别是应力腐蚀的条件。例如，一氧化碳气体只有在含有水分的情况下才可能对钢制容器产生应力腐蚀，应尽量采取干燥、过滤等措施；碳钢容器的碱脆需要具备温度、拉伸应力和较高的碱液浓度等条件，介质中含有稀碱液的容器，必须采取措施消除使稀液浓缩的条件，如接缝渗漏，器壁粗糙或存在铁锈等多孔性物质等；盛装氧气的容器，常因底部积水造成水和氧气交界面的严重腐蚀，要防止这种腐蚀，最好使氧气经过干燥，或在使用中经常排放容器中的积水。

（3）消灭容器的“跑、冒、滴、漏”，经常保持容器的完好状态。“跑、冒、滴、漏”不仅浪费原料和能源，污染工作环境，还会造成设备的腐蚀，严重时还会引起容器的破坏事故。

（4）加强容器在停用期间的维护。对于长期或临时停用的容器，应加强维护。停用的容器，必须将内部的介质排除干净，腐蚀性介质要经过排放、置换、清洗等技术处理。要注意防止容器的“死角”积存腐蚀性介质。

要经常保持容器的干燥和清洁，防止大气腐蚀。试验证明，在潮湿的情况下，钢材表面有灰尘、污物时，大气对钢材才有腐蚀作用。

（5）经常保持容器的完好状态。容器上所有的安全装置和计量仪表，应定期进行调整校正，使其始终保持灵敏、准确；容器的附件、零件必须保持齐全和完好无损，连接紧固件残缺不全的容器，禁止投入运行。

第六节　压力管道安全技术

一、压力管道使用安全管理

在使用许可厂家的合格产品、登记建档、建立制度、定期检验方面与锅炉使用安全管理基本相同。

持证上岗方面，使用单位管理层应配备一名人员负责压力管道安全管理工作。管道数量较多的使用单位，应设置安全管理机构或者配备专职安全管理人员，安全管理人员应具备管道的专业知识，熟悉国家相关法规标准，经过管道安全教育和培训，取得相应的特种设备管理人员资格证。压力管道操作人员，应接受专业安全技术培训并考试合格，取得特种设备作业人员证。

二、压力管道安全附件

压力管道常用的安全附件和安全保护装置中的安全阀、爆破片、温度计、压力表等与压力容器基本类似，除此之外，压力管道还有一些根据管道特点所设置的保护装置，如阻火器、防静电装置、阴极保护装置等。对于不同类别的压力管道，所需安全附件和安全保护装置也有所区别。

（一）安全泄压装置

与锅炉压力容器类似，压力管道上也要安装安全泄压装置。

1. 长输输气管道一般应设置安全泄放装置

（1）输气站应在进站截断阀上游和出站截断阀下游设置泄压放空装置。

（2）输气干线截断阀上下游均应设置放空管，应能迅速放空两截断阀之间管段内的气体。

（3）输气站存在超压可能的设备和容器，应设置安全阀。

2. 热力管道的超压保护装置

泄压装置多采用安全阀，安全阀开启压力一般为正常最高工作压力的 1.1 倍，最低为 1.05 倍。

3. 工业管道安全泄压装置的通用要求

（1）除特殊情况外，处于运行中可能超压的管道系统均应设置泄压装置。泄压装置可采用安全阀、爆破片装置或者两者组合使用。

（2）不宜使用安全阀的场合可以使用爆破片。

（3）安全阀应按照需要排放的气（汽）体或液体介质进行选用，并考虑背压的影响。安全阀或爆破片的入口管道和出口管道上不宜设置切断阀。但工艺有特殊要求必须设置切断阀时，应设置旁通阀及就地压力表，而且正常工作时安全阀或爆破片入口或出口的切断阀应在开启状态下锁住，旁通阀应在关闭状态下锁住。

（二）用于控制介质压力和流动状态的装置

1. 调压装置

调压装置主要用在输气管道、输油管道、蒸汽管道和城镇燃气管道系统中，是以调压器为主，并将必需的阀门、过滤器、安全装置、测量仪表、旁通管和计量设备等安装配置连接成一个整体的压力调节与控制系统。调压器就是用来控制系统工作压力的设备，如将高压燃气降至所需压力，并使出口压力保持稳定不变。

2. 止回阀

在需防止流体倒流的工业管道上，应设置止回阀。在燃气管道的高压储存门站、储配站调压工艺系统的燃气入口处，也应当装设止回阀。

3. 切断装置

（1）紧急切断装置。可燃液化气或者可燃压缩气贮运和装卸设施中，重要的气相和液相管道应当设置紧急切断装置。紧急切断装置包括紧急切断阀、远程控制系统和易熔塞自动切断装置。远程控制系统的关闭装置应当装在人员易于操作的位置，易熔塞自动切断装置应当设在环境温度升高至设定温度时，能自动关闭紧急切断阀的位置。

（2）线路截断阀。长输管道均需设置线路截断阀。截断阀可采用自动或者手动阀门，并应能通过清管器或者检测仪器。

（3）切断阀。工业管道中进出装置的可燃、易爆、有毒介质管道应在边界处设置切断阀，并在装置侧设“8”字盲板。

（三）阻火器

阻火器是用来阻止易燃气体、液体的火焰蔓延和防止回火而引起爆炸的安全装置。通常安装在可燃易爆气体、液体的管路上，当某一段管道发生事故时，阻止火焰影响另一段管道和设备。

1. 阻火器的型式

阻火器按其结构型式可以分为金属网型、波纹型、泡沫金属型、平行板型、多孔板型、水封型、充填型等；按功能可分为爆燃型和轰爆型，其中爆燃型阻火器是用于阻止火焰以亚音速通过的阻火器，轰爆型阻火器是用于阻止火焰以音速或超音速通过的阻火器。

2. 阻火器的选用要求

（1）阻火器主要是根据介质的化学性质、温度、压力进行选用。

（2）选用阻火器时，其最大间隙应不大于介质在操作工况下的最大试验安全间隙。

（3）选用的阻火器的安全阻火速度应大于安装位置可能达到的火焰传播速度。

（4）阻火器的壳体要能承受介质的压力和允许的温度，还要能耐介质的腐蚀。

（5）阻火器的填料要有一定强度，且不能与介质起化学反应。

3. 阻火器的设置要求

（1）管端型放空阻火器的放空端应当安装防雨帽。

（2）工艺物料含有颗粒或者其他会使阻火元件堵塞的物质时，应当在阻火器进、出口安装压力表，监控阻火器的压力降。

（3）工艺物料含有水汽或者其他凝固点高于0 ℃的蒸汽（如醋酸蒸汽等），有可能发生冻结的情况，阻火器应当设置防冻或者解冻措施，如电伴热、蒸汽盘管或者夹套和定期蒸汽吹扫等。对于水封型阻火器，可采用连续流动水或者加防冻剂的方法防冻。

（4）阻火器不得靠近炉子和加热设备，除非阻火单元温度升高不会影响其阻火性能。

（5）单向阻火器安装时，应当将阻火侧朝向潜在点火源。

（四）防静电设施

可燃介质管道应有静电接地设施，并测量各连接接头间的电阻值和管道系统的对地电阻值。这些电阻值超过标准或者设计文件规定时，应当设置跨接导线（在法兰和螺纹接头间）和接地引线。

此外，对于强氧化性流体（氧或氟）管道，应当在管道预制后、安装前分段或单件进行脱脂，脱脂的范围应当包括所有管道组成件与流体接触的表面。应当采取措施避免管道内部残存的脱脂介质与氧气形成危险的混合物。

（五）凝水缸

为排除燃气管道中的冷凝水和天然气管道中的轻质油，管道敷设时应有一定坡度，以便在低处设凝水缸，将汇集的水或油排出。凝水缸的间距，视水量和油量多少而定，通常为500 m左右。凝水缸有不能自喷和能自喷两种。若管道内压力较低，水或油就要依靠抽水设备排出。安装在高、中压管道上的凝水缸，由于管道内压力较高，积水（油）在排水管旋塞打开后就能自行喷出。

（六）放散管

放散管是一种专门用来排放管道中的空气或燃气的装置。在管道投入运行时利用放散管排空管内的空气，防止在管道内形成爆炸性的混合气体。在管道或设备检修时，可利用放散管排空管道内的燃气。在城镇燃气管网中，放散管一般设在闸井中，在管网中安装在阀门前后，在单向供气的管道上则安装在阀门之前。

（七）泄漏气体安全报警装置

在易燃易爆场所，通常要安装泄漏气体安全报警装置。输油输气管道的泄漏监测报警装置一般采用固定装置（在管道上安装传感器）实时监测，可以实现对管道从不漏到发生泄漏的过程监测，一旦发生泄漏立即报警。根据传感器安装在管道的具体部位，泄漏监测技术可分为外监测和内监测两种。

（八）阴极保护装置

在埋地敷设的线路中，设置阴极保护装置是目前防止管道受地下外部环境影响而产生腐蚀破坏的最重要措施之一。阴极保护有牺牲阳极法和强制电流法两种保护形式。

（九）压力表、温度计

压力管道上装设的压力表必须与使用介质相适应。低压管道使用的压力表精度应当不低于2.5级，中压、高压管道使用的压力表精度应当不低于1.5级。

压力管道上使用的温度计，主要用于测量介质的温度。其选用、装设等要符合相应的安全技术规范和设计标准的要求。

三、压力管道使用安全技术

（一）压力管道的安全操作

管道的运行状况与相关设备及其控制系统的运行状况紧密相关，相互之间会产生直接影响。所以管道的运行操作过程实际上就是生产装置运行操作过程的有机构成部分。

1. 基本要求

压力管道操作过程中，操作人员应严格控制工艺指标，正确操作，严禁超压、超温运行；加载和卸载速度不能太快；高温或低温（-20 ℃以下）条件下工作的管道，加热或冷却应缓慢进行；开工升温过程中，高温管道需对管道法兰连接螺栓进行热紧，低温管道需进行冷紧；管道运行时应尽量避免压力和温度的大幅波动；尽量减少管道开停次数。

1）操作工艺条件的控制

压力和温度是管道运行过程中的两个主要工艺控制指标，只有严格按照安全操作规程进行操作，才能保证管道系统的稳定运行。管道内介质的流量及流动情况也是影响管道运行的重要指标，操作过程也应加以控制。对城镇燃气和热力管道来说，由于用量的频繁变化，会影响系统的运行压力。加强流量控制，力求均衡运行是保证用户正常使用的重要条件。

2）交变载荷控制

管道交变载荷的特点是应力较大而交变频率较低。在交变载荷的作用下，在几何结构不连续和焊缝附近存在应力集中的地方，材料容易发生低周疲劳破坏。

3）腐蚀性介质含量控制

在用压力管道对腐蚀性介质含量及工况应有严格的工艺指标进行控制。管道操作过程中，腐蚀性介质含量的超标、原料介质的恶劣，必然对管道材料包括焊接接头产生危害，如加快腐蚀速度，出现晶间腐蚀、应力腐蚀等。

2. 管线巡查

操作人员和维修人员均要按照各自的责任和要求定期按巡回检查路线完成每个部位、每个项目的检查，并做好巡回检查记录。检查中发现的异常情况应及时汇报和处理。

巡回检查的项目主要有：

（1）各项工艺操作指标参数、系统平稳运行情况。

（2）管道接头、阀门及各管件密封情况。

（3）防腐层、保温层完好情况。

（4）管道振动情况。

（5）管道支吊架的紧固、腐蚀和支承情况，管架、基础完好情况。

（6）阀门等操作机构润滑状况。

（7）安全阀、压力表等安全保护装置运行状况。

（8）静电跨接、静电接地、抗腐蚀阴极保护装置的运行和完好状况。

（9）地表环境情况。

（10）其他缺陷。

巡回检查时，对长输管道中的储罐、调压与压缩机的进出口等处的管道，穿越河流、桥梁、铁路、公路和居民点的管道，埋设在土壤腐蚀性严重路段的管道，城镇燃气、热力输配系统流程的要害部位，工业管道中输送可燃、有毒和腐蚀性介质的管道，以及管道中属于生产流程要害部位（如加热炉出口、塔和反应器底部、高温高压机泵进出口等），交变载荷作用部位应特别加强检查；管道上易被忽视的部位以及易成为“盲肠”的部位要特别加强检查；同时要注意是否存在外力和人为破坏的情况。

（二）压力管道维护保养

维护保养是延长管道使用周期的基础。管道的日常维护保养主要包括以下内容：

（1）经常检查管道的腐蚀防护系统，确保管道腐蚀防护系统有效。

（2）阀门操作机构要经常除锈上油并定期进行活动，保证其开关灵活。

（3）安全阀、压力表要经常擦拭，确保其灵活、准确，并按时进行检查和校验。

（4）定期检查紧固螺栓完好状况，做到数量齐全、不锈蚀、丝扣完整，连接可靠。

（5）发现管道因外来因素产生较大振动或摩擦等情况时，应分析原因并消除异常振动和摩擦。

（6）静电跨接和接地装置要保持良好完整，及时消除缺陷，防止故障发生。

（7）及时消除跑冒滴漏。

（8）管道的底部和弯曲处是系统的薄弱环节，最易发生腐蚀和磨损，因此必须经常对这些部位进行检查，发现损坏时，应及时采取修理措施。

（9）禁止将管道及支架作为电焊的零线或起重工具的锚点和撬抬重物的支撑点。

（10）停用的管道应排除管内有毒、可燃介质，并进行置换，必要时作惰性介质保护。管道外表面应涂刷油漆，防止环境因素腐蚀。

（三）压力管道故障处理

压力管道日常运行中发生的故障主要有接头和密封填料处泄漏，管道异常振动和摩擦，安全阀动作失灵，管道内部堵塞和仪表失灵等。

（1）可拆卸接头和密封填料处泄漏是管道系统常见故障，焊接接头有时也会因内部缺陷发展而发生泄漏。操作维修人员在可拆卸接头和密封填料处发现问题后，一般可采取紧固措施消除泄漏，但不得带压紧固连接件。

埋地敷设的燃气管道泄漏地点在地下，泄漏的燃气会到处流窜，一般查漏时采取先按燃气气味的浓度初步确定大致的漏气范围，然后选用钻孔查漏、挖探坑查漏、井室检查、用检漏工具查漏、使用检漏仪器查漏，以及观察植物生长和利用凝水缸抽水量变化情况判断是否漏气等方法进行检查判断。

（2）管道发生异常振动和摩擦时，应采取隔断振源、调整支承、使相互摩擦的部位隔离等措施。

（3）安全阀动作失灵时，应停车或泄压后对安全阀进行检查和调试，如发现阀座处有异物、密封副损坏、弹簧锈死或损坏等情况，应进行修理。

（4）工业管道内部堵塞往往是由于操作条件控制不当造成介质的黏度过大而引发的，应停车进行清理。燃气管道发生不均匀沉降时，冷凝水会积存在下沉处的管道中，形成袋水，如果冷凝水达到一定数量，不及时抽除，就会堵塞管道。为防止积水堵塞，必须定期排除凝水缸中的冷凝水。如果出现袋水情况，可以采取校正管道坡度，增设凝水缸等方法消除袋水。

人工燃气中常含有一定量的萘蒸气，温度降低就凝成固体，附着在管道内壁使其流动断面减小或堵塞。在寒冷季节，萘常积聚在出厂 1 ~ 2 km 的管道、管道弯曲部分或地下管道接出地面的分支管处，要定期清洗管道。

（5）仪表失灵可能是仪表本身质量问题或由于操作条件超出仪表的最大测量能力而发生的，应由专业人员进行检查和更换。

（四）管道完整性管理

压力管道完整性管理是近年来的一门新兴的前沿科学，目前全世界主要采用的是美国标准，在国内也正在逐步引入完整性管理的概念。

1. 管道完整性的含义

管道完整性含义包括 4 个方面：管道始终处于安全可靠的工作状态；管道在物理上和功能上是完整的，管道处于受控状态；管道运营单位不断采取行动防止管道事故的发生；管道完整性与管道的设计、施工、运行、维护、检修和管理的各个过程密切相关。

2. 管道完整性管理的概念

管道完整性管理可定义为，管道运营单位通过根据不断变化的管道因素，对管道运营中面临的风险因素的识别和技术评价，制定相应的风险控制对策，不断改善识别的不利影响因素，从而将管道运营的风险水平控制在合理的、可接受的范围内；建立通过监测、检测、检验等各种方式，获取与专业管理相结合的管道完整性的信息，对可能使管道失效的主要威胁因素进行检测、检验，据此对管道的适应性进行评估，最终达到持续改进、减少和预防管道事故发生、经济合理地保障管道安全运行的目的。

3. 管道完整性管理的主要内容

完整性管理的主要内容包括：管道完整性管理信息系统、安全评价与检测、风险评估、管道的维修、事故的应急处理等。

4. 管道完整性管理实施

（1）建立和运行完整性管理信息系统。

（2）识别高后果区。高后果区是指管道泄漏和事故会对人口、环境、经济运行造成很大影响的地区。

（3）数据采集。完整性管理的关键在于采集数据，首先是识别管道完整性管理所需的数据来源。常见数据来源有：设计、材料、施工记录；管道建设占地记录；运行、维护、检测和修复记录；用来确定高后果区管道的记录；事故和风险报告等；还包括依靠专家或社会对某事件达成的共识所量化的经验值。

（4）风险评估。通过对收集的信息和数据的综合评价，风险评估的过程可以识别可能诱发管道事故的具体事件的位置和状况，了解事件发生的可能性后果。风险评估的结果应包括管道可能发生的最大风险的性质和位置。

（5）完整性评价。在风险评估的基础上，可选择和进行相应的完整性评价。完整性评价是一项综合评价过程，包含的内容很多，根据已识别的危险因素，选择完整性评价的方法。如果需要确定某一管段的所有危险因素，可能需要采取多种评价方法。

（6）建立可接受风险标准。人们往往认为风险越小越好，实际上这是一个错误的概念。减小风险是要付出代价的，无论减小风险发生的概率还是采取防范措施使风险发生造成的损失降到最小，都要投入资金、技术和劳务。通常做法是将风险限定在一个合理的、可接受的水平，根据影响风险的因素，经过优化，寻求最佳的投资方案。

（7）风险控制和减缓。得出有效的风险评估结论后，要求检测管道上最严重的风险，并对检测发现的缺陷确定维修措施。通过管道维修、运行工况调整和预防措施来消除或减缓发现的安全隐患，提高管道的安全性。

（8）定期风险评估。再评价周期主要根据维修标准、维修数量和预防措施有效性来确定，其基本原则是，经过本次维修后，残余缺陷到下个周期的完整性检测中不会发展成危险性缺陷。

（9）完整性管理体系的变更与管理。在进行完上述工作后，应将获得的有关管道系统状况的信息补充到数据库中，对完整性管理体系进行改善和更新，以供以后风险评估和完整性评价所用。一旦管道完整性体系建立起来，应该能够识别由于管道可能的变化所影响管道完整性体系中的任何一个风险因素的变化，修订管道完整性体系中影响的部分，不断进行监测和改进。

第七节　起重机械安全技术

一、起重机械使用安全管理

在使用许可厂家的合格产品、登记建档、建立制度、定期检验等方面与锅炉使用安全管理基本相同。

作业人员方面，要求起重作业人员不仅应具备基本文化和身体条件，还必须了解有关法规和标准，学习起重作业安全技术理论和知识，掌握实际操作和安全救护的技能。起重机司机必须经过专门考核并取得合格证，方可独立操作。指挥人员也应经过专业技术培训和安全技能训练，了解所从事工作的危险和风险，并有自我保护和保护他人的能力。

起重机械检查方面，使用单位还应进行起重机械的自我检查、每日检查、每月检查和年度检查。

（1）年度检查。每年对所有在用的起重机械至少进行 1 次全面检查。停用 1 年以上、遇 4 级以上地震或发生重大设备事故、露天作业的起重机械经受 9 级以上的风力后的起重机，使用前都应做全面检查。

（2）每月检查。检查项目包括：安全装置、制动器、离合器等有无异常，可靠性和精度；重要零部件（如吊具、钢丝绳滑轮组、制动器、吊索及辅具等）的状态，有无损伤，是否应报废等；电气、液压系统及其部件的泄漏情况及工作性能；动力系统和控制器等。停用一个月以上的起重机构，使用前也应做上述检查。

（3）每日检查。在每天作业前进行，应检查各类安全装置、制动器、操纵控制装置、紧急报警装置，轨道的安全状况，钢丝绳的安全状况。检查发现有异常情况时，必须及时处理。严禁带病运行。

二、起重机械安全装置

（一）制动器

制动器是停止或限制起重机的运动或功能的装置。动力驱动的起重机，其起升、变幅、运行、旋转机构都必须装设机械式制动器。在传动装置中有自锁环节的特殊场合，倘若确保不会发生超额定应力或运动，则可以不用制动器。对于电力驱动的起重机，在产生大的电压降或在电气保护元件动作时，都不允许导致各机构的动作失去控制。如在变速机构换挡到中间位置时，必须用制动器或其他装置自动地停住载荷。

起重机所用的制动器是多种多样的。按结构特性可分为块式、带式和盘式三种，其中块式用得最多。块式的按工作状态，可分为常闭式和常开式两种。从工作安全出发，起重机的各工作机构都应采用常闭式制动器，常闭式制动器经常处于合闸状态，当机构工作时，可用电磁铁或电力液压推杆器等外力的作用使之松闸。起重机的常用制动器有：短行程电子块式制动器、长行程瓦式制动器、液压推杆瓦式制动器、液压电磁瓦块式制动器等。

（二）起重量限制器

起重量限制器是自动防止起重机起吊超过规定的额定起重量的限制装置。

起重量限制器也称超载限制器，它是用来限制起重机的起升机构起吊起重量的安全防护装置。它的工作原理是：当起升机构吊起的质量超过预警质量时，装置能发出报警信号；当吊起的质量超过允许的起质量时，能切断起升机构的工作电源，使起重机停止运行。

超载限制器按其功能型式可以分为自动停止型、报警型、综合型等三大类型。按结构型式可以分为机械式、电子式和液压式等。综合型超载保护装置是在起升质量超过额定起重量时，能停止起重机向不安全方向继续动作，并发出声光报警信号，同时能允许起重机向安全方向动作。

（三）起重力矩限制器

常用的起重力矩限制器有机械式和电子式等。臂架式起重机的工作特点是它的工作幅度可以改变，工作幅度是臂架式起重机的一个重要参数。起重量与工作幅度的乘积称为起重力矩。当起重力矩大于允许的极限力矩时，会造成臂架折弯或折断，甚至还会造成起重机整机失稳而倾覆或倾翻。臂架式起重机在设计时，已为其起重量与工作幅度之间求出了一条力矩极限关系曲线，即起重机特性曲线。起重量与工作幅度的对应点在该曲线以下时该点为安全点；对应点在该曲线以上时该点为超载点；对应点在该曲线上时该点为极限点。起重机械设置力矩限制器后，应根据其性能和精良情况进行调整或标定，当载荷力矩达到额定起重力矩时，能自动切断起升动力源，并发出禁止性报警信号，其综合误差不应大于额定力矩的 ±5% 。

小车变幅式塔式起重机常用的是全力矩法机械式起重力矩限制器。全力矩法机械式起重力矩限制器并不直接控制起重力矩，而是测取和限制吊臂上所有载荷对臂根铰点力矩的大小。此时，被控制的起重力矩要符合臂根铰点力矩的要求。

（四）极限力矩限制器

极限力矩限制器主要作用为防止回转驱动装置偶尔过载，保护电动机、金属结构及传动零部件免遭破坏。正常工作时，蜗杆的转矩通过涡轮的圆锥形摩擦盘与上锥形摩擦盘间的摩擦力矩传给小齿轮轴，带动小齿轮转动；当需要传动的转矩超过极限力矩联轴器所能承受的转矩时，上下两个锥形摩擦盘间开始打滑，以此来限制所要传递的转矩，起到安全保护作用。

极限力矩限制装置通常选择两种：①弹簧和凸台结构的配合，是可恢复和重复作用的一种力矩限制机构。这个可以调节弹簧压力改变力矩限制值。②使用保险销钉结构，作为防止重要机构损坏的预防装置，属于不可恢复的最终保护。重新使用需要另行配置销钉。

对有自锁功能的回转机构，应设极限力矩限制装置。保证当回转运动受到阻碍时，能由此力矩限制器发生的滑动而起到对超载的保护作用。

（五）起升高度限制器

起升高度限制器，用于限制起升高度的安全保护装置，也称吊钩高度限位器。一般都装在起重臂的头部，当吊钩滑升到极限位置，便托起杠杆。压下限位开关，切断电路停车，再合闸时，吊钩只能下降。起升高度限制器作用于当取物装置上升到设计规定的上极限位置时，应能自动切断起升动力源。在此极限位置的上方，还应留有足够的空余高度，以适应上升制动行程的要求。在特殊情况下，还可装设防止越程冲顶的第二级起升高度限位器。

《起重机械安全规程》(GB 6067.1）规定，凡是动力驱动的起重机，其起升机构（包括主、副起升机构）均应装设上升极限位置限制器。

（六）运行机构行程限位器

运行机构行程限位器，也称运行极限位置限制器。凡是动力驱动的起重机，其运行极限位置都应装设运行极限位置限制器。《起重机械安全规程》(GB 6067.1）规定，轨道式起重机运行机构，应在每个运行方向装设行程限位开关。在行程端部应安装限位开关挡铁，挡铁的安装位置应充分考虑起重机的制动行程，保证起重机在驶入轨道末端时或与同一轨道上其他起重机相距在不小于 0.5 m 范围内时能自动停车，挡铁的安装距离应小于电缆长度。

（七）缓冲器和端部止挡

《起重机械安全规程》(GB 6067.1）要求，桥式、门式起重机和装卸桥，以及门座起重机或升降机等都要装设缓冲器。起重机的大车（小车）轨道末段需安装挡架，缓冲器安装在挡架或起重机上，当起重机与轨道末段挡架相撞击时，缓冲器能保证起重机能比较平稳的停车而不至于产生猛烈的冲击。

在轨道上运行的起重机的运行机构、起重小车的运行机构及起重机的变幅机构等均应装设缓冲器或缓冲装置。缓冲器或缓冲装置可以安装在起重机上或轨道端部止挡装置上。轨道端部止挡装置应牢固可靠，防止起重机脱轨。有螺杆和齿条等变幅驱动机构，还应在变幅齿条和变幅螺杆的末段装设端部止挡防脱装置，以防止臂架在低位置发生坠落。

（八）紧（应）急停止开关

紧（应）急停止开关在紧急情况下迅速切断动力回路总电源。在有可能并为了安全的情况下，应在每个控制台附近设置一只红色按钮。它应置于控制台上易于操作的部位，这个按钮开关应是机械释放、自动回到零位式的紧急停止开关。

（九）联锁保护装置

联锁保护装置通过机械或电气的机构使两个动作具有互相制约的关系。一般可两处操作的起重机应设有联锁保护装置，以防止同时操作。

动臂的支持制动器与动臂变幅机构之间，应设联锁保护装置，使制动器在撤去支承作用前，变幅机构不能开动；进入桥式起重机和门式起重机的门，和从司机室登上桥架的舱口门，应设联锁保护装置；当门打开时，起重机应断开总电源；司机室设在起重机的运动部分上时，进入司机室的通道口，应设联锁保护装置；当通道口的门打开时，起重机的运行机构不能开动。可两处操作或采用有线控制的起重机，应装设联锁保护装置，以保证只能在一处操作，防止两处同时都能操作。

（十）偏斜显示（限制）装置

偏斜显示（限制）装置也称偏斜调整和显示装置。《起重机械安全规程》(GB 6067.1)要求，跨度等于或超过 40 m 的装卸桥和门式起重机，应装偏斜调整和显示装置。

（十一）轨道清扫器

《起重机械安全规程》(GB 6067.1）要求，当物料有可能寄存在轨道上成为运行的障碍时，在轨道上行驶的起重机和起重小车，在台车架（或端梁）下面和小车架下面应装设轨道清扫器，其扫轨板底面与轨道顶面之间的间隙一般为 5 ~ 10 mm。

（十二）抗风防滑装置

《起重机械安全规程》(GB 6067.1）规定，露天工作于轨道上运行的起重机，如门式起重机、装卸桥、塔式起重机和门座起重机，均应装设抗风防滑装置。

此外，在露天跨工作的桥架式或门式起重机因环境因素的影响，可能出现地形风。它持续时间较短，但风力很强，足以吹动起重机做较长距离的滑行，并可能撞毁轨道端部止挡，造成脱轨或跌落。所以《起重机械安全规程》(GB 6067.1）规定，在露天跨工作的桥式起重机也宜装设防风夹轨器和锚定装置或铁鞋。

起重机抗风防滑装置主要有 3 类：夹轨器、锚定装置和铁鞋。按照防风装置的作用方式不同，可分为自动作用与非自动作用两类。

（十三）风速仪

《起重机械安全规程》(GB 6067.1）规定，对于室外作业的高大起重机应安装风速仪，风速仪应安装在起重机上部迎风处。对于室外作业的高大起重机应装有显示瞬时风速的风速报警器，当风力大于工作状态的计算风速设定值时，应能发出报警信号。

（十四）防护罩、防护栏、隔热装置

在正常工作或维修时，其运行对人体可能造成危险的零部件，应设有保护装置。起重机上外露的、有伤人可能的活动零部件，如开式齿轮、联轴器、传动轴、链轮、链条、传动带、皮带轮等，均应装设防护罩。露天工作的起重机，其电气设备和其他怕雨淋的装置，应具有防雨功能或装设防雨罩。

《起重机械安全规程》(GB 6067.1）规定，司机室底窗和天窗安装防护栏时，防护栏应尽可能不阻挡视线。司机室地板应用防滑的非金属隔热材料覆盖。除极端恶劣的气候条件外，在工作期间司机室内的工作温度宜保持在 15 ~ 30 ℃之间。长期在高温环境工作的

（如某些冶金起重机）司机室内应设降温装置，底板下方应设置隔热板。

（十五）防碰撞装置

同层多台起重机同时作业比较普遍，还有两层、甚至三层起重机共同作业的场所。在这种工况环境中，单凭行程开关、安全尺，或者单凭起重机操作员目测等传统方式来防止碰撞，已经不能保证安全。目前，在上述环境使用的起重机上要求安装防撞装置，用来防止上述起重机在交会时发生碰撞事故。防撞装置通常采用红外线、超声波、微波等无触点式开关与起重机电气控制系统相配合，当某台起重机运行到距离另一台起重机达到一定长度时，防撞装置的无触点式开关会及时发出警报或直接切断运行机构的动力源，由起重机的操作员操作或由机构自动停止工作，达到确保起重机安全运行的目的。这些防撞装置具有可同时设定多个报警距离、精度高、功能全、环境适应能力强的特点。

防碰装置的结构型式主要有：

（1）反射型。由发射器、接收器、控制器和反射板组成。

（2）直射型。检测波不经过反射板反射的产品统称为直射型。

位置限制装置是用来限制机构在一定空间范围内运行的安全防护装置。这类安全防护装置有的是通过机构运行到极限位置时触发一个电气开关，切断机构的动力电源，使电动机停止运行，同时机构的制动装置动作，使机构停止在安全位置中。

（十六）报警装置

《起重机械安全规程》(GB 6067.1）要求，在起重机上应设置蜂鸣器、闪光灯等作业报警装置。流动式起重机倒退运行时，应发出清晰的报警音响并伴有灯光闪烁信号。

（十七）防止臂架向后倾翻装置

防止臂架向后倾翻装置也称防后倾装置。用柔性钢丝绳牵引吊臂进行变幅的起重机，当遇到突然卸载等情况时，会产生使吊臂后倾的力，从而造成吊臂超过最小幅度，发生吊臂后倾的事故。因此，这类起重机应安装防后倾装置。吊臂后倾主要由几种原因造成：起升用的吊具、索具或起升用钢丝绳存在缺陷，在起吊过程中突然断裂，使重物突然坠落；或者由于起重工绑挂不当，起吊过程中重物散落、脱钩。这些情况都会形成突然卸载，造成吊臂反弹后倾事故。为了防止这类事故，《起重机械安全规程》(GB 6067.1）明确规定，流动式起重机和动臂式塔式起重机上应安装防后倾装置（液压变幅除外）。

（十八）电缆卷筒终端限位装置

电缆长度需大于起重机运行轨道的长度，当电缆长度小于起重机运行轨道的长度时，应设置电缆卷筒终端限位装置，防止电缆因长度不足被拉断。

（十九）回转限位装置

回转限位装置也称回转锁定装置。回转锁定装置是指臂架起重机处于运输、行驶或非工作状态时，锁住回转部分，使之不能转动的装置。

回转锁定器常见形式有机械锁定器和液压锁定器两种。其结构比较简单，通常是用锁销插入方法、压板顶压方法或螺栓紧定方式等。液压式锁定器通常用双作用活塞式液压缸对转台进行锁定。回转锁定装置的原理基本相同。

（二十）幅度限位器

对动力驱动的动臂变幅的起重机（液压变幅除外），应在臂架俯仰行程的极限位置处设臂架低位置和高位置的幅度限位器。《起重机械安全规程》(GB 6067.1) 要求，对采用移动小车变幅的塔式起重机，应装设幅度限位装置以防止可移动的起重小车快速达到其最大幅度或最小幅度处。最大变幅速度超过 40 m/min 的起重机，在小车向外运行且当起重力矩达到额定值的 80% 时，应自动转换为低于 40 m/min 的低速运行。

对于水平臂架小车变幅的塔吊，幅度限位器的作用是使变幅小车行驶到最小幅度或最大幅度时，断开变幅机构的单向工作电源，以保证小车的安全运行。原理同起升高度限位器，一般安装在小车变幅机构的卷筒一侧，利用卷筒轴伸出端带动凸轮块压下限位开关动作。

幅度限位器包括凸轮组、断电器和减速装置。当变幅机构工作时，根据记录的卷筒旋转圈数即可知道放出的绳长，卷筒驱动减速装置，减速装置带动若干个凸轮组转动，这些凸轮作用于微动开关，从而切断变幅相应的控制回路，此时变幅小车只能向反方向运行。

对于动臂式塔吊应设置臂架低位和臂架高位的幅度限位开关，以及防止臂架反弹后翻的装置。动臂式塔吊还应安装幅度显示器，以便司机能及时掌握幅度变化情况并防止臂架仰翻造成重大破坏事故。

动臂式塔吊的幅度指示器，具有指明俯仰变幅动臂工作幅度及防止臂架向前后翻仰两种功能，装设于塔顶右前侧臂根交点处。

幅度指示及限位装置由一半圆形活动转盘、刷托、座板、拨杆、限位开关等组成，拨杆随臂架俯仰而转动，电刷根据不同角度分别接通指示灯触点，将起重臂的不同仰角通过灯光亮熄信号传递到上下司机室的幅度指示盘上。当起重臂与水平夹角小于极限角度时，电刷接通蜂鸣器发出警告信号，说明此时并非正常工作幅度，不得进行吊装作业。当臂架仰角达到极限角度时，上限位开关动作，变幅电路被切断电源，从而起到保护作用。从幅度指示盘上的灯光信号的指示，塔吊司机可知起重臂架的仰角以及此时的工作幅度和允许的最大起重量。

当吊臂接近最大仰角和最小仰角时，夹板中的挡块便推动安装于臂根交点处的限位开关的杠杆传动，从而切断变幅机构的电源，停止吊臂的变幅动作。可通过改变挡块的长度来调节限制器的作用过程。

(二十一) 幅度指示器

起重机置于水平场地时，负载吊具垂直中心线至回转中心之间的水平距离。起重机上用以量度吊杆与水平面之间角度的配件，借以随时对操作员指示吊杆的角度已接近危险吊举半径的水平角度。小型移动式工程起重机幅度指示器由指示角度的刻度盘和可自由转动的垂直指针组成，置于起重臂下端司机便于观察处，用来指示吊臂工作中的倾角。大、中型起重机的幅度指示器是用来指示起重臂的倾角及该角度下的起重量。其结构类似于角度检测装置。工作原理是：根据臂长的检测结果和吊臂倾角的检测结果进行数据处理与计算，然后予以显示。

《起重机械安全规程》(GB 6067.1) 明确规定，具有变幅机构的起重机械，应装设幅度指示器（或臂架仰角指示器）。

(二十二) 集装箱吊具专项保护装置

《起重机械定期检验规则》(TSG Q7015）明确规定，检查集装箱吊具转锁装置安全联锁、伸缩装置安全联锁、伸缩止挡及其限位是否有效。

（二十三）桥式、门式起重机专项安全保护和防护装置

1. 防倾斜安全钩

单主梁起重机，由于起吊重物是在主梁的一侧进行，重物等对小车产生一个倾翻力矩，由垂直反轨轮或水平反轨轮产生的抗倾翻力矩使小车保持平衡，不能倾翻。但是，只靠这种方式不能保证在风灾、意外冲击、车轮破碎、检修等情况时的安全。因此，这种类型的起重机应安装安全钩。安全钩根据小车和轨轮形式的不同，也设计成不同的结构。

2. 导电滑线安全防护

桥式起重机采用裸露导电滑线供电时，在以下部位应设置导电滑线防护板。

（1）司机室位于起重机电源引入滑线端时，通向起重机的梯子和走台与滑线间应设防护板，以防司机通过时发生触电事故。

（2）起重机导电滑线端的起重机端梁上应设置防护板（通常称为挡电架），以防止吊具或钢丝绳等摆动与导电滑线接触而发生意外触电事故。

（3）多层布置的桥式起重机，下层起重机应在导电滑线全长设置防电保护设施。

其他使用滑线引入电源的起重机，对于易发生触电危险的部位都应设置防护装置。

（二十四）塔式起重机专项安全保护和防护装置

1. 防小车坠落

塔式起重机的变幅小车及其他起重机要求防坠落的小车，应设置使小车运行时不脱轨的装置，即使轮轴断裂，小车也不能坠落。

2. 强迫换速装置

对最大变幅速度超过 40 m/min 的塔式起重机，在小车向外运行时，当起重力矩达到 0.8 倍的额定值时，检查是否自动转换为不高于 40 m/min 的速度运行。

（二十五）防坠安全器

防坠安全器是非电气、气动和手动控制的防止吊笼或对重坠落的机械式安全保护装置，主要用于施工升降机等起重设备上，其作用是限制吊笼的运行速度，防止吊笼坠落，保证人员设备安全。安全器在使用过程中必须按规定进行定期坠落实验及周期检定。设备正常工作时，防坠安全器不应动作。当吊笼超速运行，其速度达到防坠安全器的动作速度时，防坠安全器应立即动作，并可靠地制停吊笼。在安全器发生作用的同时切断传动装置的电源。

（二十六）流动式起重机专项安全保护和防护装置

1. 支腿锁紧装置

工作时利用垂直支腿支承作业的流动式起重机械，垂直支腿伸出定位应由液压系统实现，且应装设支腿回缩锁定装置，使支腿在缩回后，能可靠地锁定。

液压锁是当液压管路意外破裂导致安全事故时，液压缸能瞬间停止其动作的装置。

2. 回转锁紧装置

起重机的回转机构应在特定位置设置机械式锁定装置，防止起重机行驶时转台意外转动。

3. 水平仪

利用支腿支承或履带支承进行作业的起重机，应装设水平仪，用来检查起重机底座的倾斜程度。

水平显示器应安装在起重机的司机室中或操作者附近的视线之内。水平显示器应能有效、真实地反映起重机的水平状态，结果易于观察。

4. 铁路起重机专项安全保护和防护装置

室外工作的轨道式起重机应装设可靠的抗风防滑装置，并应满足规定的工作状态和非工作状态抗风防滑要求。

（二十七）机械式停车设备专项安全保护和防护装置

1. 紧（应）急停止开关

应设置紧（应）急停止开关，在发生异常情况时能使停车设备立即停止运转，紧（应）急停止开关的设计应符合 GB 16754 的要求。

2. 防止超限运行装置

当到位开关出现故障时，超程限位开关应能使设备停止工作。

3. 汽车长、宽、高限制装置

对进入机械式停车设备的汽车进行车长、车宽、车高的检测，超过适停尺寸时，机械部动作或报警。

4. 阻车装置

沿车的行进方向，在载车板上应设置高度为 25 mm 以上的阻车装置，当采用其他有效措施阻车时，也可不再设此阻车装置。

5. 人车误入检出装置

不设库门的停车设备应设人车误入检出装置，当设备运行过程中，如有其他汽车或人进入时，应能机械立即停止动作，以确保安全。

6. 载车板上汽车位置检测装置

载车板应设置检测装置，当汽车未停在载车板上正确位置时，停车设备不能运行，但操作人员确认安全的场合则不受本条限制。

7. 出入口门、围栏门联锁保护装置

对出入口有门或围栏的停车设备应设置联锁安全检查装置，挡板运行器没有停放到准确位置时，车位出入口的门或围栏等不能开启，当门或围栏处于开启状态时，搬运器不能运行。

8. 自动门防夹装置

为防止汽车出入机械式停车设备时自动门将汽车意外夹坏，自动门上应设置防夹装置。

9. 防重叠自动检测装置

为避免向已停放汽车的位置再存进汽车，应设置对车位状况（有无汽车）进行检测的装置，或采取其他切实有效的防重叠措施。

10. 防载车板坠落装置

载车板运行到停车位后，为防止载车板因故突然落下，应设防止坠落装置。

11. 警示装置

汽车出入停车设备时应有必要的警示信号。

12. 缓冲器

缓冲器应设置在搬运器和对重的升降行程的底部，且缓冲器应满足缓冲过程中搬运器不与钢架上部或下部地坑构造相撞。

13. 松绳（链）检测装置或载车板倾斜检测装置

应设置断绳（链）、松绳（链）及绳（链）伸长不均匀检测装置或载车板倾斜检测装置。

14. 运转限制装置

人员未出设备，设备不能启动运转；设备运转前应示警，在运转过程中可进入设备的门应锁闭；开启式运转的车库，当人或车进入时设备应自动停止运转。

三、起重机械使用安全技术

（一）吊运前的准备

吊运前的准备工作包括：

（1）正确佩戴个人防护用品，包括安全帽、工作服、工作鞋和手套，高处作业还必须佩戴安全带和工具包。

（2）检查清理作业场地，确定搬运路线，清除障碍物；室外作业要了解当天的天气预报；流动式起重机要将支撑地面垫实垫平，防止作业中地基沉陷。

（3）对使用的起重机和吊装工具、辅件进行安全检查；不使用报废元件，不留安全隐患；熟悉被吊物品的种类、数量、包装状况以及周围联系。

（4）根据有关技术数据（如质量、几何尺寸、精密程度、变形要求），进行最大受力计算，确定吊点位置和捆绑方式。

（5）编制作业方案（对于大型、重要的物件的吊运或多台起重机共同作业的吊装，事先要在有关人员参与下，由指挥、起重机司机和司索工共同讨论，编制作业方案，必要时报请有关部门审查批准）。

（6）预测可能出现的事故，采取有效的预防措施，选择安全通道，制定应急对策。

（二）起重机司机安全操作技术

认真交接班，对吊钩、钢丝绳、制动器、安全防护装置的可靠性进行认真检查，发现异常情况及时报告。

（1）开机作业前，应确认处于安全状态方可开机：所有控制器是否置于零位；起重机上和作业区内是否有无关人员，作业人员是否撤离到安全区；起重机运行范围内是否有未清除的障碍物；起重机与其他设备或固定建筑物的最小距离是否在0.5 m以上；电源断路装置是否加锁或有警示标牌；流动式起重机是否按要求平整好场地，支脚是否牢固可靠。

（2）开车前，必须鸣铃或示警；操作中接近人时，应给断续铃声或示警。

（3）司机在正常操作过程中，不得利用极限位置限制器停车；不得利用打反车进行制动；不得在起重作业过程中进行检查和维修；不得带载调整起升、变幅机构的制动器，或带载增大作业幅度；吊物不得从人头顶上通过，吊物和起重臂下不得站人。

（4）严格按指挥信号操作，对紧急停止信号，无论何人发出，都必须立即执行。

（5）吊载接近或达到额定值，或起吊危险器（液态金属、有害物、易燃易爆物）时，吊运前认真检查制动器，并用小高度、短行程试吊，确认没有问题后再吊运。

（6）起重机各部位、吊载及辅助用具与输电线的最小距离应满足安全要求。

（7）有下述情况时，司机不应操作：起重机结构或零部件（如吊钩、钢丝绳、制动器、安全防护装置等）有影响安全工作的缺陷和损伤；吊物超载或有超载可能，吊物质量不清；吊物被埋置或冻结在地下、被其他物体挤压；吊物捆绑不牢，或吊挂不稳，被吊重物棱角与吊索之间未加衬垫；被吊物上有人或浮置物；作业场地昏暗，看不清场地、吊物情况或指挥信号。在操作中不得歪拉斜吊。

（8）工作中突然断电时，应将所有控制器置零，关闭总电源。重新工作前，应先检查起重机工作是否正常，确认安全后方可正常操作。

（9）有主、副两套起升机构的，不允许同时利用主、副钩工作（设计允许的专用起重机除外）。

（10）用两台或多台起重机吊运同一重物时，每台起重机都不得超载。吊运过程应保持钢丝绳垂直，保持运行同步。吊运时，有关负责人员和安全技术人员应在场指导。

（11）露天作业的轨道起重机，当风力大于6级时，应停止作业；当工作结束时，应锚定住起重机。

（三）司索工安全操作技术

司索工主要从事地面工作，如准备吊具、捆绑挂钩、摘钩卸载等，多数情况还担任指挥任务。司索工的工作质量与整个搬运作业安全关系极大。其操作工序要求如下：

（1）准备吊具。对吊物的质量和重心估计要准确，如果是目测估算，应增大20%来选择吊具；每次吊装都要对吊具进行认真的安全检查，如果是旧吊索应根据情况降级使用，绝不可侥幸超载或使用已报废的吊具。

（2）捆绑吊物。对吊物进行必要的归类、清理和检查，吊物不能被其他物体挤压，被埋或被冻的物体要完全挖出。切断与周围管、线的一切联系，防止造成超载；清除吊物表面或空腔内的杂物，将可移动的零件锁紧或捆牢，形状或尺寸不同的物品不经特殊捆绑不得混吊，防止坠落伤人；吊物捆扎部位的毛刺要打磨平滑，尖棱利角应加垫物，防止起吊吃力后损坏吊索；表面光滑的吊物应采取措施来防止起吊后吊索滑动或吊物滑脱；吊运大而重的物体应加诱导绳，诱导绳长应能使司索工既可握住绳头，同时又能避开吊物正下方，以便发生意外时司索工可利用该绳控制吊物。

（3）挂钩起钩。吊钩要位于被吊物重心的正上方，不准斜拉吊钩硬挂，防止提升后吊物翻转、摆动；吊物高大需要垫物攀高挂钩、摘钩时，脚踏物一定要稳固垫实，禁止使用易滚动物体（如圆木、管子、滚筒等）做脚踏物。攀高必须佩戴安全带，防止人员坠落跌伤；挂钩要坚持“五不挂”，即起重或吊物质量不明不挂，重心位置不清楚不挂，尖棱利角和易滑工件无衬垫物不挂，吊具及配套工具不合格或报废不挂，包装松散捆绑不良不挂等，将安全隐患消除在挂钩前；当多人吊挂同一吊物时，应由一专人负责指挥，在确认吊挂完备，所有人员都离开站在安全位置以后，才可发起钩信号；起钩时，地面人员不应站在吊物倾翻、坠落可波及的地方；如果作业场地为斜面，则应站在斜面上方（不可在死角），防止吊物坠落后继续沿斜面滚移伤人。

（4）摘钩卸载。吊物运输到位前,应选择好安置位置,卸载不要挤压电气线路和其他管线,不要阻塞通道;针对不同吊物种类应采取不同措施加以支撑、垫稳、归类摆放,不得混码、互相挤压、悬空摆放,防止吊物滚落、侧倒、塌垛;摘钩时应等所有吊索完全松弛再进行,确认所有绳索从钩上卸下再起钩,不允许抖绳摘索,更不许利用起重机抽索。

（5）搬运过程的指挥。无论采用何种指挥信号，必须规范、准确、明了；指挥者所处位置应能全面观察作业现场，并使司机、司索工都可清楚看到；在作业进行的整个过程中（特别是重物悬挂在空中时），指挥者和司索工都不得擅离职守，应密切注意观察吊物及周围情况，发现问题，及时发出指挥信号。

（四）高处作业的安全防护

起重机金属结构高大，司机室往往设在高处，很多设备也安装在高处结构上，因此，起重司机正常操作、高处设备的维护和检修以及安全检查，都需要登高作业。为防止人员从高处坠落，防止高处坠落的物体对下面人员造成打击伤害，在起重机上，凡是高度不低于2 m的一切合理作业点，包括进入作业点的配套设施，如高处的通行走台、休息平台、转向用的中间平台，以及高处作业平台等，都应予以防护。安全防护的结构和尺寸应根据人体参数确定。其强度、刚度要求应根据走道、平台、楼梯和栏杆可能受到的最不利载荷考虑。

第八节　场(厂)内专用机动车辆安全技术

一、场（厂）内专用机动车辆使用安全管理

在使用许可厂家的合格产品、登记建档、建立制度、定期检验等方面与锅炉使用安全管理基本相同。作业人员要求方面与起重机械使用安全管理基本相同。

场（厂）内机动车辆检查方面，使用单位应进行场（厂）内机动车辆的自我检查、每日检查、每月检查和年度检查。

（1）年度检查。每年对所有在用的场（厂）内机动车辆至少进行1次全面检查。停用1年以上、发生重大车辆事故等的场（厂）内机动车辆，使用前都应做全面检查。

（2）每月检查。检查项目包括：安全装置、制动器、离合器等有无异常，可靠性和精度；重要零部件（如吊具、货叉、制动器、铲、斗及辅具等）的状态，有无损伤，是否应报废等；电气、液压系统及其部件的泄漏情况及工作性能；动力系统和控制器等。停用一个月以上的场（厂）内机动车辆，使用前也应做上述检查。

（3）每日检查。在每天作业前进行，应检查各类安全装置、制动器、操纵控制装置、紧急报警装置的安全状况，检查发现有异常情况时，必须及时处理。严禁带病作业。

二、场（厂）内专用机动车辆涉及安全的主要部件

（一）高压胶管

叉车等车辆的液压系统，一般都使用中高压供油，高压油管的可靠性不仅关系车辆的正常工作，而且一旦发生破裂将会危害人身安全。因此，高压胶管必须符合相关标准，并通过耐压试验、长度变化试验、爆破试验、脉冲试验、泄漏试验等试验检测。

（二）货叉

安装在叉车货叉梁上的L形承载装置，也称取物装置。货叉必须符合相关标准，并通过重复加载的载荷试验检测。

（三）链条

起升货叉架的链条，主要有板式链和套筒滚子链两种。需进行极限拉伸载荷和检验载荷试验。

（四）转向器

控制车辆行驶方向的部件。当左右转动方向盘时，转向力通过转向器传递到转向传动机构使车辆改变行驶方向。

（五）制动器

产生阻止车辆运动或运动趋势的力的部件。分为行车制动器和停车制动器。

（六）轮胎

轮胎是支撑车辆，实现车辆行驶，减小地面冲击、振动的部件。表面的花纹能提高车辆行驶附着能力。轮胎分为充气轮胎和实心轮胎。

（七）安全阀

液压系统中，可能由于超载或者油缸到达终点油路仍未切断，以及油路堵塞引起压力突然升高，造成液压系统破坏。因此，系统中必须设置安全阀，用于控制系统最高压力。最常用的是溢流安全阀。

（八）护顶架

对于叉车等起升高度超过1.8 m的工业车辆，必须设置护顶架，以保护司机免受重物落下造成伤害。护顶架一般都是由型钢焊接而成，必须能够遮掩司机的上方，还应保证司机有良好的视野。护顶架应进行静态和动态两种载荷试验检测。

（九）其他

档货架，为防止货物向后坠落而设置的框架。货物稳定器，压住货叉上的货物，以防货物倒塌、滑落的属具。（翻）料斗锁定装置，使料斗锁定在运料位置的装置。前倾自锁阀，当油泵停止工作或发生其他故障时，自动锁闭门架倾斜油路的阀。下降限速阀，控制下降速度的阀。稳定支腿，装卸作业时，为保证和增加车辆的稳定性而设置的辅助支腿。

三、场（厂）内专用机动车辆使用安全技术

（一）作业前的准备

（1）正确佩戴个人防护用品，包括安全帽、工作服、工作鞋和手套，高处作业还必须佩戴安全带和工具包。

（2）检查清理作业场地，确定搬运路线，清除障碍物；室外作业要了解天气情况。

（3）对使用的场（厂）内专用机动车辆和辅助工具、辅件进行安全检查；不使用报

废元件，不留安全隐患；熟悉物品的种类、数量、包装状况以及周围环境。

（4）场（厂）内专用机动车辆必须按照出厂使用说明书规定的技术性能、承载能力和使用条件，正确操作，合理使用，严禁超载作业或任意扩大使用范围。

（5）场（厂）内专用机动车辆上的各种安全防护装置及监测、指示、仪表、报警等自动报警、信号装置应完好齐全，有缺损时应及时修复。安全防护装置不完整或已失效的场（厂）内专用机动车辆不得使用。

（6）预测可能出现的事故，采取有效的预防措施，选择安全通道，制定应急对策。

（7）启动前应进行重点检查。灯光、喇叭、指示仪表等应齐全完整；燃油、润滑油、冷却水等应添加充足；各连接件不得松动；轮胎气压应符合要求，确认无误后，方可启动。

（8）起步前，车旁及车下应无障碍物及人员。

（二）典型场（厂）内专用机动车辆安全操作技术

1. 叉车

（1）叉装物件时，被装物件重量应在该机允许载荷范围内。当物件重量不明时，应将该物件叉起离地 100 mm 后检查机械的稳定性，确认无超载现象后，方可运送。

（2）叉装时，物件应靠近起落架，其重心应在起落架中间，确认无误，方可提升。

（3）物件提升离地后，应将起落架后仰，方可行驶。

（4）两辆叉车同时装卸一辆货车时，应有专人指挥联系，保证安全作业。

（5）不得单叉作业和使用货叉顶货或拉货。

（6）叉车在叉取易碎品、贵重品或装载不稳的货物时，应采用安全绳加固，必要时，应有专人引导，方可行驶。

（7）以内燃机为动力的叉车，进入仓库作业时，应有良好的通风设施。严禁在易燃、易爆的仓库内作业。

（8）严禁货叉上载人。驾驶室除规定的操作人员外，严禁其他任何人进入或在室外搭乘。

2. 蓄电池车辆（叉车、非公路旅游观光车辆）

（1）车辆行驶前要检查蓄电池壳体有否裂纹，极板是否提起，电解质是否渗漏，电解液比重是否合适。

（2）蓄电池一般为铅酸蓄电池，电解质为硫酸和水溶液，它是有毒、酸性的，因此，在蓄电池周围工作时，应穿防护服，戴防护镜。

（3）不要把蓄电池暴露在火花和明火中，以免引起爆炸。

3. 非公路旅游观光车辆

（1）行驶前检查灯光、喇叭、安全带等是否正常，确认安全后方可行驶。

（2）应在指定的运营区域内驾驶观光车。

（3）应遵守观光车的安全操作规程及运营区域内的安全管理规定。

（4）观光车停稳前，不允许乘客上、下车。

（5）观光车启动前，应检查乘客是否系好安全带。

（6）观光车行驶过程中，应告知乘客不应离开座位，不应将身体探出车体轮廓之外。

（7）驾驶员在指定区域内驾驶观光车，应特别注意行人、车辆及周围的建筑物，保证行车安全。

（8）观光车启动后，驾驶员应对其技术状况（发动机、离合器、传动系、行驶系、转向器、制动器）进行检查，确认正常后，方可运行。

（9）驾驶员驾驶观光车，应避免突然起步、停车及高速转弯。在车辆起步时，方向盘不应处在极限位置（特殊情况除外）。

（10）观光车行驶在十字路口和视线受阻的地段或其他危险场合，应降低车速，鸣笛示警通过；应保持正常行驶，不应超越同向行驶的其他车辆。

（11）观光车运行时，驾驶员不应将身体探出车体的外轮廓线。

（12）观光车在指定区域内行驶，应遵守有关路面承载能力等标牌的指示要求。

（13）观光车在坡道上运行，应遵守下列规则：

① 缓慢地通过上、下坡道。

② 不应在坡面上调头，不应横跨坡道运行。

③ 下坡时不应空挡滑行。

④ 靠近坡道、高站台或平台边缘时，车身与站台或平台边缘之间的距离至少为观光车一个轮胎的宽度。

（14）驾驶观光车通过桥梁、孔洞之前，驾驶员应确认有足够的通过空间。

（15）驾驶员离开观光车时，应使观光车处于空挡位置；关闭动力源；拉紧停车制动器；拔出钥匙。

（16）内燃观光车燃料加注。加燃料前，驾驶员应关闭发动机，制动观光车。

第九节　客运索道安全技术

一、客运索道使用安全管理

在使用许可厂家的合格产品、登记建档、建立制度、定期检验等方面与锅炉使用安全管理基本相同。

作业人员要求方面，客运索道作业人员应经特种设备安全监督管理部门考核合格，取得客运索道作业人员证书，方可从事相应的作业和管理工作；使用单位应对客运索道作业人员进行安全教育培训，保证作业人员具备必要的客运索道安全知识。

日常检查方面，在设备每日投入使用前，使用单位应进行试运行和例行安全检查，并对安全装置进行检查确认。对设备进行经常性日常维护保养，并定期自行检查，至少每月进行一次自行检查，并做出记录；对安全附件、安全保护装置、测量调控装置及有关附属仪器仪表进行定期校验、检修，并做出记录；发现问题或异常情况时，应立即向安全管理人员和单位负责人报告，并及时处理，紧急情况时，安全管理人员可以决定停止使用设备并及时报告本单位负责人；出现故障时，应对设备进行全面检查，消除事故隐患后，方可重新投入使用。

二、客运索道应具备的安全装置

（一）单线循环固定抱索器客运架空索道应具备的安全装置

1. 站内机械设施及安全装置

（1）站内机械设备、电气设备及钢丝绳应有必要的防护、隔离措施，防止危及乘客和工作人员的安全；非公共交通的空间应有隔离，非工作人员不得入内。

（2）站台（尤其出站侧）应有栏杆或防护网，防止乘客跌落。

（3）驱动迂回轮应有防止钢丝绳滑出轮槽飞出的装置。

（4）制动液压站和张紧液压站应设有手动泵，当液压系统出现故障时可以用手动泵临时进行工作。并设有油压上下限开关，上限泄油、下限补油。

（5）张紧小车前后均应装设缓冲器防止意外撞击。

（6）吊厢门应安装闭锁系统，不能由车内打开，也不能由于撞击或大风的影响而自动开启。

（7）应设行程保护装置，在张紧小车、重锤或油缸行程达到极限之前，发出报警信号或自动停车。

2. 站内电气设施及安全装置

（1）减速机应设有润滑油保护装置。

（2）站台、机房、控制室应设蘑菇头带自锁装置的紧急停车按钮。

（3）有负力的索道应设超速保护，在运行速度超过额定速度15%时，能自动停车。

（4）应在风力最大处设风向风速仪，在有人的站房设置风速显示装置。

（5）站房之间应有独立的专用电话，至少要有一个站房或在站房附近有外线电话。紧急情况（如主电网断电）电话仍可正常使用，并应配备足够的无线对讲机，满足运行和检查维修工作的需要。

（6）沿线路应有通信方式（如支架上或吊厢中设扬声器），在特殊情况（特别是故障时）下，可以及时通知乘客。

（7）所有沿线的安全装置和站内的安全装置组成联锁安全电路，在线路中任何位置出现异常时，应能自动停车并显示故障位置。索道紧急制动或突然断电后，在事故开关复位之前，不能重新启动驱动装置。

（8）如索道夜间运行时，站内及线路上应有针对性照明，支架上电力线不允许超过36 V。

（9）对于单线循环固定抱索器脉动式索道还应增加两条要求：

① 应配备至少两套不同类型、来源及独立控制的进站减速控制装置；每套装置应能可靠减速。

② 应设有进站速度检测开关，当索道减速后，应能按设定减速曲线可靠减速至低速进站，若未按设计减速或设定的低速进站时，检测开关控制自动紧急停车。

（10）对于单线固定抱索器往复式索道另应增加两条要求：

① 应设越位开关，在客车超越停车位置时，索道应能自动紧急停车。

② 开车时站台间应设有信号联络控制系统，在站台未发开车信号前，索道不能启动。

3. 线路机电设施及安全装置

（1）应根据地形情况配备救护工具和救护设施，沿线路不能垂直救护时，应配备水平救护设施。吊具距地大于 15 m 时，应有缓降器救护工具，绳索长度应适应最大高度救护要求。

（2）压索支架应有防脱索二次保护装置及地锚。

（3）托压索轮组内侧应设有防止钢丝绳往回跳的挡绳板，外侧应安装捕捉器和 U 型开关，脱索时接住钢丝绳并紧急停车。

（二）单线循环脱挂抱索器客运架空索道应具备的安全装置

1. 站内机械设施及安全装置

（1）站内机械设备、电气设备及钢丝绳应有必要的防护、隔离措施，防止危及乘客和工作人员的安全；非公共交通的空间应有隔离，非工作人员不得入内。

（2）站台（尤其出站侧）应有栏杆或防护网，防止乘客跌落。

（3）驱动迂回轮应有防止钢丝绳滑出轮槽飞出的装置。

（4）制动液压站和张紧液压站应设有手动泵，当液压系统出现故障时可以用手动泵临时进行工作。并设有油压上下限开关，上限泄油、下限补油。

（5）张紧小车前后均应装设缓冲器防止意外撞击。

（6）吊厢门应安装闭锁系统，不能由车内打开，也不能由于撞击或大风的影响而自动开启。

2. 站内电气设施及安全装置

（1）站台、机房、控制室应设蘑菇头带自锁装置的紧急停车按钮。

（2）应设行程保护装置，在张紧小车、重锤或油缸行程达到极限之前，发出警报信号或自动停车。

（3）有负力的索道应设超速保护，在运行速度超过额定速度 15% 时，能自动停车。

（4）道岔应设有闭锁安全监控装置，保证道岔在发车和收车位置时的安全。

（5）应设有钢丝绳位置检测开关，当钢丝绳偏离设定位置时，索道应自动停车。

（6）应设有开关门检测开关，当已过开关门轨道后，吊厢门未关闭或打开时，索道应自动停车。

（7）应设有抱索器松开和闭合状态检测开关，当抱索器在挂结前未打开钳口，或过了脱开段后，抱索器未脱开钢丝绳，索道应自动停车。

（8）应设有抱索器抱紧力和外形监测装置，钳口抱索形状若不符合要求自动停车。

（9）应设有接地棒，解决钢丝绳防雷接地问题。

（10）站房检查维修平台上应有维修闭锁开关。

3. 线路机电设施及安全装置

（1）应根据地形情况配备救护工具和救护设施，沿线路不能垂直救护时，应配备水平救护设施。吊具距地大于 15 m 时，应有缓降器救护工具，绳索长度应适应最大高度救护要求。

（2）压索支架应有防脱索二次保护装置及地锚。

（3）高度 10 m 以上支架爬梯应设护圈，超过 25 m 时，每隔 10 m 设休息平台，检修平台应有扶手或护栏。滑雪索道支架底部应有防碰撞安全保护装置，爬梯侧面相应位置应有防滑雪者插入装置。

（4）托压索轮组内侧应设有防止钢丝绳往回跳的挡绳板，外侧应安装捕捉器和 U 型开关，脱索时接住钢丝绳并紧急停车。

（三）双线往复式客运架空索道应具备的安全装置

1. 站内机械设施及安全装置

（1）站内机械设备、电气设备及钢丝绳应有必要的防护、隔离措施，防止危及乘客和工作人员的安全；非公共交通的空间应有隔离，非工作人员不得入内。站台（尤其出站侧）应有栏杆，防止乘客跌落。

（2）单承载索道鞍座托索轮组应设牵引索自动复位装置，在牵引索滑出托索轮复位时，不会卡住。

（3）水平驱动轮导向轮应有防止钢丝绳滑出轮槽飞出的装置。

（4）制动液压站和张紧液压站应设有手动泵，当液压系统出现故障时可以用手动泵临时进行工作。并设有油压上下限开关，上限泄油、下限补油。

（5）承载索与张紧索的连接应有二次保护装置及防止自行旋转的装置。

（6）承载索两端锚固的索道，应采用可测可调的双重锚固装置。

（7）对于重锤行程大，牵引索跳动大的索道，应加液压缓冲装置。

（8）车厢门应安装闭锁系统，不能由车内打开，也不能由于撞击或大风的影响而自动开启。

（9）吊架与车厢连接处应有减震措施。车厢定员大于 15 人和运行速度大于 3 m/s 的索道客车吊架与运行小车之间应设减摆器。

（10）运行小车两端应设防止出轨的导靴和缓冲挡块，多冰雪地区设刮雪器或破冰装置。

2. 站内电气设施及安全装置

（1）应有两套独立电源供电，可采用双回路电源或柴油发动机作备用电源，也可用内燃机作备用动力。

（2）减速机应设有润滑油保护装置。

（3）站台、机房、控制室应设蘑菇头带自锁装置的紧急停车按钮。

（4）应设行程保护装置，在承载索、牵引索张紧重锤或油缸达到极限之前，发出报警信号或自动停车。

（5）应设有牵引索断裂以及双牵引索道速度差、长度差检测开关，及时自动紧急停车。

（6）应设超速保护，在运行速度超过额定速度 15% 时，能自动停车。

（7）应配备至少两套不同类型、来源及独立控制的进站减速控制装置；每套装置应能可靠减速。

（8）应设有进站速度检测开关，当索道减速后，应能按设定减速曲线可靠减速至低速进站，若未按设计减速或设定的低速进站时，检测开关控制自动紧急停车。

（9）应设越位开关，在客车超越停车位置时，索道应能自动紧急停车。

（10）开车时站台间应设有信号联络控制系统，在站台未发开车信号前，索道不能启动。

（11）应在风力最大处设风向风速仪，在有人的站房设置风速显示装置。

（12）站房之间应有独立的专用电话，至少要有一个站房或在站房附近有外线电话。紧急情况（如主电网断电）电话仍可正常使用。并应配备足够的无线对讲机，满足运行和检查维修工作的需要。

（13）客车与站内应有通信方式，在特殊情况（特别是故障时）下，可以及时通知乘客。

3. 线路机电设施及安全装置

（1）根据地形情况配备救护工具和救护设施，沿线路无法用缓降器救护时，应设救援车。

（2）高度 10 m 以上支架爬梯应设护圈，超过 25 m 时，每隔 10 m 设休息平台，检修平台应有扶手或护栏。

（四）客运拖牵索道应具备的安全装置

（1）人可以触及的转动部件及人体可能碰撞的设施应当有保护栏杆或防护网。

（2）应设有制动器或防倒转装置。

（3）钢丝绳张紧系统应当有二次保护装置。

（4）张紧液压站应有上下限开关，超出上下限时，索道应能自动停车。

（5）支架高度从地面算起超过 4 m 的支架应有固定爬梯，并且装设工作平台，爬梯不得与滑雪者挂碰；支架立柱应装设防止滑雪者碰伤的软质护套。

（6）托压索轮组内侧应设有防止钢丝绳往回跳的挡绳板，外侧应安装捕捉器和 U 型开关，脱索时接住钢丝绳并紧急停车。

（7）站台、机房、控制室应设蘑菇头带自锁装置的紧急停车按钮。

（8）应设行程保护装置，在张紧小车、重锤或油缸行程达到极限之前，发出报警信号或自动停车。

（五）客运缆车应具备的安全装置

1. 站内机械设施及安全装置

（1）凹曲线段和水平曲线段应设置绳索捕捉装置。

（2）站内机械设备、电气设备及钢丝绳应有必要的防护、隔离措施，防止危及乘客和工作人员的安全；非公共交通的空间应有隔离，非工作人员不得入内。

（3）站台终点应设弹簧或液（气）压缓冲器。

（4）驱动轮与迂回轮水平布置（驱动轴垂直布置）时，应有防止钢丝绳滑出轮槽的措施。

（5）制动液压站和张紧液压站应设有手动泵，当液压系统出现故障时可以用手动泵临时进行工作。并设有油压上下限开关，上限泄油、下限补油。

（6）在控制台上应有手动装置通过机械方式或电气方式使安全制动器工作。

（7）脱挂抱索器式缆车车厢门应设关闭到位检测开关，门未关闭到位不得开车。

（8）张紧小车前后均应装设缓冲器防止意外撞击。

(9) 车厢乘务员操作位应设有防止乘客滥动操纵系统的保护装置。

(10) 行走机构应设防止脱轨的装置，行走机构两端应装设缓冲器挡板和清轨器。

2. 站内电气设施及安全装置

(1) 应配备至少两套不同类型、来源及独立控制的进站减速控制装置；每套装置应能可靠减速。

(2) 站台、机房、控制室和需要乘务员的客车应设带自锁装置的紧急停车按钮。

(3) 应设到站停车开关和过卷越位开关。

(4) 应设超速保护，在运行速度超过额定速度10%时，能自动停车。

(5) 应设制动系统及润滑系统的油压、油位和油温保护，当出现异常时，能自动停车。

(6) 应设置维修急停开关，在进行设备维修时，维修急停开关动作，缆车无法启动。

3. 线路机电设施及安全装置

(1) 在个别有危树的地方应装设检测树倒的装置，一旦树倒立即报警并停车。

(2) 线路上应设有钢丝绳脱槽安全检测装置，一旦钢丝绳脱槽，应能自动停车。

三、客运索道使用安全技术

(一) 制订安全操作规程，建立健全安全管理制度

一般应包括下列各项内容：

(1) 管理机关所规定的定期技术检验制度。

(2) 各岗位的安全操作规程。

(3) 信号系统的检查制度。

(4) 应急救护预案。

(5) 自动停车、紧急停车及其安全设备动作时，排除故障及重新运行的措施。

(6) 安全电路断电时需要再运行时的措施。

(7) 机械设备、钢丝绳、客车等发生故障时如何排除的措施。

(8) 风速超过规定值，或者天气条件威胁到安全运行时停车处理办法。

(9) 能见度不足时的运行措施。

(10) 夜间运行的措施。

(11) 消除钢丝绳或机械部件上的冰和积雪的措施。

为公众提供服务的客运索道运营使用单位，应当设置安全管理机构或者配备专职的安全管理人员。客运索道的安全管理人员应当对客运索道使用状况进行经常性的检查，发现问题应当立即处理；情况紧急时，可以决定停止使用客运索道并及时报告本单位有关负责人。

(二) 客运索道的日常检查

客运索道每天开始运行之前，应彻底检查全线设备是否处于完好状态，在运送乘客之前应进行一次试车，确认安全无误并经值班站长或授权负责人签字后方可运送乘客。

司机除按运转维护规程操作外，对驱动机、操作台每班至少检查一次。对当班所发生的故障是否排除，应交代清楚，并填写在运行日记中。交接班时按规定的检查次序进行，

并查看前一班正在操作运转的情况。对发现的重要问题，即难以自行处理或不是职责范围内可以处理的，应立即报告。

值班电工、钳工对专责设备每班至少检查一次，线路润滑巡视工每班至少全线巡视一周（线路长的索道，可分段分工检查）。

若设备停运期间遇到恶劣天气（风暴、暴雪、冰雹），应对线路进行彻底的检查，证明一切正常后方可运送乘客。如果是事故停车，造成运行中断，只有在排除了故障或采取了有关安全措施，且必须经值班站长同意后，方可重新运送乘客。紧急情况下运转，索道站长或其代表一定要在场，才允许在事故状态下再开车以便将乘客运回站房。

索道每天停止运营前，操作人员应检查并确认索道线路上或上车区域是否仍有乘客，并关闭索道的入口。

（三）客运索道的检查和维修

对架空索道的机电设备进行定期检查和合理的维修，能够保证索道的安全运转，并充分发挥设备的效能，延长使用年限。

钢丝绳和抱索器是客运索道重要部件，一旦出现问题，必定会造成人身伤害。因此，应在规定的时期内对钢丝绳和抱索器进行无损探伤。对于单线循环式索道上运载工具间隔相等的固定抱索器，应按规定的时间间隔移位。

运营后每1~2年应对支架各相关位置（如中心点、托压索轮及支架横担水平度、垂直度、支架形变等）进行检测，以防止发生脱索等重大事故。

第十节 大型游乐设施安全技术

一、大型游乐设施使用安全管理

在使用许可厂家的合格产品、登记建档、建立制度、定期检验等方面与锅炉使用安全管理基本相同。

作业人员要求方面，大型游乐设施安全管理人员和操作人员，必须取得相应资质后，方能从事相关工作。

大型游乐设施检查方面，使用单位应进行大型游乐设施的自我检查、每日检查、每月检查和年度检查。

（1）对使用的游乐设施，每年要进行一次全面检查，必要时要进行载荷试验，并按额定速度进行起升、运行、回转、变速等机构的安全技术性能检查。

（2）月检要求检查下列项目：各种安全装置；动力装置、传动和制动系统；绳索、链条和乘坐物；控制电路与电气元件；备用电源。

（3）日检要求检查下列项目：控制装置、限速装置、制动装置和其他安全装置是否有效及可靠；运行是否正常，有无异常的振动或者噪声；易磨损件状况；门联锁开关及安全带等是否完好；润滑点的检查和加添润滑油；重要部位（轨道、车轮等）是否正常。

二、大型游乐设施的安全装置

（一）乘人安全束缚装置（安全带、安全杠和挡杆）

游乐设施运行时，乘人可能在乘坐物内被移动、碰撞、被甩出或者滑出时，必须设有乘人安全束缚装置。对危险性较大的大型游乐设施，必要时应考虑设两套独立的束缚装置。束缚装置可采用安全带、安全压杠、挡杆等。

对束缚装置的要求是：

（1）束缚装置应可靠地固定在游乐设备的结构件上。

（2）乘人装置的设计，其座位结构和型式，自身应具有一定的束缚功能。

（3）束缚装置的锁紧装置在游乐设施出现功能性故障或急停刹车的情况下，仍能保持其闭锁状态，除非采取疏导乘人的紧急措施。

（4）束缚装置应可靠、舒适，与乘人直接接触的部件有适当的柔软性。

（二）锁紧装置（锁具）

锁具是人体束缚装置的另一个重要组件，影响到人体安全保护装置正常发挥作用。锁具有开和闭两个状态，当它处于闭的状态时，安全保护装置正好将乘客约束在座位上，在游乐设施运行过程中，锁具必须有效地将乘客约束在座位上，不能自行打开且乘客不能打开，必须当设备停止后由操作人员打开，让乘客离开座位。

锁具形式有很多种，最常见的有棘轮棘爪、曲柄摇块机构等锁具。

（三）吊挂乘坐的保险装置

（1）吊挂座椅的保险装置。吊挂座椅除用 4 根钢丝绳吊挂外，还必须另设 4 根保险钢丝绳。当悬挂钢丝绳或吊挂该绳的销轴断裂时，还有保险钢丝绳牵引，保证乘客安全。

（2）吊挂摆动舱的保险装置。在摆动过程中，若吊挂臂或上下销轴断裂，摆动舱就会坠落，加保险绳后，可防止事故发生。

（四）止逆行装置（止逆装置）

沿斜坡牵引的提升系统，必须设有防止载人装置逆行的装置，止逆行装置逆行距离的设计应使冲击负荷最小，在最大冲击负荷时必须止逆可靠。

（五）制动装置

为了使游乐设施安全停止或减速，大部分运行速度较快的设备都采用了制动系统。游乐设施的制动包括对电动机的制动和对车辆的制动。电动机的制动有机械制动和电气制动两种方式，车辆制动的方式主要采用机械制动。

（六）超速限制装置（限速装置）

在游乐设施中，采用直流电机驱动或者设有速度可调系统时，必须设有防止超出最大设定速度的限速装置，限速装置必须灵敏可靠。常用的限速方式有：电压比较反馈方式；驱动输入设置方式（模块）；单向编码计数器方式（限圈）；单向运转时间继电器方式（限时）。

（七）运动限制装置（限位装置）

绕水平轴回转并配有平衡重的游乐设施，乘人部分在最高点有可能出现静止状态时，应有防止或处理该状态的措施；油缸或气缸行程的终点，应设置限位装置，且灵敏可靠。

通常人们所见的限位开关就属于运动限制装置，限位开关就是用以限定机械设备的运动极限位置的电气开关。限位开关有接触式和非接触式两种。接触式的比较直观，机械设备的运动部件上设置了行程开关，与其相对运动的固定点上安装极限位置的挡块，或者是相反安装位置。当行程开关的机械触头碰上挡块时，切断了控制电路，机械就停止运行或改变运行，由于机械的惯性运动，这种行程开关有一定的“超行程”以保护开关不受损坏。

（八）防碰撞及缓冲装置

同一轨道、滑道、专用车道等有两组以上（含两组）无人操作的单车或列车运行时，应设防止相互碰撞的自动控制装置和缓冲装置。当有人操作时，应设有效的缓冲装置。

（1）防碰撞装置工作原理是：当游乐设施车辆运行到危险距离范围时，防碰撞装置便发出警报，进而切断电源，制动器制动，使车辆经过时停止运行，避免车辆之间的相互碰撞。目前防碰撞装置主要有激光式、超声波式、红外线式和电磁波式等类型。

（2）游乐设施常见的缓冲器分蓄能型缓冲器和耗能型缓冲器，前者主要以弹簧和聚氨酯材料等为缓冲元件，后者主要是油压缓冲器。

三、大型游乐设施使用安全技术

（一）建立健全安全管理制度和操作规程

游乐设施的操作是一项非常重要的工作。操作是否得当，在紧急情况下能否正确处置，直接关系到人身和设备的安全。一些游乐设施的用户，由于操作不合理或误操作而发生事故，有些使用单位根本没有操作规程，有的单位虽然制定了操作规程，但比较简单，难以保证游乐设施的安全操作。游乐设施的操作必须把操作按钮与整台游乐设施及乘客联系在一起，随时观察游乐设施及乘客情况，与服务人员密切合作，按照规程合理规范操作。

根据不同游乐设施的使用特点，科学建立管理制度和操作规程，一般应包括下列内容：①作业人员守则；②安全操作规程；③设备管理制度；④日常安全检查制度；⑤维修保养制度；⑥定期报检制度；⑦安全培训考核制度；⑧紧急救援演习制度；⑨意外事件和事故处理制度；⑩技术档案管理制度。

（二）游乐设施在运营前按规程做好安全检查

检查内容包括：

（1）安全带、安全杠、把手是否牢固可靠，有无损坏情况。

（2）座舱门开关是否灵活、关牢，保险装置是否起作用。

（3）关键位置的销轴和焊缝有无明显变形、开裂或其他异常情况。

（4）螺栓卡板等紧固件有无松动及脱落现象。

（5）限位开关有无失灵情况。

（6）各润滑点是否润滑良好。

（7）电线有无断头裸露现象。

（8）接地板连接是否良好。

（9）制动装置是否起作用。

（三）游乐设施运营中操作、服务人员应特别注意事项

1. 操作人员应特别注意事项

（1）游乐设备正式运营前，操作员应将空车按实际工况运行 2 次以上，确认一切正常再开机营业。

（2）开机前，先鸣铃以示警告，让等待上机的乘客及服务员远离游乐设施，以防开机后碰伤。确认乘客都已坐好并符合安全要求，确认周围环境无安全隐患，场内无闲杂人员再开机。

（3）设备运行中，在乘客产生恐惧、大声叫喊时，操作员应立即停机，让恐惧乘客下来。

（4）设备运行中，操作人员不能离开岗位。要随时注意观察乘客及设备情况，遇有紧急情况时，要及时停机并采取相应的措施。

（5）紧急停止按钮的位置，必须让本机台所有取得证件的操作人员都知道，以便需要紧急停车时，每个操作员都能操作。

（6）营业终了时，关掉总电源，并对设备设施进行安全检查。

2. 服务人员应特别注意事项

（1）开机前安全栅栏内不准站人，服务人员要维持好秩序，让等待上机的乘客站到栅栏外面，避免开机时刮伤。

（2）开机前服务人员必须逐个检查乘客的安全带是否系好（安全压杠是否压好），以避免设备运行时发生安全事故。

（3）对座舱在高空中旋转的游乐设施，服务人员负责疏导乘客，尽量使其均匀乘坐，不要造成偏载。

（4）要准备好常用的急救工具及药品。

3. 服务人员应特别注意劝阻的事项

（1）劝阻游客不要抢上，游乐设施未停稳前不要抢下。

（2）有人翻越安全栅栏时要进行劝阻。

（3）不准超员乘坐。遇到此种情况时，服务人员要进行说服劝阻，超员时操作人员不要开机。

（4）不准幼儿乘坐的游乐设施，要劝阻家长不要抱幼儿乘坐。

（5）劝阻乘客不要围长围巾乘坐游乐设施。留长辫的女乘客要戴上帽子或将辫子包好，以防围巾或辫子与运行的游乐设施绞在一起发生安全事故。

（6）服务人员要劝阻酗酒者不要乘坐游乐设施。

（7）劝阻乘客不要将头、胳膊伸到座舱外面，以免碰到周围物体而致伤。

（8）禁止乘客在安全栅栏内拍照，以防被运转的游乐设施撞伤。

本章涉及的相关技术规程、标准与规范：

一、综合

1.《中华人民共和国特种设备安全法》

2.《特种设备安全监察条例》（国务院令第 549 号）

3.《特种设备事故报告和调查处理规定》(国家质检总局第 115 号令)
4.《特种设备作业人员监督管理办法》(国家质检总局第 140 号令)
5.《质检总局关于修订〈特种设备目录〉的公告》(2014 年第 114 号)
6.《特种设备使用管理规则》(TSG 08)
7.《特种设备生产和充装单位许可规则》(TSG 07)

二、锅炉

1.《锅炉安全技术监察规程》(TSG G0001)
2.《锅炉设计文件鉴定管理规则》(TSG G1001)
3.《锅炉监督检验规则》(TSG G7001)
4.《锅炉定期检验规则》(TSG G7002)
5.《锅炉水（介）质处理监督管理规则》(TSG G5001)
6.《锅炉水（介）质处理检验规则》(TSG G5002)
7.《水管锅炉》(GB/T 16507)
8.《锅壳锅炉》(GB/T 16508)
9.《有机热载体炉》(GB/T 17410)
10.《锅炉房设计规范》(GB 50041)
11.《工业锅炉水质》(GB/T 1576)
12.《火力发电机组及蒸汽动力设备水汽质量》(GB/T 12145)

三、气瓶

1.《气瓶安全监察规定》(国家质量监督检验检疫总局令第 46 号，2015 年修订)
2.《气瓶安全技术监察规程》(TSG R0006)
3.《车用气瓶安全技术监察规程》(TSG R0009)
4.《气瓶附件安全技术监察规程》(TSG RF001)
5.《气瓶制造监督检验规则》(TSG R7003)
6.《瓶装气体分类》(GB/T 16163)
7.《气瓶阀通用技术要求》(GB 15382)
8.《气瓶阀出气口连接型式和尺寸》(GB 15383)
9.《气瓶颜色标志》(GB/T 7144)
10.《建筑设计防火规范》(GB 50016)

四、压力容器

1.《固定式压力容器安全技术监察规程》(TSG 21)
2.《移动式压力容器安全技术监察规程》(TSG R0005)
3.《安全阀安全技术监察规程》(TSG ZF001)
4.《压力容器》(GB 150)
5.《热交换器》(GB/T 151)

6. 《钢制球形储罐》(GB 12337)
7. 《制冷装置用压力容器》(NB/T 47012)
8. 《固定式真空绝热深冷压力容器》(GB/T 18442. 1 ~7)

五、压力管道

1. 《压力管道安全技术监察规程——工业管道》(TSG D0001)
2. 《压力管道监督检验规则》(TSG D7006)
3. 《压力管道定期检验规则—长输 (油气) 管道》(TSG D7003)
4. 《压力管道定期检验规则—公用管道》(TSG D7004)
5. 《压力管道定期检验规则—工业管道》(TSG D7005)
6. 《输气管道工程设计规范》(GB 50251)
7. 《输油管道工程设计规范》(GB 50253)
8. 《油气长输管道工程施工及验收规范》(GB 50369)
9. 《石油天然气管道安全规程》(SY/T 6186)
10. 《天然气管道运行规范》(SY/T 5922)
11. 《城镇燃气设计规范》(GB 50028)
12. 《城镇燃气输配工程施工及验收规范》(CJJ 33)
13. 《城镇供热管网设计规范》(CJJ 34)
14. 《城市供热管网工程施工及验收规范》(CJJ 28)
15. 《城镇供热系统运行维护技术规程》(CJJ 88)
16. 《压力管道规范 工业管道》(GB/T 20801)
17. 《工业金属管道设计规范》(GB 50316)
18. 《工业金属管道工程施工规范》(GB 50235)
19. 《电力建设施工技术规范 第5部分：管道及系统》(DL 5190. 5)

六、起重机械

1. 《起重机械安全规程》(GB 6067)
2. 《起重机设计规范》(GB/T 3811)
3. 《通用桥式起重机》(GB/T 14405)
4. 《通用门式起重机》(GB/T 14406)
5. 《岸边集装箱起重机》(GB/T 15361)
6. 《塔式起重机》(GB/T 5031)
7. 《履带起重机》(GB/T 14560)
8. 《港口门座起重机》(GB/T 17495)
9. 《施工升降机》(GB/T 10054)
10. 《起重机械安全技术监察规程——桥式起重机》(TSG Q0002)
11. 《起重机械定期检验规则》(TSG Q7015)
12. 《起重机械安装改造重大修理监督检验规则》(TSG Q7016)

13.《机械式停车设备　通用安全要求》(GB 17907)

七、场（厂）内专用机动车辆

1.《场（厂）内机动车辆安全检验技术要求》(GB/T 16178)
2.《场（厂）内专用机动车辆安全技术监察规程》(TSG N0001)

八、客运索道

1.《客运架空索道安全规范》(GB 12352)
2.《客运地面缆车安全要求》(GB 19402)
3.《客运拖牵索道技术规范》(GB/T 19401)
4.《客运索道监督检验和定期检验规则》(TSG S7001)
5.《客运索道设计文件鉴定规则》(TSG S1001)

九、游乐设施

1.《大型游乐设施安全规范》(GB 8408)
2.《转马类游艺机通用技术条件》(GB/T 18158)
3.《滑行车类游艺机通用技术条件》(GB/T 18159)
4.《陀螺类游艺机通用技术条件》(GB/T 18160)
5.《飞行塔类游艺机通用技术条件》(GB/T 18161)
6.《赛车类游艺机通用技术条件》(GB/T 18162)
7.《自控飞机类游艺机通用技术条件》(GB/T 18163)
8.《观览车类游艺机通用技术条件》(GB/T 18164)
9.《小火车类游艺机通用技术条件》(GB/T 18165)
10.《架空游览车类游艺机通用技术条件》(GB/T 18166)
11.《水上游乐设施通用技术条件》(GB/T 18168)
12.《碰碰车类游艺机通用技术条件》(GB/T 18169)
13.《无动力类游乐设施技术条件》(GB/T 20051)
14.《滑索通用技术条件》(GB/T 31258)
15.《滑道设计规范》(GB/T 18878)
16.《游乐设施检验验收》(GB/T 20050)
17.《大型游乐设施安全监察规定》(国家质检总局令第 154 号)
18.《游乐设施安全技术监察规程（试行）》(国质检锅〔2003〕34 号)
19.《游乐设施监督检验规程（试行）》(国质检锅〔2002〕124 号)

第四章　防火防爆安全技术

第一节　火灾爆炸事故机理

一、燃烧与火灾

（一）燃烧和火灾的定义、条件

1. 燃烧的定义

燃烧是可燃物与氧化剂作用发生的放热反应，通常伴有火焰、发光和发烟现象。

2. 火灾定义

《消防词汇　第1部分：通用术语》(GB/T 5907.1) 将火灾定义为在时间和空间上失去控制的燃烧所造成的灾害。

《火灾统计管理规定》(公通字〔1996〕82号) 明确了所有火灾不论损害大小，都列入火灾统计范围。以下情况也列入火灾统计范围：

(1) 易燃易爆化学物品燃烧爆炸引起的火灾。

(2) 破坏性试验中引起非实验体的燃烧。

(3) 机电设备因内部故障导致外部明火燃烧或者由此引起其他物件的燃烧。

(4) 车辆、船舶、飞机以及其他交通工具的燃烧（飞机因飞行事故而导致本身燃烧的除外），或者由此引起其他物件的燃烧。

3. 燃烧（火灾）发生的必要条件

同时具备氧化剂、可燃物、点火源，即燃烧的三要素。这三个要素中缺少任何一个，燃烧都不能发生，三要素是燃烧发生的必要条件。在火灾防治中，阻断三要素的任何一个要素就可以防止火灾发生。

（二）燃烧（火灾）过程和形式

1. 燃烧过程

可燃物质的聚集状态不同，其受热后所发生的燃烧过程也不同。除结构简单的可燃气体（如氢气）外，大多数可燃物质的燃烧并非是物质本身在燃烧，而是物质受热分解出的气体或液体蒸气在气相中的燃烧。

可燃物质的燃烧过程如图4-1所示。

由可燃物质燃烧过程可以看出，可燃气体燃烧所需要的热量只用于本身的氧化分解，并使其达到自燃点而燃烧。可燃液体在点火源作用（加热）下，首先蒸发成蒸气，其蒸气进行氧化分解后达到自燃点而燃烧。在固体燃烧中，如果是简单物质（如硫、磷等），受热后首先熔化，蒸发成蒸气进行燃烧，没有分解过程；如果是复杂物质，在受热时首先分解为气态或液态产物，其气态和液态产物的蒸气进行氧化分解着火燃烧。有的可燃固体（如焦炭等）不能分解为气态物质，在燃烧时则呈炽热状态，没有火焰产生。

2. 燃烧形式

气态可燃物通常为扩散燃烧，即可燃物和氧气边混合边燃烧；液态可燃物（包括受热后先液化后燃烧的固态可燃物）通常先蒸发为可燃蒸气，可燃蒸气与氧化剂发生燃烧；固态可燃物先是通过热解等过程产生可燃气体，可燃气体与氧化剂再发生燃烧。

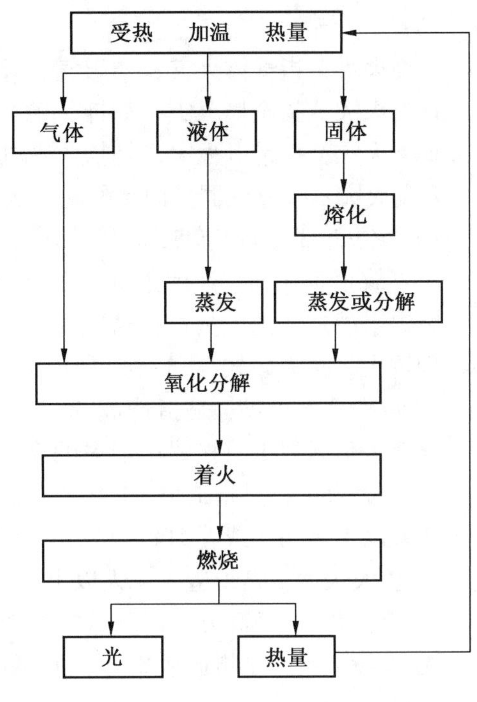

图4-1　可燃物质的燃烧过程

可燃物质在空气中燃烧的形式一般有5种，即扩散燃烧、混合燃烧、蒸发燃烧、分解燃烧和表面燃烧。

（1）扩散燃烧。可燃气体（氢、甲烷、乙炔以及苯、酒精、汽油蒸气等）从管道、容器的裂缝流向空气时，可燃气体边缘与空气分子互相扩散、混合，混合浓度达到爆炸极限范围内的可燃气体遇到火源即着火并能形成稳定火焰的燃烧，称为扩散燃烧。如家用燃气设备的燃烧。

（2）混合燃烧。可燃气体和助燃气体在管道、容器内部等相应空间扩散混合，混合气体的浓度在爆炸极限范围内，遇到火源后在其分布的空间快速进行的燃烧，称为混合燃烧。煤气、液化石油气泄漏并与空气混合后遇到明火发生的燃烧爆炸即是混合燃烧，失去控制的混合燃烧往往能造成重大的经济损失和人员伤亡。

（3）蒸发燃烧。可燃液体在火源和热源的作用下，蒸发出的蒸气发生氧化分解而进行的燃烧，称为蒸发燃烧。如酒精、汽油、乙醚等易燃液体的燃烧。

（4）分解燃烧。可燃物质在燃烧过程中首先遇热分解出可燃性气体，分解出的可燃性气体再与氧进行的燃烧，称为分解燃烧。如木材、纸、油脂一类的高沸点固体可燃物的燃烧。

（5）表面燃烧。如炭、箔状或粉状金属（铝、镁）的燃烧。在这些固体表面与空气接触的部位上，会被点燃而生成“炭灰”，使燃烧持续下去。这些可燃物质燃烧时，一般需要使可燃物质与助燃物质相接触。其接触的方法，有的在物质界面上通过扩散相混合，有的两种物质一开始就被混合，不论哪一种，都靠扩散方法相互接触，其燃烧传播的速度取决于两种物质的扩散速度。

（三）火灾的分类

（1）《火灾分类》（GB/T 4968）按可燃物的类型和燃烧特性将火灾分为6类。

A类火灾：指固体物质火灾，这种物质通常具有有机物性质，一般在燃烧时能产生灼热灰烬，如木材、棉、毛、麻、纸张火灾等。

B 类火灾：指液体或可熔化的固体物质火灾，如汽油、煤油、柴油、原油、甲醇、乙醇、沥青、石蜡火灾等。

C 类火灾：指气体火灾，如煤气、天然气、甲烷、乙烷、丙烷、氢气火灾等。

D 类火灾：指金属火灾，如钾、钠、镁、钛、锆、锂、铝镁合金火灾等。

E 类火灾：指带电火灾，是物体带电燃烧的火灾，如发电机、电缆、家用电器等。

F 类火灾：指烹饪器具内烹饪物火灾，如动植物油脂等。

（2）公安部《关于调整火灾等级标准的通知》(公传发〔2007〕245 号)，根据《生产安全事故报告和调查处理条例》(国务院令第 493 号）规定的生产安全事故等级，按照一次火灾事故造成的人员伤亡情况和直接财产损失的严重程度，将火灾等级划分为 4 类，即特别重大、重大、较大和一般火灾。

① 特别重大火灾，是指造成 30 人以上（含本数，下同）死亡，或者 100 人以上重伤，或者 1 亿元以上直接财产损失的火灾。

② 重大火灾，是指造成 10 人以上 30 人以下（不含本数，下同）死亡，或者 50 人以上 100 人以下重伤，或者 5000 万元以上 1 亿元以下直接财产损失的火灾。

③ 较大火灾，是指造成 3 人以上 10 人以下死亡，或者 10 人以上 50 人以下重伤，或者 1000 万元以上 5000 万元以下直接财产损失的火灾。

④ 一般火灾，是指造成 3 人以下死亡，或者 10 人以下重伤，或者 1000 万元以下直接财产损失的火灾。

（四）火灾基本概念及参数

1. 引燃能（最小点火能）

引燃能是指释放能够触发初始燃烧化学反应的能量，也叫最小点火能，影响其反应发生的因素包括温度、释放的能量、热量和加热时间。几种可燃气体或蒸气的最小点火能量见表 4－1。

表 4－1　几种可燃气体或蒸气的最小点火能量　mJ

物质名称	最小点火能量	物质名称	最小点火能量
甲烷	0.28	乙炔	0.02
乙烷	0.24	氢	0.017
丙烷	0.25	氨	6.80
丁烷	0.25	苯	0.22
乙烯	0.21	乙醚	0.20

2. 着火延滞期（诱导期）

着火延滞期也称着火诱导期或感应期，指可燃性物质和助燃气体的混合物在高温下从开始暴露到起火的时间或混合气着火前自动加热的时间，在燃烧过程中又称为着火延滞期或着火落后期，单位用 ms 表示。

3. 闪燃

闪燃是在一定温度下，在液体表面上能产生足够的可燃蒸气，遇火能产生一闪即灭的燃烧现象。由于易燃、可燃液体在闪点温度下，蒸发速度还不太快，蒸发出来的气体仅能维持一刹那的燃烧，而来不及补充新的蒸气以维持稳定的燃烧，因而燃烧一闪而过。闪燃往往是持续燃烧的先兆。

4. 闪点

在规定条件下，易燃和可燃液体表面能够蒸发产生足够的蒸气而发生闪燃的最低温度，称为该物质的闪点。闪点是衡量物质火灾危险性的重要参数。一般情况下闪点越低，火灾危险性越大。几种燃烧性液体的闪点见表4－2。

表4－2　几种燃烧性液体的闪点　℃

物质名称	闪点	物质名称	闪点	物质名称	闪点
二硫化碳	－45	甲醇	12	松节油	32
乙醚	－45	二氯乙烷	8	丁醇	35
石油	－21	乙醇	13	醋酸	40
丙酮	－20	醋酸丁醇	13	戊醇	46
苯	－11	氯苯	25	乙二醇	112
甲苯	1	二乙胺	26	甘油	176.5

5. 燃点（着火点）

着火是指可燃物与火源接触而燃烧，并且在火源移去后仍能继续保持燃烧的现象。

可燃物质发生着火的最低温度称为燃点（着火点）。

燃点（着火点）对可燃固体和闪点较高的液体具有重要意义，在控制燃烧时，需将可燃物的温度降至其燃点（着火点）以下。一般情况下，燃点（着火点）越低，火灾危险性越大。常见可燃物质的燃点（着火点）见表4－3；几种固体物质的熔点、燃点和闪点见表4－4。

表4－3　常见可燃物质的燃点　℃

物质名称	燃点	物质名称	燃点	物质名称	燃点
黄磷	30	麻绒	150	豆油	220
松节油	53	漆布	165	烟叶	222
灯油	86	蜡烛	190	松木	250
赛璐珞	100	麦草	200	酸醋纤维	320
橡胶	120	硫	207	胶布	325
纸张	130	棉花	210	涤纶纤维	390

表 4－4　几种固体物质的熔点、燃点和闪点　℃

物质名称	熔点	燃点	闪点	物质名称	熔点	燃点	闪点
萘	80.2	86	80	聚乙烯	120	400	340
樟脑	174～179	70	65.5	聚苯乙烯	100	400	370
硫黄	113	255		红磷		160	

6. 自燃点

自燃是指可燃物在没有外界火源的作用下，靠自热或外热而发生燃烧的现象。根据热源的不同，物质自燃分为自热自燃和受热自燃两种。

在规定条件下，不用任何辅助引燃能源而达到自行燃烧的最低温度称为自燃点。液体和固体可燃物受热分解并析出的可燃气体挥发物越多，其自燃点越低。固体可燃物粉碎得越细，其自燃点越低。一般情况下，密度越大，闪点越高而自燃点越低。比如，下列油品的密度：汽油＜煤油＜轻柴油＜重柴油＜蜡油＜渣油，而其闪点依次升高，自燃点则依次降低。部分醇类同系物相对分子质量闪点与自燃点见表 4－5；几种典型物质自燃点见表 4－6。

表 4－5　部分醇类同系物相对分子质量闪点与自燃点

醇类同系物	分子式	相对分子质量	沸点/℃	闪点/℃	自燃点/℃	热值/($MJ \cdot kg^{-1}$)
甲醇	CH_3OH	32	64.7	12	455	23.865
乙醇	C_2H_5OH	46	78.4	13	414	30.991
丙醇	C_3H_7OH	60	97.8	23.5	404	34.79

表 4－6　典型物质的自燃点　℃

名称	自燃点	名称	自燃点	名称	自燃点
黄（白）磷	60	赤磷	200	木炭	350
三硫化四磷	100	松香	240	煤	400
纸张	130	木材	250	蒽	470
棉花	150	硫	260	萘	515
布匹	200	沥青	280	焦炭	700

7. 阴燃

没有火焰和可见光的燃烧现象称为阴燃。通常产生烟和温度升高的迹象，是处于燃烧初期的一种燃烧现象。

（五）典型火灾的发展规律

通过对大量的火灾事故的研究分析得出，典型火灾事故的发展分为初起期、发展期、最盛期、减弱至熄灭期。典型的火灾发展过程如图 4－2 所示。

初起期是火灾开始发生的阶段，这一阶段可燃物的热解过程至关重要，主要特征是冒烟、阴燃。

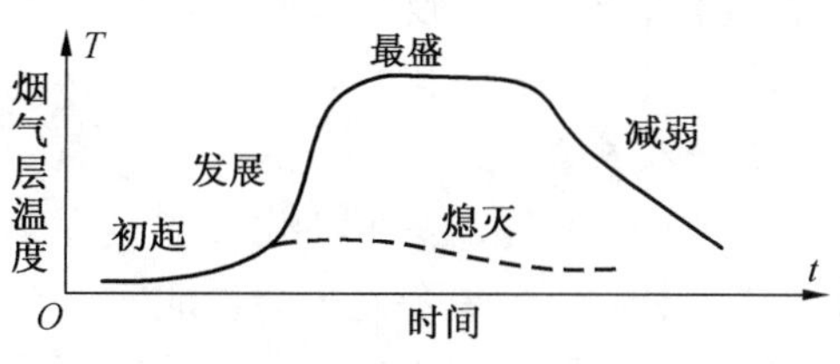

图4－2　火灾的发展过程

发展期是火势由小到大发展的阶段，一般采用 T 平方特征火灾模型来简化描述该阶段非稳态火灾热释放速率随时间的变化，即假定火灾热释放速率与时间的平方成正比，轰燃就发生在这一阶段。

最盛期的火灾燃烧方式是通风控制火灾，火势的大小由建筑物的通风情况决定。

减弱至熄灭期是火灾由最盛期开始消减直至熄灭的阶段，熄灭的原因可以是燃料不足、灭火系统的作用等。

由于建筑物内可燃物、通风等条件的不同，建筑火灾有可能达不到最盛期，而是缓慢发展后就熄灭了。

（六）燃烧机理

1. 活化能理论

物质分子间发生化学反应，首要的条件是相互碰撞。在标准状态下，单位时间、单位体积内气体分子相互碰撞约 10^{28} 次。但相互碰撞的分子不一定发生反应，而只有少数具有一定能量的分子相互碰撞才会发生反应，这种分子称为活化分子。活化分子所具有的能量要比普通分子高，这一能量超出值可使分子活化并参加反应。使普通分子变为活化分子所必需的能量称为活化能。

气体分子在每个自由程内按直线轨迹运动，其运动速度取决于温度；温度越高，气体分子运动越快，反之，温度越低，气体分子运动也越慢。在任一气流中，都有大量的气体分子，当它们进行无规律运动时，许多分子会互相碰撞、弹开和改变方向，随着气体温度和能级的提高，这些碰撞会变得更加频繁和剧烈。

2. 过氧化物理论

气体分子在各种能量（如热能、辐射能、电能、化学反应能等）作用下可被活化。在燃烧反应中，首先是氧分子在热能作用下活化，被活化的氧分子形成过氧键—O—O—，这种基团加在被氧化物的分子上成为过氧化物。此种过氧化物是强氧化剂，不仅能氧化形成过氧化物的物质，而且也能氧化其他较难氧化的物质。例如，在氢和氧的反应中，先生成过氧化氢，而后过氧化氢再与氢反应生成 H_2O，其反应式如下：

$$H_2 + O_2 = H_2O_2$$

$$H_2O_2 + H_2 = 2H_2O$$

有机过氧化物，通常可看作是过氧化氢 H—O—O—H 的衍生物，即其中有一个或两个氢原子被烷基所取代而生成 R—O—O—H。所以过氧化物是可燃物质被氧化的最初产物，是不稳定的化合物，能在受热、撞击、摩擦等情况分解甚至引起燃烧或爆炸。如蒸馏乙醚的残渣中，常由于形成过氧化醚（C_2H_5—O—O—C_2H_5）而引起自燃或爆炸。

烃类氧化时是以破坏氧的一个键而不是破坏氧的两个键而进行的，因为要同时破坏两个氧的键需 489 kJ 的能量，而破坏一个键只需要 293～334 kJ 的能量。因此，烃类氧化首先生成的是烃的过氧化物或过氧化物自由基 R—O—O—，而过氧化物也会分解为自由基。

随着自由基的产生，反应具有链反应性质，因而可以自动延续并且由于出现分支而自动加速。整个燃烧前的氧化过程是一连串有自由基参加的链反应。

3. 链反应理论

根据上述原理，一个活化分子（基）只能与一个分子起作用。但为什么在氯化氢的反应过程中，引入一个光子能生成十万个氯化氢分子呢？这就是由于连锁反应（链反应）的结果。链式反应理论也称连锁反应理论。该理论认为：气态分子之间的作用，不是两个分子直接作用生成最后产物，而是活性分子先离解成自由基（游离基），然后自由基与另一分子作用产生一个新的自由基，新基又与分子反应生成另一新基……如此延续下去形成一系列的反应，直至反应物耗尽或因某种因素使链中断而造成反应终止。

链反应通常分直链反应与支链反应两种。直链反应的基本特点是：每个自由基与其他分子反应后只生成一个新自由基。氯与氢的反应就是典型的直链反应，其主要反应式如下：

$$Cl_2 + h\nu(\text{光量子的能量}) \longrightarrow 2Cl^{\cdot} \qquad \text{链的引发}$$

$$Cl^{\cdot} + H_2 \longrightarrow HCl + H^{\cdot} \qquad \text{链的发展}$$

$$H^{\cdot} + Cl_2 \longrightarrow HCl + Cl^{\cdot} \qquad \text{链的传递}$$

$$Cl^{\cdot} + H_2 \longrightarrow HCl + H^{\cdot}$$

$$H^{\cdot} + Cl_2 \longrightarrow HCl + Cl^{\cdot}$$

依次类推

$$Cl^{\cdot} + Cl^{\cdot} = Cl_2$$

$$H^{\cdot} + H^{\cdot} = H_2$$

支链反应是指在反应中一个游离基能生成一个以上的新的游离基，如氢和氧的连锁反应属于此类反应，其反应历程为

$$H_2 + O_2 = 2OH^{\cdot}$$

$$OH^{\cdot} + H_2 = H_2O + H^{\cdot}$$

链式反应一般可以分为链的引发、链的发展（含链的传递）及链的终止三个阶段。

（1）引发阶段，需有外界能量（如本例中的光子，其他加热、催化、射线照射等）使分子键破坏生成第一批自由基，使链反应开始。

（2）发展阶段，自由基很不稳定，易与反应物分子作用生成燃烧产物分子和新的自由基，使链式反应得以持续下去。

（3）终止阶段，自由基减少、消失，使链反应终止。造成自由基消失的原因有：自由基相互碰撞生成分子；自由基撞击器壁将能量散失或被吸附等。在压力较高时，以前者为主；压力较低时，则以后者为主。

二、爆炸

（一）爆炸及其分类

1. 爆炸的定义

爆炸是物质系统的一种极为迅速的物理的或化学的能量释放或转化过程，是系统蕴藏

的或瞬间形成的大量能量在有限的体积和极短的时间内，骤然释放或转化的现象。在这种释放和转化的过程中，系统的能量将转化为机械功、光和热的辐射等。

一般来说，爆炸现象具有以下特征：

（1）爆炸过程高速进行。

（2）爆炸点附近压力急剧升高，多数爆炸伴有温度升高。

（3）发出或大或小的响声。

（4）周围介质发生震动或邻近的物质遭到破坏。

爆炸最主要的特征是爆炸点及其周围压力急剧升高。

2. 爆炸的分类

1）按照爆炸的能量来源分类

按照爆炸的能量来源，爆炸可分为物理爆炸、化学爆炸和核爆炸。

（1）物理爆炸。物理爆炸是一种极为迅速的物理能量因失控而释放的过程，在此过程中，体系内的物质以极快的速度把内部所含有的能量释放出来，转变成机械能、热能等能量形态。这是一种纯物理过程，只发生物态变化，不发生化学反应。蒸汽锅炉爆炸、轮胎爆炸、水的大量急剧气化等均属于此类爆炸。

（2）化学爆炸。物质发生高速放热化学反应（主要是氧化反应及分解反应），产生大量气体，并急剧膨胀做功而形成的爆炸现象。炸药爆炸，可燃气体、可燃粉尘与空气形成的爆炸性混合物的爆炸，均属于化学爆炸。

（3）核爆炸（原子爆炸）。某些物质的原子核发生裂变或聚变反应，瞬间放出巨大能量而形成的爆炸现象。如原子弹、氢弹的爆炸。

2）按照爆炸反应相分类

按照爆炸反应相的不同，爆炸可分为气相爆炸、液相爆炸和固相爆炸。

（1）气相爆炸，包括可燃性气体和助燃性气体混合物的爆炸；气体的分解爆炸；液体被喷成雾状物在剧烈燃烧时引起的爆炸（喷雾爆炸）；飞扬悬浮于空气中的可燃粉尘引起的爆炸等。气相爆炸的分类见表4－7。

表4－7　气相爆炸类别

类别	爆炸机理	举例
混合气体爆炸	可燃性气体和助燃气体以适当的浓度混合，由于燃烧波或爆炸的传播而引起的爆炸	空气和氢气、丙烷、乙醚等混合气的爆炸
气体的分解爆炸	单一气体由于分解反应产生大量的反应热引起的爆炸	乙炔、乙烯、氯乙烯等在分解时引起的爆炸
粉尘爆炸	空气中飞散的易燃性粉尘，由于剧烈燃烧引起的爆炸	空气中飞散的铝粉、镁粉、亚麻、玉米淀粉等引起的爆炸
喷雾爆炸	空气中易燃液体被喷成雾状物，在剧烈的燃烧时引起的爆炸	油压机喷出的油雾、喷漆作业引起的爆炸

（2）液相爆炸，包括聚合爆炸、蒸发爆炸以及由不同液体混合所引起的爆炸。例如，硝酸和油脂，液氧和煤粉等混合时引起的爆炸；熔融的矿渣与水接触或钢水包与水接触时，由于过热发生快速蒸发引起的蒸汽爆炸等。液相爆炸举例见表4－8。

（3）固相爆炸，包括爆炸性化合物及其他爆炸性物质的爆炸（如乙炔铜的爆炸）；导线因电流过载，由于过热，金属迅速气化而引起的爆炸等。固相爆炸举例见表4－8。

表4－8　液相、固相爆炸类别

类别	爆炸机理	举例
混合危险物质的爆炸	氧化性物质与还原性物质或其他物质混合引起爆炸	硝酸和油脂、液氧和煤粉、高锰酸钾和浓酸、无水顺丁烯二酸和烧碱等混合时引起的爆炸
蒸气爆炸	由于过热，发生快速蒸发而引起爆炸	熔融的矿渣与水接触，钢水与水混合产生蒸气爆炸
易爆化合物的爆炸	有机过氧化物、硝基化合物、硝酸酯等燃烧引起爆炸和某些化合物的分解反应引起爆炸	丁酮过氧化物、三硝基甲苯、硝基甘油等的爆炸；乙炔铜的爆炸
导线爆炸	在有过载电流流动时，使导线过热，金属迅速气化而引起爆炸	导线因电流过载而引起的爆炸
固相转化时造成的爆炸	固相相互转化时放出热量，造成空气急速膨胀而引起爆炸	无定形锑转化成结晶锑时，由于放热而造成爆炸

3）按照爆炸速度分类

按照爆炸速度分类，有爆燃、爆炸、爆轰。

（1）爆燃（燃爆）是火炸药或燃爆性气体混合物的一种快速燃烧现象，伴有爆炸的一种以亚音速传播的燃烧波。

物质爆炸时的燃烧速度为每秒数米，爆炸时无多大破坏力，声响也不大。如无烟火药在空气中的快速燃烧，可燃气体混合物在爆炸浓度上限或下限时的爆炸即属于此类。

（2）爆炸。物质爆炸时的燃烧速度为每秒十几米至数百米，爆炸时能在爆炸点引起压力激增，有较大破坏力，有震耳的声响。可燃气体混合物在多数情况下的爆炸，以及火药遇火源引起的爆炸即属于此类。

（3）爆轰。物质爆炸时的燃烧速度为1000～7000 m/s。爆轰时的特点是突然引起极高压力，并产生超音速“冲击波”。例如，梯恩梯（TNT）炸药的爆炸速度为6800 m/s。

（二）爆炸破坏作用

1. 冲击波

爆炸形成的高温、高压、高能量密度的气体产物，以极高的速度向周围膨胀，强烈压缩周围的静止空气，使其压力、密度和温度突跃升高，像活塞运动一样推向前进，产生波状气压向四周扩散冲击。这种冲击波能造成附近建筑物的破坏，其破坏程度与冲击波能量的大小、建筑物的坚固程度及其距产生冲击波的中心距离有关。

2. 碎片冲击

爆炸的机械破坏效应会使容器、设备、装置以及建筑材料等的碎片，在相当大的范围内飞散而造成伤害。碎片的四处飞散距离一般可达数十米到数百米。

3. 震荡作用

爆炸发生时，特别是较猛烈的爆炸往往会引起短暂的地震波。例如，某市的亚麻发生麻尘爆炸时，有连续3次爆炸，结果在该市地震局的地震检测仪上，记录了在7 s之内的曲线上出现有3次高峰。在爆炸波及的范围内，这种地震波会造成建筑物的震荡、开裂、松散倒塌等危害。

4. 次生事故

发生爆炸时，如果车间、库房（如制氢车间、汽油库或其他建筑物）里存放有可燃物，会造成火灾；高空作业人员受冲击波或震荡作用，会造成高处坠落事故；粉尘作业场所轻微的爆炸冲击波会使积存在地面上的粉尘扬起，造成更大范围的二次爆炸等。

5. 有毒气体

在爆炸反应中会生成一定量的CO、NO、H_2S、SO_2等有毒气体。特别是在有限空间内发生爆炸时，有毒气体会导致人员中毒或死亡。

（三）可燃气体爆炸

1. 分解爆炸性气体爆炸

某些气体如乙炔、乙烯、环氧乙烷等，即使在没有氧气的条件下，也能被点燃爆炸，其实质是一种分解爆炸。除上述气体外，分解爆炸性气体还有臭氧、联氨、丙二烯、甲基乙炔、乙烯基乙炔、一氧化氮、二氧化氮、氰化氢、四氟乙烯等。

分解爆炸性气体在温度和压力的作用下发生分解反应时，可产生相当数量的分解热，这为爆炸提供了能量。一般说来，分解热在80 kJ/mol以上的气体，在一定条件（温度和压力）下遇火源即会发生爆炸。分解热是引起气体爆炸的内因，一定的温度和压力则是外因。

以乙炔为例，当乙炔受热或受压时，容易发生聚合、加成、取代或爆炸性分解等反应。当温度达到200～300 ℃时，乙炔分子开始发生聚合反应，形成较为复杂的化合物（如苯）并放出热量，即

$$3C_2H_2 = C_6H_6 + 630\ \mathrm{J/mol}$$

放出的热量使乙炔温度升高，又加速了聚合反应，放出更多的热量……如此循环下去，当温度达到700 ℃时，未聚合的乙炔就会发生爆炸性分解，碳与氢元素化合为乙炔时，需要吸收大量热量；当乙炔分解时，则放出这部分热量，分解时生成细微固体碳及氢气，即

$$C_2H_2 = 2C + H_2 + 226.04\ \mathrm{J/mol}$$

如果乙炔分解是在密闭容器（如乙炔储罐、乙炔发生器或乙炔瓶等）内发生的，则由于温度的升高，使压力急剧增大10～13倍而引起爆炸。由此可知，如果在此过程中能设法及时导出大量的热，则可避免分解爆炸的发生。

乙炔是常见的分解爆炸气体，因火焰、火花引起分解爆炸情况较多，也有因开关阀门所伴随的绝热压缩产生热量或其他情况下发火爆炸的案例。当乙炔压力较高时，应加入氮气等惰性气体加以稀释。此外，乙炔易与铜、银、汞等重金属反应生成爆炸性的乙炔盐，这些乙炔盐只需轻微的撞击便能发生爆炸而使乙炔着火。如某化工厂一个乙炔发生器出气

接头损坏后，焊工用紫铜做成接头使用。一次因出气孔被堵塞，工人用铁丝去捅，捅时发生爆炸，该工人当场被炸死。经调查确认事故原因是由于铁丝与接头出气孔内壁的乙炔铜相互摩擦，引起乙炔铜分解爆炸。所以，为防止乙炔分解爆炸，安全规程中规定：不能用含铜量超过 70% 的铜合金制造盛乙炔的容器；在用乙炔焊接时，不能使用含银焊条。

分解爆炸的敏感性与压力有关。分解爆炸所需的能量，随压力的升高而降低。在高压下较小的点火能量就能引起分解爆炸，而压力较低时则需要较高的点火能量才能引起分解爆炸，当压力低于某值时，就不再产生分解爆炸，此压力值称为分解爆炸的极限压力（临界压力）。

乙烯分解爆炸所需的发火能比乙炔的要大，所以低压下未曾发生过事故，但用高压法工艺制造聚乙烯时，由于压力高达 200 MPa 以上，分解爆炸事故却屡有发生。

2. 可燃性混合气体爆炸

一般说来，可燃性混合气体与爆炸性混合气体难以严格区分。由于条件不同，有时发生燃烧，有时发生爆炸，在一定条件下两者也可能转化。

燃烧与化学爆炸的区别在于燃烧反应（氧化反应）的速度不同。那么决定反应速度的条件是什么呢？

燃烧反应过程一般可以分为三个阶段：

（1）扩散阶段。可燃气分子和氧气分子分别从释放源通过扩散达到相互接触，所需时间称为扩散时间。

（2）感应阶段。可燃气分子和氧化分子接受点火源能量，离解成自由基或活性分子，所需时间称为感应时间。

（3）化学反应阶段。自由基与反应物分子相互作用，生成新的分子和新的自由基，完成燃烧反应，所需时间称为化学反应时间。

三段时间相比，扩散阶段时间远远大于其余两阶段时间，因此是否需要经历扩散过程，就成了决定可燃气体燃烧或爆炸的主要条件。

例如：煤气由管道喷出后在空气中燃烧，是典型的扩散燃烧。如图 4－3 所示，火焰的明亮层是扩散区，火焰中心发暗的锥形空间叫燃料锥。空气中的氧分子由火焰外围空间向内扩散，煤气分子由燃料锥向外扩散，煤气分子与氧分子在扩散区相遇，完成化学反应。由于化学反应速度比扩散速度快得多，没有多余的氧气分子窜入燃料管道口内，煤气分子也不能逃出扩散区而散到外部空间，所以火焰只能在管道口附近平稳燃烧。这时火焰传播速度较低，一般不到 0.5 m/s。

如果煤气和空气一定比例混合均匀，那么燃烧反应的扩散阶段在点燃前已经完成，此时整个空间充满了预混气，一遇火源，整个空间立即燃烧起来。由于反应速度很快，热量来不及散失，温度急剧上升，气体因高热而急剧膨胀，即形成爆炸。

如图 4－4 所示，爆炸时火焰传播速度每秒可达几十米至几百米。

在工业生产及日常生产中，很多爆炸事故都是由可燃气体与空气形成爆炸性混合物引起的。如可燃气体从工艺装置、设备管线泄漏到空气中，或空气渗入存有可燃气体的设备管线中，都会形成爆炸性混合物，遇到点火源就会发生爆炸事故。这类爆炸事故应当作为预防工作的重点。

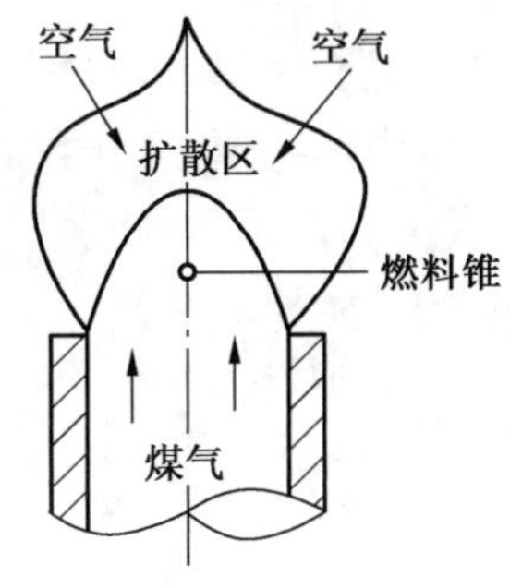

图 4－3　扩散火焰结构示意图

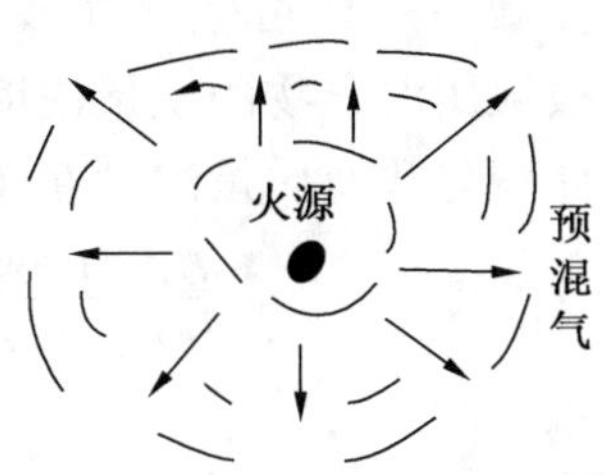

图 4－4　预混合气体爆炸示意图

3. 可燃气体爆炸反应历程

许多可燃混合气的爆炸可以用热着火机理解释，燃烧和爆炸都是可燃物与氧化剂之间的化学反应，当系统的温度升高到一定程度时，反应的速率将迅速加快，于是便引发了燃烧或爆炸。不过有一些爆炸现在用热着火理论是无法解释的，而根据着火的链式反应理论则可以给出合理的说明。至于什么情况下发生热反应，什么情况下发生链式反应，需根据具体情况而定，甚至同一爆炸性混合物在不同条件下有时也会有所不同。图 4－5 所示的是氢和氧按完全反应的浓度（$2H_2+O_2$）组成的混合气发生爆炸的温度和压力区间。

从图 4－5 中可以看出，当压力很低且温度不高时（如在温度 500 ℃和压力不超过 200 Pa 时），由于游离基很容易扩散到器壁上销毁，此时连锁中断速度超过支链产生速度，因而反应进行较慢，混合物不会发生爆炸；当温度为 500 ℃，压力升高到 200 Pa 和 6666 Pa 之间时（如图 4－5 中的 a 和 b 点之间），由于产生支链速度大于销毁速度，链反应很猛烈，就会发生爆炸；当压力继续提高，超过 b 点（大于 6666 Pa）以后，由于混合物内分子的浓度增高，容易发生链中断反应，致使游离基销毁速度又超过链产生速度，链反应速度趋于缓和，混合物又不会发生爆炸了。

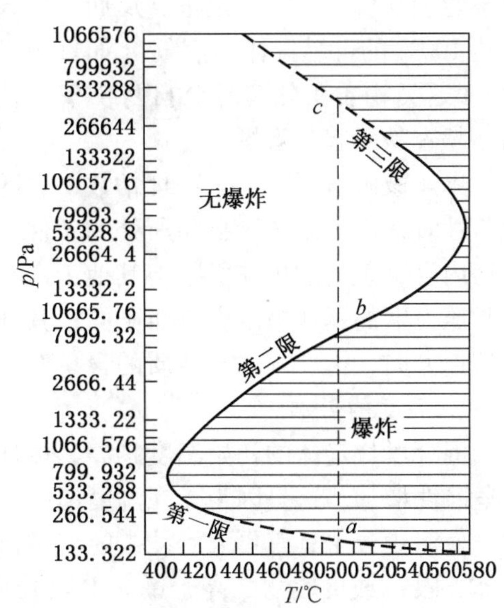

图 4－5　氢和氧混合物（2∶1）爆炸区间

图 4－5 中 a 和 b 点时的压力，即 200 Pa 和 6666 Pa，分别是混合物在 500 ℃时的爆炸低限和爆炸高限。随着温度的增加，爆炸极限会变宽。

（四）物质爆炸浓度极限

爆炸极限是表征可燃气体、蒸气和可燃粉尘危险性的主要指标之一。当可燃性气体、蒸气或可燃粉尘与空气（或氧）在一定浓度范围内均匀混合，遇到火源发生爆炸的浓度范围称为爆炸浓度极限，简称爆炸极限。

将这一浓度范围的混合气体（或粉尘）称为爆炸性混合气体（或粉尘）。可燃性气体、蒸气的爆炸极限一般用可燃气体或蒸气在混合气体中所占体积分数（%）来表示；可燃粉尘的爆炸极限用混合物的质量浓度（g/m^3）来表示。

可燃气体的体积分数及质量浓度在 20 ℃时的换算公式为

$$Y=\frac{L}{100}\times\frac{1000M}{22.4}\times\frac{273}{273+20}=L\times\frac{M}{2.4} \tag{4-1}$$

式中　L——体积分数,%；

Y——质量浓度，g/m^3；

M——可燃性气体或蒸气的相对分子质量。

能够爆炸的最低浓度称为爆炸下限；能发生爆炸的最高浓度称为爆炸上限。用爆炸上限、下限之差与爆炸下限浓度之比值表示其危险度 H，即

$$H=(L_{上}-L_{下})/L_{下}\quad 或\quad H=(Y_{上}-Y_{下})/Y_{下} \tag{4-2}$$

一般情况下，H 值越大，表示可燃性混合物的爆炸极限范围越宽，爆炸危险性越大。

可燃性气体、蒸气或粉尘爆炸极限的概念可以用热爆炸理论来解释。当可燃性气体、蒸气或粉尘的浓度小于爆炸下限时，由于在混合物中含有过量的空气，过量空气的冷却作用及可燃物浓度的不足，导致系统得热小于失热，反应不能延续下去；同样，当可燃性气体（或粉尘）的浓度大于爆炸上限时，则会有过量的可燃物，过量的可燃物不仅因缺氧而不能参与反应、放出热量，反而起冷却作用，阻止了火焰的蔓延。当然，也还有爆炸上限达 100% 的可燃气体、蒸气（如环氧乙烷、硝化甘油等）和可燃性粉尘（如火炸药粉尘）。这类物质在分解时会自身供氧，使反应持续进行下去。随着气体压力和温度的升高，越容易引起分解爆炸。

爆炸极限值不是一个物理常数，它随条件的变化而变化。在判断某工艺条件下的爆炸危险性时，需根据危险物品所处的条件来考虑其爆炸极限，如在火药、起爆药、炸药烘干工房内可燃蒸气的爆炸极限与其他工房在正常温度下的极限是不一样的，在受压容器和在正常压力下的爆炸极限亦有所不同；其他因素如点火源的能量，容器的形状、大小，火焰的传播方向，惰性气体与杂质的含量等均对爆炸极限有影响。

1. 温度的影响

混合爆炸气体的初始温度越高，爆炸极限范围越宽，则爆炸下限越低，上限越高，爆炸危险性增加。这是因为，在温度增高的情况下，活化分子增加，分子和原子的动能也增加，使活化分子具有更大的冲击能量，爆炸反应容易进行，使原来含有过量空气（低于爆炸下限）或可燃物（高于爆炸上限）而不能使火焰蔓延的混合物浓度变成可以使火焰蔓延的浓度，从而扩大了爆炸极限范围。

2. 压力的影响

混合气体的初始压力对爆炸极限的影响较复杂。一般而言，初始压力增大，气体爆炸极限也变大，爆炸危险性增加。这是因为，在高压下混合气体的分子浓度增大，反应速度加快，放热量增加，且在高气压下，气体分子间热传导性好，热损失小，有利于可燃气体的燃烧或爆炸。

值得重视的是，当混合物的初始压力减小时，爆炸极限范围缩小；当压力降到某一数值时，则会出现下限与上限重合，这就意味着初始压力再降低时，也不会使混合气体爆炸。把爆炸极限范围缩小为零的压力称为爆炸的临界压力。甲烷在3个不同的初始温度下，爆炸极限随压力下降而缩小的情况，如图4-6所示。因此，密闭设备进行减压操作对安全是有利的。

3. 惰性介质的影响

在混合气体中加入惰性气体（如氮、二氧化碳、水蒸气、氩、氦等），随着惰性气体含量的增加，爆炸极限范围缩小。当惰性气体的浓度增加到某一数值时，爆炸上下限趋于一致，使混合气体不发生爆炸。这是因为，加入惰性气体后，使可燃气体的分子和氧分子隔离，它们之间形成一层不燃烧的屏障，而当氧分子冲击惰性气体时，活化分子失去活化能，使反应键中断。若在某处已经着火，则放出热量被惰性气体吸收，火焰不能蔓延到可燃气体分子上去，可起到抑制作用。惰性气体氩、氦，阻燃性气体二氧化碳及水蒸气、四氯化碳的浓度对甲烷气体爆炸极限的影响如图4-7所示。

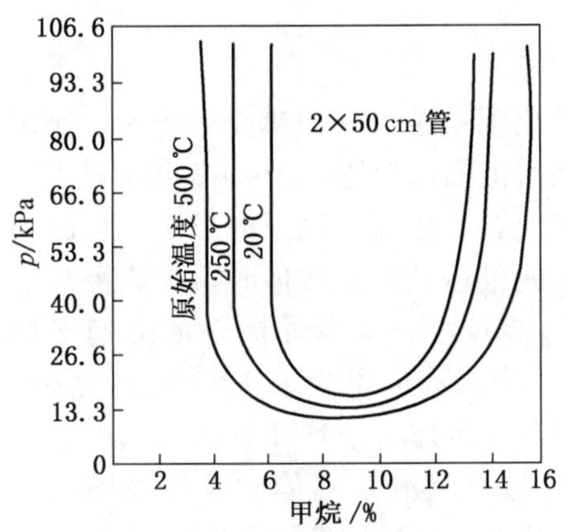

图4-6　甲烷在减压下的爆炸极限

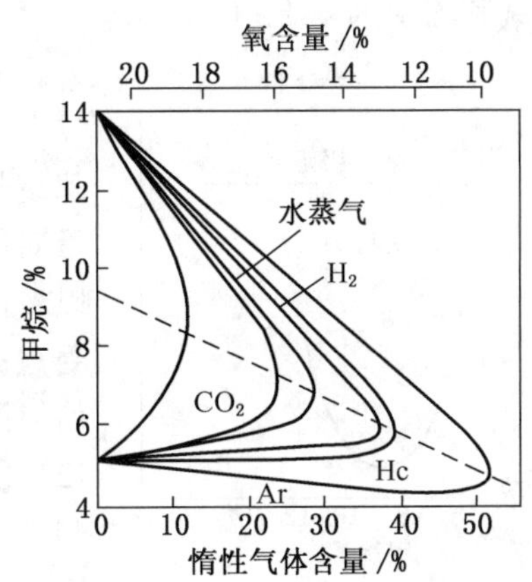

图4-7　惰性气体浓度对甲烷爆炸极限的影响

由图4-7可知，混合气体中惰性气体浓度的增加，使空气的浓度相对减少，在爆炸上限时，可燃气体浓度大，空气浓度小，混合气中氧浓度相对减少，故惰性气体更容易把氧分子和可燃气体分子隔开，对爆炸上限产生较大的影响，使爆炸上限迅速下降。同理，混合气体中氧含量的增加，爆炸极限扩大，尤其对爆炸上限提高得更多。可燃气体在空气和纯氧中的爆炸极限比较见表4-9。

表4-9　可燃气体在空气和纯氧中的爆炸极限

物质名称	在空气中的爆炸极限	在纯氧中的爆炸极限
甲烷	4.9~15	5~61
乙烷	3~15	3~66
丙烷	2.1~9.5	2.3~55

表4-9（续）

物质名称	在空气中的爆炸极限	在纯氧中的爆炸极限
丁烷	1.5~8.5	1.8~49
乙烯	2.75~34	3~80
乙炔	2.55~80	2.3~93
氢	4~75	4~95
氨	15~28	13.5~79
一氧化碳	12~74.5	15.5~94

4. 爆炸容器对爆炸极限的影响

爆炸容器的材料和尺寸对爆炸极限有影响。若容器材料的传热性好，管径越细，火焰在其中越难传播，爆炸极限范围变小。当容器直径或火焰通道小到某一数值时，火焰就不能传播下去。这一直径称为临界直径或最大灭火间距。如甲烷的临界直径为0.4～0.5 mm，氢和乙炔为0.1～0.2 mm。

5. 点火源的影响

点火源的活化能量越大、加热面积越大、作用时间越长，爆炸极限范围也越宽。图4-8所示是点火能量对甲烷与空气混合气体爆炸极限的影响。从图中可以看出，当火花能量达到某一数值时，爆炸极限范围受点火能量的影响较小，其爆炸极限范围趋于稳定值。图4-8中，当点火能量为1.0 MJ时，为6%～12%。一般情况下，爆炸极限均在较高的点火能量下测得。如测甲烷与空气混合气体的爆炸极限时，用10 J以上的点火能量，其爆炸极限为5%～15%。

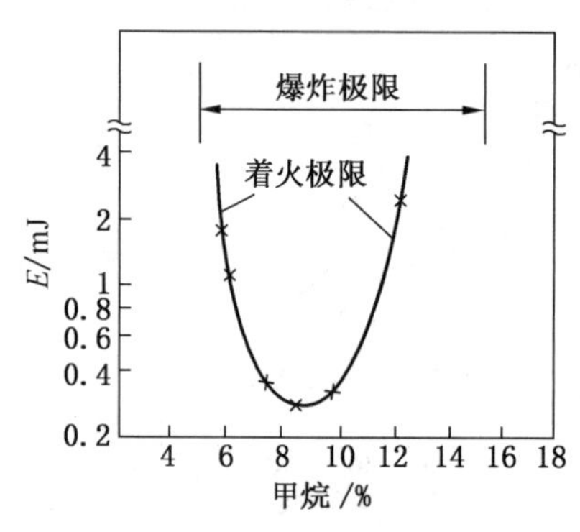

图4-8 点火能量对甲烷与空气混合气体爆炸极限的影响

（五）粉尘爆炸

当可燃性固体呈粉体状态，粒度足够细，飞扬悬浮于空气中，并达到一定浓度，在相对密闭的空间内，遇到足够的点火能量，就能发生粉尘爆炸。具有粉尘爆炸危险性的物质较多，大体可分为七类：①金属类（如镁粉、铝粉、其他金属等）；②煤炭类（如活性炭、煤等）；③粮食类（如面粉、淀粉、玉米粉、啤酒麦芽粉、麦糠、大麦粉等）；④合成材料类（如塑料、染料、合成洗剂、合成黏结剂等）；⑤饲料类（如血粉、鱼粉、饲料粉等）；⑥农副产品类（如棉花、烟草、砂糖等）；⑦林产品类（如纸粉、木粉等）。

1. 粉尘爆炸的机理

粉尘爆炸是一个瞬间的连锁反应，属于不稳定的气固二相流反应，其爆炸过程比较复杂，受诸多因素制约。所以，有关粉尘爆炸机理至今尚在不断研究和不断完善之中。

1）气相点火机理

有一种观点认为，从最初的粉尘粒子形成到发生爆炸的过程中，粉尘粒子表面通过热传导和热辐射，从火源获得能量，使表面温度急剧升高，达到粉尘粒子加速分解的温度和蒸发温度，形成粉尘蒸气或分解气体。这种气体与空气混合后就容易引起点火（气相点火），如图4－9所示。另外，粉尘粒子本身相继发生熔融气化，迸发出微小火花，成为周围未燃烧粉尘的点火源，使之着火，从而扩大了爆炸范围。这一过程与气体爆炸相比就复杂得多。

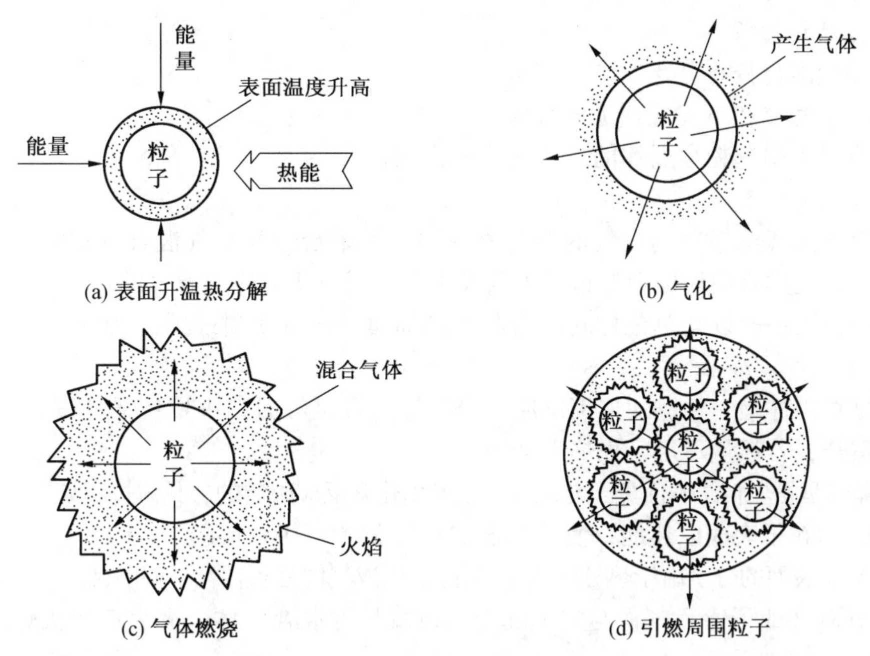

图4－9　粉尘气相点火过程示意图

2）表面非均相点火机理

该机理认为粉尘点火过程分为三个阶段：首先氧气与颗粒表面直接发生反应，使颗粒发生表面点火；其次，挥发分在粉尘颗粒周围形成气相层，阻止氧气向颗粒表面扩散；最后挥发分点火，并促使粉尘颗粒重新燃烧。因此，对于表面非均相点火过程，氧分子必须先通过扩散作用到达颗粒表面，并吸附在颗粒表面发生氧化反应，然后，反应物质离开表面扩散到周围环境中去。关于表面反应问题，目前主要存在两种观点：一种认为碳与氧反应直接生成二氧化碳；另一种则认为，在一般燃烧温度范围内（1000～2000 K），碳首先与氧气发生反应生成一氧化碳，然后扩散到周围环境中去再被氧化成二氧化碳。

2. 粉尘爆炸的特点

粉尘爆炸有以下特点：

（1）粉尘爆炸速度或爆炸压力上升速度比爆炸气体小，但燃烧时间长，产生的能量大，破坏程度大。

（2）爆炸感应期较长。粉尘的爆炸过程比气体的爆炸过程复杂，要经过尘粒的表面分解或蒸发阶段及由表面向中心燃烧的过程，所以感应期比气体长得多。

（3）有产生二次爆炸的可能性。因为粉尘初次爆炸产生的冲击波会将堆积的粉尘扬起，悬浮在空气中，在新的空间形成达到爆炸极限浓度范围内的混合物，加之外围粉尘迅速填补第一次爆炸形成的负压区，而飞散的火花和辐射热成为点火源，引起第二次爆炸。这种连续爆炸会造成严重的破坏。

（4）粉尘有不完全燃烧现象。在燃烧后的气体中含有大量的 CO 及粉尘（如塑料粉）自身分解的有毒气体，会伴随中毒死亡的事故。

3. 粉尘爆炸的条件

（1）粉尘本身具有可燃性。

（2）粉尘悬浮在空气（或助燃气体）中并达到一定浓度。

（3）有足以引起粉尘爆炸的起始能量（点火源）。

4. 粉尘爆炸过程

同可燃气体（蒸气）与空气的混合物一样，可燃粉尘与空气混合物遇点火源也可能发生爆炸，其也具有爆炸极限，包括上限及下限，但有实际应用意义的主要是下限。可燃粉尘的爆炸极限一般以其单位体积混合物中的质量（g/m^3）来表示，如铝粉在空气中的爆炸极限约为 35 g/m^3。

粉尘爆炸同样是一种链式连锁反应，当外界热量足够时，火焰传播速度将越来越快，最后引起爆炸；若热量不足，火焰则会熄灭。

粉尘爆炸是粉尘粒子表面分子与氧气分子发生化学反应引起的。具体过程如图 4－9 所示。

（1）供给粒子表面以热能，使其稳定上升，如图 4－9a 所示。

（2）粒子表面的分子由于热分解或干馏作用，生成气体分布在粒子周围，如图 4－9b 所示。

（3）分解（或干馏）气体与空气混合生成爆炸性混合气体，遇火产生火焰（发生反应），如图 4－9c 所示。

（4）由于反应产生的热，加速了粉尘粒子的分解，放出气体，与空气混合，继续发火传播……如图 4－9d 所示。

粉尘爆炸过程与可燃气爆炸相似，但有两点区别：一是粉尘爆炸所需的发火能要大得多；二是在可燃气爆炸中，促使温度上升的传热方式主要是热传导；而在粉尘爆炸中，热辐射的作用大。

5. 粉尘爆炸的特性及影响因素

评价粉尘爆炸危险性的主要特征参数是爆炸极限、最小点火能量、最低着火温度、粉尘爆炸压力及压力上升速率。

粉尘爆炸极限不是固定不变的，它的影响因素主要有粉尘粒度、分散度、湿度、点火源的性质、可燃气含量、氧含量、温度、惰性粉尘和灰分等。一般来说，粉尘粒度越细，分散度越高，可燃气体和氧的含量越大，火源强度、初始温度越高，湿度越低，惰性粉尘及灰分越少，爆炸极限范围越大，粉尘爆炸危险性也就越大。

粉尘爆炸压力及压力上升速率（dp/dt）主要受粉尘粒度、初始压力、粉尘爆炸容器、湍流度等因素的影响。粒度对粉尘爆炸压力上升速率的影响比其对粉尘爆炸压力的影响大得多。

当粉尘粒度越细，比表面越大，反应速度越快，爆炸上升速率就越大。随着初始压力的增大，对密闭容器的粉尘爆炸压力及压力上升速率也增大，当初始压力低于压力极限时（如数十毫巴），粉尘则不再可能发生爆炸。与可燃气爆炸一样，容器尺寸会对粉尘爆炸压力及压力上升速率有很大的影响。

粉尘爆炸在管道中传播碰到障碍片时，因湍流的影响，粉尘呈漩涡状态，使爆炸波阵面不断加速。当管道长度足够长时，甚至会转化为爆轰。

（六）燃烧、爆炸的转化

爆炸的最主要特征是压力的急剧上升，并不一定着火（发光、放热）；而燃烧一定有发光放热现象，但与压力无特别关系。化学爆炸，其中绝大多数是氧化反应引起的爆炸，与燃烧现象本质上都属氧化反应，也同样有温度与压力的升高现象。但两者反应速度、放热速率不同，火焰传播速度也不同，前者比后者快得多。

无论是固体或液体爆炸物，还是气体爆炸混合物，都可以在一定的条件下进行燃烧，但当条件变化时，它们又可转化为爆炸。这种转化，有时候人们要加以有益的利用，但有时候却应加以制止。

固体或液体炸药燃烧转化为爆炸的主要条件有三条：

（1）炸药处于密闭的状态下，燃烧产生的高温气体增大了压力，使燃烧转化为爆炸。

（2）燃烧面积不断扩大，使燃速加快，形成冲击波，从而使燃烧转化为爆炸。

（3）药量较大时，炸药燃烧形成的高温反应区将热量传给了尚未反应的炸药，使其余的炸药受热爆炸。

燃烧与爆炸是爆炸物具有的紧密相关的两个特性。从安全技术角度来讲，防止爆炸物发生火灾与爆炸事故就成了紧密相关的问题。一般来说，火灾与爆炸两类事故往往连续发生。大的爆炸之后常伴随有巨大的火灾；存在有爆炸物质和燃爆混合物的场所，大的火灾往往创造了爆炸的条件。因此，了解燃烧与爆炸的关系，从技术上杜绝一切由燃烧转化为爆炸的可能性，则是防火防爆技术的一个重要方面。

第二节　防火防爆技术

一、火灾爆炸预防基本原则

火灾与爆炸这两种常见灾害之间存在着紧密联系，它们经常是相伴发生的。引发火灾、爆炸事故的因素很多，一旦发生事故，后果极其严重。为确保安全生产，必须做好预防工作，消除可能引起燃烧爆炸的危险因素。从理论上讲，防止火灾爆炸事故发生的基本原则为：一是防止和限制可燃可爆系统的形成；二是当燃烧爆炸物质不可避免地出现时，要尽可能消除或隔离各类点火源；三是阻止和限制火灾爆炸的蔓延扩展，尽量降低火灾爆炸事故造成的损失。

二、点火源及其控制

工业生产过程中，存在多种引起火灾和爆炸的点火源，例如，化工企业中常见的点火源有明火、化学反应热、化工原料的分解自燃、热辐射、高温表面、摩擦和撞击、绝热压缩、电气设备及线路的过热和火花、静电放电、雷击和日光照射等。消除点火源是防火和防爆的最基本措施，控制点火源对防止火灾和爆炸事故的发生具有极其重要的意义。

（一）明火

明火是指敞开的火焰、火星和火花等，如生产过程中的加热用火、维修焊接用火及其他火源是导致火灾爆炸最常见的原因。

1. 加热用火的控制

加热易燃物料时，要尽量避免采用明火设备，而宜采用热水或其他介质间接加热，如蒸汽或密闭电气加热等加热设备，不得采用电炉、火炉、煤炉等直接加热。明火加热设备的布置，应远离可能泄漏易燃气体或蒸气的工艺设备和储罐区，并应布置在其上风向或侧风向。对于有飞溅火花的加热装置，应布置在上述设备的侧风向。如果存在一个以上的明火设备，应将其集中于装置的边缘。如必须采用明火，设备应密闭且附近不得存放可燃物质。熬炼物料时，不得装盛过满，应留出一定的空间。工作结束时，应及时清理，不得留下火种。

2. 维修焊割用火的控制

焊接切割时，飞散的火花及金属熔融碎粒滴的温度高达1500～2000 ℃，高空作业时飞散距离可达20 m。此类用火除用于正常停工、检修外，还往往被用来处理生产过程中临时堵漏，或在生产现场增加必要的设施，所以这类作业多为临时性的，容易成为起火原因。因此，在焊割时必须注意以下几点：

（1）在输送、盛装易燃物料的设备、管道上，或在可燃可爆区域内动火时，应将系统和环境进行彻底的清洗或清理。如该系统与其他设备连通时，应将相连的管道拆下断开或加堵金属盲板隔绝，再进行清洗。然后用惰性气体进行吹扫置换，气体分析合格后方可动焊。同时可燃气体应符合：爆炸下限大于4%（体积百分数）的可燃气体或蒸气，浓度应小于0.5%；爆炸下限小于4%的可燃气体或蒸气，浓度应小于0.2%的标准。

（2）动火现场应配备必要的消防器材，并将可燃物品清理干净。在可能积存可燃气体的管沟、电缆沟、深坑、下水道内及其附近，应用惰性气体吹扫干净，再用非燃体，如石棉板进行遮盖。

（3）气焊作业时，应将乙炔发生器放置在安全地点，以防回火爆炸伤人或将易燃物引燃。

（4）电杆线破残应及时更换或修理，不得利用与易燃易爆生产设备有联系的金属构件作为电焊地线，以防止在电路接触不良的地方产生高温或电火花。

3. 其他明火

存在火灾和爆炸危险的场所，如厂房、仓库、油库等地，不得使用蜡烛、火柴或普通灯具照明；汽车、拖拉机一般不允许进入，如确需进入，其排气管上应安装火花熄灭器。在有爆炸危险的车间和仓库内，禁止吸烟和携带火柴、打火机等，为此，应在醒目的地方张贴警示标记以引起注意。明火与有火灾爆炸危险的厂房和仓库相邻时，应保证足够的安全距离，如化工厂内的火炬与甲、乙、丙生产装置、油罐和隔油池应保持100 m的防火间距。

（二）摩擦和撞击

摩擦和撞击往往是可燃气体、蒸气和粉尘、爆炸物品等着火爆炸的根源之一。例如，机器轴承的摩擦发热、铁器和机件的撞击、钢铁工具的相互撞击、砂轮的摩擦等都能引起火灾；甚至铁桶容器裂开时，亦能产生火花，引起逸出的可燃气体或蒸气着火。

在易燃易爆场合应避免这种现象发生，如工人应禁止穿钉鞋，不得使用铁器制品。搬运储存可燃物体和易燃液体的金属容器时，应当用专门的运输工具，禁止在地面上滚动、拖拉或抛掷，并防止容器的互相撞击，以免产生火花，引起燃烧或容器爆裂造成事故。吊装可燃易爆物料用的起重设备和工具，应经常检查，防止吊绳等断裂下坠发生危险。如果机器设备不能用不发生火花的各种金属制造，应当使其在真空中或惰性气体中操作。

在有爆炸危险的生产中，机件的运转部分应该用两种材料制作，其中之一是不发生火花的有色金属材料（如铜、铝）。机器的轴承等转动部分，应该有良好的润滑，并经常清除附着的可燃物污垢。敲打工具应用铍铜合金或包铜的钢制作。地面应铺沥青、菱苦土等较软的材料。输送可燃气体或易燃液体的管道应做耐压试验和气密性检查，以防止管道破裂、接口松脱而跑漏物料，引起着火。

（三）电气设备

详见本书第二章。

（四）静电和雷电放电

详见本书第二章。

（五）化学能和太阳能

有些物质在常温下能与空气发生氧化反应放出热量而引起自燃，因此，应保存在水中（液封），避免与空气接触；有些物质与水作用能够分解放出可燃气体，如电石与水作用可分解放出乙炔气体，金属钠与水作用分解放出氢气，五硫化磷与水作用分解放出硫化氢等，这类物质应特别注意采用防潮措施；有的物质受热升温能分解放出具有催化作用的气体，如硝化棉、赛璐珞等受热能放出氧化氮和热量，氧化氮对其进一步分解有催化作用，以至发生燃烧和爆炸。对上述各类物质要特别注意防热、通风。直射的太阳光通过凸透镜、圆形玻璃瓶、有气泡的玻璃等会聚焦形成高温焦点，能点燃易燃易爆物质。有爆炸危险的厂房和库房必须采取遮阳措施，窗户采用磨砂玻璃，以避免形成点火源。

三、爆炸控制

爆炸造成的后果大多非常严重。在化工生产作业中，爆炸的压力和火灾的蔓延不仅会使生产设备遭受损失，而且使建筑物破坏，甚至致人死亡。因此，科学防爆是非常重要的一项工作。防止爆炸的一般原则：一是控制混合气体中的可燃物含量处在爆炸极限以外；二是使用惰性气体取代空气；三是使氧气浓度处于其极限值以下。为此，应防止可燃气向空气中泄漏，或防止空气进入可燃气体中；控制、监视混合气体各组分浓度；装设报警装置和设施。

在生产过程中，应根据可燃易燃物质的燃烧爆炸特性，以及生产工艺和设备等条件，采取有效措施，预防在设备和系统里或在其周围形成爆炸性混合物。这类措施主要有设备密闭、厂房通风、惰性介质保护、以不燃溶剂代替可燃溶剂、危险物品隔离储存等。

1. 惰性气体保护

由于爆炸的形成需要有可燃物质、氧气以及一定的点火能量，用惰性气体取代空气，避免空气中的氧气进入系统，就消除了引发爆炸的一大因素，从而使爆炸过程不能形成。

在化工生产中，采取的惰性气体（或阻燃性气体）主要有氮气、二氧化碳、水蒸气、烟道气等。以下情况通常需考虑采用惰性介质保护：

（1）可燃固体物质的粉碎、筛选处理及其粉末输送时，采用惰性气体进行覆盖保护。

（2）处理可燃易爆的物料系统，在进料前用惰性气体进行置换，以排除系统中原有的气体，防止形成爆炸性混合物。

（3）将惰性气体通过管线与火灾爆炸危险的设备、储槽等连接起来，在万一发生危险时使用。

（4）易燃液体利用惰性气体充压输送。

（5）在有爆炸性危险的生产场所，对有可能引起火灾危险的电器、仪表等采用充氮正压保护。

（6）易燃易爆系统检修动火前，使用惰性气体进行吹扫置换。

（7）发现易燃易爆气体泄漏时，采用惰性气体冲淡；发生火灾时，用惰性气体进行灭火。

向可燃气体、蒸气或粉尘与空气的混合物中加入惰性气体，可以达到两种效果，一是缩小甚至消除爆炸极限范围，二是将混合物冲淡。例如，易燃固体物质的压碎、研磨、筛分、混合以及粉状物料的输送，可以在惰性气体的覆盖下进行；当厂房内充满可燃性物质而具有危险时（如发生事故使车间、库房充满有爆炸危险的气体或蒸气），应向这一地区放送大量惰性气体加以冲淡；在生产条件允许的情况下，可燃混合物在处理过程中亦应加入惰性气体作为保护气体；还有用惰性介质充填非防爆电气、仪表；在停车检修或开工生产前，用惰性气体吹扫设备系统内的可燃物质等。总之，合理利用惰性气体，对防火防爆具有很大的实际作用。采用烟道气时应经过冷却，并除去氧及残余的可燃组分。氮气等惰性气体在使用前应经过气体分析，其中含氧量不得超过2%。

惰性气体的需用量取决于允许的最高含氧量（氧限值）。可燃物质与空气的混合物中加入氮或二氧化碳，成为无爆炸性混合物时氧的浓度，见表4－10。

表4－10　可燃混合物不发生爆炸时氧的最高含量

可燃物质	氧的最大安全浓度/%		可燃物质	氧的最大安全浓度/%	
	CO_2 稀释剂	N_2 稀释剂		CO_2 稀释剂	N_2 稀释剂
甲烷	14.6	12.1	丁二烯	13.9	10.4
乙烷	13.4	11.0	氢	5.9	5.0
丙烷	14.3	11.4	一氧化碳	5.9	5.6
丁烷	14.5	12.1	丙酮	15	13.5
戊烷	14.4	12.1	苯	13.9	11.2
己烷	14.5	11.9	煤粉	16	
汽油	14.4	11.6	麦粉	12	
乙烯	11.7	10.6	硬橡胶粉	13	
丙烯	14.1	11.5	硫	11	

惰性气体的需用量，可根据表 4－10 中的数值用下列公式计算：

$$X=\frac{21-\omega_0}{\omega_0}V \tag{4-3}$$

式中　X——惰性气体的需用量，L；

ω_0——从表 4－10 中查得的最高含氧量，%；

V——设备内原有空气容积（即空气总量，其中氧占 21 %）。

例如，假若氧的最高含量为 12%，设备内原有空气容积为 100 L，则 $X=\frac{21-12}{12}\times100=75(\text{L})$。这就是说，必须向空气容积为 100 L 的设备输入 75 L 的惰性气体，然后才能进行操作。而且在操作中每输入或渗入 100 L 的空气，必须同时输入 75 L 的惰性气体，才能保证安全。

必须指出，以上计算的惰性气体是不含有氧和其他可燃物的，如使用的惰性气体中含有氧，则惰性气体的用量用下式计算：

$$X=\left(\frac{21-\omega_0}{\omega_0-\omega_0'}\right)V \tag{4-4}$$

式中　ω_0'——惰性气体中的含氧量百分比。

例如，在前述条件下，若所加入的惰性气体中含氧 6%，则

$$X=\left(\frac{21-12}{12-6}\right)\times100=150(\text{L})$$

在向有爆炸危险的气体或蒸气中加入惰性气体时，应避免惰性气体的漏失以及空气的渗入。

2. 系统密闭和正压操作

装盛可燃易爆介质的设备和管路，如果气密性不好，就会由于介质的流动性和扩散性，造成跑、冒、滴、漏现象，逸出的可燃易爆物质，在设备和管路周围空间形成爆炸性混合物。同样道理，当设备或系统处于负压状态时，空气就会渗入，使设备或系统内部形成爆炸性混合物。设备密闭不良是发生火灾和爆炸事故的主要原因之一。

容易发生可燃易燃物质泄漏的部位主要有设备的转轴与壳体或墙体的密封处，设备的各种孔（人孔、手孔、清扫孔）盖及封头盖与主体的连接处，以及设备与管道、管件的各个连接处等。

为保证设备和系统的密闭性，在验收新设备时，在设备修理之后及在使用过程中，必须根据压力计的读数用水压试验来检查其密闭性，测定其是否漏气并进行气体分析。此外，可于接缝处涂抹肥皂液进行充气检测。为了检查无味气体（氢、甲烷等）是否漏出，可在其中加入显味剂（硫醇、氨等）。

当设备内部充满易爆物质时，要采用正压操作，以防外部空气渗入设备内。设备内的压力必须加以控制，不能高于或低于额定的数值。压力过高，轻则渗漏加剧，重则破裂导致大量可燃物质排出；压力过低，就有渗入空气、发生爆炸的可能。通常可设置压力报警器，在设备内压力失常时及时报警。

对爆炸危险度大的可燃气体（如乙炔、氢气等）以及危险设备和系统，在连接处应

尽量采用焊接接头，减少法兰连接。

3. 厂房通风

要使设备达到绝对密闭是很难办到的，总会有一些可燃气体、蒸气或粉尘从设备系统中泄漏出来，而且生产过程中某些工艺（如喷漆）会大量释放可燃性物质。因此，必须用通风的方法使可燃气体、蒸气或粉尘的浓度不致达到危险的程度，一般应控制在爆炸下限1/5以下。如果挥发物既有爆炸性又对人体有害，其浓度应同时控制到满足《工业企业设计卫生标准》的要求。

在设计通风系统时，应考虑到气体的相对密度。某些比空气重的可燃气体或蒸气，即使是少量物质，如果在地沟等低洼地带积聚，也可能达到爆炸极限。此时，车间或厂房的下部亦应设通风口，使可燃易爆物质及时排出。从车间排出含有可燃物质的空气时，应设防爆的通风系统，鼓风机的叶片应采用碰击时不会产生火花的材料制造，通风管内应设有防火遮板，使一处失火时迅速隔断管路，避免波及他处。

4. 以不燃溶剂代替可燃溶剂

以不燃或难燃的材料代替可燃或易燃材料，是防火与防爆的根本性措施。因此，在满足生产工艺要求的条件下，应当尽可能地用不燃溶剂或火灾危险性小的物质代替易燃溶剂或火灾危险性较大的物质，这样可防止形成爆炸性混合物，为生产创造更为安全的条件。常用的不燃溶剂主要有甲烷和乙烷的氯衍生物，如四氯化碳、三氯甲烷和三氯乙烷等。使用汽油、丙酮、乙醇等易燃溶剂的生产，可以用四氯化碳、三氯乙烷或丁醇、氯苯等不燃溶剂或危险性较低的溶剂代替。又如四氯化碳用于代替溶解脂肪、沥青、橡胶等所采用的易燃溶剂。但这类不燃溶剂具有毒性，在发生火灾时能分解放出光气，因此应采取相应的安全措施。例如，为避免泄漏，必须保证设备的气密性，严格控制室内的蒸气浓度，使之不得超过卫生标准规定的浓度等。

5. 危险物品的储存

性质相互抵触的危险化学物品如果储存不当，往往会酿成严重的事故。例如，无机酸本身不可燃，但与可燃物质相遇能引起着火及爆炸；铝酸盐与可燃的金属相混时能使金属着火或爆炸；松节油、磷及金属粉末在卤素中能自行着火等。由于各种危险化学品的性质不同，因此，储存条件也不相同。为防止不同性质物品在储存中相互接触而引起火灾和爆炸事故，禁止一起储存的物品见表4－11。

表4－11 禁止一起储存的物品

组别	物品名称	禁止储存的物品	备注
1	爆炸物品： 苦味酸、梯恩梯、硝化棉、硝化甘油、硝铵炸药、雷汞等	不准与任何其他类的物品共储，必须单独隔离储存	起爆药、雷管与炸药必须隔离储存
2	易燃液体： 汽油、苯、二硫化碳、丙酮、乙醚、甲苯、酒精、硝基漆、煤油	不准与其他种类物品共同储存	如数量甚少，允许与固体易燃物品隔开后存放

表 4－11（续）

组别	物品名称	禁止储存的物品	备注
3	易燃气体： 乙炔、氢、氯化甲烷、硫化氢、氨等	除惰性气体外，不准和其他种类的物品共储	
	惰性气体： 氮、二氧化碳、二氧化硫、氟利昂等	除易燃气体、助燃气体、氧化剂和有毒物品外，不准和其他种类物品共储	
	助燃气体： 氧、氟、氯等	除惰性气体和有毒物品外，不准和其他物品共储	氯兼有毒害性
4	遇水或空气能自燃的物品： 钾、钠、电石、磷化钙、锌粉、铝粉、黄磷等	不准与其他种类的物品共储	钾、钠须浸入石油中，黄磷浸入水中，均单独储存
5	易燃固体： 赛璐珞、电影胶片、赤磷、萘、樟脑、硫黄、火柴等	不准与其他种类的物品共储	赛璐珞、胶片、火柴均须单独隔离储存
6	氧化剂： 能形成爆炸混合物物品、氯酸钾、氯酸钠、硝酸钾、硝酸钠、硝酸钡、次硝酸钙、亚硝酸钠、过氧化钠、过氧化氢（30%）等	除惰性气体外，不准与其他种类的物品共储	过氧化物遇水有发热爆炸危险，应单独储存 过氧化氢应储存在阴凉处所
	能引起燃烧的物品： 溴、硝酸、铬酸、高锰酸钾、重硝酸钾	不准与其他种类的物品共储	与氧化剂亦应隔离
7	有毒物品： 光气、三氧化二砷、氰化钾、氰化钠等	除惰性气体外，不准与其他种类的物品共储	

四、防火防爆安全装置及技术

为防止火灾爆炸的发生，阻止其扩展和减少破坏，已研制出许多防火防爆和防止火焰、爆炸扩展的安全装置，并在实际生产中广泛使用，取得了良好的安全效果。防火防爆安全装置可以分为阻火隔爆装置与防爆泄压装置两大类。

（一）阻火及隔爆技术

阻火隔爆是通过某些隔离措施防止外部火焰蹿入存有可燃爆炸物料的系统、设备、容器及管道内，或者阻止火焰在系统、设备、容器及管道之间蔓延。按照作用机理，可分为机械隔爆和化学抑爆两类。机械隔爆是依靠某些固体或液体物质阻隔火焰的传播；化学抑爆主要是通过释放某些化学物质来抑制火焰的传播。

机械阻火隔爆装置主要有工业阻火器、主动式隔爆装置和被动式隔爆装置等。其中工业阻火器装于管道中，形式最多，应用也最为广泛。

1. 工业阻火器

工业阻火器分为机械阻火器、液封和料封阻火器。工业阻火器常用于阻止爆炸初期火焰的蔓延。一些具有复合结构的机械阻火器也可阻止爆轰火焰的传播。

2. 主动式隔爆装置和被动式隔爆装置

主动式、被动式隔爆装置是靠装置某一元件的动作来阻隔火焰，这与工业阻火器靠本身的物理特性来阻火是不同的。工业阻火器在工业生产过程中时刻都在起作用，对流体介质的阻力较大，而主动式、被动式隔爆装置只是在爆炸发生时才起作用，因此它们在不动作时对流体介质的阻力小，有些隔爆装置甚至不会产生任何压力损失。另外，工业阻火器对于纯气体介质才是有效的，对气体中含有杂质（如粉尘、易凝物等）的输送管道，应当选用主动式、被动式隔爆装置为宜。

主动式（监控式）隔爆装置由一灵敏的传感器探测爆炸信号，经放大后输出给执行机构，控制隔爆装置喷洒抑爆剂或关闭阀门，从而阻隔爆炸火焰的传播。

被动式隔爆装置主要有自动断路阀、管道换向隔爆等形式，是由爆炸波推动隔爆装置的阀门或闸门来阻隔火焰。

3. 其他阻火隔爆装置

1） 单向阀

单向阀又称止逆阀，止回阀。它的作用是仅允许液体（气体或液体）向一个方向流动，遇到倒流时即自行关闭，从而避免在燃气或燃油系统中发生液体倒流，或高压窜入低压造成容器管道的爆裂，或发生回火时火焰倒吸和蔓延等事故。

在工业生产上，通常在系统中流体的进口和出口之间，与燃气或燃油管道及设备相连接的辅助管线上，高压与低压系统之间的低压系统上，或压缩机与油泵的出口管线上安置单向阀。生产中用的单向阀有升降式、摇板式、球式等几种。

2） 阻火阀门

阻火阀门是为了阻止火焰沿通风管道或生产管道蔓延而设置的阻火装置。在正常情况下，阻火阀门受环状或者条状的易熔金属的控制，处于开启状态。一旦着火，温度升高，易熔金属即会熔化，此时阀门失去控制，受重力作用自动关闭，将火阻断在阀门一边。易熔金属元件通常由铋、铅、锡、汞等金属按一定比例组成的低熔点金属制成。由于赛璐珞、尼龙、塑料等有机材料在高温时也容易燃烧或者失去强度，所以也有用这类材料代替易熔合金来控制阻火阀门。

3） 火星熄灭器（防火罩、防火帽）

由烟道或车辆尾气排放管飞出的火星也可能引起火灾。因此，通常在可能产生火星设备的排放系统，如加热炉的烟道，汽车、拖拉机的尾气排放管等，安装火星熄灭器，用以防止飞出的火星引燃可燃物料。

火星熄灭器熄火的基本方法主要有以下几种：

（1） 当烟气由管径较小的管道进入管径较大的火星熄灭器中，气流由小容积进入大容积，致使流速减慢、压力降低，烟气中携带的体积、质量较大的火星就会沉降下来，不会从烟道飞出。

（2）在火星熄灭器中设置网格等障碍物，将较大、较重的火星挡住；或者采用设置旋转叶轮等方法改变烟气流动方向，增加烟气所走的路程，以加速火星的熄灭或沉降。

（3）用喷水或通水蒸气的方法熄灭火星。

4. 化学抑制防爆（简称化学抑爆、抑制防爆）装置

化学抑爆是在火焰传播显著加速的初期通过喷洒抑爆剂来抑制爆炸的作用范围及猛烈程度的一种防爆技术。它可用于装有气相氧化剂中可能发生爆燃的气体、油雾或粉尘的任何密闭设备。例如：加工设备（如反应容器、混合器、搅拌器、研磨机、干燥器、过滤器及除尘器等）、储藏设备（如常压或低压罐、高压罐等）、装卸设备（如气动输送机、螺旋输送机、斗式提升机等）、试验室和中间试验厂的设备（如通风柜、试验台等）以及可燃粉尘气力输送系统的管道等。

爆炸抑制系统主要由爆炸探测器、爆炸抑制器和控制器三部分组成。其作用原理是：高灵敏度的爆炸探测器探测到爆炸发生瞬间的危险信号后，通过控制器启动爆炸抑制器，迅速将抑爆剂喷入被保护的设备中，将火焰扑灭从而抑制爆炸进一步发展。

化学抑爆技术可以避免有毒或易燃易爆物料以及灼热物料、明火等窜出设备，对设备强度的要求较低。适用于泄爆易产生二次爆炸，或无法开设泄爆口的设备以及所处位置不利于泄爆的设备。常用的抑爆剂有化学粉末、水、卤代烷和混合抑爆剂等。

（二）防爆泄压技术

生产系统内一旦发生爆炸或压力骤增时，可通过防爆泄压设施或装置将超高压力释放出去，以减少巨大压力对设备、系统的破坏或者减少事故损失。防爆泄压装置主要有安全阀、爆破片、泄爆设施等。

1. 安全阀

安全阀的作用是为了防止设备和容器内压力过高而爆炸，包括防止物理性爆炸（如锅炉、蒸馏塔等的爆炸）和化学性爆炸（如乙炔发生器的乙炔受压分解爆炸等）。当容器和设备内的压力升高超过安全规定的限度时，安全阀即自动开启，泄出部分介质，降低压力至安全范围内再自动关闭，从而实现设备和容器内压力的自动控制，防止设备和容器的破裂爆炸。安全阀在泄出气体或蒸气时，产生动力声响，还可起到报警的作用。

安全阀按其结构和作用原理可分为杠杆式、弹簧式和脉冲式等。按气体排放方式分为全封闭式、半封闭式和敞开式三种。安全阀的分类、作用原理、结构特点及适用范围见表4－12。

设置安全阀时应注意以下几点：

（1）新装安全阀，应有产品合格证；安装前应由安装单位继续复校后加铅封，并出具安全阀校验报告。

（2）当安全阀的入口处装有隔断阀时，隔断阀必须保持常开状态并加铅封。

（3）压力容器的安全阀最好直接装设在容器本体上。液化气体容器上的安全阀应安装于气相部分，防止排出液体物料，发生事故。

（4）如安全阀用于排泄可燃气体，直接排入大气，则必须引至远离明火或易燃物，而且通风良好的地方，排放管必须逐段用导线接地以消除静电作用。如果可燃气体的温度高于它的自燃点，应考虑防火措施或将气体冷却后再排入大气。

表4-12　安全阀的分类、作用原理、结构特点及适用范围

分类方式	类别	作用原理	结构特点及适用范围
按整体结构及加载方式分	杠杆式	利用加载机构（重锤和杠杆）来平衡介质作用在阀瓣上的力	加载机构中重锤质量和位置的变化可以获得较大的开启或关闭力，调整容易而且较正确
			所加载不因阀瓣的升高而增加
			加载机构对振动敏感，常因振动产生泄漏
			结构简单但笨重，限于中、低压系统
			适于温度较高的系统
			不适于持续运行的系统
	弹簧式	利用压缩弹簧的力来平衡介质作用在阀瓣上的力	通过调整螺母来调整弹簧压缩量，从而按需要来校正安全阀的开启压力
			弹簧力随阀的开启高度而变化，不利于阀的迅速开启
			结构紧凑，灵敏度较高，安装位置无严格限制，应用广泛
			对振动的敏感性小，可用于移动式的压力容器
			长期高温会影响弹簧力，不适用于高温系统
	脉冲式	通过辅阀上的加载机构（杠杆式或弹簧式）动作产生的脉冲作用带动主阀动作	结构复杂，通常只使用于安全泄放量很大的系统或者用于高压系统
按气体排放方式分	全封闭式		排出的气体全部通过排放管排放，介质不外泄，主要用于存有有毒或易燃气体的系统
	半封闭式		排出的气体部分通过排放管排放，其他部分从阀盖或阀杆之间的空隙漏出，多用于存有对环境无害气体的系统
	敞开式		没有安装排气管的连接结构，排出的气体从安全阀出口直接排到大气中。多用于存有压缩空气、水蒸气的系统

（5）安全阀用于泄放可燃液体时，宜将排泄管接入事故储槽、污油罐或其他容器；用于泄放高温油气或易燃、可燃气体等遇空气可能立即着火的物质时，宜接入密闭系统的放空塔或事故储槽。

（6）一般安全阀可放空，但要考虑放空口的高度及方向的安全性。室内的设备，如蒸馏塔、可燃气体压缩机的安全阀、放空口宜引出房顶，并高于房顶2 m以上。

2. 爆破片

爆破片（又称防爆膜、防爆片）是一种断裂型的安全泄压装置，当设备、容器及系统因某种原因压力超标时，爆破片即被破坏，使过高的压力泄放出来，以防止设备、容器及系统受到破坏。爆破片与安全阀的作用基本相同，但安全阀可根据压力自行开关，如一次因压力过高开启泄放后，待压力正常即可自行关闭；而爆破片的使用是一次性的，若被破坏，需重新安装。

爆破片的另一个作用是，如果压力容器的介质不洁净、易于结晶或聚合，这些杂质或结晶体有可能堵塞安全阀，使得阀门不能按规定的压力开启，失去了安全阀泄压作用，在

此情况下就只得用爆破片作为泄压装置。此外，对于工作介质为剧毒气体或可燃气体（蒸气）里含有剧毒气体的压力容器，其泄压装置应采用爆破片而不宜用安全阀，以免污染环境。因为对于安全阀来说，微量的泄漏是难免的。

爆破片的防爆效率取决于它的厚度、泄压面积和膜片材料的选择。

设备和容器运行时，爆破片需长期承受工作压力、温度或腐蚀，还要保证设备的气密性，而且遇到爆炸增压时必须立刻破裂。这就要求泄压膜材料要有一定的强度，以承受工作压力；有良好的耐热、耐腐蚀性；同时还应具有脆性，当受到爆炸波冲击时，易于破裂；厚度要尽可能薄，但气密性要好。

正常工作时操作压力较低或没有压力的系统，可选用石棉、塑料、橡皮或玻璃等材质的爆破片；操作压力较高的系统可选用铝、铜等材质；微负压操作时可选用 2 ~ 3 mm 厚的橡胶板。应特别注意的是，由于钢、铁片破裂时可能产生火花，存有燃爆性气体的系统不宜选其作爆破片。在存有腐蚀性介质的系统，为防止腐蚀，可在爆破片上涂一层防腐剂。

爆破片应有足够的泄压面积，以保证膜片破裂时能及时泄放容器内的压力，防止压力迅速增加而致容器发生爆炸。一般按 1 m^3 容积取 0.035 ~ 0.18 m^2，但对氢和乙炔的设备则应大于 0.4 m^2。

爆破片爆破压力的选定，一般为设备、容器及系统最高工作压力的 1.15 ~ 1.3 倍。压力波动幅度较大的系统，其比值还可增大。但是任何情况下，爆破片的爆破压力均应低于系统的设计压力。

爆破片一定要选用有生产许可证单位制造的合格产品，安装要可靠，表面不得有油污；运行中应经常检查法兰连接处有无泄漏；爆破片一般 6 ~ 12 个月更换一次。此外，如果在系统超压后未破裂的爆破片以及正常运行中有明显变形的爆破片应立即更换。

凡有重大爆炸危险性的设备、容器及管道，都应安装爆破片（如气体氧化塔、球磨机、进焦煤炉的气体管道、乙炔发生器等）。

3. 泄爆设施

有爆炸危险的厂房或厂房内有爆炸危险的部位应设置泄压设施。

（1）泄压设施宜采用轻质屋面板、轻质墙体和易于泄压的门、窗等，应采用安全玻璃等在爆炸时不产生尖锐碎片的材料。

（2）泄压设施的设置应避开人员密集场所和主要交通道路，并宜靠近有爆炸危险的部位。

（3）作为泄压设施的轻质屋面板和墙体的质量不宜大于 60 kg/m^2。

（4）屋顶上的泄压设施应采取防冰雪积聚措施。

（5）厂房的泄压面积 A 宜按下式计算，但当厂房的长径比大于 3 时，宜将建筑划分为长径比不大于 3 的多个计算段，各计算段中的公共截面不得作为泄压面积：

$$A = 10CV^{2/3}$$

式中　A——泄压面积，m^2；

V——厂房的容机，m^3；

C——泄压比，可按厂房内爆炸性危险物质的类别选取（见 GB 50016 中表 3.6.4），m^2/m^3。

第三节 烟花爆竹安全技术

一、概述

（一）烟花爆竹的定义

烟花爆竹是以烟火药为主要原料，经过工艺制作，引燃后通过燃烧或爆炸，产生光、声、色、形、烟雾等效果，用于观赏，具有易燃易爆危险的物品。

（二）烟花爆竹的组成、性质及产品分类与分级

1. 烟花爆竹的组成

烟火药最基本的组成是氧化剂和还原剂。氧化剂提供燃烧反应时所需要的氧，还原剂提供燃烧反应所需的热。但仅有单一的氧化剂和还原剂组成的二元混合物，很难获得理想的烟火效应。因此，实际应用的烟火药除氧化剂和还原剂外，还包括黏合剂、添加剂（如火焰着色剂、惰性添加剂）等。

1）氧化剂

常用的氧化剂包括：高氯酸钾、硝酸钾、硝酸钡、硝酸锶、四氧化三铅等。

2）还原剂

常用的还原剂包括：镁铝合金粉、铝粉、钛粉、铝渣、铁粉、木炭、硫黄、苯甲酸钾、苯二甲酸氢钾等。

3）黏合剂

常用的黏合剂包括：酚醛树脂（简称树脂、PF）、淀粉（包括江米粉、糯米粉、小麦粉等）、虫胶（又名柒片、洋干漆、紫胶）、聚乙烯醇（简称 PVA）、硝化棉、单基火药、硝基漆、桃胶、糊精。

4）添加剂

常用的添加剂包括：草酸钠、氟铝酸钠、氟硅酸钠、硫酸钡、碳酸锶、硫酸锶、碱式碳酸铜、聚氯乙烯、六氯代苯、六氯乙烷、氯化橡胶、珍珠岩粉、木炭、纸屑、稻壳、棉籽皮、锯末、香料、石蜡（又名矿蜡、白蜡）、硬脂酸（化学名十八烷酸）、各种香料、AQ－888 烟花增效剂等。

2. 烟花爆竹的特性

烟花爆竹的组成决定了它具有燃烧和爆炸的特性。其主要特性如下：

1）能量特征

它是标志火药做功能力的参量，一般是指 1 kg 火药燃烧时气体产物所做的功。

2）燃烧特性

它标志火药能量释放的能力，主要取决于火药的燃烧速率和燃烧表面积。燃烧速率与火药的组成和物理结构有关，还随初始温度和工作压力的升高而增大。加入增速剂、嵌入金属丝或将火药制成多孔状，均可提高燃烧速率。加入降速剂，可降低燃烧速率。燃烧表面积主要取决于火药的几何形状、尺寸和对表面积的处理情况。

3）力学特性

它是指火药要具有相应的强度，满足在高温下保持不变形、低温下不变脆，能承受在使用和处理时可能出现的各种力的作用，以保证稳定燃烧。

4）安全性

由于火药在特定的条件下能发生燃烧、爆炸，甚至爆轰，所以要求在配方设计时必须考虑火药在生产、使用和运输过程中安全可靠。

3. 产品类别

《烟花爆竹　安全与质量》(GB 10631）明确了烟花爆竹产品类别，根据结构与组成、燃放运动轨迹及燃放效果，烟花爆竹产品的类别可分为以下九大类和若干小类，产品类别及定义见表4－13。

表4－13　产品类别及定义

序号	产品大类	产品大类定义	产品小类	产品小类定义
1	爆竹类	燃放时主体爆炸（主体筒体破碎或者爆裂）但不升空，产生爆炸声音、闪光等效果，以听觉效果为主的产品	黑药炮	以黑火药为爆响药的爆竹
			白药炮	以高氯酸盐或其他氧化剂并含有金属粉成分为爆响药的爆竹
2	喷花类	燃放时以直向喷射火苗、火花、响声（响珠）为主的产品	地面（水上）喷花	固定放置在地面（或者水面）上燃放的喷花类产品
			手持（插入）喷花	手持或插入某种装置上燃放的喷花类产品
3	旋转类	燃放时主体自身旋转但不升空的产品	有固定轴旋转烟花	产品设置有固定旋转轴的部件，燃放时以此部件为中心旋转，产生旋转效果的旋转类产品
			无固定轴旋转烟花	产品无固定轴，燃放时无固定轴而旋转的旋转类产品
4	升空类	燃放时主体定向或旋转升空的产品	火箭	产品安装有定向装置，起到稳定方向作用的升空类产品
			双响	圆柱型筒体内分别装填发射药和爆响药，点燃发射竖直升空（产生第一声爆响），在空中产生第二声爆响（可伴有其他效果）的升空类产品
			旋转升空烟花	燃放时自身旋转升空的产品
5	吐珠类	燃放时从同一筒体内有规律地发射出（药粒或药柱）彩珠、彩花、声响等效果的产品		
6	玩具类	形式多样、运动范围相对较小的低空产品，燃放时产生火花、烟雾、爆响等效果，有玩具造型、线香型、摩擦型、烟雾型产品等	玩具造型	产品外壳制成各种形状，燃放时或燃放后能模仿所造形象或动作；或产品外表无造型，但燃放时或燃放后能产生某种形象的产品
			线香型	将烟火药涂敷在金属丝、木杆、竹竿、纸条上，或将烟火药包裹在能形成线状可燃的载体内，燃烧时产生声、光、色、形效果的产品
			烟雾型	燃放时以产生烟雾效果为主的产品
			摩擦型	用撞击、摩擦等方式直接引燃引爆主体的产品

表 4－13（续）

序号	产品大类	产品大类定义	产品小类	产品小类定义
7	礼花类	燃放时弹体、效果件从发射筒（单筒，含专用发射筒）发射到高空或水域后能爆发出各种光色、花型图案或其他效果的产品	小礼花	发射筒内径<76 mm，筒体内发射出单个或多个效果部件，在空中或水域产生各种花型、图案等效果。可分为裸药型、非裸药型；可发射单发、多发
			礼花弹	弹体或效果件从专用发射筒（发射筒内径≥76 mm）发射到空中或水域产生各种花型图案等效果。可分为药粒型（花束）、圆柱型、球型
8	架子烟花类	以悬挂形式固在架子装置上燃放的产品，燃放时以喷射火苗、火花，形成字幕、图案、瀑布、人物、山水等画面。分为瀑布、字幕、图案等		
9	组合烟花类	由两个或两个以上小礼花、喷花、吐珠同类或不同类烟花组合而成的产品	同类组合烟花	限由小礼花、喷花、吐珠同类组合，小礼花组合包括药粒（花束）型、药柱型、圆柱型、球型以及助推型
			不同类组合烟花	仅限由喷花、吐珠、小礼花中两种组合

注：烟雾型、摩擦型仅限出口。

4. 产品级别

《烟花爆竹　安全与质量》(GB 10631）规定了烟花爆竹产品的级别和燃放类产品最大允许药量。按照药量及所能构成的危险性大小，烟花爆竹产品分为 A、B、C、D 四级。

A 级：由专业燃放人员在特定的室外空旷地点燃放、危险性很大的产品。

B 级：由专业燃放人员在特定的室外空旷地点燃放、危险性较大的产品。

C 级：适于室外开放空间燃放、危险性较小的产品。

D 级：适于近距离燃放、危险性很小的产品。

燃放类产品的最大允许药量具体见表 4－14 和表 4－15。

表 4－14　个人燃放类产品最大允许药量

序号	产品大类	产品小类	最大允许药量	
			C 级	D 级
1	爆竹类	黑药炮	1 g/个	—
		白药炮	0.2 g/个	
2	喷花类	地面（水上）喷花	200 g	10 g
		手持（插入）喷花	75 g	10 g

表 4－14（续）

<table>
<tr><th rowspan="2">序号</th><th rowspan="2">产品大类</th><th rowspan="2">产品小类</th><th colspan="2">最大允许药量</th></tr>
<tr><th>C 级</th><th>D 级</th></tr>
<tr><td rowspan="2">3</td><td rowspan="2">旋转类</td><td>有固定轴旋转烟花</td><td>30 g</td><td>—</td></tr>
<tr><td>无固定轴旋转烟花</td><td>15 g</td><td>1 g</td></tr>
<tr><td rowspan="3">4</td><td rowspan="3">升空类</td><td>火箭</td><td>10 g</td><td rowspan="2">—</td></tr>
<tr><td>双响</td><td>9 g</td></tr>
<tr><td>旋转升空烟花</td><td>5 g/发</td><td>—</td></tr>
<tr><td>5</td><td>吐珠类</td><td>药粒型吐珠</td><td>20 g（2 g/珠）</td><td>—</td></tr>
<tr><td rowspan="2">6</td><td rowspan="2">玩具类</td><td>玩具造型</td><td>15 g</td><td>3 g</td></tr>
<tr><td>线香型</td><td>25 g</td><td>5 g</td></tr>
<tr><td>7</td><td>组合烟花类</td><td>同类组合和不同类组合，其中：
小礼花单筒内径≤30 mm；
圆柱型喷花内径≤52 mm；
圆锥型喷花内径≤86 mm；
吐珠单筒内径≤20 mm</td><td>小礼花：25 g/筒；
喷花：200 g/筒；
吐珠：20 g/筒；
总药量：1200 g
（开包药：黑火药 10 g，
硝酸盐加金属粉 4 g，
高氯酸盐加金属粉 2 g）</td><td>50 g
（仅限喷花组合）</td></tr>
</table>

注：“—”代表无此级别产品。

表 4－15　专业燃放类产品最大允许药量

<table>
<tr><th rowspan="2">序号</th><th rowspan="2">产品大类</th><th rowspan="2" colspan="2">产品小类</th><th colspan="4">最大允许药量</th></tr>
<tr><th>A 级</th><th>B 级</th><th>C 级</th><th>D 级</th></tr>
<tr><td>1</td><td>喷花类</td><td colspan="2">地面（水上）喷花</td><td>1000 g</td><td>500 g</td><td>—</td><td>—</td></tr>
<tr><td rowspan="2">2</td><td rowspan="2">旋转类</td><td colspan="2">有固定轴旋转烟花</td><td>150 g/发</td><td>60 g/发</td><td rowspan="2">—</td><td rowspan="2">—</td></tr>
<tr><td colspan="2">无固定轴旋转烟花</td><td>—</td><td>30 g</td></tr>
<tr><td rowspan="2">3</td><td rowspan="2">升空类</td><td colspan="2">火箭</td><td>180 g</td><td>30 g</td><td rowspan="2">—</td><td rowspan="2">—</td></tr>
<tr><td colspan="2">旋转升空烟花</td><td>30 g/发</td><td>20 g/发</td></tr>
<tr><td>4</td><td>吐珠类</td><td colspan="2">吐珠</td><td>400 g（20 g/珠）</td><td>80 g（4 g/珠）</td><td>—</td><td>—</td></tr>
<tr><td rowspan="3">5</td><td rowspan="3">礼花类</td><td colspan="2">小礼花</td><td>—</td><td>70 g/发</td><td>—</td><td>—</td></tr>
<tr><td rowspan="2">礼花弹</td><td>药粒型（花束）
（外径≤125 mm）</td><td>250 g</td><td rowspan="2">—</td><td rowspan="2">—</td><td rowspan="2">—</td></tr>
<tr><td>圆柱型和球型
（外径≤305 mm，其中
雷弹外径≤76 mm）</td><td>爆炸药 50 g
总药量 8000 g</td></tr>
<tr><td>6</td><td>架子烟花</td><td colspan="2">架子烟花</td><td>—</td><td>瀑布 100 g/发，
字幕和图案
30 g/发</td><td>瀑布 50 g/发，
字幕和图案
20 g/发</td><td>—</td></tr>
</table>

表 4－15（续）

<table>
<tr><th rowspan="2">序号</th><th rowspan="2">产品大类</th><th rowspan="2">产品小类</th><th colspan="5">最大允许药量</th></tr>
<tr><th colspan="2">A 级</th><th>B 级</th><th>C 级</th><th>D 级</th></tr>
<tr><td rowspan="2">7</td><td rowspan="2">组合烟花类</td><td rowspan="2">同类组合和不同类组合</td><td>药柱型、圆柱型
内径≤76 mm
100 g/筒</td><td rowspan="2">总药量
8000 g</td><td rowspan="2">内径≤51 mm
50 g/筒
总药量 3000 g</td><td rowspan="2">—</td><td rowspan="2">—</td></tr>
<tr><td>球型内径
≤102 mm
320 g/筒</td></tr>
</table>

注：1. “—”表示无此级别产品。
2. 舞台上用各类产品均为专业燃放类产品。
3. 含烟雾效果件产品均为专业燃放类产品。

二、烟花爆竹基本安全知识

（一）烟花爆竹、原材料和半成品安全性能检测

《烟花爆竹　安全与质量》(GB 10631) 规定的主要安全性能检测项目包括：摩擦感度、撞击感度、静电感度、爆发点、相容性、吸湿性、水分、pH。

1. 摩擦感度

摩擦感度是指在摩擦作用下，火药发生燃烧或爆炸的难易程度。摩擦感度的测定，一般用摩擦感度摆或其他形式的摩擦仪进行。这种方法是将受试的炸药放在一可以滑动硬物的平面下（如钢板、钢柱或油石等），加上一定压力，再摆锤撞击，经传动装置使硬物作相对滑动，从而引起炸药爆炸，就此得出在某种压力与摆锤的高度下，发生摩擦爆炸的爆炸百分率。

2. 撞击感度

烟花爆竹药剂在冲击和摩擦作用下发生爆炸的原因，是由于炸药内部产生了所谓“热点”，也叫灼热核。这些热点的温度超过了炸药的爆发点，成为爆炸的初始中心。热点的温度一般在 400～500 ℃，热点的直径一般为 10^{-5}～10^{-3}cm，热点持续时间（炸药从加热到爆炸的时间）为 10^{-5}～10^{-3}s。一般来说，热点的半径越小，临界温度越高；炸药的敏感度越低，临界温度越高。

3. 静电感度

静电感度包括两个方面，一是炸药摩擦时产生静电的难易程度；二是炸药对静电放电火花的感度。前者是测量炸药摩擦时产生的静电量；后者是测量在一定电压和电容放电火花作用下发生爆炸的概率。

4. 爆发点

使炸药开始爆炸变化，介质所需的加热到最低温度叫作炸药的爆发点。爆发点越低，则表示炸药对热的感度越高（敏感），反之就低。炸药的爆发点并不是一个严格稳定的量，它与实验条件密切相关，即取决于炸药的数量、粒度、实验仪器与实际操作程序及其他决定反应进行的热输出和自动加速条件等。

5. 相容性

内相容性是药剂中组分与组分之间的相容性。不同组分在使炸药性能提升的同时，会产生组分成分之间相互反应的问题，直接影响炸药储存、运输和使用的安全性、可靠性。外相容性是把药剂作为一个体系，它与相关的接触物质（另一种药剂或结构材料）之间的相容性。比如，炸药与其包装材质之间的相容性会影响炸药的安全性。可以根据在程序控制温度下，由于化学或物理变化产生热效应引起试样温度的变化，用相应仪器测试并分析结果。

6. 吸湿性

烟火药的吸湿率应小于或等于2.0%，笛音药、粉状黑火药、含单基火药的烟火药应小于或等于4.0%。测定按《烟花爆竹　烟火药吸湿率测定方法》(AQ/T 4122）的规定执行。

7. 水分测定

烟火药的水分应小于或等于1.5%，笛音药、粉状黑火药、含单基火药的烟火药应小于或等于3.5%。按《化工产品中水分测定的通用方法　干燥减量法》(GB/T 6284）的规定执行（采取烘箱干燥或红外水分测定仪检测)。

8. pH 测定

烟火药的pH应为5~9，按《化学试剂　pH值测定通则》(GB/T 9724）的规定执行。

烟花爆竹药剂感度的影响因素有：

(1）温度。药剂温度升高，各种感度毫无例外地会增高，当温度接近药剂的爆发点时,很小的外界作用就可以引起爆炸。如黑火药,随温度的上升敏感度也随之提高,40 ℃以上时，黑火药对任何外界冲击作用都很敏感。

(2）杂质。药剂中掺有惰性物质，感度会发生巨大变化，杂质主要影响药剂的机械感度。不同的杂质对药剂感度有着不同的影响。提高感度的杂质为敏化剂，减低感度的杂质为钝化剂。

(二）烟花爆竹、烟火药生产的安全措施

1. 烟火药制造（裸药效果件制作）过程中的防火防爆措施

烟火药制造、裸药效果件制作的各工序应分别在单独工房内进行；除造粒和制开包(球）药外，电动机械制造（作）烟火药及裸药效果件，在机械运转时，人与机械间应有防护设施隔离。

(1）烟火药的原材料应符合有关原材料质量标准要求。

(2）粉碎氧化剂、还原剂应分别在单独专用工房内进行，每栋工房定员2人；粉碎前应对设备和工具进行全面检查，并认真清除粉尘；粉碎前后应筛选除去杂质；严禁将氧化剂和还原剂混合粉碎筛选；粉碎筛选过一种原材料后的机械、工具、工房应经清扫(洗)、擦拭干净才能粉碎筛选另一种原材料；高感度的材料应专机粉碎；不应用粉碎氧化剂的设备粉碎还原剂，或用粉碎还原剂的设备粉碎氧化剂。粉碎时应保持通风并防止粉尘浓度过高。

(3）原材料称量，每栋工房定员1人，定量200 kg。称量氧化剂、还原剂，应分别使用取料工具和计量器具，称好的氧化剂应与还原剂及其他原材料分别盛装，装入容器后应立即标识。

（4）烟火药各成分混合宜采用转鼓等机械设备，每栋工房定机 1 台，定员 1 人；手工混药，每栋工房定员 1 人。

（5）黑火药制造宜采用球磨、振动筛混合，三元黑火药制造应先将炭和硫进行二元混合。

（6）进行二元或三元黑火药混合的球磨机与药物接触的部分不应使用铁制部件，可用黄铜、杂木、楠竹和皮革及导电橡胶等材料制成。进行烟火药混合的设备应达到不产生火花和静电积累的要求，不应使用易产生火花（铁质）和静电积累（塑料）材质。

（7）含氯酸盐等高感度药物的混合，应有专用工房，并使用专用工具。

（8）每栋工房药物混合定量应符合表 4－16 的规定。多种烟火药混合，每次限量取表 4－16 中该若干种烟火药限量的平均值。

表 4－16　药物混合定量表

序号	烟火药类别	烟火药种别	定量/kg	
			手工	机械
1	硝酸盐烟火药	黑火药	8	200
		含金属粉烟火药	5	20（干法） 100（湿法）
2	高氯酸盐烟火药	含铝渣、钛粉、笛音剂的烟火药、爆炸药	3	10
		光色药、引燃药	5	10
3	氯酸盐烟火药	烟雾药、过火药	8	20
		引火线药	3	10（干法） 100（湿法）
		摩擦药	0.5（湿法）	
4	其他烟火药	响珠烟火药等	5	10

注：表中未注明湿法的均为干法混合。

（9）不应使用球磨机混合氯酸盐烟火药等高感度药物；摩擦药的混合，应将氧化剂、还原剂分别用水润湿后方可混合，混合后的烟火药应保持湿度；不应使用干法和机械法混合摩擦药；每次药物混合后，宜采用竹、木、纸等不易产生静电的材质容器盛装，及时送入下道工序或药物中转库存放，并立即标识；混合药（除黑火药外）应及时用于制作产品或效果件，湿药应即混即用，保持湿度，防止发热；干药在中转库的停滞时间小于或等于 24 h；采用湿法配制含铝、铝镁合金等活性金属粉末的烟火药时，应及时做好通风散热处理。

（10）烟火药调湿，每栋工房定员 1 人，每栋工房的定量：使用水溶剂调湿硝酸盐烟火药 100 kg，含氯酸盐或使用易燃有机溶剂（如二硫化碳、酒精、丙酮、油漆）作黏合剂的药物（如擦火头药、擦地炮药）3 kg，其他药物 15 kg；调制湿药使用的溶剂和黏合剂 pH 应为 5～8。

（11）药粒、开包炸药制作。电动机械造粒或制药，每栋工房定机 1 台，定员 1 人，定量（干法 5 kg，湿法 20 kg）；手工造粒或制药，每栋工房定员 1 人，定量 5 kg；造粒或制药前应用相应溶剂湿润药罐内壁，造粒或制药后应用相应溶剂清洗药罐内壁；机械运转过程中，药物温度急剧上升时应及时停机处理；药粒的筛选分级应在药粒未干之前进行，每栋工房定员 1 人，定量（干法 5 kg，湿法 20 kg）。

（12）制作药柱应采用湿药筑压，定量按表 4－16 限量的 1/2 计算；机械压药，每栋工房定机 1 台，定员 2 人，人机隔离操作；手工模具压药，每栋工房定员 1 人；褙药柱、药柱蘸（装）药，每栋工房定员 2 人，定量 5 kg；制药块（片）应采用湿药切割，每栋工房定员 1 人，定量 2 kg。

（13）制成的湿效果件应摊开放置，摊开厚度小于或等于 1.5 cm（效果件直径大于 0.75 cm 时，其摊开厚度小于或等于效果件直径的 2 倍）。

（14）粒状黑火药和其他烟火药（雷酸银）制作应按《烟花爆竹作业安全技术规程》（GB 11652）中的规定执行。

（15）药物干燥应采用日光、热水（溶液）、低压热蒸汽、热风干燥或自然晾干，不应用明火直接烘烤药物；药物干燥时要控制药量、温度；药物在干燥散热时，不应翻动和收取，应冷却至室温时收取，如另设散热间，其定员、定量、药架设置应与烘房一致并配套；散热间内不应进行收取和计量包装操作，不应堆放成箱药物；湿药和未经摊凉、散热的药物不应堆放和入库。

（16）药物计量包装应在专用工房进行，每栋工房定员 1 人，定量 30 kg。

（17）引火线应机械制作，并在专用工房操作；机械动力装置应与制引机隔离。引火线制作定员、定量应符合表 4－17 的规定。

表 4－17　引火线制作定员、定量表

引火线种类		定员/(人·栋$^{-1}$)		定量/(kg·台$^{-1}$)	
		干法	湿法	干法	湿法
硝酸盐引火线	纸引火线	1	4	3	6
	安全引火线（含效果引火线）	1	4	6	12
	快速引火线	—	2（有机溶剂）	3	6
高氯酸盐引火线	纸引火线	1	4	3	6
	安全引火线（含效果引火线）	1	4	6	12
	快速引火线	—	2（有机溶剂）	3	6
氯酸盐引火线	纸引火线	1	4	1	2

2. 烟花爆竹产品生产过程中的防火防爆措施

（1）各工序应分别在单独专用工房进行；烟火药、黑火药、引火线、效果件及有药半成品应设专人管理，各工序应按定量领取并登记。使用的烟火药为多种时，定量按表 4－16 限量的平均值确定；产品制作如定量小于或等于单发（枚）产品药量时，定量为单发（枚）的含药量。

（2）直接接触烟火药的工序应按规定设置防静电装置，并采取增加湿度等措施，以减少静电积累。手工直接接触烟火药的工序应使用铜、铝、木、竹等材质的工具，不应使用铁器、瓷器和不导静电的塑料、化纤材料等工具盛装、掏挖、装筑（压）烟火药；盛装烟火药时药面应不超过容器边缘。

（3）装药前应筛除效果件中的药尘（灰），除药尘（灰）应在单独工房操作。

（4）1.1 级工房，每栋工房定员 1 人；当隔离操作时，每栋工房定员 2 人，单人单间。装药每栋工房定量按表 4－16 确定。

（5）砂炮手工包（装）药砂，每栋工房定员 24 人，每人定量 0.5 kg；砂炮机械包（装）药砂，每栋工房定机 4 台，每台机 2 人，每机定量 5 kg。

（6）筑（压）药定量按表 4－16 限量的 1/2 确定；笛音药筑（压）药每栋工房定量，手工 0.5 kg，机械 2 kg。

（7）礼花弹装球时，只能轻轻按压，合球不应猛烈碰合，合球后，不应进行强烈敲击。

（8）当筒体变形、筒体内壁不洁净或效果件变形时，按废弃物处理，不应将药物（效果件）强行装入；筑（压）药的过程中，当模具与药物难以分离时，不应强行分离，采用酒精清洗。

（9）含有较大颗粒的铝、钛、铁粉的烟火药，不应筑压。

（10）礼花弹安装外导火索和发射药盒时，不应有药粉外泄。

（11）效果内筒蘸药每栋工房定员 2 人，单人单间，效果内筒应单层摆放，每人定量 15 kg；擦炮蘸药每栋工房定员 4 人，单人单间，含药半成品应单层摆放，每人定量 5 kg；摩擦类产品手工蘸药每栋工房定员 4 人，每人定量 25 g；机械蘸药每栋工房定机 2 台，单人单间，每人定量 50 g；线香类蘸药（提板）每栋工房定员 8 人，每人定量（湿药）25 kg；电点火头手工蘸药每栋工房定员 8 人，每人定量 25 g；机械蘸药每栋工房定员 4 人，定机 4 台，每人定量 0.1 kg。

（12）蘸（点）药时，不应将湿药粘附在内筒外壁、摩擦类产品的非效果处；用于蘸（点）药的各类药物干涸后不应对其刮、铲、撞击，应用相应的溶剂，充分溶解后清洗。

（13）有药半成品机械钻孔每栋工房定机 1 台，定员 1 人；当隔离操作时，每栋工房定机 2 台，单人单间；有药半成品手工钻孔每栋工房定员 1 人；当隔离操作时，每栋工房定员 4 人，单人单间。

（14）钻孔工具刃口应锋利，使用时应涂蜡擦油并交替使用，工具不符合要求时不应强行操作。

（15）裸药效果件或单个药量大于 20 g 的半成品，不应钻孔；单个含药量大于 5 g 或不含黑火药、光色药的半成品不应手工钻孔。

（16）手工插引，每间定员 4 人，每栋工房定员 16 人；当单间只有 1 个疏散出口时，每间定员 2 人；每人定量 0.5 kg；机械插引每栋工房定员 4 人，单人单间，每人定量 3 kg；无药部件插、串、安引每栋工房定员 24 人，每人定量 0.5 kg。

（17）封口（底）每栋工房定员 2 人，爆音药半成品封口（底）每人定量 3 kg，其余每人定量5 kg。

(18) 爆竹直接挤压封口，不应猛力敲打；含爆炸药、笛音药的半成品，不应采用筑（压）方法封口；半成品的封口应密实，防止药物外泄、受潮。

(19) 手工（人力机械）结鞭，每人定量3 kg。每栋工房定员24人，每间定员4人；当单间只有1个疏散出口时，每间定员2人；动力机械结鞭，每栋工房定机6台，单机单间，每机定量6 kg，每间定员2人，带包装的机械结鞭每间定员3人。

(20) 结鞭时,应除去半成品上粘附的药尘;结鞭爆竹分割工具应锋利,宜用单刃刀片。

(21) 礼花弹、小礼花类糊球。手工糊球每间工房定员4人，每栋工房定员16人，每人定量15 kg；含全爆炸药的每人定量10 kg；机械糊球每栋工房定机8台，每间定机2台，每机2人，每机定量30 kg；含全爆炸药的每机定量20 kg。

(22) 升空类、吐珠类、小礼花类、组合烟花类直径大于或等于3.8 cm或单发药量大于或等于25 g的效果内筒（或球）等非裸药效果件的组装、礼花弹组装（含安引、装发射药包、串球），每栋工房定员1人，定量10 kg（含全爆炸药的定量4 kg）；当工房采用抗爆间室结构时，每栋定员2人，单人单间，每间定量10 kg（含全爆炸药的定量4 kg）；直径小于3.8 cm或单发药量小于25 g的效果内筒（或球）等非裸药效果件的组装每栋定员12人，每间定员2人，每人定量12 kg（含全爆炸药的定量7 kg）。操作时，效果内筒（或球）应单层摆放，不应堆积存放。

(23) 喷花类、架子烟花类、造型玩具类、旋转类、烟雾类、旋转升空类等产品组装每栋工房定员24人，每人定量15 kg。

(24) 礼花弹安装定时引线时，应使用竹、铜钎轻轻刺破中心管的砂纸。

(25) 包装（褙皮、封装、装箱）每栋工房定员24人；每人定量按表4-16规定的3.5倍执行。

(26) 成品、有药半成品的干燥应在专用场所（晒场、烘房）进行；严格执行每栋工房定员、定量、热能选择、干燥方式等；产品干燥不应与药物干燥在同一晒场（烘房）进行，摩擦类产品不应与其他类产品在同一晒场（烘房）干燥。

(27) 蒸汽干燥的烘房温度小于或等于75 ℃，升温速度小于或等于30 ℃/h，不宜采用肋形散热器。

(28) 热风干燥成品，有药半成品室温小于或等于60 ℃，风速小于或等于1 m/s；循环风干燥应有除尘设备，除尘设备要定期清扫。

(29) 干燥后的成品、有药半成品应通风散热。在干燥散热时，不应翻动和收取，应冷却至室温时收取。

(三) 烟花爆竹工厂的布局和建筑安全要求

1. 建筑物危险等级

《烟花爆竹工程设计安全规范》(GB 50161) 明确了危险性建筑物的危险等级，应按下列规定划分为1.1级、1.3级。

1.1级建筑物，建筑物内的危险品在制造、储存、运输中具有整体爆炸危险或有迸射危险，其破坏效应将波及周围。根据破坏能力划分为1.1^{-1}、1.1^{-2}级。其中，1.1^{-1}级建筑物为建筑物内的危险品发生爆炸事故时，其破坏能力相当于TNT的厂房和仓库；1.1^{-2}

级建筑物为建筑物内的危险品发生爆炸事故时，其破坏能力相当于黑火药的厂房和仓库。

1.3 级建筑物，建筑物内的危险品在制造、储存、运输中具有燃烧危险，偶尔有较小爆炸或较小迸射危险，或两者兼有，但无整体爆炸危险，其破坏效应局限于本建筑物内，对周围建筑物影响较小。

厂房的危险等级应由其中最危险的生产工序确定。仓库的危险等级应由其中所储存最危险的物品确定。

危险品生产工序的危险等级分类应符合表 4－18 的规定。危险品仓库的危险等级分类应符合表 4－19 的规定。

表 4－18　危险品生产工序的危险等级分类

序号	危险品名称	危险等级	生　产　工　序
1	黑火药	1.1^{-2}	药物混合（硝酸钾与碳、硫球磨），潮药装模（或潮药包片），压药，拆模（撕片），碎片、造粒，抛光，浆药，干燥，散热，筛选，计量包装
		1.3	单料粉碎、筛选、干燥、称料，硫、碳二成分混合
2	烟火药	1.1^{-1}	药物混合,造粒,筛选,制开球药,压药,浆药,干燥,散热,计量包装
		1.1^{-2}	褙药柱（药块），湿药调制，烟雾剂干燥、散热、计量包装
		1.3	氧化剂、可燃物的粉碎与筛选，称料（单料）
3	引火线	1.1^{-2}	制引，浆引，漆引，干燥，散热，绕引，定型裁割，捆扎，切引，包装
4	爆竹类	1.1^{-1}	装药
		1.1^{-2}	黑火药装药
		1.3	插引（含机械插引，手工插引和空筒插引），挤引，封口，点药，结鞭，包装
5	组合烟花类、内筒型小礼花类	1.1^{-1}	装药，筑（压）药，内筒封口（压纸片、装封口剂）
		1.1^{-2}	装发射药，黑火药装（压）药，已装药部件钻孔，装单个裸药件，单筒药量≥25 g 非裸药件组装，外筒封口（压纸片）
		1.3	蘸药，安引，组盆串引（空筒），单筒药量<25 g 非裸药件组装，包装
6	礼花弹类	1.1^{-1}	装球
		1.1^{-2}	包药，组装（含安引、装发射药包、串球），剖引（引线钻孔），球干燥，散热，包装
		1.3	空壳安引，糊球
7	吐珠类	1.1^{-2}	装（筑）药
		1.3	安引（空筒），组装，包装
8	升空类（含双响炮）	1.1^{-1}	装药，筑（压）药
		1.1^{-2}	黑火药装（筑、压）药，包药，装裸药效果件（含效果药包），单个药量≥30 g 非裸药件组装
		1.3	安引，单个药量<30 g 非裸药效果件组装（含安稳定杆），包装

表4－18（续）

序号	危险品名称	危险等级	生　产　工　序
9	旋转类（旋转升空类）	1.1^{-1}	装药、筑（压）药
		1.1^{-2}	黑火药装、筑（压）药，已装药部件钻孔
		1.3	安引，组装（含引线、配件、旋转轴、架），包装
10	喷花类和架子烟花	1.1^{-2}	装药、筑（压）药，已装药部件的钻孔
		1.3	安引，组装，包装
11	线香类	1.1^{-1}	装药
		1.3	粘药，干燥，散热，包装
12	摩擦类	1.1^{-1}	雷酸银药物配制，拌药砂，发令纸干燥
		1.1^{-2}	机械蘸药
		1.3	包药砂，手工蘸药，分装，包装
13	烟雾类	1.1^{-2}	装药，筑（压）药
		1.3	糊球，安引，球干燥，散热，组装，包装
14	造型玩具类	1.1^{-1}	装药，筑（压）药
		1.1^{-2}	已装药部件钻孔
		1.3	安引，组装，包装
15	电点火头	1.3	蘸药，干燥（晾干），检测，包装

注：表中未列品种、加工工序，其危险等级可依照《烟花爆竹工程设计安全规范》(GB 50161）第3.1.1条并对照本表确定。

表4－19　危险品仓库的危险等级分类

贮存的危险品名称	危险等级
烟火药（包括裸药效果件），开球药	1.1^{-1}
黑火药，引火线，未封口含药半成品，单个装药量在40 g及以上已封口的烟花半成品及含爆炸音剂、笛音剂的半成品，已封口的B级爆竹半成品，A、B级成品（喷花类除外），单筒药量25 g及以上的C级组合烟花类成品	1.1^{-2}
电点火头，单个装药量在40 g以下已封口的烟花半成品（不含爆炸音剂、笛音剂），已封口的C级爆竹半成品，C、D级成品（其中，组合烟花类成品单筒药量在25 g以下），喷花类成品	1.3

注：表中A、B、C、D级为现行国家标准《烟花爆竹　安全与质量》（GB 10631）规定的产品分级。

2. 工厂布局

（1）生产、储存爆炸物品的工厂、仓库应建在远离城市的独立地带，禁止设立在城市市区和其他居民聚集的地方及风景名胜区。厂、库建筑与周围的水利设施、交通枢纽、桥梁、隧道、高压输电线路、通信线路、输油管道等重要设施的安全距离，必须符合国家有关安全规定。

（2）生产爆炸物品的工厂在总体规划和设计时，应严格按照生产性质及功能进行分区、布置，并使各分区与外部目标、各区之间保持必要的外部距离。

3. 工厂平面布置

1）危险品生产区的总平面布置规定

（1）同时生产烟花爆竹多个产品类别的企业，应根据生产工艺特性、产品种类分别建立生产线，并应做到分小区布置。

（2）生产线的厂（库）房的总平面布置应符合工艺流程及生产能力的要求，宜避免危险品的往返和交叉运输。

（3）危险性建筑物之间、危险性建筑物与其他建筑物之间的距离应符合内部最小允许距离的要求。

（4）同一危险等级的厂房和库房宜集中布置；计算药量大或危险性大的厂房和库房，宜布置在危险品生产区的边缘或其他有利于安全的地形处；粉尘污染比较大的厂房应布置在厂区的边缘。

（5）危险品生产厂房宜小型、分散。

（6）危险品生产厂房靠山布置时，距山脚不宜太近。当危险品生产厂房布置在山凹中时，应考虑人员的安全疏散和有害气体的扩散。

2）危险品总仓库区的总平面布置规定

（1）应根据仓库的危险等级和计算药量结合地形布置。

（2）比较危险或计算药量较大的危险品仓库，不宜布置在库区出入口的附近。

（3）危险品运输道路不应在其他防护屏障内穿行通过。

（4）不同类别仓库应考虑分区布置，同一危险等级的仓库宜集中布置，计算药量大或危险性大的仓库宜布置在总仓库区的边缘或其他有利于安全的地形处。

3）危险品生产区和危险品总仓库区的围墙设置规定

（1）危险品生产区和危险品总仓库区应设置高度不低于2 m的围墙。

（2）围墙与危险性建筑物、构筑物之间的距离宜设为12 m，且不应小于5 m。

（3）围墙应为密砌墙，特殊地形设置密砌围墙有困难时，局部地段可设置刺丝围墙。

（4）危险品生产区和危险品总仓库区的绿化，宜种植阔叶树。

（5）距离危险性建筑物、构筑物外墙四周5 m内宜设置防火隔离带。

4. 工艺布置

（1）烟花爆竹的生产工艺宜采用机械化、自动化、自动监控等可靠的先进技术。对有燃烧、爆炸危险的作业宜采取隔离操作，并应坚持减少厂房内存药量和作业人员的原则，做到小型、分散。

（2）烟花爆竹生产应按产品类型设置生产线，生产工序的设置应符合产品生产工艺流程要求，各危险性建筑物或各生产工序的生产能力应相互匹配。

（3）有燃烧、爆炸危险的作业场所使用的设备、仪器、工器具应满足使用环境的安全要求。

（4）易燃易爆粉尘散落的工作场所应设置清洗设施，并应有充足的清洗用水。

（5）在危险品生产区内，危险品生产厂房允许最大存药量应符合现行国家标准《烟花爆竹作业安全技术规程》（GB 11652）的有关规定；危险品中转库最大存药量不应超过2天生产需要量，且单库不应超过《烟花爆竹工程设计安全规范》（GB 50161）第7.1.2条的规定；临时存药间或临时存药洞的最大存药量不应超过单人半天的生产需要量，且不应超过 10 kg。

（6）1.1 级、1.3 级厂房和库房（仓库）应为单层建筑，其平面宜为矩形。

（7）1.1 级厂房应单机单栋或单人单栋独立设置，当采取抗爆间室、隔离操作时可以联建。引火线制造厂房应单间单机布置，每栋厂房连建间数不超过 4 间。

（8）1.3 级厂房设置应符合下列规定：

① 工作间联建时应采用密实砌体墙隔开，且联建间数不应超过 6 间，当厂房建筑耐火等级为三级时，联建间数不应超过 4 间。

② 机械插引厂房工作间联建间数不应超过 4 间，且每个工作间应为单人、单机布置。

③ 原料称量、氧化剂的粉碎和筛选、可燃物的粉碎和筛选，应独立设置厂房。

（9）不同危险等级的中转库应独立设置，且不得和生产厂房联建。

（10）有固定作业人员的非危险品生产厂房不得和危险品厂房联建。

（11）1.1 级厂房内不应设置除更衣室外的辅助用室，1.3 级厂房内可设置生产辅助用室（如工器具室等）。

（12）危险品生产厂房内设置临时存药间或在厂房附近设置临时存药洞时，临时存药间与操作间应采用钢筋混凝土墙或不小于 370 mm 的密实砌体墙隔开，临时存药洞的设置应符合《烟花爆竹工程设计安全规范》（GB 50161）的规定。

（13）危险品生产厂房内的工艺布置应便于作业人员操作、维修以及发生事故时迅速疏散。

（14）对危险品进行直接加工的岗位宜设置防护装甲、防护板或采取人机隔离、远距离操作。对于作业人员与药物直接接触的混药、造粒、装药等工序应设置防护隔离罩、隔离板或其他个体防护装置。对有升空迸射危险的生产岗位宜设置防迸射措施。

（15）1.1 级厂房的人均使用面积不宜少于 9.0 m^2，1.3 级厂房的人均使用面积不宜少于 4.5 m^2。

（16）有升空迸射危险的生产厂房与相邻厂房的门、窗不宜正对设置。若正对设置时，在门、窗前不大于 3.0 m 处应设置拦截装置，拦截装置的宽度应大于门窗宽 0.5 m（每侧），高度应超出门窗高 1.5 m，高出的 1.5 m 应斜向本建筑物，倾斜角度 30°～45°。

（17）烟花爆竹成品、有药半成品和药剂的干燥，宜采用热水、低压蒸汽或利用日光干燥，严禁采用明火烘干。干燥场所应符合下列规定：

① 干燥厂房内应设置排湿装置、感温报警装置及通风凉药设施。

② 热水、低压蒸汽干燥厂房内的温度应符合现行国家标准《烟花爆竹作业安全技术规程》（GB 11652）的有关规定。

③ 热风干燥厂房可对没有裸露药剂的成品、半成品及无药半成品进行干燥；当对药剂和带裸露药剂的半成品采用热风干燥时，应有防止药物产生扬尘的措施。烘干温度应符合现行国家标准《烟花爆竹作业安全技术规程》（GB 11652）的有关规定。

④ 日光干燥应在专门的晒场进行，晒场场地要求平整。危险品晒场周围应设置防护堤，防护堤顶面应高出产品面 1 m。

（18）晒场宜设置凉药间或凉药厂房。当有可靠的防雨和防溅措施时，可不设凉药厂房。

（19）运输危险品的廊道应采用敞开式或半敞开式，不宜与危险品生产厂房直接相连。

（20）产品陈列室应陈列产品模型，不应陈列危险品。陈列实物时应单独建设陈列场所，并应满足《烟花爆竹工程设计安全规范》(GB 50161）的有关条款规定。

5. 工厂安全距离的定义及安全距离的确定

（1）工厂安全距离的定义。烟花爆竹工厂的安全距离实际上是危险性建筑物与周围建筑物之间的最小允许距离，包括工厂危险品生产区内的危险性建筑物与其周围村庄、公路、铁路、城镇和本厂住宅区等的外部距离，以及危险品生产区内危险性建筑物之间以及危险建筑物与周围其他建（构）筑物之间的内部距离。安全距离作用是：保证一旦某座危险性建筑物内的爆炸品发生爆炸时，不至于使邻近的其他建（构）筑物造成严重破坏和造成人员伤亡。

（2）安全距离的确定。烟花爆竹工厂的内、外部安全距离是根据危险性建筑物的计算药量、建筑物的危险性等级和防护情况确定的。

《烟花爆竹工程设计安全规范》(GB 50161）规定：烟花爆竹工厂建筑物的计算药量是该建筑物内（含生产设备、运输设备和器具里）所存放的黑火药、烟火药、在制品、半成品、成品等能形成同时爆炸或燃烧的危险品最大药量，这里所指建筑物包括厂房和仓库。确定计算药量时应注意以下几点：

① 防护屏障内的危险品药量，应计入该屏障内的危险性建筑物的计算药量。

② 抗爆间室的危险品药量可不计入危险性建筑物的计算药量。

③ 厂房内采取了分隔防护措施，相互间不会引起同时爆炸或燃烧的药量可分别计算，取其最大值。

《烟花爆竹作业安全技术规程》(GB 11652）对定量的定义是：在危险性场所允许存放（或滞留）的最大药物质量（含半成品、成品中的药物质量）。

由以上定义可以看出，厂房计算药量和停滞药量规定，实际上都是烟花爆竹生产建筑物中暂时搁置时允许存放的最大药量。

6. 生产烟花爆竹建筑物的安全要求

1）一般规定

（1）各级危险性建筑物的耐火等级和化学原料仓库的耐火等级除相应规定者外，均不应低于现行国家标准《建筑设计防火规范》(GB 50016）中二级耐火等级的规定。

（2）建筑面积小于20 m^2 的1.1级建筑物或建筑面积不超过300 m^2 的1.3级建筑物的耐火等级可为三级。

（3）危险性建筑物应有适当的净空，室内梁或板中的最低净空高度不宜小于2.8 m，并应满足正常的采光和通风要求。

（4）危险品生产区内宜设有供1.1级、1.3级建筑物内操作人员使用的洗涤、淋浴、更衣、卫生间等辅助用室和办公用室。危险品总仓库区内除设置门卫值班室外，不宜设置其他辅助用室。

（5）危险品生产区的办公用室和辅助用室宜独立设置或布置在非危险性建筑物内。

当危险品生产厂房附设办公用室和生活辅助用室时，应符合下列规定：

①1.1级厂房可附设更衣室。

②1.3级厂房除可附设更衣室外，还可附设其他生活辅助用室和车间办公用室。但应布置在厂房较安全的一端，并采用防火墙与生产工作间隔开。

车间办公用室和生活辅助用室应为单层建筑，其门窗不宜面向相邻厂房危险性工作间的泄爆面。

（6）在危险品生产区内，当在两个危险性建筑物之间设置临时存药洞时，应符合下列规定：

① 临时存药洞应镶嵌在天然山体内。存药洞门应离山体前坡脚不小于800 mm。

② 临时存药洞的净空尺寸：宽不大于800 mm，高不大于1000 mm，存药洞净深不大于600 mm，存药洞底宜高出存药洞外人行地面600 mm。

③ 临时存药洞前面宜设置平开木门。

④ 临时存药洞墙体可采用不小于240 mm的密实砌体或钢筋混凝土墙体。

⑤ 临时存药洞上部覆土厚度不应小于500 mm，两侧墙顶覆土宽度不应小于1500 mm。

⑥ 临时存药洞内应用水泥砂浆抹面，四周有土处应采取防水及隔潮措施。药洞上部应有良好的排水措施。

（7）距离本厂围墙小于12 m的危险性建筑物，危险性建筑物面向围墙方向的外墙宜为实体墙；如设有门、窗或洞口，应采取防火措施。

2）危险品生产区危险性建筑物的结构选型和构造

（1）1.1级建筑物的结构型式规定：

① 除《烟花爆竹工程设计安全规范》（GB 50161）第8.2.1条第2款规定以外的1.1级建筑物，均应采用现浇钢筋混凝土框架结构。

② 当符合下列条件之一者，可采用钢筋混凝土柱、梁承重结构或砌体承重结构：

a. 建筑面积小于20 m^2，且操作人员不超过2人的厂房。

b. 远距离控制而室内无人操作的厂房。

（2）1.3级建筑物的结构型式应符合下列规定：

① 除《烟花爆竹工程设计安全规范》（GB 50161）第8.2.2条第2款规定以外的1.3级建筑物，均应采用现浇钢筋混凝土框架结构。

② 当符合下列条件之一者，可采用钢筋混凝土柱、梁承重结构或砌体承重结构：

a. 同时满足跨度不大于7.5 m，长度不大于30 m，室内净高不大于4 m，且横隔墙间距不大于15 m的厂房。

b. 横隔墙较密且间距不大于6 m的厂房。

（3）采用砌体承重结构的1.1级、1.3级建筑物不得采用独立砖柱承重。危险性建筑物的砌体厚度不应小于240 mm，并不得采用空斗墙和毛石墙。

（4）1.1级、1.3级厂房屋盖宜采用现浇钢筋混凝土屋盖，并与框架连成整体；也可采用轻质泄压屋盖。当采用钢筋混凝土柱、梁或砌体承重结构时，宜采用轻质泄压屋盖，当采用轻质泄压屋盖（如彩色复合压型钢板等）时，宜采取防止成片或整块屋盖飞出伤人的措施。1.1^{-2}级黑火药生产厂房宜采用轻质易碎屋盖或轻质泄压屋盖。当1.3级厂房屋盖采用现浇钢筋混凝土屋盖时，宜设置能较好泄压的门窗等。

（5）有易燃、易爆粉尘的厂房，应采用外形平整、不易积尘的结构构件和构造。

（6）1.1级、1.3级厂房结构构造应符合下列规定：

① 在梁底标高处，沿外墙和内横墙设置现浇钢筋混凝土闭合圈梁。

② 梁与墙或柱应锚固可靠，梁与圈梁应连成整体。

③ 围护砌体和钢筋混凝土柱之间应加强联结，纵横砌体之间也应加强联结。

④ 门窗洞口应采用钢筋混凝土过梁，过梁的支承长度不应小于250 mm。当门洞口大于2700 mm时宜设置钢筋混凝土门框架或门樘。

⑤ 砌体承重结构的外墙四角及单元内外墙交接处应设构造柱。

3）抗爆间室和抗爆屏院

（1）抗爆间室墙厚及屋盖应根据设计药量计算后确定，并应符合下列规定：

① 当设计药量大于1 kg时，抗爆间室的墙及屋盖应采用现浇钢筋混凝土结构，墙厚不宜小于300 mm。

② 当设计药量不大于1 kg时，抗爆间室的墙及屋盖宜采用现浇钢筋混凝土结构，墙厚不应小于200 mm。

③ 当设计药量不大于1 kg时，抗爆间室的墙及屋盖可采用钢板或组合钢板结构。

（2）抗爆间室的墙（不包括轻型窗所在墙）和屋盖计算应符合下列规定：

① 在设计药量爆炸空气冲击波和破片的局部作用下，不应产生震塌、飞散和穿透。

② 在设计药量爆炸空气冲击波的整体作用下，允许产生一定的残余变形。按使用要求，抗爆间室的墙和屋盖按弹性或弹塑性理论设计。

（3）抗爆间室朝室外的一面应设置轻型窗。窗台的高度不应高于室内地面0.4 m。

（4）在抗爆间室轻型窗的外面应设置现浇钢筋混凝土抗爆屏院，并应符合《烟花爆竹工程设计安全规范》（GB 50161）的规定。

（5）危险品生产厂房中，采用抗爆间室时应符合下列规定：

① 抗爆间室之间或抗爆间室与相邻工作间之间不应设地沟相通。

② 输送有燃烧爆炸危险物料的管道，在未设隔火隔爆措施的条件下，不应通过或进出抗爆间室。

③ 当输送没有燃烧爆炸危险物料的管道必须通过或进出抗爆间室时，应在穿墙处采取密封措施。

④ 抗爆间室的门、操作口、观察孔和传递窗的结构应能满足抗爆及不传爆的要求。

⑤ 抗爆间室门的开启应与室内设备动力系统的启停进行联锁。

⑥ 抗爆间室的墙应高出厂房相邻屋面不少于0.5 m。

（6）当危险品仓库均采用抗爆间室时，可不设置抗爆屏院，结构可按不殉爆设计。

4）危险品生产区危险性建筑物的安全疏散

（1）危险品生产厂房安全出口的设置应符合下列规定：

① 1.1级、1.3级厂房每一危险性工作间的建筑面积大于18 m^2时，安全出口的数目不应少于2个。

② 1.1级、1.3级厂房每一危险性工作间的建筑面积小于18 m^2，且同一时间内的作

业人员不超过3人时，可设1个安全出口，但必须设置安全窗。当建筑面积小于9 m^2，且同一时间内的作业人员不超过2人时，也可设1个安全出口。

③ 安全出口应布置在建筑物室外有安全通道的一侧。

④ 须穿过另一危险性工作间才能到达室外的出口，不应作为本工作间的安全出口。

⑤ 防护屏障内的危险性厂房的安全出口，应布置在防护屏障的开口方向或安全疏散隧道的附近。

（2）1.1级、1.3级厂房外墙上宜设置安全窗。安全窗可作为安全出口，但不得计入安全出口的数目。

（3）1.1级、1.3级厂房每一危险工作间内由最远工作点至外部出口的距离，应符合下列规定：

① 1.1级厂房不应超过5 m。

② 1.3级厂房不应超过8 m。

（4）厂房内的主通道宽度不应小于1.2 m；每排操作岗位间的通道宽度和工作间内的通道宽度不应小于1.0 m。

（5）疏散门的设置应符合下列规定：

① 应为向外开启的平开门，室内不得装插销。

② 当设置门斗时，应采用外门斗，门的开启方向应与疏散方向一致。

③ 危险性工作间的外门口不应设置台阶，应做成防滑坡道。

5）危险品生产区危险性建筑物的建筑构造

（1）1.1级、1.3级厂房的门应采用向外开启的平开门，外门宽度不应小于1.2 m。危险性工作间的门不应与其他房间的门直对设置；内门宽度不应小于1.0 m。内、外门均不得设置门槛。外门口不应设置影响疏散的明沟和管线等。

（2）危险品生产区内建筑物的门窗玻璃宜采用防止碎玻璃伤人的措施。

（3）黑火药和烟火药生产厂房应采用木门窗。门窗的小五金应采用在相互碰撞或摩擦时不产生火花的材料。

（4）安全窗应符合下列规定：

① 窗洞口的宽度不应小于1.0 m。

② 窗扇的高度不应小于1.5 m。

③ 窗台的高度不应高出室内地面0.5 m。

④ 窗扇应向外平开，不得设置中挺。

⑤ 窗扇不宜设插销，应利于快速开启。

⑥ 双层安全窗的窗扇，应能同时向外开启。

（5）危险性工作间的地面应符合现行国家标准《建筑地面设计规范》（GB 50037）的有关要求，并应符合下列规定：

① 对火花能引起危险品燃烧、爆炸的工作间，应采用不发生火花的地面。

② 当工作间内的危险品对撞击、摩擦特别敏感时，应采用不发生火花的柔性地面。

③ 当工作间内的危险品对静电作用特别敏感时，应采用不发生火花的防静电地面。

（6）有易燃易爆粉尘的工作间不宜设置吊顶。当设置吊顶时，应符合下列规定：

① 吊顶上不应有孔洞。

② 墙体应砌至屋面板或梁的底部。

（7）危险性工作间的内墙应抹灰。有易燃易爆粉尘的工作间，其地面、内墙面、顶棚面应平整、光滑，不得有裂缝，所有凹角宜抹成圆弧。易燃易爆粉尘较少的工作间内墙面应刷 1.5 ~2.0 m 高油漆墙裙；经常冲洗的工作间，其顶棚及内墙面应刷油漆，油漆颜色与危险品颜色应有所区别。收集冲洗废水的排水沟，其内壁宜平整、光滑，所有凹角宜抹成圆弧，不得有裂缝。排水沟的坡度不宜小于 1%。

6）危险品总仓库区危险品仓库的建筑结构

（1）危险品仓库应根据当地气候和存放物品的要求，采取防潮、隔热、通风、防小动物等措施。

（2）危险品仓库宜采用现浇钢筋混凝土框架结构，也可采用钢筋混凝土柱、梁承重结构或砌体承重结构。屋盖宜采用现浇钢筋混凝土屋盖，也可采用轻质泄压或轻质易碎屋盖。1.3 级仓库屋盖当采用现浇钢筋混凝土屋盖时，宜多设置门和高窗或采用轻型转护结构等。

（3）危险品仓库安全出口的设置应符合下列规定：

① 当仓库（或储存隔间）的建筑面积大于 100 m^2（或长度大于 18 m）时，安全出口不应少于 2 个。

② 当仓库（或储存隔间）的建筑面积小于 100 m^2，且长度小于 18 m 时，可设 1 个安全出口。

③ 仓库内任一点至安全出口的距离不应大于 15 m。

（4）危险品仓库门的设计应符合下列规定：

① 仓库的门应向外平开，门洞的宽度不宜小于 1.5 m，不得设门槛。

② 当仓库设计门斗时，应采用外门斗，且内、外两层门均应向外开启。

③ 总仓库的门宜为双层，内层门为通风用门，通风用门应有防小动物进入的措施，外层门为防火门，两层门均应向外开启。

（5）危险品总仓库的窗宜设可开启的高窗，并应配置铁栅和金属网。在勒脚处宜设置可开关的活动百叶窗或带活动防护板的固定百叶窗。窗应有防小动物进入的措施。

（6）危险品仓库的地面应符合相关规定。当危险品已装箱并不在库内开箱时，可采用一般地面。

7）通廊和隧道

（1）危险品运输通廊设计应符合下列规定：

① 通廊的承重及围护结构宜采用不燃烧体。

② 通廊宜采用钢筋混凝土柱或符合防火要求的钢柱承重。

③ 运输中有可能撒落药粉的通廊，其地面面层应与连接的危险性建筑物地面面层相一致。

（2）防护屏障的隧道应采用钢筋混凝土结构。运输中有可能撒落药粉的隧道地面，应采用不发生火花地面，且不应设置台阶。

（四）烟花爆竹工厂电气安全要求

1. 电气设备防爆

《烟花爆竹工程设计安全规范》(GB 50161) 将危险场所划分为 F0、F1、F2 三类，并应符合下列规定：

F0 类，经常或长期存在能形成爆炸危险的黑火药、烟火药及其粉尘的危险场所。

F1 类，在正常运行时可能形成爆炸危险的黑火药、烟火药及其粉尘的危险场所。

F2 类，在正常运行时能形成火灾危险，而爆炸危险性极小的危险品及粉尘的危险场所。

各类危险场所均以工作间（或建筑物）为单位。

（1）危险场所电气设备应符合下列规定：

① 正常运行和操作时，可能产生电火花或高温的电气设备应安装在无危险或危险性较小的场所。

② 危险场所采用的防爆电气设备必须是按照现行国家标准生产的合格产品。

③ 危险场所电气设备允许最高表面温度为 T4（135 ℃）。

④ 危险场所采用的接线盒、挠性连接等选型，应与该场所电气设备防爆等级相一致。

⑤ 危险场所电动机的电气设计应符合现行国家标准《通用用电设备配电设计规范》(GB 50055) 中第二章电动机的规定。

⑥ 生产时严禁工作人员入内的工作间，其用电设备的控制按钮应安装在工作间外，并应将用电设备的启停与门联锁，门关闭后用电设备才能启动。

⑦ 危险场所不宜设置接插装置。当确需设置时，应选择相应防爆型插座与插销带联锁保护装置，并满足断电后插销才能插入或拔出的要求。

⑧ 危险场所不应使用无线遥控设备等。

（2）危险场所采用非防爆电气设备隔墙传动时，应符合下列规定：

① 安装电气设备的工作间应采用不燃烧体密实墙与危险场所隔开，隔墙上不应设门、窗、洞口。

② 传动轴通过隔墙处的孔洞必须采用填料函封堵或有同等效果的密封措施。

③ 安装电气设备工作间的门应设在外墙上或通向非危险场所，且门应向室外或非危险场所开启。

（3）F0 类危险场所不应安装电气设备。当确有必要时，可设置检测仪表（黑火药除外），检测仪表选型应符合《烟花爆竹工程设计安全规范》(GB 50161) 第 12. 2. 5 条的规定。

（4）F0 类危险场所电气照明应采用可燃性粉尘环境 21 区用电气设备 DIP21，外壳防护等级为 IP65 级的灯具，安装在固定窗外照明或采用能够满足有关规范安全要求的壁龛灯。

门灯及安装在外墙外侧的开关、控制按钮、控制箱等，选型应与灯具防爆级别相同的产品。

（5）F1 类危险场所电气设备的选型应符合下列规定：

① 电气设备应采用可燃性粉尘环境电气设备 21 区 DIP21、IP65，爆炸性气体环境用电气设备Ⅱ类 B 级隔爆型、本质安全型（IP54），灯具及控制按钮可采用增安型。

② 门灯及安装在外墙外侧的开关应采用可燃性粉尘环境用电气设备不低于 22 区 DIP22、IP54。

（6）F2 类危险场所电气设备、门灯及安装在外墙外侧的开关应采用可燃性粉尘环境用电气设备 22 区 DIP22、IP54。

2. 防雷与接地

（1）危险性建筑物应采取防雷措施。防雷设计应符合现行国家标准《建筑物防雷设计规范》(GB 50057）的有关规定。危险性建筑物防雷类别应符合《烟花爆竹工程设计安全规范》(GB 50161）中表 12.1.1－1 和表 12.1.1－2 的规定。

（2）变电所引至危险性建筑物的低压供电系统宜采用 TN－C－S 接地形式，从建筑物内总配电箱开始引出的配电线路和分支线路必须采用 TN－S 系统。

（3）危险性建筑物内电气设备的工作接地、保护接地、防雷电感应等接地、防静电接地、信息系统接地等应共用接地装置，接地电阻值应取其中最小值。

（4）危险性建筑物内穿电线的钢管、电缆的金属外皮、除输送危险物质外的金属管道、建筑物钢筋等设施均应等电位联结。

（5）危险性建筑物总配电箱内应设置电涌保护器。

（6）当危险场所设有多台需要接地的设备且位置分散时，工作间内应设置构成闭合回路的接地干线。接地体宜沿建筑物墙外埋地敷设，并应构成闭合回路，且每隔 18～24 m 室内与室外连接一次，每个建筑物的连接不应少于 2 处。

（7）架空敷设的金属管道应在进出建筑物处与防雷电感应的接地装置相连接。距离建筑物 100 m 内的金属管道应每隔 25 m 左右接地一次，其冲击接地电阻不应大于 20 Ω。埋地或地沟内敷设的金属管道在进出建筑物处亦应与防雷电感应的接地装置相连。

（8）平行敷设的金属管道，当其净距小于 100 mm 时，应每隔 25 m 左右用金属线跨接一次；当交叉净距小于 100 mm 时，其交叉处亦应跨接。

3. 防静电

（1）危险场所中可导电的金属设备、金属管道、金属支架及金属导体均应进行直接静电接地。

（2）静电接地系统应与电气设备的保护接地共用同一接地装置。

（3）危险场所中不能或不宜直接接地的金属设备、装置等，应通过防静电材料间接接地。

（4）当危险场所采用防静电地面及工作台面时，其静电泄漏电阻值应控制在 0.05～1.0 MΩ。

（5）危险场所需要采用空气增湿方法泄漏静电时，其室内空气相对湿度宜为 60%。黑火药生产的危险场所空气相对湿度应为 65%。当工艺有特殊要求时可按工艺要求确定。

（6）危险场所不应使用静电非导体材料制作的工装器具时，应对其进行导静电处理，使其静电泄漏电阻值符合要求。

（7）黑火药、烟火药生产危险场所入口处的外墙外侧应设置人体综合电阻监测仪和人体静电指示及释放仪，在其附近宜设置备用接地端子。

4. 通信

（1）危险品生产区和危险品总仓库区应设置畅通的固定电话。

（2）危险场所电话设备选型及线路的技术要求应符合《烟花爆竹工程设计安全规范》（GB 50161）的有关规定。

（五）烟花爆竹及其原料储存和运输安全要求

1. 危险品储存

（1）危险品的储存应符合现行国家标准《烟花爆竹作业安全技术规程》（GB 11652）有关储存的规定。

（2）库房（仓库）危险品的存药量和建设规模应符合下列规定：

① 危险品生产区内，1.1 级中转库单库存药量不应超过 500 kg，1.3 级中转库单库存药量不应超过1000 kg。

② 危险品总仓库区内，1.1 级成品仓库单库存药量不宜超过 10000 kg，1.3 级成品仓库单库存药量不宜超过 20000 kg；烟火药、黑火药、引火线仓库单库存药量不宜超过5000 kg。

③ 危险品总仓库区内，1.1 级成品仓库单栋建筑面积不宜超过 500 m^2，1.3 级成品仓库单栋建筑面积不宜超过 1000 m^2，每个防火区面积不超过 500 m^2，烟火药、黑火药、引火线仓库单栋建筑面积不宜超过 100 m^2。

（3）库房（仓库）内危险品的堆放应符合下列规定：

① 危险品堆垛间应留有检查、清点、装运的通道。堆垛之间的距离不宜小于 0.7 m，堆垛距内墙壁距离不宜少于 0.45 m；搬运通道的宽度不宜小于 1.5 m。

② 烟火药、黑火药堆垛的高度不应超过 1.0 m；半成品与未成箱成品堆垛的高度不应超过 1.5 m；成箱成品堆垛的高度不应超过 2.5 m。

2. 危险品运输

（1）危险品的运输宜采用符合安全要求并带有防火罩的汽车运输；厂内运输可采用符合安全要求的手推车运输，厂房之间的运输也可采用人工提送的方式。不宜采用三轮车运输，严禁用畜力车、翻斗车和各种挂车运输。

（2）危险品生产区运输危险品的主干道中心线与各级危险性建筑物的距离应符合下列规定：

① 距 1.1 级建筑物不宜小于 20 m，有防护屏障时可不小于 12 m。

② 距 1.3 级建筑物不宜小于 12 m；距实墙面可不小于 6 m。

③ 运输裸露危险品的道路中心线距有明火或散发火星的建构筑物不应小于 35 m。

（3）危险品总仓库区运输危险品的主干道中心线与各级危险性建筑物的距离不应小于 10 m。

（4）危险品生产区和危险品总仓库区内汽车运输危险品的主干道纵坡不宜大于 6%；手推车运输危险品的道路纵坡不宜大于 2%。

（5）机动车不应直接进入 1.1 级和 1.3 级建筑物内，装卸作业宜在各级危险性建筑物门前不小于 2.5 m 以外处进行。

（6）人工提送危险品时，宜设专用人行道，道路纵坡不宜大于 8%，路面应平整，且不应设有台阶。

三、烟花爆竹生产安全管理要求

为加强烟花爆竹企业安全生产工作，根据《中华人民共和国安全生产法》和《安全生产许可证条例》，国家有关部门颁布《烟花爆竹生产企业安全生产许可证实施办法》等管理规定，提出烟花爆竹企业安全生产应满足下列安全生产要求：

（1）烟花爆竹生产企业必须依照有关规定取得安全生产许可证。未取得安全生产许可证的，不得从事生产活动。

（2）烟花爆竹生产企业应当建立健全主要负责人、分管负责人、安全生产管理人员、职能部门、岗位安全生产责任制，制定下列安全管理制度和操作规程：

① 安全目标管理制度、安全奖惩制度、安全检查制度、安全技术措施审批制度。

② 事故隐患整改制度、安全设施设备管理制度、从业人员安全教育培训制度、动火作业管理制度、安全投入保障制度、重大危险源检查监控和安全评估制度、防护用品（具）管理制度，以及原材料、辅助材料购买、检验、使用和保管制度。

③ 职业卫生管理制度。

④ 符合有关规程要求的安全操作规程。

（3）烟花爆竹生产企业的安全投入应符合安全生产要求。

（4）烟花爆竹生产企业应当设置安全生产管理机构，配备专职安全生产管理人员，并符合下列要求：

① 确定安全生产主管人员。

② 烟花爆竹生产企业配备占本企业从业人员总数1%以上且至少有1名专职安全生产管理人员。

③ 配备相当数量的兼职安全生产管理人员。

（5）烟花爆竹生产企业主要负责人、安全生产管理人员的安全生产知识和管理能力应当经考核合格。烟花爆竹药物混合、造粒、筛选、装药、筑药、压药、切引等工序的特种作业人员应当接受烟花爆竹专业知识培训，并经考核合格取得操作资格证书。其他岗位从业人员须经本岗位安全生产知识教育和培训并考核合格。

（6）烟花爆竹生产企业生产设施应当符合以下安全生产条件：

① 具有与生产规模、产品品种相适应并符合安全生产要求的生产厂房和储存仓库。

② 生产厂房、储存仓库、燃放试验场的内外部安全距离和厂房布局、建筑结构、生产工艺布置、安全疏散条件、消防设施以及防爆、防雷、防静电等安全设施符合《烟花爆竹工程设计安全规范》(GB 50161）的要求。

③ 危险品生产区与办公区（生活区）、有火源区与禁火区、生产车间与仓库（中转库或收发室）、危险工序与普通工序应当分离。

④ 不得改变工厂设计方案规定的厂房、仓库的功能和用途。

⑤ A_1 级建筑物应设有安全防护屏障。

⑥ A_2 级建筑物应单人单栋使用。

⑦ A_3 级建筑物应单人单间使用，并且每栋同时作业人员的数量不得超过2人。

⑧ C级建筑物的人均使用面积不得少于3.5 m^2。

⑨ 工房按规定的用途进行标识。

⑩ 生产厂房和仓库的周边应有相应的防火隔离措施。

⑪ 生产区域有明显的安全警示标志和警示标语，危险工序现场应牢固张贴安全管理制度和操作规程。

⑫ 具有保证安全生产和产品质量的设备、仪器和工艺装备。

⑬ 用于加工药物或与药物接触的设备应符合《烟花爆竹工程设计安全规范》（GB 50161）的要求。

⑭ 电器设备及机械加工设备中的电器部分应符合《烟花爆竹工程设计安全规范》（GB 50161）的要求。

⑮ 机械制造含高氯酸盐引火线的每栋工房内不得超过 2 台机组，制造硝酸盐引火线的每栋工房内不得超过 4 台机组，机组间应当用实墙隔离，每栋工房定员 1 人；其他工序（如机械造粒、混合、压药、筑药等直接机械加工药物工序）每栋工房内不得超过 1 台机组。

⑯ 特种设备应定期检验并符合有关法律法规、国家标准和行业规定的条件。

⑰ 严禁在危险场所架设临时性电气设施。

（7）烟花爆竹工厂设计和厂址、厂房、储存仓库等设施的设计与测绘应当符合下列条件：

① 由具有相应资质的专业机构承担设计和测绘工作。

② 专业机构提供的文件、图样、技术资料等应符合国家有关法律、法规和国家标准、行业标准的要求。

③ 设计图样和测绘图样应有设计单位、测绘单位及其设计人员、技术人员和审核单位及审核人的签章。

（8）烟花爆竹生产企业工厂周边安全防护距离应符合国家有关规定。

（9）烟花爆竹生产企业应当采取下列职业危害预防措施：

① 为从业人员配备符合国家标准或行业标准的劳动防护用品。

② 对重大危险源进行检测、评估，采取监控措施。

③ 为从业人员定期进行健康检查。

④ 在安全区内设立独立的操作人员更衣室。

（10）烟花爆竹生产企业应当依法进行安全评价。

（11）烟花爆竹生产企业应当建立生产安全事故应急救援组织，制定事故应急预案，配备应急救援人员和必要的应急救援器材和设备。

（12）烟花爆竹生产企业在建设、生产和经营中，应当符合相应的标准和规范，如《烟花爆竹工程设计安全规范》（GB 50161）、《烟花爆竹作业安全技术规程》（GB 11652）、《烟花爆竹　安全与质量》（GB 10631）、《建筑设计防火规范》（GB 50016）、《建筑物防雷设计规范》（GB 50057）等国家标准、行业标准规定的其他条件。

四、烟花爆竹行业安全规范与技术标准

（一）烟花爆竹安全与质量

《烟花爆竹　安全与质量》(GB 10631）规定了烟花爆（炮）竹产品分类、通用安全技术质量要求、检验方法和检验规则，还规定了产品的标志、包装、运输和储存要求。

引用标准包括《烟花爆竹　抽样检查规则》(GB/T 10632）等。

为进一步提高烟花爆竹安全与质量，国家颁布了一些新的标准：

《烟花爆竹　组合烟花》(GB 19593)。

《化工产品中水分测定的通用方法　干燥减量法》(GB/T 6284)。

《化学试剂　pH 值测定通则》(GB/T 9724)。

《烟花爆竹　黑火药爆竹（爆竹类产品)》(GB 21552)。

《烟花爆竹　双响（升空类产品)》(GB 21555)。

《烟花爆竹　火箭（升空类产品)》(GB 21553)。

《烟花爆竹　标志》(GB 24426)。

《烟花爆竹用纸》(GB/T 22928)。

《烟花爆竹　检验规程》(GB/T 22810)。

《烟花爆竹　安全性能检测规程》(GB/T 22809)。

《烟花爆竹工程设计安全规范》(GB 50161)。

《烟花爆竹作业安全技术规程》(GB 11652)。

《建筑物防雷设计规范》(GB 50057)。

《通用用电设备配电设计规范》(GB 50055)。

《建筑地面设计规范》(GB 50037)。

《建筑设计防火规范》(GB 50016)。

针对烟花爆竹行业的生产现状，减少或杜绝安全事故的发生，除了国家颁布的标准和规范外，原国家安全生产监督管理总局也颁布了一些新的标准与规范：

《烟花爆竹企业安全监控系统通用技术条件》(AQ 4101)。

《烟花爆竹流向登记通用规范》(AQ 4102)。

《烟花爆竹　烟火药认定方法》(AQ 4103)。

《烟花爆竹　烟火药安全性指标及测定方法》(AQ 4104)。

《烟花爆竹机械 引线机》(AQ 4108)。

《烟花爆竹机械 爆竹插引机》(AQ 4109)。

《烟花爆竹机械 结鞭机》(AQ 4110)。

《烟花爆竹作业场所机械电器安全规范》(AQ 4111)。

《烟花爆竹出厂包装检验规程》(AQ 4112)。

《烟花爆竹企业安全评价规范》(AQ 4113)。

《烟花爆竹安全生产标志》(AQ 4114)。

《礼花弹生产安全条件》(AQ 4121)。

《烟花爆竹　烟火药吸湿率测定方法》(AQ/T 4122)。

《烟花爆竹　烟火药火焰感度测定方法》(AQ/T 4123)。

《烟花爆竹　烟火药危险性分类定级方法》(AQ/T 4124)。

《烟花爆竹　单基火药安全要求》(AQ 4125)。

（二）烟花爆竹作业安全技术规范

《烟花爆竹作业安全技术规范》（GB 11652）规定了烟花爆竹企业在生产和储运过程中的劳动安全技术要求。本标准适用于烟花爆竹生产企业（含引火线厂、烟火药厂），也适用于外加工厂。

（三）烟花爆竹生产企业安全生产许可证实施办法

烟花爆竹生产企业必须依照相关实施办法的规定取得安全生产许可证。未取得安全生产许可证的，不得从事生产活动。安全生产许可证的颁发管理工作实行企业申请、一级发证、属地监管的原则。

烟花爆竹生产企业生产设施应当符合下列条件：

（1）具有与生产规模、产品品种相适应并符合安全生产要求的生产厂房和储存仓库。

（2）生产厂房、储存仓库、燃放试验场的内外部安全距离和厂房布局、建筑结构、生产工艺布置、安全疏散条件、消防设施及防爆、防雷、防静电等安全设施符合《烟花爆竹工程设计安全规范》（GB 50161）的要求。

已经建成投产的烟花爆竹生产企业在申请安全生产许可证期间，应当依法进行生产，确保安全；不具备安全生产条件的，应当进行整改并制定安全保障措施；经整改仍不具备安全生产条件的，不得进行生产。

第四节 民用爆炸物品安全技术

一、民用爆炸物品生产安全基础知识

民用爆炸物品是用于非军事目的、列入《民用爆炸物品品名表》的各类火药、炸药及其制品和雷管、导火索等点火、起爆器材。

（一）民用爆炸物品的分类

民用爆炸物品是广泛用于矿山、开山辟路、水利工程、地质探矿和爆炸加工等许多工业领域的重要消耗材料。但是，由于这类器材本身存在着燃烧爆炸特性，在生产、储运、经营、使用过程中具有火灾爆炸危险性，因而以防火防爆为主要内容的安全生产工作具有特殊的重要性。

民用爆炸物品包括工业炸药、起爆器材、专用民爆物品。

1. 工业炸药

如乳化炸药、铵油炸药、膨化炸药、水胶炸药及其他工业炸药等。

2. 起爆器材

起爆器材可分为起爆材料和传爆材料两大类。电雷管、磁电雷管、导爆管雷管、继爆管及其他雷管属起爆材料；导火索、导爆索、导爆管等属传火传爆材料。

3. 专用民爆物品

如油气井用起爆器、射孔弹、复合射孔器、修井爆破器材、点火药盒，地震勘探用震源药柱、震源弹，特种爆破用矿岩破碎器材、中继起爆具、平炉出钢口穿孔弹、果林增效爆破具等。

(二) 民用爆炸物品的火灾爆炸危险因素

由于民用爆炸物品种类繁多，不同类别和品种的爆炸物品在生产、储存、运输和使用过程中的危险因素不尽相同，因而不能分门别类加以阐述。这里仅以乳化炸药的生产为例，说明民用爆炸物品生产的火灾爆炸危险性。

乳化炸药是将水相和油相在高速的运转和强剪切力作用下，借助乳化剂的乳化作用而形成乳化基质，再经过敏化剂敏化得到的一种油包水型的爆炸性物质。乳化炸药的生产工艺可以简单概括为以下几个步骤：油相制备，水相制备，乳化，敏化，装药包装。制药所用的原材料和辅助材料，如硝酸铵、复合蜡（含乳化剂）等都具有易燃易爆性；乳化设备中有高速转动摩擦的部件，装药机含有各种输送泵。因此，乳化炸药生产线存在着火灾爆炸的危险。

乳化炸药生产的火灾爆炸危险因素主要来自物质危险性，如生产过程中的高温、撞击摩擦、电气和静电火花、雷电引起的危险性。

乳化炸药生产原料或成品在储存和运输中存在以下危险因素：

(1) 硝酸铵储存过程中会发生自然分解，放出热量。当环境具备一定的条件时热量聚集，当温度达到爆发点时引起硝酸铵燃烧或爆炸。

(2) 油相材料都是易燃危险品，储存时遇到高温、氧化剂等，易发生燃烧而引起燃烧事故。

(3) 乳化炸药的运输可能发生翻车、撞车、坠落、碰撞及摩擦等险情，会引起乳化炸药的燃烧或爆炸。

(三) 民用爆炸物品基本安全知识

1. 炸药燃烧及爆炸特征

1) 炸药燃烧的特性

(1) 能量特征。它是标志炸药做功能力的参量，一般是指 1 kg 炸药燃烧时气体产物所做的功。

(2) 燃烧特性。它标志炸药能量释放的能力，主要取决于炸药的燃烧速率和燃烧表面积。燃烧速率与炸药的组成和物理结构有关，还随初始温度和工作压力的升高而增大。加入增速剂、嵌入金属丝或将炸药制成多孔状，均可提高燃烧速率。加入降速剂，可降低燃烧速率。燃烧表面积主要取决于炸药的几何形状、尺寸和对表面积的处理情况。

(3) 力学特性。它是指炸药要具有相应的强度，满足在高温下保持不变形、低温下不变脆，能承受在使用时可能出现的各种力的作用，以保证稳定燃烧。

(4) 安定性。它是指炸药必须在长期储存中保持其物理化学性质的相对稳定。为改善炸药的安定性，一般在炸药中加入少量的化学安定剂，如二苯胺等。

(5) 安全性。由于炸药在特定的条件下能发生爆轰，所以要求在配方设计时必须考虑炸药在生产、使用和运输过程中安全可靠。

2) 炸药爆炸特征

炸药的爆炸是一种化学过程，但与一般的化学反应过程相比，具有三大特征：

(1) 反应过程的放热性。在炸药的爆炸变化过程中，炸药的化学能转变成热能。热的释放是爆炸变化过程的发生和自行传播的必要条件。爆炸变化过程所放出的热量称为爆炸热（或爆热），常用炸药的爆热在 3700 ~ 7500 kJ/kg。

（2）反应过程的高速度。炸药中氧化剂和还原剂事先充分混合和接近，许多炸药的氧化剂和还原剂共存于一个分子内，能够发生快速的逐层传递的化学反应，使爆炸过程以极快的速度进行，通常为每秒几百米或几千米。

（3）反应生成物必定含有大量的气态物质。

2. 民用爆炸品的燃烧爆炸敏感度及其影响因素

1）起爆器材、工业炸药的燃烧爆炸敏感度

热、电、光、冲击波、机械摩擦和撞击等外界作用可激发民用爆炸品发生爆炸。民用爆炸品在外界作用下引起燃烧和爆炸的难易程度称为民用爆炸品的敏感程度，简称民用爆炸品的感度。民用爆炸品有各种不同的感度，一般有火焰感度、热感度、机械感度（撞击感度、摩擦感度、针刺感度）、电感度（交直流电感度、静电感度、射频感度）、光感度（可见光感度、激光感度）、冲击波感度、爆轰感度。

起爆药最容易受外界能量激发而发生爆炸，并能极迅速地形成爆轰。

工业炸药属猛炸药，这类炸药在一定的外界激发冲量作用下能引起爆轰。

2）民用爆炸品爆炸影响因素

影响民用爆炸品爆炸的因素很多，主要有炸药的性质、装药的临界尺寸、炸药层的厚度和密度、炸药的杂质及含量、周围介质的气体压力和壳体的密封、环境温度和湿度等。

3. 爆炸冲击波的破坏作用和防护措施

1）爆炸冲击波的破坏作用

爆炸所产生的空气冲击波的初始压力（波面压力）可达 100 MPa 以上。其峰值超压达到一定值时，对建（构）筑物、人身及其他各种有生力量（动物等）构成一定程度的破坏或损伤。

2）防护措施

（1）生产、储存民用爆炸物品的工厂、仓库应建在远离城市的独立地带，禁止设立在城市市区和其他居民聚集的地方及风景名胜区。生产、储存民用爆炸物品的工厂、仓库建筑与周围的水利设施、交通枢纽、桥梁、隧道、高压输电线路、通信线路、输油管道等重要设施的安全距离，必须符合《民用爆破器材工程设计安全规范》（GB 50089）等标准规定。

（2）生产爆炸物品的工厂在总体规划和设计时，应严格按照生产性质及功能进行分区、布置，并使各分区与外部目标、各区之间保持必要的外部距离。

3）工厂平面布置

（1）主厂区内应根据工艺流程、生产特性，在选定的区域范围内，充分利用有利安全的自然地形，按危险与非危险分开原则，加以区划、布置。主厂区应布置在非危险区的下风侧。

（2）总仓库区应远离工厂住宅区和城市等目标，有条件最好布置在单独的山沟或其他有利地形处。

（3）销毁场所应选择在有利的自然地形，如山沟、丘陵、河滩等地，在满足安全距离的条件下，确定销毁场地和有关建筑的位置。

4）安全距离

为保证爆炸事故发生后产生的冲击波对建（构）筑物等的破坏不超过规定的破坏标准，危险品生产区、总仓库区、销毁场等区域内的建筑物应留有足够的安全距离，称为内部安全距离。危险品生产区、总仓库区、销毁场等与该区域外的村庄、居民建筑、工厂、城镇、运输线路、输电线路等必须保持足够的安全防护距离，称为外部安全距离。

5）工艺布置

（1）在生产工艺方面应尽量采用新技术，实现机械化、自动化、连续化、遥控化，做到人机隔离、远距离操作，并应减少厂房的计算药量和操作人员。

（2）在生产工艺流程中，需区分开危险生产工序与非危险生产工序，且宜分别设置厂房。

（3）在厂房内工艺布置时，宜将危险生产工序布置在一端，接着布置危险较低的生产工序。危险生产工序的一端宜位于行人稀少的偏僻地段。危险品暂存间亦宜布置在地处偏僻的一端。

（4）危险品生产厂房和库房在平面上宜布置成简单的矩形，不宜设计成复杂的凹型、L 型等。

（5）危险品生产厂房库房要充分考虑人员的紧急疏散问题。

（6）有泄爆要求的工艺设备，在布置时应使其泄爆方向不直接对着其他建筑物或主要道路。

（7）抗爆间的设置要符合《民用爆破器材工程设计安全规范》(GB 50089）的要求。

6）电气设备防爆

（1）对于 F0 区场所，即炸药、起爆药、火工品的储存场所，制造加工、储存场所，不应安装电气设备。电气照明采用安装在建筑外墙的壁龛灯或装在室外的投光灯。

（2）对于 F1 区场所，即起爆药、火工品制造的场所，电气设备表面温度不得超过允许表面温度（有 140 ℃、100 ℃等），且符合防爆电气设备的有关规定：应优先采用尘密结构型、Ⅱ类 B 级隔爆型、本质安全型、增安型（仅限于灯类及控制按钮）。当生产设备采用电力传动时，电动机应安装在无危险场所，采取隔墙传动。

（3）对于 F2 区场所，即理化分析成品试验站，选用密封型、防水防尘型设备。

7）防雷电措施

对于危险品的生产和储存的爆炸危险性建筑物，应按相应的防雷类别（一类、二类），采取防直击雷、防雷电感应、防雷电波侵入和防雷击电磁脉冲的措施，实施总等电位联结，以减少和预防雷电危害。

8）防静电措施

为防止静电火花引起危险品燃烧爆炸事故的发生，应按照静电危险环境的级别（EA、EB、EC）控制静电危害，并采取直接和间接静电接地措施，部分危险场所应采用防静电措施。

9）消防雨淋系统灭火

火炸药燃速极快，在数秒内就能造成难以扑救的火灾及爆炸事故，所以，在火炸药生产工房，需采用消防灭火系统装置。消防雨淋系统主要由探测系统及雨淋管网组成。

10）火灾报警系统

火灾报警系统是根据火灾酝酿期和发展期陆续出现的烟、热流、火光、气味等火灾信息，通过感温报警器、感烟器、光电报警器等，发出声、光警报，及早发现，采取灭火措施。火灾自动报警系统是由触发器件、火灾报警装置、火灾警报装置，以及具有其他辅助功能的装置所组成的火灾报警系统。它能够在火灾初期，将燃烧产生的烟雾、热量和光辐射等物理量，通过感温、感烟和感光等火灾探测器变成电信号，传输到火灾报警控制器，并同时显示出火灾发生的部位，记录火灾发生的时间。

4. 预防燃烧爆炸事故的主要措施

（1）民用爆炸物品的生产工艺技术应是成熟、可靠或经过技术鉴定的。

（2）凡从事民用爆炸物品生产、储存的企业，应制定能指导正常生产作业的工艺技术规程和安全操作规程。

（3）可能引起燃烧爆炸事故的机械化作业，应根据危险程度设置自动报警、自动停机、自动泄爆、应急等安全措施。

（4）所有与危险品接触的设备、器具、仪表应相容。

（5）有危及生产安全的专用设备应按有关规定进入目录管理。

（6）预防炸药生产中混入杂质。

（7）在生产、储存、运输时，不允许使用明火，不得接触明火或表面高温物。特殊情况需要使用时，在工艺资料中应做出明确说明，并应限制在一定的安全范围内，且遵守用火细则。

（8）在生产、储存、运输等过程中，要防止摩擦和撞击。

（9）要有防止静电产生和积累的措施。

（10）火炸药生产厂房内的所有电气设备都应采用防爆电气设备，所有设施都应满足防爆要求。

（11）生产、储存工房均应设置避雷设施。

（12）要及时预防机械和设备故障。

（13）生产用设备在停工检修时，要彻底清理残存的炸药；需要气焊时，应采用相应的安全措施。

二、民用爆炸物品生产安全管理要求

为加强民用爆炸物品企业安全生产工作，根据《中华人民共和国安全生产法》和《安全生产许可证条例》，国家有关部门相继颁布《民用爆破器材安全生产许可证实施办法》《民用爆炸物品安全管理条例》等管理规定，提出民用爆炸物品企业安全生产应满足下列安全生产要求：

（1）民用爆炸物品生产企业必须依照有关规定取得安全生产许可证。未取得安全生产许可证的，不得从事生产活动。

（2）民用爆炸物品生产企业应当建立健全主要负责人、分管负责人、安全生产管理人员、职能部门、岗位安全生产责任制，制定下列安全管理制度和操作规程：

① 安全目标管理制度、安全奖惩制度、安全检查制度、安全技术措施审批制度。

② 事故隐患整改制度、安全设施设备管理制度、从业人员安全教育培训制度、动火作业管理制度、安全投入保障制度、重大危险源检查监控和安全评估制度、防护用品

（具）管理制度，以及原材料、辅助材料购买、检验、使用和保管制度。

③ 职业卫生管理制度。

④ 符合有关规程要求的安全操作规程。

（3）民用爆炸物品生产企业的安全投入应符合安全生产要求。

（4）民用爆炸物品生产企业应当设置安全生产管理机构，配备专职安全生产管理人员，并符合下列要求：

① 确定安全生产主管人员。

② 配备专职安全生产管理人员。

③ 配备相当数量的兼职安全生产管理人员。

（5）民用爆炸物品生产企业主要负责人、安全生产管理人员的安全生产知识和管理能力应当经考核合格。

（6）民用爆炸物品生产企业生产设施应当符合以下安全生产条件：

① 具有与生产规模、产品品种相适应并符合《民用爆破器材工程设计安全规范》（GB 50089）要求的生产厂房和储存仓库。

② 生产厂房、储存仓库、性能试验场的内外部安全距离和厂房布局、建筑结构、生产工艺布置、安全疏散条件、消防设施以及防爆、防雷、防静电等安全设施符合《民用爆破器材工程设计安全规范》（GB 50089）的要求。

③ 生产区域应有明显的安全警示标志或警示标语，危险工序现场应牢固张贴安全管理制度和操作规程。

④ 具有保证安全生产和产品质量的设备、仪器和工艺装备。

⑤ 电气设备及机械加工设备中的电气部分应符合《民用爆破器材工程设计安全规范》（GB 50089）的要求。

⑥ 特种设备应定期检验并符合有关法律法规、国家标准和行业标准规定的条件。

（7）民用爆炸物品工厂设计和厂址、厂房、储存仓库等设施的设计与测绘应当符合下列条件：

① 由具有相应资质的专业机构承担设计和测绘工作。

② 专业机构提供的文件、图样、技术资料等应符合国家有关法律、法规和国家标准、行业标准的要求。

③ 设计图样和测绘图样应有设计单位、测绘单位及其设计人员、技术人员和审核单位及审核人的签章。

（8）民用爆炸物品生产企业工厂周边安全距离应符合国家有关规定。

（9）民用爆炸物品生产企业应当采取下列职业危害预防措施：

① 为从业人员配备符合国家标准或行业标准的劳动防护用品。

② 对重大危险源进行检测、评估，采取监控措施。

③ 为从业人员定期进行健康检查。

（10）民用爆炸物品生产企业应当依法进行安全评价。

（11）民用爆炸物品生产企业应当建立生产安全事故应急救援组织，制定事故应急预案，配备应急救援人员和必要的应急救援器材和设备。

（12）民用爆炸物品生产企业在建设、生产和经营中，应当符合相应的标准和规范，如《民用爆破器材工程设计安全规范》(GB 50089)、《建筑设计防火规范》(GB 50016)、《建筑物防雷设计规范》(GB 50057）等国家标准、行业标准规定的其他条件。

如《民用爆破器材工程设计安全规范》(GB 50089）中要求：

（1）在为民用爆炸物品工厂设计中，采用技术手段，保障安全生产，防止发生爆炸和燃烧事故，保护国家和人民的生命财产，减少事故损失，促进生产建设的发展。

（2）本规范适用于民用爆炸物品工厂的新建、改建、扩建和技术改造工程。

（3）民用爆炸物品工厂的设计除应符合本规范外，尚应符合国家现行的有关强制性标准的规定。

第五节　消防设施与器材

新《中华人民共和国消防法》中规定消防设施是指火灾自动报警系统、自动灭火系统、消火栓系统、可提式灭火器系统、灭火器防烟排烟系统以及应急广播和应急照明、安全疏散设施等。消防器材是指灭火器等移动灭火器材和工具。

一、消防设施

（一）火灾自动报警系统

自动消防系统应包括探测、报警、联动、灭火、减灾等功能。火灾自动报警系统主要完成探测和报警功能，控制和联动等功能主要由联动控制系统来完成。联动控制系统是由联动控制器与现场的主动型设备和被动型设备组成。现场主动型设备是指在火灾参数的作用下，设备自主执行某种动作；现场被动型设备是指在控制器或人为的控制下才能动作。所以消防系统中有三种控制方式：自动控制、联动控制、手动控制。

火灾自动报警系统是由触发装置、火灾报警装置、火灾警报装置和电源等部分组成的通报火灾发生的全套设备，如图4－10所示，复杂系统还包括消防控制设备。

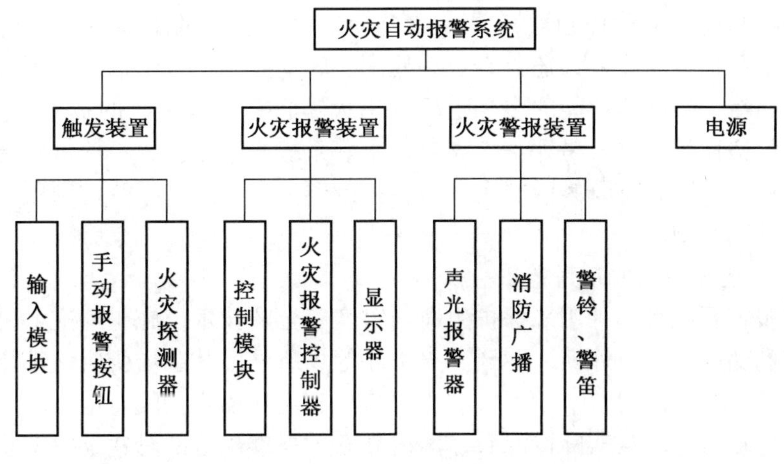

图4－10　火灾自动报警系统的组成

在火灾自动报警系统中，自动或手动产生火灾报警信号的器件称为触发装置，主要包括火灾探测器和手动报警按钮。用以接收、显示和传递火灾报警信号，并能发出控制信号和具有其他辅助功能的控制指示称为火灾报警装置，火灾报警控制器就是其中最基本的一种。用以发出区别于环境声、光的火灾警报信号的装置称为火灾警报装置，火灾警报器就是一种最基本的火灾警报装置，它以声、光音响方式向报警区域发出火灾警报信号，以警示人们采取安全疏散、灭火救灾措施。在火灾自动报警系统中，当接收到来自触发器件的火灾报警信号，能自动或手动启动相关消防设备并显示其状态的设备，称为消防控制设备。

1. 系统分类

根据工程建设的规模、保护对象的性质、火灾报警区域的划分和消防管理机构的组织形式，将火灾自动报警系统划分为三种基本形式：区域火灾报警系统、集中报警系统和控制中心报警系统。区域报警系统一般适用于二级保护对象；集中报警系统一般适用于一、二级保护对象；控制中心报警系统一般适用于特级、一级保护对象。

区域报警系统包括火灾探测器、手动报警按钮、区域火灾报警控制器、火灾警报装置和电源等部分。这种系统比较简单，但使用很广泛，如行政事业单位，工矿企业的要害部门和娱乐场所均可使用。

集中报警系统由一台集中报警控制器、两台以上的区域报警控制器、火灾警报装置和电源等组成。高层宾馆、饭店、大型建筑群一般使用的都是集中报警系统。集中报警控制器设在消防控制室，区域报警控制器设在各层的服务台处。对于总线控制火灾报警控制系统，区域报警控制器就是重复显示屏。

控制中心报警系统除了集中报警控制器、区域报警控制器、火灾探测器外，在消防控制室内增加了消防联动控制设备。被联动控制的设备包括火灾警报装置、火警电话、火灾应急照明、火灾应急广播、防排烟、通风空调、消防电梯和固定灭火控制装置等。也就是说集中报警系统加上联动的消防控制设备就构成控制中心报警系统。控制中心报警系统用于大型宾馆、饭店、商场、办公室、大型建筑群和大型综合楼工程等。

2. 火灾报警控制器

火灾报警控制器（简称控制器）是火灾自动报警系统中的主要设备，它除了具有控制、记忆、识别和报警功能外，还具有自动检测、联动控制、打印输出、图形显示、通信广播等功能。当然，控制器功能的多少也反映出火灾自动报警系统的技术构成、可靠性、稳定性和性能价格比等因素，是评价火灾自动报警系统先进与否的一项重要指标。火灾报警控制器按其用途不同，可分为区域火灾报警控制器、集中火灾报警控制器和通用火灾报警控制器三种基本类型。

3. 火灾自动报警系统的适用范围

火灾自动报警系统是一种用来保护生命与财产安全的技术设施。理论上讲，除某些特殊场所如生产和储存火药、炸药、弹药、火工品等场所外，其余场所应该都能适用。由于建筑，特别是工业与民用建筑，是人类的主要生产和生活场所，因而也就成为火灾自动报警系统的基本保护对象。从实际情况看，国内外有关标准规范都对建筑中安装的火灾自动报警系统作了规定，我国现行国家标准《火灾自动报警系统设计规范》(GB 50116) 明确规定："本规范适用于新建、扩建和改建的建、构筑物中设置的火灾自动报警系统的设计，不适用于生产和贮存火药、炸药、弹药、火工品等场所设置的火灾自动报警系统的设计。"

（二）自动灭火系统

1. 水灭火系统

水灭火系统包括室内外消火栓系统、自动喷水灭火系统、水幕和水喷雾灭火系统。

2. 气体自动灭火系统

以气体作为灭火介质的灭火系统称为气体灭火系统。气体灭火系统的使用范围是由气体灭火剂的灭火性质决定的。灭火剂应当具有的特性是：化学稳定性好，耐储存、腐蚀性小、不导电、毒性低，蒸发后不留痕迹，适用于扑救多种类型火灾。

3. 泡沫灭火系统

泡沫灭火系统指空气机械泡沫系统。按发泡倍数泡沫系统可分为低倍数泡沫灭火系统、中倍数泡沫灭火系统和高倍数泡沫灭火系统。发泡倍数在20倍以下的称为低倍数，发泡倍数21～200倍之间的称为中倍数泡沫，发泡倍数在201～1000倍之间的称为高倍数泡沫。

（三）防排烟与通风空调系统

火灾产生的烟气是十分有害的。火场的烟气，包括烟雾、有毒气体和热气，不但影响消防人员的扑救，而且会直接威胁人身安全。火灾时，水平和垂直分布的各种空调系统、通风管道及竖井、楼梯间、电梯井等是烟气蔓延的主要途径。要把烟气排出建筑物外，就要设置防排烟系统。机械排烟系统可以减少火层烟气及其向其他部位的扩散，利用加压送风有可能建立无烟区空间，可防止烟气越过挡烟屏障进入压力较高的空间。因此，防排烟系统能改善着火地点的环境，使建筑内的人员能安全撤离现场，使消防人员能迅速靠近火源，用最短的时间抢救濒危的生命，用最少的灭火剂在损失最小的情况下将火扑灭。此外，它还能将未燃烧的可燃性气体在尚未形成易燃烧混合物之前加以驱散，避免轰燃或烟气爆炸的产生；将火灾现场的烟和热及时排去，减弱火势的蔓延，排除灭火的障碍，是灭火的配套措施。

排烟有自然排烟和机械排烟两种形式。排烟窗、排烟井是建筑物中常见的自然排烟形式，它们主要适用于烟气具有足够大的浮力、可能克服其他阻碍烟气流动的驱动力的区域。机械排烟可克服自然排烟的局限，有效地排出烟气。

（四）火灾应急广播与警报装置

火灾警报装置（包括警铃、警笛、警灯等）是发生火灾时向人们发出警告的装置，即告诉人们着火了，或者有什么意外事故。火灾应急广播，是火灾时（或意外事故时）指挥现场人员进行疏散的设备。为了及时向人们通报火灾，指导人们安全、迅速地疏散，火灾事故广播和警报装置按要求设置是非常必要的。

二、消防器材

消防器材主要包括灭火器、火灾探测器等。

（一）灭火器

1. 灭火剂

灭火剂是能够有效地破坏燃烧条件，中止燃烧的物质。一切灭火措施都是为了破坏已经产生的燃烧条件，并使燃烧的连锁反应中止。灭火剂被喷射到燃烧物和燃烧区域后，通过一系列的物理、化学作用，可使燃烧物冷却、燃烧物与氧气隔绝、燃烧区内氧的浓度降低、燃烧的连锁反应中断，最终导致维持燃烧的必要条件受到破坏，停止燃烧反应，从而起到灭火作用。

1）水和水系灭火剂

水是最常用的灭火剂，它既可以单独用来灭火，也可以在其中添加化学物质配制成混合液使用，从而提高灭火效率，减少用水量。这种在水中加入化学物质的灭火剂称为水系灭火剂。水能从燃烧物中吸收很多热量，使燃烧物的温度迅速下降，使燃烧中止。水在受热汽化时，体积增大 1700 多倍，当大量的水蒸气笼罩于燃烧物的周围时，可以阻止空气进入燃烧区，从而大大减少氧的含量，使燃烧因缺氧而窒息熄灭。在用水灭火时，加压水能喷射到较远的地方，具有较大的冲击作用，能冲过燃烧表面而进入内部，从而使未着火的部分与燃烧区隔离开来，防止燃烧物继续分解燃烧。同时水能稀释或冲淡某些液体或气体，降低燃烧强度；能浸湿未燃烧的物质，使之难以燃烧；还能吸收某些气体、蒸气和烟雾，有助于灭火。

不能用水扑灭的火灾主要包括：

（1）密度小于水和不溶于水的易燃液体的火灾，如汽油、煤油、柴油等。苯类、醇类、醚类、酮类、酯类及丙烯腈等大容量储罐，如用水扑救，则水会沉在液体下层，被加热后会引起爆沸，形成可燃液体的飞溅和溢流，使火势扩大。

（2）遇水产生燃烧物的火灾，如金属钾、钠、碳化钙等，不能用水，而应用砂土灭火。

（3）硫酸、盐酸和硝酸引发的火灾，不能用水流冲击，因为强大的水流能使酸飞溅，流出后遇可燃物质，有引起爆炸的危险。酸溅在人身上，能灼伤人。

（4）电气火灾未切断电源前不能用水扑救，因为水是良导体，容易造成触电。

（5）高温状态下化工设备的火灾不能用水扑救，以防高温设备遇冷水后骤冷，引起形变或爆裂。

2）气体灭火剂

气体灭火剂的使用始于 19 世纪末期。由于气体灭火剂具有释放后对保护设备无污染、无损害等优点，其防护对象逐步向各种不同领域扩充。由于二氧化碳的来源较广，利用隔绝空气后的窒息作用可成功抑制火灾，因此早期的气体灭火剂主要采用二氧化碳。由于二氧化碳不含水、不导电、无腐蚀性，对绝大多数物质无破坏作用，所以可以用来扑灭精密仪器和一般电气火灾。它还适于扑救可燃液体和固体火灾，特别是那些不能用水灭火以及受到水、泡沫、干粉等灭火剂的玷污容易损坏的固体物质火灾。但是二氧化碳不宜用来扑灭金属钾、镁、钠、铝等及金属过氧化物（如过氧化钾、过氧化钠）、有机过氧化物、氯酸盐、硝酸盐、高锰酸盐、亚硝酸盐、重铬酸盐等氧化剂的火灾。因为二氧化碳从灭火器中喷射出时，温度降低，使环境空气中的水蒸气凝聚成小水滴，上述物质遇水即发生反应，释放大量的热量，同时释放出氧气，使二氧化碳的窒息作用受到影响。因此，上述物质用二氧化碳灭火效果不佳。

在研究二氧化碳灭火系统的同时，国际社会及一些西方发达国家不断地开发新型气体灭火剂，卤代烷1211、1301灭火剂具有优良的灭火性能，因此在一段时间内卤代烷灭火剂基本统治了整个气体灭火领域。后来，人们逐渐发现释放后的卤代烷灭火剂与大气层的臭氧发生反应，致使臭氧层出现空洞，使生存环境恶化。因此，国家环保部门早在1994年专门发出《关于非必要场所停止再配置卤代烷灭火器的通知》。

淘汰卤代烷灭火剂，促使人们寻求新的环保气体替代。被列为国际标准草案ISO 14520的替代物有14种。综合各种替代物的环保性能及经济分析，七氟丙烷灭火剂最具推广价值。该灭火剂属于含氢氟烃类灭火剂，国外称为FM－200，具有灭火浓度低、灭火效率高、对大气无污染的优点。另外，混合气体IG－541灭火剂同样对大气层具有无污染的特点，现已逐步开始使用。由于其是由氮气、氩气、二氧化碳自然组合的一种混合物，平时以气态形式储存，所以喷放时，不会形成浓雾或造成视野不清，使人员在火灾时能清楚地分辨逃生方向，且它对人体基本无害。

3）泡沫灭火剂

泡沫灭火剂有两大类型，即化学泡沫灭火剂和空气泡沫灭火剂。化学泡沫是通过硫酸铝和碳酸氢钠的水溶液发生化学反应，产生二氧化碳，而形成泡沫。空气泡沫是由含有表面活性剂的水溶液在泡沫发生器中通过机械作用而产生的，泡沫中所含的气体为空气。空气泡沫也称为机械泡沫。

空气泡沫灭火剂种类繁多，根据发泡倍数的不同可分为低倍数泡沫、中倍数泡沫和高倍数泡沫灭火剂。高倍数泡沫灭火系统替代低倍数泡沫灭火系统是当今的发展趋势。高倍数泡沫的应用范围远比低倍数泡沫广泛得多。高倍数泡沫灭火剂的发泡倍数高（201～1000倍），能在短时间内迅速充满着火空间，特别适用于大空间火灾，并具有灭火速度快的优点；而低倍数泡沫则与此不同，它主要靠泡沫覆盖着火对象表面，将空气隔绝而灭火，且伴有水渍损失，所以它对液化烃的流淌火灾和地下工程、船舶、贵重仪器设备及物品的灭火无能为力。高倍数泡沫灭火技术已被各工业发达国家应用到石油化工、冶金、地下工程、大型仓库和贵重仪器库房等场所，高倍数泡沫灭火技术多次在油罐区、液化烃罐区、地下油库、汽车库、油轮、冷库等场所扑救失控性大火起到决定性作用。

4）干粉灭火剂

干粉灭火剂由一种或多种具有灭火能力的细微无机粉末组成，主要包括活性灭火组分、疏水成分、惰性填料，粉末的粒径大小及其分布对灭火效果有很大的影响。窒息、冷却、辐射及对有焰燃烧的化学抑制作用是干粉灭火效能的集中体现，其中化学抑制作用是灭火的基本原理，起主要灭火作用。干粉灭火剂中的灭火组分是燃烧反应的非活性物质，当进入燃烧区域火焰中时，捕捉并终止燃烧反应产生的自由基，降低了燃烧反应的速率，当火焰中干粉浓度足够高，与火焰的接触面积足够大，自由基中止速率大于燃烧反应生成的速率，链式燃烧反应被终止，从而火焰熄灭。

干粉灭火剂与水、泡沫、二氧化碳等相比，在灭火速率、灭火面积、等效单位灭火成本效果三个方面有一定优越性，因其灭火速率快，制作工艺过程不复杂，使用温度范围宽广，对环境无特殊要求，以及使用方便，不需外界动力、水源，无毒、无污染、安全等特点，目前在手提式灭火器和固定式灭火系统上得到广泛的应用，是替代卤代烷灭火剂的一类理想环保灭火产品。

2. 灭火器种类及其使用范围

灭火器由筒体、器头、喷嘴等部件组成，借助驱动压力可将所充装的灭火剂喷出，达到灭火目的。灭火器由于结构简单，操作方便，轻便灵活，使用面广，是扑救初起火灾的重要消防器材。

灭火器的种类很多，按其移动方式分为手提式、推车式和悬挂式；按驱动灭火剂的动力来源可分为储气瓶式、储压式、化学反应式；按所充装的灭火剂则又可分为清水、泡沫、酸碱、二氧化碳、卤代烷、干粉、7150 等。

1）清水灭火器

清水灭火器充装的是清洁的水，并加入适量的添加剂，采用储气瓶加压的方式，利用二氧化碳钢瓶中的气体作动力，将灭火剂喷射到着火物上，达到灭火的目的。其主要由筒体、筒盖、喷射系统及二氧化碳储气瓶等部件组成。清水灭火器适用于扑救可燃固体物质火灾，即 A 类火灾。

2）泡沫灭火器

泡沫灭火器包括化学泡沫灭火器和空气泡沫灭火器两种，分别是通过筒内酸性溶液与碱性溶液混合后发生化学反应或借助气体压力，喷射出泡沫覆盖在燃烧物的表面上，隔绝空气起到窒息灭火的作用。泡沫灭火器适合扑救脂类、石油产品等 B 类火灾以及木材等 A 类物质的初起火灾，但不能扑救 B 类水溶性火灾，也不能扑救带电设备及 C 类和 D 类火灾。

化学泡沫灭火器内充装有酸性和碱性两种化学药剂的水溶液，使用时，两种溶液混合引起化学反应生成泡沫，并在压力的作用下，喷射出去灭火。按使用操作可分为手提式、舟车式、推车式。

空气泡沫灭火器充装的是空气泡沫灭火剂，具有良好的热稳定性，抗烧时间长，灭火能力比化学泡沫高 3 ~4 倍，性能优良，保存期长，使用方便，是取代化学泡沫灭火器的更新换代产品。它可根据不同需要分别充装蛋白泡沫、氟蛋白泡沫、聚合物泡沫、轻水（水成膜）泡沫和抗溶泡沫等，用来扑救各种油类和极性溶剂的初起火灾。

3）酸碱灭火器

酸碱灭火器是一种内部装有 65% 的工业硫酸和碳酸氢钠的水溶液作灭火剂的灭火器。使用时，两种药液混合发生化学反应，产生二氧化碳压力气体，灭火剂在二氧化碳气体压力下喷出进行灭火。该类灭火器适用于扑救 A 类物质的初起火灾，如木、竹、织物、纸张等燃烧的火灾。它不能用于扑救 B 类物质燃烧的火灾，也不能用于扑救 C 类可燃气体或 D 类轻金属火灾，同时也不能用于带电场合火灾的扑救。

4）二氧化碳灭火器

二氧化碳灭火器是利用其内部充装的液态二氧化碳的蒸气压将二氧化碳喷出灭火的一种灭火器具，其利用降低氧气含量，造成燃烧区窒息而灭火。一般当氧气的含量低于 12% 或二氧化碳浓度达 30% ~35% 时，燃烧中止。1 kg 的二氧化碳液体，在常温常压下能生成 500 L 左右的气体，这些足以使 1 m^3 空间范围内的火焰熄灭。由于二氧化碳是一种无色的气体，灭火不留痕迹，并有一定的电绝缘性能等特点，因此，更适宜于扑救600 V以下带电电器、贵重设备、图书档案、精密仪器仪表的初起火灾，以及一般可燃液体的火灾。

5）干粉灭火器

干粉灭火器以液态二氧化碳或氮气作动力，将灭火器内干粉灭火剂喷出进行灭火。该类灭火器主要通过抑制作用灭火，按使用范围可分为普通干粉和多用干粉两大类。普通干粉也称BC干粉，是指碳酸氢钠干粉、改性钠盐、氨基干粉等，主要用于扑灭可燃液体、可燃气体以及带电设备火灾。多用干粉也称ABC干粉，是指磷酸铵盐干粉、聚磷酸铵干粉等，它不仅适用于扑救可燃液体、可燃气体和带电设备的火灾，还适用于扑救一般固体物质火灾，但都不能扑救轻金属火灾。

（二）火灾探测器

物质在燃烧过程中，通常会产生烟雾，同时释放出称之为气溶胶的燃烧气体，它们与空气中的氧发生化学反应，形成含有大量红外线和紫外线的火焰，导致周围环境温度逐渐升高。这些烟雾、温度、火焰和燃烧气体称为火灾参量。

火灾探测器的基本功能就是对烟雾、温度、火焰和燃烧气体等火灾参量做出有效反应，通过敏感元件，将表征火灾参量的物理量转化为电信号，送到火灾报警控制器。根据对不同的火灾参量响应和不同的响应方法，分为若干种不同类型的火灾探测器。主要包括感光式火灾探测器、感烟式火灾探测器、感温式火灾探测器、复合式火灾探测器、可燃气体火灾探测器、一氧化碳火灾探测器、火焰探测器等类型。

1. 感光式火灾探测器

感光探测器适用于监视有易燃物质区域的火灾发生，如仓库、燃料库、变电所、计算机房等场所，特别适用于没有阴燃阶段的燃料火灾（如醇类、汽油、煤气等易燃液体、气体火灾）的早期检测报警。按检测火灾光源的性质分类，有红外火焰火灾探测器和紫外火焰火灾探测器两种。

红外线波长较长，烟粒对其吸收和衰减能力较弱，致使有大量烟雾存在的火场，在距火焰一定距离内，仍可使红外线敏感元件（Pbs红外光敏管）感应，发出报警信号。因此这种探测器误报少，响应时间快，抗干扰能力强，工作可靠。

紫外火焰探测器适用于有机化合物燃烧的场合，如油井、输油站、飞机库、可燃气罐、液化气罐、易燃易爆品仓库等，特别适用于火灾初期不产生烟雾的场所（如生产储存酒精、石油等场所）。有机化合物燃烧时，辐射出波长约为250 nm的紫外光。火焰温度越高，火焰强度越大，紫外光辐射强度也越高。

2. 感烟式火灾探测器

感烟式火灾探测器是一种感知燃烧和热解产生的固体或液体微粒的火灾探测器。用于探测火灾初期的烟雾，并发出火灾报警讯号的火灾探测器。它具有能早期发现火灾、灵敏度高、响应速度快、使用面较广等特点。

感烟式火灾探测器分为点型感烟火灾探测器和线型感烟火灾探测器。

1）点型感烟火灾探测器

点型感烟火灾探测器是对警戒范围中某一点周围的烟参数响应的火灾探测器，分为离子感烟火灾探测器和光电感烟火灾探测器两种。

离子感烟火灾探测器是核电子学与探测技术的结晶，应用烟雾粒子改变探测器中电离室原有电离电流。离子感烟火灾探测器最显著的优点是它对黑烟的灵敏度非常高，特别是能对早期火警反应特别快而受到青睐。但因为其内必须装设放射性元素，特别是在制造、运输以及弃置等方面对环境造成污染，威胁着人的生命安全。因此，这种产品在欧洲现已开始禁止使用，在我国也终将成为淘汰产品。

光电式感烟火灾探测器是利用烟雾粒子对光线产生散射、吸收原理的感烟火灾探测器。光电式感烟火灾探测器有一个很大的缺点就是对黑烟灵敏度很低，对白烟灵敏度较高，因此，这种探测器适用于火情中所发出的烟为白烟的情况，而大部分的火情早期所发出的烟都为黑烟，所以大大地限制了这种探测器的使用范围。

2）线型感烟火灾探测器

目前生产和使用的线型感烟火灾探测器都是红外光束型的感烟火灾探测器，它是利用烟雾粒子吸收或散射红外线光束的原理对火灾进行监测。

3. 感温式火灾探测器

感温式火灾探测器是对警戒范围中的温度进行监测的一种探测器，物质在燃烧过程中释放出大量热，使环境温度升高，探测器中的热敏元件发生物理变化，将物理变化转变成的电信号传输给火灾报警控制器，经判别发出火灾报警信号。感温火灾探测器种类繁多，根据其感热效果和结构型式，可分为定温式、差温式和差定温组合式三类。

1）定温火灾探测器

定温火灾探测器是在火灾现场的环境温度达到预定值及其以上时，即能响应动作，发出火警信号的火灾探测器。这种探测器有较好的可靠性和稳定性，保养维修也方便，只是响应过程长些，灵敏度低些。根据工作原理的不同，定温火灾探测器又可分为双金属片定温探测器、热敏电阻定温探测器、低熔点合金探测器等。

2）差温火灾探测器

差温火灾探测器是一种环境升温速率超过预定值，即能响应的感温探测器。根据工作原理不同，可分为电子差温探测器、膜盒感温探测器等。

3）差定温火灾探测器

差定温火灾探测器是一种既能响应预定温度报警，又能响应预定温升速率报警的火灾探测器。

4. 可燃气体火灾探测器

可燃性气体包括天然气、煤气、烷、醇、醛、炔等，当其在某场所的浓度超过一定值时，偶遇明火便会发生燃烧或爆炸（轰燃），是非常危险的。可燃物质燃烧时除有大量烟雾、热量和火光之外，还有许多可燃性气体产生，如一氧化碳、氢气、甲烷、乙醇、乙炔等。利用可燃气体探测器监视这些可燃气体浓度值，及时发出火灾报警信号，及时采取灭火措施，是非常必要的。

可燃性气体探测器主要应用在有可燃气体存在或可能发生泄漏的易燃易爆场所，或应用于居民住宅（有煤气或天然气存在或易发生泄漏的地方）。

安装使用可燃气体探测器应注意以下几点：

（1）探测气体密度小于空气密度的可燃气体探测器应设置在被保护空间的顶部；探测气体密度大于空气密度的可燃气体探测器应设置在被保护空间的下部；探测气体密度与空气密度相当时，可燃气体探测器可设置在被保护空间的中间部位或顶部。总之，探测器应安装在容易泄漏可燃气体处的附近，或安装在泄漏气体容易经过、滞留的地方。石化行业涉及过程控制的可燃气体探测器，可按《石油化工可燃气体和有毒气体检测报警设计标准》（GB/T 50493）的有关规定设置，但其报警信号应接入消防控制室。

（2）对于经常有风速0.5 m/s以上气流存在、可燃气体无法滞留的场所，或经常有热气、水滴、油烟的场所，或环境温度经常超过40 ℃的场所，不适宜安装可燃气体探测器。有铅离子（Pb^+）存在的场所，或有硫化氢气体存在的场所，不能使用可燃气体探测器，否则会出现气敏元件中毒而失效。在有酸、碱等腐蚀性气体存在的场所，也不宜使用可燃气体探测器。

（3）应至少每季检查一次可燃气体探测器是否工作正常。例如，可用棉球蘸酒精去靠近探测器检测。

5. 复合式火灾探测器

复合式火灾探测器包括复合式感温感烟火灾探测器、复合式感温感光火灾探测器、复合式感温感烟感光火灾探测器、分离式红外光束感温感光火灾探测器。

（三）消防梯

消防梯是消防队队员扑救火灾时，登高灭火，救人或翻越障碍物的工具。目前普通使用的按结构型式分有单杠梯、挂钩梯、拉梯和其他结构消防梯。按使用的材料分为木梯、竹梯、铝合金梯、钢质消防梯和其他材质消防梯。

（四）消防水带

消防水带是火场供水或输送泡沫混合液的必备器材，广泛用于各种消防车消防泵消火栓等消防设备上。按材料不同分为麻织、锦织涂胶、尼龙涂胶。按口径不同分为25 mm、65 mm、80 mm、100 mm等。按照水带长度不同分为15 m、20 m、25 m、30 m等。

（五）消防水枪

消防水枪是灭火时用来射水的工具。其作用是加快流速，增大和改变水流形状。按照水枪开口形式不同分为直流水枪、多用水枪、喷雾水枪、直流喷雾水枪几种。按照水枪的工作压力范围分为低压水枪、中压水枪、高压水枪。

（六）消防车

目前我国的消防车有水罐泵浦车、泡沫消防车、干粉消防车、CO_2 消防车、干粉泡沫水罐泵浦联用消防车、火灾照明车、曲臂登高消防车。还有一些其他消防车，如压缩空气泡沫消防车、涡喷消防车、指挥消防车、照明消防车等。

本章涉及的相关技术规程、标准与规范：

1. 《消防词汇　第1部分：通用术语》（GB/T 5907.1）
2. 《火灾分类》（GB/T 4968）
3. 《民用爆破器材工程设计安全规范》（GB 50089）
4. 《建筑设计防火规范》（GB 50016）

5.《建筑物防雷设计规范》(GB 50057)
6.《民用爆炸物品安全管理条例》(国务院令第 466 号)
7.《地下及覆土火药炸药仓库设计安全规范》(GB 50154)
8.《爆破安全规程》(GB 6722)
9.《民用爆炸物品储存库治安防范要求》(GA 837)
10.《民用爆炸物品品名表》(国防科工委、公安部公告 2006 年第 1 号)
11.《危险化学品安全管理条例》(国务院令第 591 号)
12.《消防梯》(GA 137)
13.《消防水枪》(GB 8181)
14.《火灾自动报警系统设计规范》(GB 50116)
15.《消防水带》(GB 6246)

第五章　危险化学品安全基础知识

第一节　危险化学品安全的基础知识

一、危险化学品的概念及类别划分

（一）危险化学品的概念

危险化学品大多具有爆炸、易燃、毒害和腐蚀等特性，在生产、储存、经营、使用、运输、废弃等过程中，容易造成人身伤害、环境污染和财产损失，因而需要采取非常严格的安全措施和特别防护。危险品在联合国运输规范和全球统一分类中具有不同的分类方法，各国对危险品的定义都与其危害性密切相关。

中国在2014年修订的《中华人民共和国安全生产法》第七章附则中第一百一十二条规定：危险物品，是指易燃易爆物品、危险化学品、放射性物品等能够危及人身安全和财产安全的物品。

《危险化学品安全管理条例》第一章第三条对危险化学品的定义：危险化学品，是指具有毒害、腐蚀、爆炸、燃烧、助燃等性质，对人体、设施、环境具有危害的剧毒化学品和其他化学品。

（二）危险化学品的类别划分

按照基于《全球化学品统一分类和标签制度》（简称 GHS）的《化学品分类和标签规范》系列标准（GB 30000.2～29），最新的《危险化学品目录》（2015 版）与《化学品分类和危险性公示　通则》（GB 13690）进行了统一，将危险化学品分为物理危险、健康危害及环境危害三大类，28 小类，如图 5－1 至图 5－3 所示。

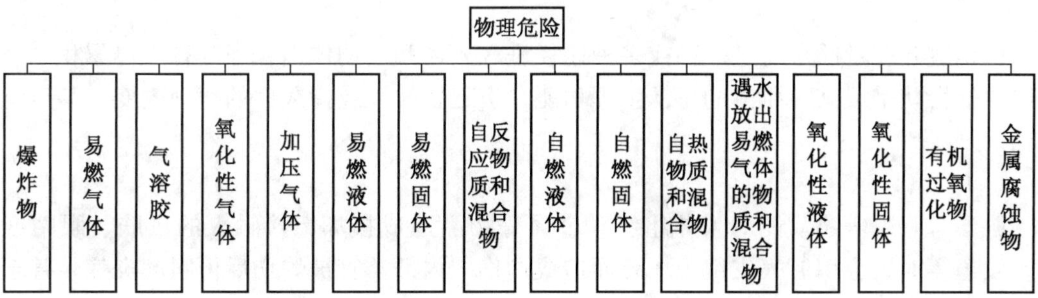

物理危险

爆炸物	易燃气体	气溶胶	氧化性气体	加压气体	易燃液体	易燃固体	自反应物质和混合物	自燃液体	自燃固体	自热物质和混合物	遇水放出易燃气体的物质和混合物	氧化性液体	氧化性固体	有机过氧化物	金属腐蚀物

图 5－1　物理危险

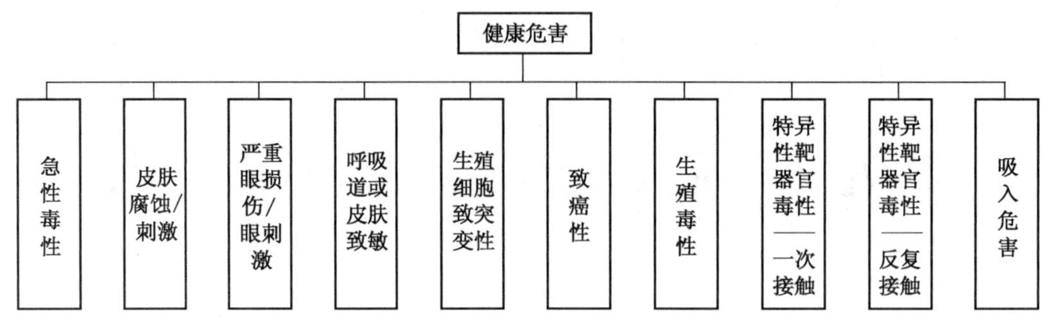

图5-2　健康危害

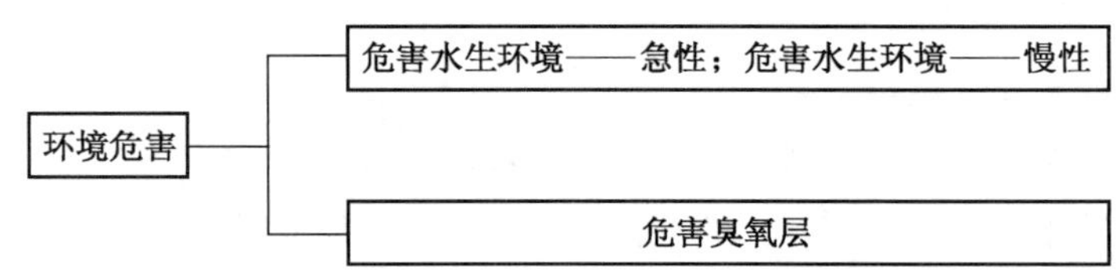

图5-3　环境危害

二、危险化学品的主要危险特性

（一）燃烧性

爆炸物、易燃气体、易燃气溶胶、压力下可燃性气体、易燃液体、易燃固体、自反应物质或混合物、自燃液体、自燃固体、自热物质和混合物、遇水放出易燃气体的物质或混合物、有机过氧化物等，在条件具备时均可能发生燃烧。

（二）爆炸性

爆炸物、易燃气体、易燃气溶胶、压力下可燃性气体、易燃液体、易燃固体、自反应物质或混合物、自燃液体、自燃固体、自热物质和混合物、遇水放出易燃气体的物质或混合物、有机过氧化物等危险化学品均可能由于其化学活性或易燃性引发爆炸事故。

（三）毒害性

许多危险化学品可通过一种或多种途径进入人体和动物体内，当其在人体累积到一定量时，便会扰乱或破坏肌体的正常生理功能，引起暂时性或持久性的病理改变，甚至危及生命。

（四）腐蚀性

强酸、强碱等物质能对人体组织、金属等物品造成损坏，接触人的皮肤、眼睛或肺部、食道等时，会引起表皮组织坏死而造成灼伤。内部器官被灼伤后可引起炎症，甚至会造成死亡。

（五）放射性

放射性危险化学品通过放出的射线可阻碍和伤害人体细胞活动机能并导致细胞死亡。

三、部分常见危险化学品的危险特性

部分常见危险化学品危险特性见表5－1。

表5－1　部分常见危险化学品危险特性表

物质名称	闪点/℃	燃点/℃	爆炸极限/%	最小点火能/mJ	容许浓度/（$mg \cdot m^{-3}$）	说　明
乙炔		305	2.5～80	0.019		
铝粉		645		20	3（TWA） 4（STEL）	
氨		651	15～28		20（TWA） 30（STEL）	
苯	－11	562	1.3～8	0.022	6（TWA） 10（STEL）	
一氧化碳		609	12.5～74.2		20（TWA） 30（STEL）	非高原
氯					1（MAC）	
氯乙烯	－78	472	5.6～33		10（TWA） 25（STEL）	
乙醇	13	443	4.7～19			
乙烯		450	2.7～36			
甲醛	50	430	7～73		0.5（MAC）	
汽油	－43	280～456	1.4～7.6			
氢气		500	4.1～74.2	0.0018		
氯化氢	－18	538	5.6～40		1（MAC）	
硫化氢		260	4～46		10（MAC）	
甲烷		537	5.3～15	0.02		
光气					0.5（MAC）	
黄磷		30			0.05（TWA） 0.1（STEL）	遇撞击、摩擦、氧化剂可燃爆
氯酸钾						遇撞击可燃爆，强氧化剂
丙烷		450	2.9～9.5	0.26		
硫酸						强腐蚀性
硝酸						强腐蚀性
氢氧化钠						强腐蚀性

注：表中容许浓度一列中MAC指最高容许浓度，TWA指时间加权平均容许浓度，STEL指短时间接触容许浓度。

四、化学品安全技术说明书和安全标签的内容及要求

（一）化学品安全技术说明书

化学品安全技术说明书（safety data sheet for chemical products，SDS）提供了化学品（物质或混合物）在安全、健康和环境保护等方面的信息，推荐了防护措施和紧急情况下的应对措施。在一些国家，化学品安全技术说明书又被称为物质安全技术说明书（material safety data sheet，MSDS）。

SDS 是化学品的供应商向下游用户传递化学品基本危害信息（包括运输、操作处置、储存和应急行动信息）的一种载体。同时化学品安全技术说明书还可以向公共机构、服务机构和其他涉及该化学品的相关方传递这些信息。

其主要作用体现在：

（1）是化学品安全生产、安全流通、安全使用的指导性文件。

（2）是应急作业人员进行应急作业时的技术指南。

（3）为危险化学品生产、处置、储存和使用各环节制订安全操作规程提供技术信息。

（4）为危害控制和预防措施的设计提供技术依据。

（5）是企业安全教育的主要内容。

根据国家标准《化学品安全技术说明书　内容和项目顺序》（GB/T 16483）的要求，化学品安全技术说明书包括 16 大项的安全信息内容，具体项目如下：

（1）化学品及企业标识。主要标明化学品名称和供应商的产品代码，供应商的名称、地址、电话号码、应急电话、传真和电子邮件地址等信息，以及化学品的推荐用途和限制用途。

（2）危险性概述。标明化学品主要的物理和化学危险性信息，对人体健康和环境影响的信息，及该化学品存在的某些特殊危险性信息；如果已经根据 GHS 对化学品进行了危险性分类，应标明 GHS 危险性类别和标签要素，及 GHS 未包括的危险性（如粉尘爆炸危险）信息；还应注明人员接触后的主要症状及应急综述。

（3）成分/组成信息。标明该化学品是物质还是混合物。如果是物质，应提供其化学品名或通用名、美国化学文摘登记号（CAS 号）及其他标识符。如果某种物质按 GHS 分类标准为危险化学品，则应列明应包括对该物质的危险性分类产生影响的杂质和稳定剂在内的所有危险组分的化学名或通用名以及浓度或浓度范围。如果是混合物，不必列明所有组分。

（4）急救措施。说明必要时应采取的急救措施及应避免的行动。根据不同的接触方式将信息细分为：吸入、皮肤接触、眼睛接触和食入。简要描述接触化学品后的急性和迟发效应、主要症状和对健康的主要影响。如有必要，还应包括对保护施救者的忠告和对医生的特别提示，还要给出及时的医疗护理和特殊的治疗。

（5）消防措施。说明合适的灭火方法和灭火剂，如果有不合适的灭火剂也应标明。还要标明化学品的特别危险性（如产品是危险的易燃品）、特殊灭火方法及保护消防人员特殊的防护装备。

（6）泄漏应急处理。包括作业人员防护措施、防护装备和应急处理程序；环境保护措施；泄漏化学品的收容、清除方法及所使用的处置材料；防止发生次生危害的预防措施。

（7）操作处置与储存。操作处置：应描述安全处置注意事项，包括防止化学品人员接触，防止发生火灾和爆炸的技术措施和提供局部或全面通风，防止形成气溶胶和粉尘的技术措施等，还应包括防止直接接触不相容物质或混合物的特殊处置注意事项。储存：应描述安全储存的条件、安全技术措施、同禁配物隔离储存的措施、包装材料信息。

（8）接触控制和个体防护。列明容许浓度（如职业接触限值或生物限值）和减少接触的工程控制方法；列明推荐使用的个体防护设备（如呼吸系统防护、手防护、眼睛防护、皮肤和身体防护）以及防护设备的类型和材质；化学品若只在特殊条件下才具有危险性（如量大、高浓度、高温、高压等），应标明这些情况下的特殊保护措施。

（9）理化特性。主要提供化学品的外观与性状（如物态、形状和颜色）；气味；pH，并指明浓度；熔点/凝固点；沸点、初沸点和沸程；闪点；爆炸极限；蒸气压；蒸气密度；密度/相对密度；溶解性；n－辛醇/水分配系数；自燃温度；分解温度；气味阈值；蒸发速率；易燃性；放射性；体积密度等信息。

（10）稳定性和反应性。主要描述化学品的稳定性和在特定条件下可能发生的危险反应。包括应避免的条件（如静电、撞击和震动）；不相容的物质；危险的分解产物（一氧化碳、二氧化碳和水除外）。

（11）毒理学信息。全面、简洁地描述使用者接触化学品后产生的各种毒性作用（健康影响），包括：急性毒性；皮肤刺激或腐蚀；呼吸或皮肤过敏；生殖细胞突变性；致癌性；生殖毒性；特异性靶器官系统毒性－一次性接触；特异性靶器官系统毒性－反复接触；吸入危害；毒代动力学；代谢和分布等信息。

（12）生态学信息。主要提供化学品的环境影响、环境行为和归宿方面的信息。如：化学品在环境中的预期行为，可能对环境造成的影响/生态毒性；持久性和降解性；潜在的生物累积性；土壤中的迁移性等。

（13）废弃处置。推荐安全和有利于环境保护的废弃处置方法信息。这些处置方法适用于化学品（残余废弃物），也适用于任何受污染的容器和包装。

（14）运输信息。提供国际运输法规规定的编号与分类信息。包括：联合国危险货物编号（UN 号）、联合国运输名称、联合国危险性分类、包装组、是否是海洋污染物（是/否）以及使用者需要了解或遵守的其他与运输或运输工具有关的特殊防范措施。

（15）法规信息。标明使用本 SDS 的国家或地区中，管理该化学品的法规名称；提供与法律相关的法规信息和化学品标签信息等。

（16）其他信息。进一步提供上述各项未包括的其他重要信息，例如：需要进行的专业培训、建议的用途和限制的用途、参考文献等。

供应商应向下游用户提供完整的 SDS，以提供与安全、健康和环境有关的信息。供应商有责任对 SDS 进行更新，并向下游用户提供最新版本的 SDS。下游用户在使用 SDS 时，还应充分考虑化学品在具体使用条件下的风险评估结果，采取必要的预防措施。下游用户应通过合适的途径将危险信息传递给不同作业场所的使用者，当为工作场所提出具体要求时，下游用户应考虑有关的 SDS 的综合性建议。

（二）危险化学品安全标签

危险化学品安全标签是用文字、图形符号和编码的组合形式表示化学品所具有的危险性和安全注意事项，它可粘贴、挂拴或喷印在化学品的外包装或容器上。图 5 -4 所示是危险化学品安全标签的样例。

化学品名称　A 组分：40%；B 组分：60%

危　险

极易燃液体和蒸气，食入致死，对水生生物毒性非常大

【预防措施】
• 远离热源、火花、明火，热表面。使用不产生火花的工具作业。
• 保持容器密闭。
• 采取防止静电措施，容器和接收设备接地、连接。
• 使用防爆电器、通风、照明及其他设备。
• 戴防护手套、防护眼镜、防护面罩。
• 操作后彻底清洗身体接触部位。
• 作业场所不得进食、饮水或吸烟。
• 禁止排入环境。

【事故响应】
• 如皮肤（或头发）接触：立即脱掉所有被污染的衣服。用水冲洗皮肤、淋浴。
• 食入：催吐，立即就医。
• 收集泄漏物。
• 火灾时，使用干粉、泡沫、二氧化碳灭火。

【安全储存】
• 在阴凉、通风良好处储存。
• 上锁保管。

【废弃处置】
• 本品或其容器采用焚烧法处置。

请参阅化学品安全技术说明书

供应商：××××××××××××××××××　电话：××××××
地　址：××××××××××××××××××　邮编：××××××
化学事故应急咨询电话：××××××

图 5 -4　危险化学品安全标签的样例

《化学品安全标签编写规定》(GB 15258) 规定了化学品安全标签的术语和定义、标签内容、制作和使用要求。

标签要素包括：化学品标识、象形图、信号词、危险性说明、防范说明、应急咨询电话、供应商标识、资料参阅提示语等。对于小于或等于 100 mL 的化学品小包装，为方便标签使用，安全标签要素可以简化，包括化学品标识、象形图、信号词、危险性说明、应急咨询电话、供应商名称及联系电话、资料参阅提示语等。

标签具体内容如下：

（1）化学品标识：用中英文分别标明化学品的化学名称或通用名称。名称要求醒目清晰，位于标签的上方。对于混合物应标出对其危险性分类有贡献的主要组成的化学名称或通用名、浓度或浓度范围。当需要标出的组分较多时，组分个数不超过 5 个为宜。

（2）象形图：采用《化学品分类和标签规范》(GB 30000) 规定的象形图。

（3）信号词：信号词位于化学品名称的下方；根据化学品的危险程度和类别，用“危险”“警告”两个词分别进行危害程度的警示。根据《化学品分类和标签规范》

（GB 30000）选择不同类别危险化学品的信号词。

（4）危险性说明：简要概述化学品的危险特性。居信号词下方。根据《化学品分类和标签规范》（GB 30000）选择不同类别危险化学品的危险性说明。

（5）防范说明：表述化学品在处置、搬运、储存和使用作业中所必须注意的事项和发生意外时简单有效的救护措施等。该部分应包括安全预防措施、意外情况（如泄漏、人员接触或火灾等）的处理、安全储存措施及废弃处置等内容。

（6）供应商标识：供应商名称、地址、邮编和电话等。

（7）应急咨询电话：填写化学品生产商或生产商委托的 24 h 化学事故应急咨询电话。国外进口化学品安全标签上应至少有一家中国境内的 24 h 化学事故应急咨询电话。

（8）资料参阅提示语：提示化学品用户应参阅化学品安全技术说明书。

（9）危险信息先后排序：当某种化学品具有两种及两种以上的危险性时，安全标签的象形图、信号词、危险性说明的先后顺序要按《化学品安全标签编写规定》（GB 15258）第 4.2.9 条执行。

在使用安全标签时，应注意以下事项：

（1）安全标签的粘贴、挂拴或喷印应牢固，保证在运输、储存期间不脱落，不损坏。

（2）安全标签应由生产企业在货物出厂前粘贴、挂拴或喷印。若要改换包装，则由改换包装单位重新粘贴、挂拴或喷印标签。

（3）盛装危险化学品的容器或包装，在经过处理并确认其危险性完全消除之后，方可撕下安全标签，否则不能撕下相应的标签。

第二节　危险化学品的燃烧爆炸类型和过程

一、燃烧爆炸的分类

危险化学品的燃烧按其要素构成的条件和瞬间发生的特点，可分为闪燃、着火和自燃 3 种类型。危险化学品的爆炸可按爆炸反应物质分为简单分解爆炸、复杂分解爆炸和爆炸性混合物爆炸。

（一）简单分解爆炸

引起简单分解的爆炸物，在爆炸时并不一定发生燃烧反应，其爆炸所需要的热量是由爆炸物本身分解产生的。属于这一类的有乙炔银、叠氮铅等，这类物质受轻微震动即可能引起爆炸，十分危险。此外，还有些可爆炸气体在一定条件下，特别是在受压情况下，能发生简单分解爆炸。例如，乙炔、环氧乙烷等在压力下的分解爆炸。

（二）复杂分解爆炸

这类可爆炸物的危险性较简单分解爆炸物稍低。其爆炸时伴有燃烧现象，燃烧所需的氧由本身分解产生。例如，梯恩梯、黑索金等。

（三）爆炸性混合物爆炸

所有可燃性气体、蒸气、液体雾滴及粉尘与空气（氧）的混合物发生的爆炸均属此类。这类混合物的爆炸需要一定的条件，如混合物中可燃物浓度、含氧量及点火能量等。实际上，这类爆炸就是可燃物与助燃物按一定比例混合后遇具有足够能量的点火源发生的带有冲击力的快速燃烧。

二、燃烧爆炸过程

（一）燃烧

除了一些熔点较高的无机固体外，可燃物质的燃烧一般是在气相中进行的。由于可燃物质的状态不同，其燃烧过程也不相同。

相对于可燃固体和液体，可燃气体最易燃烧，燃烧所需要的热量只用于本身的氧化分解，并使其达到着火点。气体在极短的时间内就能全部燃尽。

液体在点火源作用下，先蒸发成蒸气，而后氧化分解进行燃烧。

固体燃烧一般有两种情况：对于硫、磷等简单物质，受热时首先熔化，而后蒸发为蒸气进行燃烧，无分解过程；对于复合物质，受热时可能首先分解成其组成部分，生成气态和液态产物，而后气态产物和液态产物蒸气着火燃烧。

（二）分解爆炸性气体爆炸

某些单一成分的气体，在一定的温度下对其施加一定压力时则会产生分解爆炸。这主要是由于物质的分解热的产生而引起的，产生分解爆炸并不需要助燃性气体存在。在高压下容易产生分解爆炸的气体，当压力低于某数值时则不会发生分解爆炸，这个压力称为分解爆炸的临界压力。各种具有分解爆炸特性气体的临界压力是不同的，如乙炔分解爆炸的临界压力是1.4 MPa，其反应式如下：

$$C_2H_2 \longrightarrow 2C(固) + H_2 + 226\ kJ$$

（三）粉尘爆炸

粉尘爆炸是悬浮在空气中的可燃性固体微粒接触到火焰（明火）或电火花等点火源时发生的爆炸现象。金属粉尘、煤粉、塑料粉尘、有机物粉尘、纤维粉尘及农副产品谷物面粉等都可能造成粉尘爆炸事故。

1. 粉尘空气混合物产生爆炸的过程

（1）热能加在粒子表面，使温度逐渐上升。

（2）粒子表面的分子发生热分解或干馏作用，在粒子周围产生可燃气体。

（3）产生的可燃气体与空气混合形成爆炸性混合气体，同时发生燃烧。

（4）由燃烧产生的热进一步促进粉尘分解，燃烧连续传播，在适合条件下发生爆炸。

上述过程是在瞬间完成的。

2. 粉尘爆炸的特点

（1）粉尘爆炸的燃烧速度、爆炸压力均比混合气体爆炸小。

（2）粉尘爆炸多数为不完全燃烧，所以产生的一氧化碳等有毒物质也相当多。

（3）可产生爆炸的粉尘颗粒非常小，可作为气溶胶状态分散悬浮在空气中，不产生下沉。堆积的可燃性粉尘通常不会爆炸。但由于局部的爆炸、爆炸波的传播使堆积的粉尘受到扰动而飞扬，形成粉尘雾，从而产生二次、三次爆炸。

（四）蒸气云爆炸

可燃气体遇点火源被点燃后，若发生层流或近似层流燃烧，速度太低，不足以产生显著的爆炸超压，在这种条件下蒸气云仅仅是燃烧，在燃烧传播过程中，由于遇到障碍物或受到局部约束，引起局部紊流，火焰与火焰相互作用产生更高的体积燃烧速率，使膨胀流加剧，而这又使紊流更强烈，从而又能导致更高的体积燃烧速率，结果火焰传播速度不断提高，可达层流燃烧的十几倍乃至几十倍，发生爆炸。

一般要发生带破坏性超压的蒸气云爆炸应具备以下几个条件：

（1）泄漏物必须可燃且具备适当的温度和压力。

（2）必须在点燃之前即扩散阶段形成一个足够大的云团，如果在一个工艺区域内发生泄漏，经过一段延迟时间形成云团后再点燃，则往往会产生剧烈的爆炸。

（3）产生的足够数量的云团处于该物质的爆炸极限范围内才能产生显著的爆炸超压。蒸气云团可分为 3 个区域，分别是：泄漏点周围是富集区，云团边缘是贫集区，介于两者之间的区域内的云团处于爆炸极限范围内。这部分蒸气云所占的比例取决于多个因素，包括泄漏物的种类和数量，泄漏时的压力，泄漏孔径的大小，云团受约束程度，以及风速、湿度和其他环境条件。

第三节　危险化学品燃烧爆炸事故的危害

火灾与爆炸都会造成生产设施的重大破坏和人员伤亡，但两者的发展过程显著不同。火灾是在起火后火场逐渐蔓延扩大，随着时间的延续，损失程度迅速增长，损失大约与时间的平方成比例，如火灾时间延长 1 倍，损失可能增加 4 倍。爆炸则是猝不及防，往往仅在瞬间爆炸过程已经结束，并造成设备损坏、厂房倒塌、人员伤亡等损失。

危险化学品的燃烧爆炸事故通常伴随发热、发光、高压、真空和电离等现象，具有很强的破坏作用，其与危险化学品的数量和性质、燃烧爆炸时的条件以及位置等因素有关。主要破坏形式有以下所述几种。

一、高温的破坏作用

燃烧爆炸后，建筑物内遗留大量的热或残余火苗，会把从破坏的设备内部不断喷出的可燃气体、易燃或可燃液体的蒸气点燃，也可能把其他易燃物点燃引起火灾。当盛装易燃物的容器、管道发生爆炸时，爆炸抛出的易燃物有可能引起大面积火灾，这种情况在油罐、液化气瓶爆破后最易发生。正在运行的燃烧设备或高温的化工设备被破坏时，其灼热的碎片可能飞出，点燃附近储存的燃料或其他可燃物，引起火灾。此外，高温辐射还可能使附近人员受到严重灼烫伤害甚至死亡。

二、爆炸的破坏作用

（一）爆炸碎片的破坏作用

机械设备、装置、容器等爆炸后产生许多碎片，飞出后会在相当大的范围内造成危害。一般碎片飞散范围在 100 ~ 500 m。

（二）爆炸冲击波的破坏作用

物质爆炸时，产生的高温、高压气体以极高的速度膨胀，像活塞一样挤压周围空气，把爆炸反应释放出的部分能量传递给压缩的空气层，空气受冲击而发生扰动，使其压力、密度等产生突变，这种扰动在空气中传播就称为冲击波。冲击波的传播速度极快，在传播过程中，可以对周围环境中的机械设备和建筑物产生破坏作用，使人员伤亡。冲击波还可以在作用区域内产生震荡作用，使物体因震荡而松散，甚至破坏。冲击波的破坏作用主要是由其波阵面上的超压引起的。在爆炸中心附近，空气冲击波波阵面上的超压可达几个甚至十几个大气压，在这样高的超压作用下，建筑物被摧毁，机械设备、管道等也会受到严重破坏。当冲击波大面积作用于建筑物时，波阵面超压在 20 ~ 30 kPa 内，就足以使大部分砖木结构建筑物受到严重破坏。超压在 100 kPa 以上时，除坚固的钢筋混凝土建筑外，其余部分将全部破坏。

（三）造成中毒和环境污染

在实际生产中，许多物质不仅是可燃的，而且是有毒的，发生爆炸事故时，会使大量有毒物质外泄，造成人员中毒和环境污染。此外，有些物质本身毒性不强，但燃烧过程中可能释放出大量有毒气体和烟雾，造成人员中毒和环境污染。

第四节　危险化学品事故的控制和防护措施

一、危险化学品中毒、污染事故预防控制措施

目前采取的主要措施是替代、变更工艺、隔离、通风、个体防护和保持卫生。

（一）替代

控制、预防化学品危害最理想的方法是不使用有毒有害和易燃、易爆的化学品，但这很难做到，通常的做法是选用无毒或低毒的化学品替代已有的有毒有害化学品。例如，用甲苯替代喷漆和涂漆中用的苯，用脂肪烃替代胶水或黏合剂中的芳烃等。

（二）变更工艺

虽然替代是控制化学品危害的首选方案，但是目前可供选择的替代品往往是很有限的，特别是因技术和经济方面的原因，不可避免地要生产、使用有害化学品。这时可通过变更工艺消除或降低化学品危害。如以往用乙炔制乙醛，采用汞作催化剂，现在发展为用乙烯为原料，通过氧化或氧氯化制乙醛，不需用汞作催化剂。通过变更工艺，彻底消除了汞害。

（三）隔离

隔离就是通过封闭、设置屏障等措施，避免作业人员直接暴露于有害环境中。最常用的隔离方法是将生产或使用的设备完全封闭起来，使工人在操作中不接触化学品。

隔离操作是另一种常用的隔离方法，简单地说，就是把生产设备与操作室隔离开。最简单的形式就是把生产设备的管线阀门、电控开关放在与生产地点完全隔离的操作室内。

（四）通风

通风是控制作业场所中有害气体、蒸气或粉尘最有效的措施之一。借助于有效的通

风，使作业场所空气中有害气体、蒸气或粉尘的浓度低于规定浓度，保证工人的身体健康，防止火灾、爆炸事故的发生。

通风分局部排风和全面通风两种。局部排风是把污染源罩起来，抽出污染空气，所需风量小，经济有效，并便于净化回收。全面通风则是用新鲜空气将作业场所中的污染物稀释到安全浓度以下，所需风量大，不能净化回收。

对于点式扩散源，可使用局部排风。使用局部排风时，应使污染源处于通风罩控制范围内。为了确保通风系统的高效率，通风系统设计的合理性十分重要。对于已安装的通风系统，要经常加以维护和保养，使其有效地发挥作用。

对于面式扩散源，要使用全面通风。全面通风亦称稀释通风，其原理是向作业场所提供新鲜空气，抽出污染空气，进而稀释有害气体、蒸气或粉尘，从而降低其浓度。采用全面通风时，在厂房设计阶段就要考虑空气流向等因素。因为全面通风的目的不是消除污染物，而是将污染物分散稀释，所以全面通风仅适合于低毒性作业场所，不适合于污染物量大的作业场所。

像实验室中的通风橱，焊接室或喷漆室可移动的通风管和导管都是局部排风设备。在冶炼厂，熔化的物质从一端流向另一端时散发出有毒的烟和气，两种通风系统都要使用。

（五）个体防护

当作业场所中有害化学品的浓度超标时，工人就必须使用合适的个体防护用品。个体防护用品不能降低作业场所中有害化学品的浓度，它仅仅是一道阻止有害物进入人体的屏障。防护用品本身的失效就意味着保护屏障的消失，因此个体防护不能被视为控制危害的主要手段，而只能作为一种辅助性措施。

防护用品主要有头部防护器具、呼吸防护器具、眼防护器具、躯干防护用品、手足防护用品等。

（六）保持卫生

保持卫生包括保持作业场所清洁和作业人员的个人卫生两个方面。经常清洗作业场所，对废弃物、溢出物加以适当处置，保持作业场所清洁，也能有效地预防和控制化学品危害。作业人员应养成良好的卫生习惯，防止有害物附着在皮肤上，防止有害物通过皮肤渗入体内。

二、危险化学品火灾、爆炸事故的预防

从理论上讲，防止火灾、爆炸事故发生的基本原则主要有三点。

（一）防止燃烧、爆炸系统的形成

（1）替代。

（2）密闭。

（3）惰性气体保护。

（4）通风置换。

（5）安全监测及联锁。

（二）消除点火源

能引发事故的点火源有明火、高温表面、冲击、摩擦、自燃、发热、电气火花、静电火花、化学反应热、光线照射等。具体的做法有：

（1）控制明火和高温表面。

（2）防止摩擦和撞击产生火花。

（3）火灾爆炸危险场所采用防爆电气设备避免电气火花。

（三）限制火灾、爆炸蔓延扩散的措施

限制火灾、爆炸蔓延扩散的措施包括阻火装置、防爆泄压装置及防火防爆分隔等。

第五节　危险化学品储存、运输与包装安全技术

一、危险化学品储存的基本要求

根据《常用化学危险品贮存通则》（GB 15603）的规定，储存危险化学品基本安全要求是：

（1）贮存危险化学品必须遵照国家法律、法规和其他有关的规定。

（2）危险化学品必须储存在经公安部门批准设置的专门的危险化学品仓库中，经销部门自管仓库储存危险化学品及贮存数量必须经公安部门批准。未经批准不得随意设置危险化学品贮存仓库。

（3）危险化学品露天堆放，应符合防火、防爆的安全要求，爆炸物品、一级易燃物品、遇湿燃烧物品、剧毒物品不得露天堆放。

（4）储存危险化学品的仓库必须配备有专业知识的技术人员，其库房及场所应设专人管理，管理人员必须配备可靠的个人安全防护用品。

（5）储存的危险化学品应有明显的标志，标志应符合《危险货物包装标志》（GB 190）的规定。同一区域贮存两种及两种以上不同级别的危险化学品时，应按最高等级危险化学品的性能标志。

（6）危险化学品储存方式分为3种：隔离储存，隔开储存，分离储存。

（7）根据危险化学品性能分区、分类、分库储存。各类危险化学品不得与禁忌物料混合储存。

（8）储存危险化学品的建筑物、区域内严禁吸烟和使用明火。

二、危险化学品分类储存的安全技术

《常用化学危险品贮存通则》（GB 15603）、《易燃易爆性商品储存养护技术条件》（GB 17914）、《腐蚀性商品储存养护技术条件》（GB 17915）、《毒害性商品储存养护技术条件》（GB 17916）等标准分别规定了危险化学品储存场所的要求、储量的限制以及不同类别危险化学品的储存要求。

三、危险化学品运输安全技术与要求

化学品在运输中发生事故的情况比较常见，全面了解并掌握有关化学品的安全运输规

定，对降低运输事故具有重要意义。

（1）国家对危险化学品的运输实行资质认定制度，未经资质认定，不得运输危险化学品。危险化学品运输企业应当配备专职安全管理人员、驾驶人员、装卸管理人员和押运人员。

（2）危险化学品托运人必须办理有关手续后方可运输；运输企业应当查验有关手续齐全有效后方可承运。

（3）托运危险化学品的，托运人应当向承运人说明所托运的危险化学品的种类、数量、危险特性以及发生危险情况的应急处置措施，并按照国家有关规定对所托运的危险化学品妥善包装，在外包装上设置相应的标志。需要添加抑制剂或者稳定剂的，托运人应当按照规定添加，并告知承运人相关注意事项；还应当提交与托运危险化学品完全一致的安全技术说明书和安全标签。

（4）危险货物装卸过程中，应当根据危险货物的性质轻装轻卸，堆码整齐，防止混杂、撒漏、破损，不得与普通货物混合堆放。

（5）危险物品装卸前，应对车（船）搬运工具进行必要的通风和清扫，不得留有残渣，对装有剧毒物品的车（船），卸车（船）后必须洗刷干净。

（6）装运爆炸、剧毒、放射性、易燃液体、可燃气体等物品，必须使用符合安全要求的运输工具；禁忌物料不得混运；禁止用电瓶车、翻斗车、铲车、自行车等运输爆炸物品。运输强氧化剂、爆炸品及用铁桶包装的一级易燃液体时，没有采取可靠的安全措施时，不得用铁底板车及汽车挂车；禁止用叉车、铲车、翻斗车搬运易燃、易爆液化气体等危险物品；温度较高地区装运液化气体和易燃液体等危险物品，要有防晒设施；放射性物品应用专用运输搬运车和抬架搬运，装卸机械应按规定负荷降低 25% 的装卸量；遇水燃烧物品及有毒物品，禁止用小型机帆船、小木船和水泥船承运。

（7）运输危险货物应当配备必要的押运人员，保证危险货物处于押运人员的监管之下；危险化学品运输车辆应当符合国家标准要求的安全技术条件，应当悬挂或者喷涂符合国家标准要求的警示标志。

（8）道路危险货物运输过程中，驾驶人员不得随意停车。不得在居民聚居点、行人稠密地段、政府机关、名胜古迹、风景浏览区停车。如需在上述地区进行装卸作业或临时停车，应采取安全措施。运输爆炸物品、易燃易爆化学物品以及剧毒、放射性等危险物品，应事先报经当地公安部门批准，按指定路线、时间、速度行驶。

（9）运输易燃易爆危险货物车辆的排气管，应安装隔热和熄灭火星装置，并配装导静电橡胶拖地带装置。

（10）运输危险货物应根据货物性质，采取相应的遮阳、控温、防爆、防静电、防火、防震、防水、防冻、防粉尘飞扬、防散漏等措施。

（11）禁止通过内河封闭水域运输剧毒化学品以及国家规定禁止通过内河运输的其他危险化学品。通过道路运输剧毒化学品的，托运人应当向运输始发地或者目的地的县级人民政府公安机关申请剧毒化学品道路运输通行证。

（12）危险化学品道路运输企业、水路运输企业的驾驶人员、船员、装卸管理人员、押运人员、申报人员、集装箱现场检查员应当经交通运输主管部门考核合格，取得从业资格。

四、危险化学品包装安全要求

《危险货物运输包装通用技术条件》(GB 12463) 把危险货物包装分成3类：

(1) Ⅰ类包装：适用内装危险性较大的货物。

(2) Ⅱ类包装：适用内装危险性中等的货物。

(3) Ⅲ类包装：适用内装危险性较小的货物。

标准里还规定了这些包装的基本要求、性能试验和检验方法等，也规定了包装容器的类型和标记代号。

《危险货物运输包装类别划分方法》(GB/T 15098) 规定了划分各类危险化学品运输包装类别的基本原则。

五、接触和混合储运的危险性

某些化学品接触或混合时其危险性增加。有些化学品接触或混合易燃烧，还有些接触或混合易发生爆炸。还有些化学品在发生事故时，所使用的灭火方法不同。《常用化学危险品贮存通则》(GB 15603)、《易燃易爆性商品储存养护技术条件》(GB 17914)、《腐蚀性商品储存养护技术条件》(GB 17915)、《毒害性商品储存养护技术条件》(GB 17916) 等标准的附录中均附有危险化学品混存性能互抵表。必须掌握危险化学品之间的抵触和不相容性，避免将禁忌物料混储混运，以便保证储运安全。

第六节　危险化学品经营的安全要求

《危险化学品安全管理条例》在第四章中对危险化学品的经营安全做了专项规定。

《危险化学品安全管理条例》第三十三条规定：国家对危险化学品经营（包括仓储经营）实行许可制度。未经许可，任何单位和个人都不得经营危险化学品。

《危险化学品安全管理条例》第三十五条明确了办理经营许可证的程序：

一是申请：从事剧毒化学品、易制爆危险化学品经营的企业，应当向所在地设区的市级人民政府安全生产监督管理部门提出申请，从事其他危险化学品经营的企业，应当向所在地县级人民政府安全生产监督管理部门提出申请（有储存设施的，应当向所在地设区的市级人民政府安全生产监督管理部门提出申请）。申请人应当提交其符合本条例第三十四条规定条件的证明材料。

二是审查与发证：设区的市级人民政府安全生产监督管理部门或者县级人民政府安全生产监督管理部门应当依法进行审查，并对申请人的经营场所、储存设施进行现场核查，自收到证明材料之日起30日内做出批准或者不予批准的决定。予以批准的，颁发危险化学品经营许可证；不予批准的，书面通知申请人并说明理由。

设区的市级人民政府安全生产监督管理部门和县级人民政府安全生产监督管理部门应当将其颁发危险化学品经营许可证的情况及时向同级环境保护主管部门和公安机关通报。

三是登记注册：申请人持危险化学品经营许可证向工商行政管理部门办理登记注册手续后，方可从事危险化学品经营活动。

一、危险化学品经营企业的条件和要求

《危险化学品安全管理条例》第三十四条规定，从事危险化学品经营的企业应当具备下列条件：

（1）有符合国家标准、行业标准的经营场所，储存危险化学品的，还应当有符合国家标准、行业标准的储存设施。

（2）从业人员经过专业技术培训并经考核合格。

（3）有健全的安全管理规章制度。

（4）有专职安全管理人员。

（5）有符合国家规定的危险化学品事故应急预案和必要的应急救援器材、设备。

（6）法律、法规规定的其他条件。

（一）经营场所和储存设施满足的要求

《危险化学品经营企业安全技术基本要求》（GB 18265）规定：

（1）危险化学品经营企业的经营场所应坐落在交通便利、便于疏散处。

（2）危险化学品经营企业的经营场所的建筑物应符合《建筑设计防火规范》（GB 50016）的要求。

（3）从事危险化学品批发业务的企业，应具备经县级以上（含县级）公安、消防部门批准的专用危险化学品仓库（自有或租用）。所经营的危险化学品不得存放在业务经营场所。

（4）零售业务只许经营除爆炸品、放射性物品、剧毒物品以外的危险化学品。

① 零售业务的店面应与繁华商业区或居住人口稠密区保持 500 m 以上距离。

② 零售业务的店面经营面积（不含库房）应不小于 60 m^2，其店面内不得设有生活设施。

③ 零售业务的店面内只许存放民用小包装的危险化学品，其存放总质量不得超过 1 t。

④ 零售业务的店面内危险化学品的摆放应布局合理，禁忌物料不能混放。综合性商场（含建材市场）所经营的危险化学品应有专柜存放。

⑤ 零售业务的店面内显著位置应设有“禁止烟火”等警示标志。

⑥ 零售业务的店面内应放置有效的消防、急救安全设施。

⑦ 零售业务的店面与存放危险化学品的库房（或罩棚）应有实墙相隔。单一品种存放量不能超过 500 kg，总质量不能超过 2 t。

⑧ 零售店面备货库房应根据危险化学品的性质与禁忌分别采用隔离储存、隔开储存或分离储存等不同方式进行储存。

⑨ 零售业务的店面备货库房应报公安、消防部门批准。

⑩ 危险化学品经营企业应向供货方索取并向用户提供 SDS。

（二）从业人员满足的要求

《危险化学品经营企业安全技术基本要求》（GB 18265）规定：

（1）危险化学品经营企业的法定代表人或经理应经过国家授权部门的专业培训，取

得合格证书方能从事经营活动。

（2）企业业务经营人员应经国家授权部门的专业培训，取得合格证书方能上岗。

（3）经营剧毒物品企业的人员，除满足（1）（2）外，还应经过县级以上（含县级）公安部门的专门培训，取得合格证书方可上岗。

（三）有健全的安全管理制度

一般要有危险化学品购销管理制度；剧毒物品购销管理制度；危险化学品经营手续环节交接责任管理制度；危险化学品运输管理制度；经营人员岗位责任制；商品储存保管管理制度等。

（四）符合法律、法规规定和国家标准要求的其他条件

《危险化学品安全管理条例》第三十七条规定：危险化学品经营企业不得向未经许可从事危险化学品生产、经营活动的企业采购危险化学品，不得经营没有化学品安全技术说明书或者化学品安全标签的危险化学品。

《危险化学品安全管理条例》第三十六条规定：危险化学品经营企业储存危险化学品，应当遵守本条例第二章关于储存危险化学品的规定。危险化学品商店内只能存放民用小包装的危险化学品。

二、剧毒化学品、易制爆危险化学品的经营

经营剧毒化学品的企业要申领经营许可证，经营剧毒品要设专人。

《危险化学品经营企业安全技术基本要求》（GB 18265）要求经营剧毒物品企业的人员，除要达到经国家授权部门的专业培训，取得合格证书方能上岗的条件外，还应经过县级以上（含县级）公安部门的专门培训，取得合格证书后方可上岗。

《危险化学品安全管理条例》第四十一条规定：危险化学品生产企业、经营企业销售剧毒化学品、易制爆危险化学品，应当如实记录购买单位的名称、地址、经办人的姓名、身份证号码以及所购买的剧毒化学品、易制爆危险化学品的品种、数量、用途。销售记录以及经办人的身份证明复印件、相关许可证件复印件或者证明文件的保存期限不得少于1年。

剧毒化学品、易制爆危险化学品的销售企业、购买单位应当在销售、购买后5日内，将所销售、购买的剧毒化学品、易制爆危险化学品的品种、数量以及流向信息报所在地县级人民政府公安机关备案，并输入计算机系统。

第七节　泄漏控制与销毁处置技术

一、泄漏处理及火灾控制

（一）泄漏处理

（1）泄漏源控制。利用截止阀切断泄漏源，在线堵漏减少泄漏量或利用备用泄料装置使其安全释放。

（2）泄漏物处理。现场泄漏物要及时地进行覆盖、收容、稀释、处理。在处理时，

还应按照危险化学品特性，采用合适的方法处理。

（二）火灾控制

1. 灭火一般注意事项

（1）正确选择灭火剂并充分发挥其效能。常用的灭火剂有水、蒸汽、二氧化碳、干粉和泡沫等。由于灭火剂的种类较多，效能各不相同，所以在扑救火灾时，一定要根据燃烧物料的性质、设备设施的特点、火源点部位（高、低）及其火势等情况，要选择冷却、灭火效能特别高的灭火剂扑救火灾，充分发挥灭火剂各自的冷却与灭火的最大效能。

（2）注意保护重点部位。例如，当某个区域内有大量易燃易爆或毒性化学物质时，就应该把这个部位作为重点保护对象，在实施冷却保护的同时，要尽快地组织力量消灭其周围的火源点，以防灾情扩大。

（3）防止复燃复爆。将火灾消灭以后，要留有必要数量的灭火力量继续冷却燃烧区内的设备、设施、建（构）筑物等，消除着火源，同时将泄漏出的危险化学品及时处理。对可以用水灭火的场所要尽量使用蒸汽或喷雾水流稀释，排除空间内残存的可燃气体或蒸气，以防止复燃复爆。

（4）防止高温危害。火场上高温的存在不仅造成火势蔓延扩大，也会威胁灭火人员安全。可以使用喷水降温、利用掩体保护、穿隔热服装保护、定时组织换班等方法避免高温危害。

（5）防止毒害危害。发生火灾时，可能出现一氧化碳、二氧化碳、二氧化硫、光气等有毒物质。在扑救时，应当设置警戒区，进入警戒区的抢险人员应当佩戴个体防护装备，并采取适当的手段消除毒物。

2. 几种特殊化学品火灾扑救注意事项

（1）扑救气体类火灾时，切忌盲目扑灭火焰，在没有采取堵漏措施的情况下，必须保持稳定燃烧。否则，大量可燃气体泄漏出来与空气混合，遇点火源就会发生爆炸，造成严重后果。

（2）扑救爆炸物品火灾时，切忌用沙土盖压，以免增强爆炸物品的爆炸威力；另外扑救爆炸物品堆垛火灾时，水流应采用吊射，避免强力水流直接冲击堆垛，以免堆垛倒塌引起再次爆炸。

（3）扑救遇湿易燃物品火灾时，绝对禁止用水、泡沫、酸碱等湿性灭火剂扑救。一般可使用干粉、二氧化碳、卤代烷扑救，但钾、钠、铝、镁等物品用二氧化碳、卤代烷无效。固体遇湿易燃物品应使用水泥、干砂、干粉、硅藻土等覆盖。对镁粉、铝粉等粉尘，切忌喷射有压力的灭火剂，以防止将粉尘吹扬起来，引起粉尘爆炸。

（4）扑救易燃液体火灾时，比水轻又不溶于水的液体用直流水、雾状水灭火往往无效，可用普通蛋白泡沫或轻泡沫扑救；水溶性液体最好用抗溶性泡沫扑救。

（5）扑救毒害和腐蚀品的火灾时，应尽量使用低压水流或雾状水，避免腐蚀品、毒害品溅出；遇酸类或碱类腐蚀品最好调制相应的中和剂稀释中和。

（6）易燃固体、自燃物品火灾一般可用水和泡沫扑救，只要控制住燃烧范围，逐步扑灭即可。但有少数易燃固体、自燃物品的扑救方法比较特殊。如2，4－二硝基苯甲醚、二硝基萘、萘等是易升华的易燃固体，受热放出易燃蒸气，能与空气形成爆炸性混合物，尤其是在室内，易发生爆炸。在扑救过程中应不时向燃烧区域上空及周围喷射雾状水，并消除周围一切点火源。

二、废弃物销毁

（一）固体废弃物的处置

（1）危险废弃物。使危险废弃物无害化采用的方法是使它们变成高度不溶性的物质，也就是固化/稳定化的方法。

目前常用的固化/稳定化方法有：水泥固化、石灰固化、塑性材料固化、有机聚合物固化、自凝胶固化、熔融固化和陶瓷固化。

（2）工业固体废弃物。工业固体废弃物是指在工业、交通等生产过程中产生的固体废弃物。

一般工业废弃物可以直接进入填埋场进行填埋。对于粒度很小的固体废弃物，为了防止填埋过程中引起粉尘污染，可装入编织袋后填埋。

（二）爆炸性物品的销毁

凡确认不能使用的爆炸性物品，必须予以销毁，在销毁以前应报告当地公安部门，选择适当的地点、时间及销毁方法。一般可采用以下 4 种方法：爆炸法、烧毁法、溶解法、化学分解法。

（三）有机过氧化物废弃物处理

有机过氧化物是一种易燃、易爆品。其废弃物应从作业场所清除并销毁，其方法主要取决于该过氧化物的物化性质，根据其特性选择合适的方法处理，以免发生意外事故。处理方法主要有分解，烧毁，填埋。

第八节　危险化学品的危害及防护

一、毒性危险化学品

毒性危险化学品通过一定途径进入人体，在体内积蓄到一定剂量后，就会表现出慢性中毒症状。所谓慢性中毒就是毒性危险化学品长时期、小剂量进入人体所引起的中毒；若在较短时间（一般为 3 ~6 个月）有较大剂量毒性危险化学品进入体内所引起的中毒称为亚急性中毒；若毒性危险化学品一次或短时间内大量进入体内所引起的中毒称为急性中毒。毒性危险化学品在体内的毒性与毒性危险化学品的化学结构、理化性质、生产环境、劳动强度、个体因素以及几种毒性危险化学品的联合作用有关。

（一）毒性危险化学品侵入人体的途径

毒性危险化学品可经呼吸道、消化道和皮肤进入人体。在工业生产中，毒性危险化学品主要经呼吸道和皮肤进入体内，有时也可经消化道进入。

1. 呼吸道

工业生产中，毒性危险化学品进入人体的最重要的途径是呼吸道。凡是以气体、蒸气、雾、烟、粉尘形式存在的毒性危险化学品，均可经呼吸道侵入体内。呼吸道吸收程度与其在空气中的浓度密切相关，浓度越高，吸收越快。

2. 皮肤

工业生产中，毒性危险化学品经皮肤吸收引起中毒也比较常见。脂溶性毒性危险化学品经表皮吸收后，还需有水溶性，才能进一步扩散和吸收，所以水、脂皆溶的物质（如苯胺）易被皮肤吸收。

3. 消化道

工业生产中，毒性危险化学品经消化道吸收多半是由于个人卫生习惯不良，手沾染的毒性危险化学品随进食、饮水或吸烟等途径而进入消化道。误食也是进入消化道的途径，如将亚硝酸钠当食用盐使用引起中毒。进入呼吸道的难溶性毒性危险化学品，可经由咽部被咽下而进入消化道。

（二）工业毒性危险化学品对人体的危害

1. 刺激

刺激说明身体已与有毒化学品有了相当的接触，一般受刺激的部位为皮肤、眼睛和呼吸系统。

许多化学品和皮肤接触时，能引起不同程度的皮肤炎症；与眼睛接触轻则导致轻微的、暂时性的不适，重则导致永久性的伤残。

一些刺激性气体、尘雾可引起气管炎，甚至严重损害气管和肺组织，如二氧化硫、氯气、石棉尘。一些化学物质将会渗透到肺泡区，引起强烈的刺激。

2. 过敏

某些化学品可引起皮肤或呼吸系统过敏，如出现皮疹或水疱等症状，这种症状不一定在接触的部位出现，而可能在身体的其他部位出现，引起这种症状的化学品有很多，如环氧树脂、胶类硬化剂、偶氮染料、煤焦油衍生物和铬酸等。

呼吸系统过敏可引起职业性哮喘，这种症状的反应一般包括咳嗽（特别是夜间），以及呼吸困难。引起这种反应的化学品有甲苯、聚氨酯、福尔马林等。

3. 窒息

窒息涉及对身体组织氧化作用的干扰。这种症状分为 3 种：

（1）单纯窒息。在空间有限的工作场所，氧气被氮气、二氧化碳、甲烷、氢气、氦气等气体所代替，空气中氧浓度降到 17% 以下，致使机体组织的供氧不足，就会引起头晕、恶心、调节功能紊乱等症状。缺氧严重时会导致昏迷，甚至死亡。

（2）血液窒息。毒性化学物质影响机体传送氧的能力。典型的血液窒息性物质就是一氧化碳。空气中一氧化碳含量达到 0.05% 时就会导致血液携氧能力严重下降。

（3）细胞内窒息。毒性化学物质影响机体和氧结合的能力。如氰化氢、硫化氢等物质影响细胞和氧的结合能力，尽管血液中含氧充足。

4. 麻醉和昏迷

接触高浓度的某些化学品，有类似醉酒的作用。如乙醇、丙醇、丙酮、丁酮、乙炔、烃类、乙醚、异丙醚会导致中枢神经抑制。这些化学品一次大量接触可导致昏迷甚至死亡。

5. 中毒

人体由许多系统组成，所谓全身中毒是指化学物质引起的对一个或多个系统产生有害影响并扩展到全身的现象，这种作用不局限于身体的某一点或某一区域。

肝脏的作用就是净化血液中的有毒性危险化学品，并将其转化成无害的和水溶性的物质。然而有一些物质对肝脏有害，如溶剂酒精、氯仿、四氯化碳、三氯乙烯等。根据接触的剂量和频率，反复损害肝脏组织可能造成伤害并引起病变（肝硬化）和降低肝脏的功能，有时被误认为病毒性肝炎，因为这些化学物质引起肝损伤的症状（黄皮肤、黄眼睛）类似于病毒性肝炎。

不少生产性毒性危险化学品对肾有毒性，尤以重金属和卤代烃最为突出。如汞、铅、铊、镉、四氯化碳、氯仿、六氟丙烯、二氯乙烷、溴甲烷、溴乙烷、碘乙烷等。长期接触一些有机溶剂会引起疲劳、失眠、头痛、恶心，更严重的将导致运动神经障碍、瘫痪、感觉神经障碍。如神经末梢失能与接触已烷、锰和铅有关，导致腕垂病；接触有机磷酸盐化合物可能导致神经系统失去功能；接触二硫化碳，可引起精神紊乱（精神病）。

6. 致癌

长期接触一定的化学物质可能引起细胞的无节制生长，形成恶性肿瘤。这些肿瘤可能在第一次接触这些物质的许多年以后才表现出来，潜伏期一般为 4 ~40 年。造成职业肿瘤的部位是变化多样的，并不局限于接触区域。如砷、石棉、铬、镍等物质可能导致肺癌；鼻腔癌和鼻窦癌是由铬、镍、木材、皮革粉尘等引起的；膀胱癌与接触联苯胺、萘胺、皮革粉尘等有关；皮肤癌与接触砷、煤焦油和石油产品等有关；接触氯乙烯单体可引起肝癌；接触苯可引起再生障碍性贫血等。

7. 致畸

接触化学物质可能对未出生胎儿造成危害，干扰胎儿的正常发育。在怀孕的前三个月，胎儿的脑、心脏、胳膊和腿等重要器官正在发育，一些研究表明化学物质可能干扰正常的细胞分裂过程，如麻醉性气体、水银和有机溶剂，从而导致胎儿畸形。

8. 致突变

某些化学品对人的遗传基因的影响可能导致后代发生异常，实验结果表明 80% ~ 85% 的致癌化学物质对后代有影响。

9. 尘肺

尘肺是由于在肺的换气区域发生了小尘粒的沉积以及肺组织对这些沉积物的反应，尘肺病患者肺的换气功能下降，在紧张活动时将发生呼吸短促症状，这种作用是不可逆的，一般很难在早期发现肺的变化。当 X 射线检查发现这些变化时，病情已较重了。能引起尘肺病的物质有石英晶体、石棉、滑石粉、煤粉和铍等。

毒性危险化学品引起的中毒往往是多器官、多系统的损害。如常见毒性危险化学品铅，可引起神经系统、消化系统、造血系统及肾脏损害；三硝基甲苯中毒可出现白内障、中毒性肝病、贫血、高铁血红蛋白血症等。同一种毒性危险化学品引起的急性和慢性中毒，其损害的器官及表现也有很大差别。例如，苯急性中毒主要表现为对中枢神经系统的麻醉作用，而慢性中毒主要为造血系统的损害。这在有毒化学品对机体的危害作用中是一种很常见的现象。

总之，机体与有毒化学品之间的相互作用是一个复杂的过程，中毒后症状也不一样。

（三）急性中毒的现场抢救

（1）救护者现场准备。急性中毒发生时，毒性危险化学品大多是由呼吸系统或皮肤进入体内。因此，救护人员在救护之前应做好自身呼吸系统、皮肤的防护。如穿好防护衣，佩戴供氧式防毒面具或氧气呼吸器。否则，不但中毒者不能获救，救护者也会中毒，使中毒事故扩大。

（2）切断毒性危险化学品来源。救护人员应迅速将中毒者移至空气新鲜、通风良好的地方。在抢救抬运过程中，不能强拖硬拉以防造成外伤，使病情加重，应松开患者衣服、腰带并使其仰卧，以保持呼吸道通畅。同时要注意保暖。救护人员进入现场后，除对中毒者进行抢救外，还应认真查看，并采取有力措施，如关闭泄漏管道阀门、堵塞设备泄漏处、停止输送物料等以切断毒性危险化学品来源。对于已经泄漏出来的有毒气体或蒸气，应迅速启动通风排毒设施或打开门窗，或者进行中和处理，降低毒性危险化学品在空气中的浓度，为抢救工作创造有利条件。

（3）迅速脱去被毒性危险化学品污染的衣服、鞋袜、手套等，并用大量清水或解毒液彻底清洗被毒性危险化学品污染的皮肤。要注意防止清洗剂促进毒性危险化学品的吸收，以及清洗剂本身所致的呼吸中毒。对于黏稠性毒性危险化学品，可以用大量肥皂水冲洗（敌百虫不能用碱性液冲洗），尤其要注意皮肤褶皱、毛发和指甲内的污染，对于水溶性毒性危险化学品，应先用棉絮、干布擦掉毒性危险化学品，再用清水冲洗。

（4）若毒性危险化学品经口引起急性中毒，对于非腐蚀性毒性危险化学品，应迅速用1/5000的高锰酸钾溶液或1%～2%的碳酸氢钠溶液洗胃，然后用硫酸镁溶液导泻。对于腐蚀性毒性危险化学品，一般不宜洗胃，可用蛋清、牛奶或氢氧化铝凝胶灌服，以保护胃黏膜。

（5）令中毒患者呼吸氧气。若患者呼吸停止或心跳骤停，应立即施行复苏术。

在采取现场抢救措施的同时，应准备车辆或担架，以便将中毒者及时送往医院救治。

（四）一些毒性物质污染的处理

清除有毒化学品污染的措施，主要是用有一定压力的水进行喷射冲洗，或用热水冲洗，也可用蒸气熏蒸，或用药物进行中和、氧化或还原，以破坏或减弱其危害性。对黏稠状的污染物，如油漆等不易冲洗时，可用沙搓和铲除。对渗透污染物，如联苯胺、煤焦油等，经洗刷后再用蒸气促其蒸发来清除污染。

（1）对氰化钠、氰化钾及其他氰化物的污染，可用硫代硫酸钠的水溶液浇在污染处，因为硫代硫酸钠与氰化物反应，可以生成毒性低的硫氰酸盐。然后用热水冲洗，再用冷水冲洗干净。也可用硫酸亚铁、高锰酸钾、次氯酸钠代替硫代硫酸钠。

（2）对硫、磷及其他有机磷剧毒农药，如苯硫磷、敌死通等首先用生石灰将泄漏的药液吸干，然后用碱水湿透污染处，用热水冲洗后再用冷水冲洗干净。因为有机磷农药属于磷酸酶类、硫代磷酸酶类、氟代磷酸酯类毒性危险化学品，在碱性溶液中会迅速分解破坏而失去毒性。

（3）硫酸二甲酯泄漏后，先将氨水洒在污染处进行中和，也可用漂白粉或5倍水浸湿污染处，再用碱水浸湿，最后用热水和冷水各冲洗一次。

（4）甲醛泄漏后，可用漂白粉加 5 倍水浸湿污染处，因为甲醛可以被漂白粉氧化成甲酸，然后再用水冲洗干净。

（5）苯胺泄漏后，可用稀盐酸或稀硫酸溶液浸湿污染处，再用水冲洗。因为苯胺呈碱性，能与盐酸或硫酸反应生成盐酸盐、硫酸盐。

（6）汞泄漏后可先行收集，然后在污染处用硫黄粉覆盖，因汞挥发出来的蒸气遇硫黄生成硫化汞而不致逸出，最后冲洗干净。

（7）磷容器破裂失去水保护将会产生燃烧，此时应先戴好防毒面具，用工具将黄磷移放到完好的盛器中，切勿用手接触。污染处用石灰乳浸湿，再用水冲洗。被黄磷污染的用具，可用 5% 硫酸铜溶液冲洗。

（8）砷泄漏后可用碱水和氢氧化铁解毒，再用水冲洗。

（9）溴泄漏后可用氨水使生成铵盐，再用水冲洗。

二、腐蚀性危险化学品

腐蚀性物品接触人的皮肤、眼睛、肺部、食道等，会引起表皮细胞组织发生破坏作用而造成灼伤，而且被腐蚀性物品灼伤的伤口不易愈合。内部器官被灼伤时，严重的会引起炎症，如肺炎，甚至会造成死亡。特别是接触氢氟酸时，能发生剧痛，使组织坏死，如不及时治疗，会导致严重后果。

三、放射性危险化学品的危险特性

具有放射性的危险化学品能从原子核内部，自行不断放出有穿透力、为人眼不可见的射线（α 射线、β 射线、γ 射线和中子流）。放射性危险化学品的主要危险特性在于它的放射性。其放射性强度越大，危险性就越大。人体组织在受到射线照射时，能发生电离，如果人体受到过量射线的照射，就会产生不同程度的损伤。在极高剂量的放射线作用下，能造成 3 种类型的放射伤害：

（1）对中枢神经和大脑系统的伤害。这种伤害主要表现为虚弱、倦怠、嗜睡、昏迷、震颤、痉挛，可在 2 天内死亡。

（2）对肠胃的伤害。这种伤害主要表现为恶心、呕吐、腹泻、虚弱和虚脱，症状消失后可出现急性昏迷，通常可在 2 周内死亡。

（3）对造血系统的伤害。这种伤害主要表现为恶心、呕吐、腹泻，但很快能好转，经过 2 ~ 3 周无症状之后，出现脱发、经常性流鼻血，再出现腹泻，极度憔悴，通常在 2 ~ 6 周后死亡。

四、劳动防护用品选用原则

一般来讲，在安全技术措施中，改善劳动条件，排除危害因素是根本性的措施，但在一定条件下，如事故救援和抢修过程中，个人劳动防护用品就成为人身安全的主要手段。从危险化学品对人体的侵入途径着眼，劳动防护用品应防止其由呼吸道、暴露部位、消化道等侵入人体。如前所述，因工业生产中毒性危险化学品进入人体的最重要的途径是呼吸道，所以主要介绍呼吸道防毒劳动防护用具的选用原则，见表 5 - 2。

表 5－2　呼吸道防毒面具选用表

<table>
<tr><th colspan="4">品　类</th><th>使　用　范　围</th></tr>
<tr><td rowspan="6">过滤式</td><td rowspan="3">全面罩式</td><td colspan="2">头罩式面具</td><td rowspan="6">毒性气体的体积浓度低，一般不高于 1%，具体选择按《呼吸防护　自吸过滤式防毒面具》（GB 2890）进行</td></tr>
<tr><td rowspan="2">面罩式面具</td><td>导管式</td></tr>
<tr><td>直接式</td></tr>
<tr><td rowspan="3">半面罩式</td><td colspan="2">双罐式防毒口罩</td></tr>
<tr><td colspan="2">单罐式防毒口罩</td></tr>
<tr><td colspan="2">简易式防毒口罩</td></tr>
<tr><td rowspan="7">隔离式</td><td rowspan="4">自给式</td><td rowspan="2">供氧（气）式</td><td>氧气呼吸器</td><td rowspan="3">毒性气体浓度高，毒性不明或缺氧的可移动性作业</td></tr>
<tr><td>空气呼吸器</td></tr>
<tr><td rowspan="2">生氧式</td><td>生氧面具</td></tr>
<tr><td>自救器</td><td>上述情况短暂时间事故自救用</td></tr>
<tr><td rowspan="3">隔离式</td><td rowspan="2">送风长管式</td><td>电动式</td><td rowspan="2">毒性气体浓度高，缺氧的固定作业</td></tr>
<tr><td>人工式</td></tr>
<tr><td colspan="2">自吸长管式</td><td>同上，导管限长 <10 m，管内径 >18 mm</td></tr>
</table>

本章涉及的相关技术规程、标准与规范：

1.《危险货物运输包装通用技术条件》(GB 12463)
2.《危险货物运输包装类别划分方法》(GB/T 15098)
3.《化学品安全标签编写规定》(GB 15258)
4.《常用化学危险品贮存通则》(GB 15603)
5.《化学品安全技术说明书　内容和项目顺序》(GB/T 16483)
6.《易燃易爆性商品储存养护技术条件》(GB 17914)
7.《腐蚀性商品储存养护技术条件》(GB 17915)
8.《毒害性商品储存养护技术条件》(GB 17916)
9.《危险化学品经营企业安全技术基本要求》(GB 18265)

参 考 文 献

[1] 中国安全生产协会注册安全工程师工作委员会，中国安全生产科学研究院．安全生产技术［M］．2011 版．北京：中国大百科全书出版社，2011.
[2] 孙林岩．人因工程［M］．北京：中国科学技术出版社，2001.
[3] 郭伏，杨学涵．人因工程学［M］．沈阳：东北大学出版社，2005.
[4] 李红杰，鲁顺清．安全人机工程学［M］．武汉：中国地质大学出版社，2006.
[5] 朱序璋．人机工程学［M］．西安：西安电子科技大学出版社，1999.
[6] 袁修干，庄达民．人机工程［M］．北京：北京航空航天大学出版社，2002.
[7] 谢庆森，王秉权．安全人机工程［M］．天津：天津大学出版社，1999.
[8] 廖可兵，张力．安全人机工程［M］．徐州：中国矿业大学出版社，2009.
[9] 孙林岩．人因工程［M］．北京：高等教育出版社，2008.
[10] 王保国．安全人机工程学［M］．北京：机械工业出版社，2007.
[11] 欧阳文昭，廖可兵．安全人机工程学［M］．北京：煤炭工业出版社，2002.
[12] 吴宗之．安全生产技术［M］．2 版．北京：中国大百科全书出版社，2008.
[13] 钱江．安全生产技术［M］．北京：中国电力出版社，2008.
[14] 谢燮正，赵树智．人类工程学［M］．杭州：浙江教育出版社，1987.
[15] 钮英建．电气安全工程［M］．北京：中国劳动社会保障出版社，2009.
[16] 李世林．电气装置和安全防护手册［M］．北京：中国标准出版社，2006.
[17] 刘尚合，武占成，等．静电放电及危害防护［M］．北京：北京邮电大学出版社，2004.
[18] 虞昊．现代防雷技术基础［M］．2 版．北京：清华大学出版社，2005.
[19] 张培红．防火防爆［M］．沈阳：东北大学出版社，2011.
[20] 胡广霞，段晓瑞．防火防爆技术［M］．北京：中国石油出版社，2012.
[21] 伍爱友，彭新．防火与防爆工程［M］．北京：国防工业出版社，2014.
[22] 崔克清．安全工程燃烧爆炸理论与技术［M］．北京：中国计量出版社，2005.
[23] 王丽琼．防火防爆技术基础［M］．北京：北京理工大学出版社，2009.
[24] 杨泗霖．防火防爆技术［M］．北京：中国劳动社会保障出版社，2007.
[25] 霍然，杨振宏，柳静献．火灾爆炸预防控制工程学［M］．北京：机械工业出版社，2007.
[26] 陈莹．工业火灾与爆炸事故预防［M］．北京：化学工业出版社，2010.
[27] 徐厚生，赵双其．防火防爆［M］．北京：化学工业出版社，2004.
[28] 崔政斌，石跃武．防火防爆技术［M］．北京：化学工业出版社，2010.
[29] 张凤娥，杨建青．消防应用技术［M］．北京：中国石化出版社，2006.
[30] 盛建．火灾自动报警消防系统［M］．天津：天津大学出版社，1997.
[31] 陈宝智．安全原理［M］．北京：冶金工业出版社，2002.
[32] 吴龙标，袁宏永．火灾探测与控制工程［M］．合肥：中国科技大学出版社，1999.
[33] 徐晓楠．灭火剂与应用［M］．北京：化学工业出版社，2006.
[34] 张元祥，王忠，信永忠．消防管理与消防技术：上册［M］．北京：原子能出版社，2005.
[35] 黄庆华，魏海凡，范世宾．消防管理与消防技术：下册［M］．北京：原子能出版社，2005.
[36] 潘功配．高等烟火学［M］．哈尔滨：哈尔滨工程大学出版社，2005.
[37] 苏建中，林述书．烟花爆竹生产工人安全技术［M］．北京：化学工业出版社，2005.
[38] 李秀琴．烟花爆竹安全与管理［M］．北京：化学工业出版社，2007.

[39] 周豪，赵正宏．烟花爆竹安全生产销售必读［M］．北京：中国石化出版社，2006.
[40] 国家安全生产监督管理总局培训中心．烟花爆竹安全生产监管工作手册［M］．北京：化学工业出版社，2008.
[41] 张国顺．民用爆炸物品及安全［M］．北京：国防工业出版社，2007.
[42]《民用爆炸物品安全管理条例释义》编写组．民用爆炸物品安全管理条例释义［M］．北京：中国法制出版社，2006.
[43] 张维凡，张海峰．常用化学危险物品安全手册［M］．北京：中国医药科技出版社，1992.
[44] 杨英宝．民航安全系统工程［M］．北京：中国民航出版社，2013.
[45] 陈芳．民航安全法规体系［M］．北京：中国民航出版社，2013.

后　　记

因国家机构改革，原国家安全生产监督管理总局承担的有关职能并入应急管理部，凡书中提及的“国家安全生产监督管理总局”“国务院安全生产监督管理部门”，实践应用中请分别对应“应急管理部”“国务院应急管理部门”。

读者在阅读过程中，若对教材有任何意见和建议，请通过电子邮件的形式反馈。

E – mail：csebook@ chinasafety. ac. cn